책장을 넘기며 느껴지는
몰입의 기쁨

노력한 만큼 빛이 나는
내일의 반짝임

새로운 배움, 더 큰 즐거움

미래엔이 응원합니다!

올리드
중등 수학 2(상)

BOOK CONCEPT

개념 이해부터 내신 대비까지 완벽하게 끝내는 필수 개념서

BOOK GRADE

구성 비율	개념				문제

개념 수준	간략		알참		상세

문제 수준	기본		표준		발전

WRITERS

미래엔콘텐츠연구회

No.1 Content를 개발하는 교육 전문 콘텐츠 연구회

천태선 인도네시아 자카르타한국국제학교 교사 | 서울대 수학교육과
강순모 동신중 교사 | 한양대 대학원 수학교육과
김보현 동성중 교사 | 이화여대 수학교육과
강해기 배재중 교사 | 서울대 수학교육과
신지영 개운중 교사 | 서울대 수학교육과
이경은 한울중 교사 | 서울대 수학교육과
이현구 정의여중 교사 | 서강대학교 대학원 수학교육과
정 란 옥정중 교사 | 부산대 수학교육과
정석규 세곡중 교사 | 충남대 수학교육과
주우진 서울사대부설고 교사 | 서울대 수학교육과
한혜정 창덕여중 교사 | 숙명여대 수학과
홍은지 원촌중 교사 | 서울대 수학교육과

COPYRIGHT

인쇄일 2024년 10월 30일(1판17쇄)
발행일 2018년 9월 3일

펴낸이 신광수
펴낸곳 ㈜미래엔
등록번호 제16-67호

교육개발1실장 하남규
개발책임 주석호
개발 김윤희, 문정분

디자인실장 손현지
디자인책임 김기욱
디자인 이진희, 이돈일

CS본부장 강윤구
CS지원책임 강승훈

ISBN 979-11-6413-906-4

자신감

보조바퀴가 달린 네발 자전거를 타다 보면
어느 순간 시시하고, 재미가 없음을 느끼게 됩니다.
그리고 주위에서 두발 자전거를 타는 모습을 보며
'언제까지 네발 자전거만 탈 수는 없어!'
라는 마음에 두발 자전거 타는 방법을 배우려고 합니다.

보조바퀴를 떼어낸 후
자전거도 뒤뚱뒤뚱, 몸도 뒤뚱뒤뚱.
결국에는 넘어지기도 수 십번.
넘어졌다고 포기하지 않고 다시 일어나서 자전거를 타다 보면
어느덧 혼자서도 씽씽 달릴 수가 있습니다.

올리드 수학을 만나면
개념과 문제뿐 아니라 오답까지 잡을 수 있습니다.
그래서 어느새 수학에 자신감이 생기게 됩니다.

자, 이제 올리드 수학으로 공부해 볼까요?

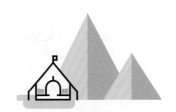

Structure

[**첫째,**
교과서 개념을 38개로 세분화
하고 알차게 정리하여 차근차근
공부할 수 있도록 하였습니다.]

[**둘째,**
개념 1쪽, 문제 1쪽의 2쪽 구성
으로 개념 학습 후 문제를 바로
풀면서 개념을 익힐 수 있습니다.]

[**셋째,**
개념교재편을 공부한 후, 익힘교
재편으로 **반복 학습**을 하여 **완
벽하게 마스터**할 수 있습니다.]

**개념
교재편**

1 개념 & 대표 문제 학습

2쪽 구성

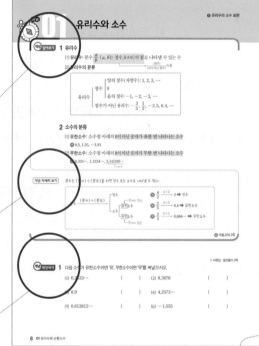

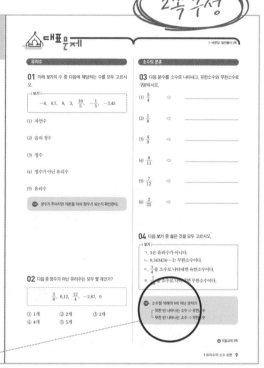

개념 학습

• **개념** **알아보기**

각 단원에서 교과서 핵심 개념을 세분화하여 정리하
였습니다.

• **개념** **자세히 보기**

개념을 도식화, 도표화하여 보다 쉽게 개념을 이해
할 수 있습니다.

• **개념** **확인하기**

정의와 공식을 이용하여 푸는 문제로 개념을 바로
확인할 수 있습니다.

대표 문제

개념별로 1~3개의 주제로 분류하고, 주제별로 대표
적인 문제를 수록하였습니다.

• **TIP**

문제를 해결하는 데 필요한 전략이나 어려운 개념에
대한 설명이 필요한 경우에 TIP을 제시하였습니다.

2 핵심 문제 학습

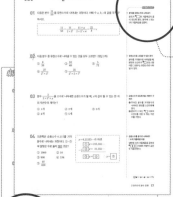

소단원 핵심 문제
각 소단원의 주요 핵심 문제만을 선별하여 수록하였습니다.

● 개념 REVIEW
문제 풀이에 이용된 개념을 다시 한 번 짚어 볼 수 있습니다.

UP & 한문제 더
실력을 한 단계 향상시킬 수 있는 문제로, UP과 유사한 문제를 한 번 더 학습할 수 있습니다.

3 마무리 학습

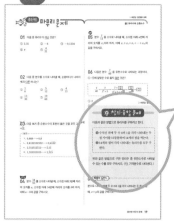

중단원 마무리 문제
중단원에서 배운 내용을 종합적으로 마무리할 수 있는 문제를 수록하였습니다.

● 창의·융합 문제
타 교과나 실생활과 관련된 문제를 단계별 과정에 따라 풀어 봄으로써 문제 해결력을 기를 수 있습니다.

교과서 속 서술형 문제
꼬리에 꼬리를 무는 구체적인 질문으로 풀이를 서술하는 연습을 하고, 연습문제를 풀면서 서술형에 대한 감각을 기를 수 있습니다.

익힘 교재편

개념 정리
빈칸을 채우면서 중단원별 핵심 개념을 다시 한 번 확인할 수 있습니다.

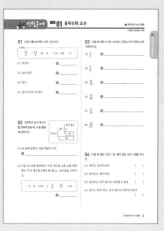

익힘 문제
개념별 기본 문제로 개념교재편의 대표 문제를 반복 연습할 수 있습니다.

필수 문제
소단원별 필수 문제로 개념교재편의 핵심 문제를 반복 연습할 수 있습니다.

Contents

수학을 단순하다고 생각하지 않는다면
삶이 얼마나 복잡한지 알지 못하기 때문이다.
- 존 폰 노이만 -

유리수와
순환소수

배운내용 Check

1 다음에서 분수는 소수로, 소수는 기약분수로 나타내시오.

(1) $\dfrac{1}{2}$　　　　　　　　(2) 0.6

2 다음 자연수를 소인수분해하시오.

(1) 18　　　　　　　　(2) 75

정답 **1** (1) 0.5　(2) $\dfrac{3}{5}$
2 (1) 2×3^2　(2) 3×5^2

01 유리수와 소수

개념 알아보기 **1 유리수**

(1) **유리수**: 분수 $\dfrac{a}{b}$ (a, b는 정수, $b \neq 0$)의 꼴로 나타낼 수 있는 수

$\dfrac{(정수)}{(0이\ 아닌\ 정수)}$의 꼴

(2) **유리수의 분류**

$$유리수 \begin{cases} 정수 \begin{cases} 양의\ 정수(자연수):\ 1,\ 2,\ 3,\ \cdots \\ 0 \\ 음의\ 정수:\ -1,\ -2,\ -3,\ \cdots \end{cases} \\ 정수가\ 아닌\ 유리수:\ -\dfrac{3}{5},\ \dfrac{1}{2},\ -2.5,\ 0.4,\ \cdots \end{cases}$$

2 소수의 분류

(1) **유한소수**: 소수점 아래의 0이 아닌 숫자가 유한 번 나타나는 소수

예 0.5, 1.25, -3.91

(2) **무한소수**: 소수점 아래의 0이 아닌 숫자가 무한 번 나타나는 소수

예 0.333…, 1.1234…, 3.141592…
→ π

개념 자세히 보기 분수는 (분자)÷(분모)를 하면 정수 또는 소수로 나타낼 수 있다.

분수 $\xrightarrow{(분자)÷(분모)}$
- 정수
- 소수
  - 유한소수 ← 한계가 있는
  - 무한소수 ← 한계가 없는

예 $\dfrac{4}{2} \xrightarrow{4÷2} 2$ ➡ 정수

예 $\dfrac{2}{5} \xrightarrow{2÷5} 0.4$ ➡ 유한소수

예 $\dfrac{2}{3} \xrightarrow{2÷3} 0.666\cdots$ ➡ 무한소수

》 익힘교재 2쪽

》 바른답·알찬풀이 2쪽

개념 확인하기 **1** 다음 소수가 유한소수이면 '유', 무한소수이면 '무'를 써넣으시오.

(1) 0.2333… ( )   (2) 0.3876 ( )

(3) 8.9 ( )   (4) 4.2573… ( )

(5) 0.612612… ( )   (6) -1.555 ( )

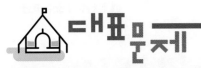

유리수

01 아래 **보기**의 수 중 다음에 해당하는 수를 모두 고르시오.

┤보기├

$$-8, \quad 0.7, \quad 0, \quad 3, \quad \frac{10}{5}, \quad -\frac{1}{5}, \quad -3.45$$

(1) 자연수

(2) 음의 정수

(3) 정수

(4) 정수가 아닌 유리수

(5) 유리수

TIP 분수가 주어지면 약분을 하여 정수가 되는지 확인한다.

02 다음 중 정수가 아닌 유리수는 모두 몇 개인가?

$$\frac{3}{8}, \quad 0.12, \quad \frac{12}{4}, \quad -2.67, \quad 0$$

① 1개　　　② 2개　　　③ 3개
④ 4개　　　⑤ 5개

소수의 분류

03 다음 분수를 소수로 나타내고, 유한소수와 무한소수로 구분하시오.

(1) $\dfrac{5}{4}$　⇨ _____

(2) $\dfrac{1}{8}$　⇨ _____

(3) $\dfrac{4}{9}$　⇨ _____

(4) $\dfrac{8}{11}$　⇨ _____

(5) $\dfrac{7}{12}$　⇨ _____

(6) $\dfrac{2}{25}$　⇨ _____

04 다음 **보기** 중 옳은 것을 모두 고르시오.

┤보기├

ㄱ. 3은 유리수가 아니다.

ㄴ. 0.343434…는 무한소수이다.

ㄷ. $\dfrac{3}{4}$을 소수로 나타내면 유한소수이다.

ㄹ. $\dfrac{7}{16}$을 소수로 나타내면 무한소수이다.

TIP 소수점 아래의 0이 아닌 숫자가

┌ 유한 번 나타나는 소수 ⇨ 유한소수
└ 무한 번 나타나는 소수 ⇨ 무한소수

≫ 익힘교재 3쪽

순환소수

개념 알아보기 1 순환소수

(1) **순환소수**: 소수점 아래의 어떤 자리에서부터 일정한 숫자의 배열이 끝없이 되풀이되는 무한소수

$$2.3\dot{1}313\dot{1}\cdots = 2.3\dot{1}$$
순환마디   순환소수의 표현

(2) **순환마디**: 순환소수의 소수점 아래에서 숫자의 배열이 일정하게 되풀이되는 한 부분

(3) **순환소수의 표현**: 순환소수는 첫 번째 순환마디의 양 끝의 숫자 위에 점을 찍어서 나타낸다.

> **예** $0.666\cdots$ ⟹ $0.\dot{6}$ ← 순환마디: 6
>
> $5.9656565\cdots$ ⟹ $5.9\dot{6}\dot{5}$ ← 순환마디: 65
>
> $2.723723723\cdots$ ⟹ $2.\dot{7}2\dot{3}$ ← 순환마디: 723

> **주의** 순환소수를 나타낼 때는 소수점 아래에서 처음으로 반복되는 부분의 양 끝의 숫자 위에 점을 찍는다.
> $1.231231231\cdots$ ⟹ $1.\dot{2}3\dot{1}$ (○), $\dot{1}.2\dot{3}$ (×), $1.23\dot{1}2\dot{3}$ (×)

개념 자세히 보기   순환소수의 표현

다음과 같은 순서에 따라 순환소수를 표현한다.

❶ 소수점 아래에서

❷ 첫 번째 순환마디을 찾아

❸ 양 끝의 숫자 위에 점을 찍는다.

순환소수	순환마디	순환소수의 표현
$0.aaa\cdots$	a	$0.\dot{a}$
$0.ababab\cdots$	ab	$0.\dot{a}\dot{b}$
$a.bcabcabca\cdots$	bca	$a.\dot{b}c\dot{a}$

≫ 익힘교재 2쪽

바른답·알찬풀이 2쪽

개념 확인하기 1 다음 순환소수의 순환마디를 구하고, 점을 찍어 간단히 나타내시오.

                               [순환마디]   [순환소수의 표현]

(1) $0.212121\cdots$ ⟹ _____ ⟹ _____

(2) $1.555\cdots$ ⟹ _____ ⟹ _____

(3) $2.348348348\cdots$ ⟹ _____ ⟹ _____

(4) $3.5101010\cdots$ ⟹ _____ ⟹ _____

순환마디와 순환소수의 표현

01 다음 **보기** 중 순환소수와 순환마디가 바르게 연결된 것을 모두 고르시오.

┤ 보기 ├

ㄱ. 0.030303⋯ ⇨ 3

ㄴ. 0.1767676⋯ ⇨ 76

ㄷ. 2.72777⋯ ⇨ 27

ㄹ. 8.494949⋯ ⇨ 494

ㅁ. 56.656565⋯ ⇨ 65

02 다음 순환소수를 점을 찍어 간단히 나타내시오.

(1) 3.282828⋯

(2) $-0.769769769\cdots$

(3) 1.9454545⋯

(4) 4.52666⋯

분수를 순환소수로 나타내기

03 분수 $\dfrac{7}{3}$을 소수로 나타낼 때, 다음 물음에 답하시오.

(1) 순환마디를 구하시오.

(2) 순환소수를 점을 찍어 간단히 나타내시오.

04 다음 분수를 순환소수로 점을 찍어 간단히 나타내시오.

(1) $\dfrac{5}{9}$

(2) $\dfrac{4}{11}$

(3) $\dfrac{17}{6}$

(4) $\dfrac{14}{33}$

소수점 아래 n번째 자리의 숫자 구하기

05 순환소수 $2.1\dot{4}$의 소수점 아래 15번째 자리의 숫자를 구하려고 한다. 다음 물음에 답하시오.

(1) 순환마디를 이루는 숫자의 개수를 구하시오.

(2) 소수점 아래 15번째 자리의 숫자를 구하시오.

> **TIP** 소수점 아래 첫 번째 자리부터 순환하는 순환소수의 소수점 아래 n번째 자리의 숫자 구하기
> ❶ 순환마디를 이루는 숫자의 개수를 구한다.
> ❷ n을 순환마디를 이루는 숫자의 개수로 나눈 나머지를 구한다.
> ❸ 순환마디의 순서를 생각하여 소수점 아래 n번째 자리의 숫자를 구한다.

06 순환소수 $1.8\dot{3}\dot{5}$의 소수점 아래 23번째 자리의 숫자를 구하시오.

▶▶ 익힘교재 4쪽

01 다음 중 정수가 아닌 유리수를 모두 고르면? (정답 2개)

① -2.5
② 0
③ $\dfrac{14}{7}$
④ $\dfrac{8}{2}$
⑤ $-\dfrac{5}{3}$

> **개념 REVIEW**
>
> ▶ 유리수의 분류
>
> 유리수 $\begin{cases} ❶\square\square \begin{cases} \text{양의 정수} \\ ❷\square \\ \text{음의 정수} \end{cases} \\ \text{정수가 아닌 유리수} \end{cases}$

02 다음 분수를 소수로 나타낼 때, 무한소수가 되는 것을 모두 고르시오.

$$\frac{2}{3},\quad \frac{15}{6},\quad \frac{18}{12},\quad \frac{9}{11},\quad \frac{12}{15}$$

> ▶ 소수의 분류
> • 유한소수: 소수점 아래의 0이 아닌 숫자가 ❸$\square\square$ 번 나타나는 소수
> • 무한소수: 소수점 아래의 0이 아닌 숫자가 ❹$\square\square$ 번 나타나는 소수

03 다음 중 분수를 소수로 나타낼 때, 순환마디를 이루는 숫자의 개수가 가장 많은 것은?

① $\dfrac{2}{9}$
② $\dfrac{11}{6}$
③ $\dfrac{8}{11}$
④ $\dfrac{5}{37}$
⑤ $\dfrac{17}{15}$

> ▶ 순환마디
> 순환소수의 소수점 아래에서 숫자의 배열이 일정하게 ❺$\square\square\square$되는 한 부분

04 다음 중 순환소수의 표현이 옳지 <u>않은</u> 것을 모두 고르면? (정답 2개)

① $0.777\cdots = 0.\dot{7}$
② $21.666\cdots = 21.\dot{6}$
③ $0.4737373\cdots = 0.4\dot{7}\dot{3}$
④ $2.412412412\cdots = \dot{2}.4\dot{1}$
⑤ $5.081081081\cdots = 5.0\dot{8}\dot{1}$

> ▶ 순환소수의 표현
> 순환소수는 첫 번째 ❻$\square\square\square\square$의 양 끝의 숫자 위에 점을 찍어서 나타낸다.

05 분수 $\dfrac{4}{7}$를 소수로 나타낼 때, 소수점 아래 20번째 자리의 숫자를 구하시오.

> ▶ 소수점 아래 n번째 자리의 숫자 구하기
> 순환소수의 소수점 아래 몇 번째 자리에서 순환마디가 시작되는지 확인한다.

05-1 분수 $\dfrac{7}{22}$을 소수로 나타낼 때, 소수점 아래 45번째 자리의 숫자를 구하시오.

>> 익힘교재 5쪽

답 ❶정수 ❷0 ❸유한 ❹무한
❺되풀이 ❻순환마디

03 유한소수, 순환소수로 나타낼 수 있는 분수

개념 알아보기

1 유한소수의 분수 표현

(1) 모든 유한소수는 분모가 10의 거듭제곱인 분수로 나타낼 수 있다.

(2) 유한소수를 기약분수로 나타내면 분모의 소인수는 2 또는 5뿐이다.

  참고 기약분수는 더 이상 약분되지 않는 분수로서 분모와 분자의 공약수가 1뿐이다.

  예 $0.3 = \dfrac{3}{10} = \dfrac{3}{2 \times 5}$, $0.17 = \dfrac{17}{100} = \dfrac{17}{2^2 \times 5^2}$

2 유한소수, 순환소수로 나타낼 수 있는 분수

분수를 기약분수로 나타냈을 때,

(1) 분모의 소인수가 2 또는 5뿐이면 그 분수는 유한소수로 나타낼 수 있다.

  참고 기약분수의 분모의 소인수가 2 또는 5뿐이면 분모를 10의 거듭제곱의 꼴로 만들 수 있다.

  예 $\dfrac{21}{75} = \underset{\text{기약분수로 나타내기}}{\dfrac{7}{25}} = \dfrac{7}{5^2} = \dfrac{7 \times 2^2}{5^2 \times 2^2} = \dfrac{28}{100} = 0.28$

(2) 분모가 2 또는 5 이외의 소인수를 가지면 그 분수는 유한소수로 나타낼 수 없다.

  ➡ 순환소수로 나타낼 수 있다.

  주의 유한소수로 나타낼 수 있는 분수인지 아닌지 판별하기 위하여 분모를 소인수분해하기 전에 반드시 주어진 분수를 기약분수로 고쳐야 한다.

개념 자세히 보기 유한소수와 순환소수를 판별하는 방법

분수 $\xrightarrow{\text{약분}}$ 기약분수 $\xrightarrow[\text{소인수분해}]{\text{분모를}}$ 분모의 소인수가 2 또는 5뿐? $\xrightarrow{\text{예}}$ 유한소수 / $\xrightarrow{\text{아니오}}$ 순환소수

  예 $\dfrac{2}{20}$ = $\dfrac{1}{10}$ = $\dfrac{1}{2 \times 5}$ $\dfrac{\text{분모의 소인수가}}{\text{2 또는 5뿐이다.}}$ ⟶ 유한소수

  예 $\dfrac{4}{30}$ = $\dfrac{2}{15}$ = $\dfrac{2}{3 \times 5}$ $\dfrac{\text{분모의 소인수 중에}}{\text{2 또는 5 이외의 수가 있다.}}$ ⟶ 순환소수

» 익힘교재 2쪽

᛭ 바른답·알찬풀이 3쪽

개념 확인하기 1 다음은 분수의 분모를 10의 거듭제곱의 꼴로 고쳐서 유한소수로 나타내는 과정이다. ☐ 안에 알맞은 수를 써넣으시오.

(1) $\dfrac{7}{8} = \dfrac{7}{2^3} = \dfrac{7 \times \boxed{}}{2^3 \times \boxed{}} = \dfrac{\boxed{}}{1000} = \boxed{}$

(2) $\dfrac{3}{50} = \dfrac{3}{2 \times 5^2} = \dfrac{3 \times \boxed{}}{2 \times 5^2 \times \boxed{}} = \dfrac{\boxed{}}{100} = \boxed{}$

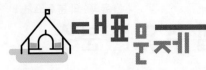

바른답·알찬풀이 3쪽

유한소수로 나타낼 수 있는 분수

01 다음 분수의 분모를 10의 거듭제곱의 꼴로 고쳐서 유한소수로 나타내시오.

(1) $\dfrac{3}{4}$

(2) $\dfrac{3}{8}$

(3) $\dfrac{12}{75}$

(4) $\dfrac{56}{160}$

02 아래 **보기**의 분수 중 다음에 해당하는 것을 모두 고르시오.

┤ 보기 ├

ㄱ. $\dfrac{2}{5}$ ㄴ. $\dfrac{3}{7}$ ㄷ. $\dfrac{5}{8}$

ㄹ. $\dfrac{3}{60}$ ㅁ. $\dfrac{7}{84}$ ㅂ. $\dfrac{21}{112}$

(1) 유한소수로 나타낼 수 있는 것

(2) 유한소수로 나타낼 수 없는 것

03 다음 분수 중 유한소수로 나타낼 수 있는 것을 모두 고르면? (정답 2개)

① $\dfrac{15}{2 \times 5^2}$ ② $\dfrac{6}{2 \times 3^2 \times 5}$ ③ $\dfrac{4}{28}$

④ $\dfrac{14}{2^2 \times 5 \times 7}$ ⑤ $\dfrac{30}{72}$

> **TIP** 먼저 주어진 분수가 기약분수인지 확인한다.

유한소수가 되도록 하는 자연수 구하기

04 다음을 소수로 나타내면 유한소수가 될 때, a의 값이 될 수 있는 가장 작은 자연수를 구하시오.

(1) $\dfrac{a}{2 \times 3}$

(2) $\dfrac{3 \times a}{2 \times 5^2 \times 7}$

(3) $\dfrac{4}{5 \times 11} \times a$

(4) $\dfrac{16}{2 \times 3 \times 5 \times 7} \times a$

05 $\dfrac{42}{180} \times a$를 소수로 나타내면 유한소수가 될 때, 다음 중 a의 값이 될 수 <u>없는</u> 것은?

① 2 ② 3 ③ 6

④ 12 ⑤ 18

순환소수가 되도록 하는 자연수 구하기

06 분수 $\dfrac{3}{2^2 \times x}$을 소수로 나타내면 순환소수가 될 때, 다음 중 x의 값이 될 수 있는 것은?

① 2 ② 5 ③ 6

④ 9 ⑤ 15

> **TIP** 순환소수가 되려면 기약분수로 나타냈을 때, 분모에 2 또는 5 이외의 소인수가 있어야 한다.

▶▶ 익힘교재 6쪽

순환소수를 분수로 나타내기

개념 알아보기

1 순환소수를 분수로 나타내는 방법; 10의 거듭제곱 이용

❶ $x=$ (순환소수)라 한다.

❷ 양변에 10의 거듭제곱을 곱하여 소수점 아래의 부분이 같은 두 식을 만든다.

❸ 두 식을 변끼리 빼어 x의 값을 구한다.

〈순환소수 $0.\dot{2}$를 분수로 나타내기〉

❶ $x=0.222\cdots$라 하면

❷ $10x=2.222\cdots$

   $-)\quad x=0.222\cdots$

❸ $9x=2\qquad\therefore x=\dfrac{2}{9}$

2 순환소수를 분수로 나타내는 방법; 공식 이용

❶ 분모는 순환마디를 이루는 숫자의 개수만큼 9를 쓰고, 그 뒤에 소수점 아래 순환마디에 포함되지 않는 숫자의 개수만큼 0을 쓴다.

❷ 분자는 (전체의 수)$-$(순환하지 않는 부분의 수)를 쓴다.

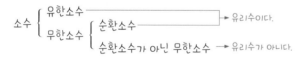

예
전체의 수
$$0.\dot{2}\dot{3}=\frac{23}{99}$$
순환마디 숫자 2개

전체의 수   순환하지 않는 부분의 수
$$1.2\dot{3}\dot{4}=\frac{1234-12}{990}$$
순환마디 숫자 2개
소수점 아래 순환하지 않는 숫자 1개

3 유리수와 소수의 관계

(1) 정수가 아닌 모든 유리수는 유한소수 또는 순환소수로 나타낼 수 있다.

(2) 유한소수와 순환소수는 분수로 나타낼 수 있으므로 모두 유리수이다.

개념 자세히 보기

유리수와 소수의 관계

소수 $\begin{cases} \text{유한소수} \\ \text{무한소수} \begin{cases} \text{순환소수} \longrightarrow \text{유리수이다.} \\ \text{순환소수가 아닌 무한소수} \longrightarrow \text{유리수가 아니다.} \end{cases} \end{cases}$

≫ 익힘교재 2쪽

🖙 바른답·알찬풀이 4쪽

개념 확인하기

1 다음은 순환소수를 분수로 나타내는 과정이다. ☐ 안에 알맞은 수를 써넣으시오.

(1) $0.\dot{5}\dot{3}$

$x=0.535353\cdots$ 이라 하면

$\boxed{}x=53.535353\cdots$

$-)\quad\ x=\ 0.535353\cdots$

$\boxed{}x=53\qquad\therefore x=\boxed{}$

(2) $0.8\dot{6}$

$x=0.8666\cdots$ 이라 하면

$\boxed{}x=86.666\cdots$

$-)\ \boxed{}x=\ 8.666\cdots$

$\boxed{}x=78\qquad\therefore x=\dfrac{13}{\boxed{}}$

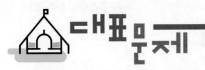

바른답·알찬풀이 4쪽

순환소수를 분수로 나타내는 방법; 10의 거듭제곱 이용

01 다음 순환소수를 분수로 나타낼 때, 가장 편리한 식을 보기에서 고르시오.

┌─ 보기 ├─
ㄱ. $10x-x$ ㄴ. $100x-x$
ㄷ. $100x-10x$ ㄹ. $1000x-x$
ㅁ. $1000x-10x$ ㅂ. $1000x-100x$

(1) $x=1.\dot{2}\dot{4}$

(2) $x=0.\dot{3}6\dot{5}$

(3) $x=0.4\dot{5}$

(4) $x=0.1\dot{3}\dot{2}$

(5) $x=0.27\dot{3}$

(6) $x=1.\dot{6}$

> **TIP** 순환소수를 분수로 나타낼 때, 가장 편리한 식 구하기
> ① $x=0.\dot{a}\dot{b}$ ⇨ $\underset{\text{2개}}{\underline{100}}x-x$
> ② $x=0.\dot{a}b\dot{c}$ ⇨ $\underset{\text{3개}}{\underline{1000}}x-\underset{\text{2개}}{\underline{100}}x$

02 다음 순환소수를 기약분수로 나타내시오.

(1) $0.\dot{8}$

(2) $0.\dot{3}\dot{1}$

(3) $1.6\dot{7}$

(4) $4.1\dot{5}\dot{3}$

순환소수를 분수로 나타내는 방법; 공식 이용

03 다음은 순환소수를 분수로 나타내는 과정이다. ☐ 안에 알맞은 수를 써넣으시오.

(1) $0.1\dot{4}=\dfrac{14-\boxed{}}{\boxed{}}=\boxed{}$

(2) $1.0\dot{7}=\dfrac{107-\boxed{}}{\boxed{}}=\boxed{}$

(3) $1.2\dot{3}\dot{8}=\dfrac{1238-\boxed{}}{\boxed{}}=\boxed{}$

04 다음 순환소수를 기약분수로 나타내시오.

(1) $1.\dot{5}$

(2) $1.\dot{4}3\dot{7}$

(3) $0.58\dot{3}$

(4) $3.6\dot{2}$

> **TIP** $0.\dot{a}=\dfrac{a}{9}$, $0.\dot{a}\dot{b}=\dfrac{ab-a}{90}$, $a.\dot{b}c\dot{d}=\dfrac{abcd-ab}{990}$

유리수와 소수의 관계

05 다음 설명 중 옳은 것은 ○표, 옳지 않은 것은 ×표를 하시오.

(1) 모든 유한소수는 유리수이다. ( )

(2) 모든 유리수는 유한소수로 나타낼 수 있다. ( )

(3) 모든 무한소수는 유리수이다. ( )

❯❯ 익힘교재 7쪽

01 다음은 분수 $\dfrac{11}{50}$을 유한소수로 나타내는 과정이다. 이때 수 a, b, c의 값을 각각 구하시오.

$$\frac{11}{50}=\frac{11}{2\times 5^2}=\frac{11\times a}{2\times 5^2\times a}=\frac{22}{b}=c$$

02 다음 분수 중 유한소수로 나타낼 수 있는 것을 모두 고르면? (정답 2개)

① $\dfrac{8}{20}$ ② $\dfrac{10}{48}$ ③ $\dfrac{5}{72}$

④ $\dfrac{27}{2^2\times 3^2}$ ⑤ $\dfrac{35}{2^2\times 5\times 7^2}$

03 분수 $\dfrac{3}{2\times 5^2\times x}$을 소수로 나타내면 순환소수가 될 때, x의 값이 될 수 있는 한 자리 자연수의 개수는?

① 1개   ② 2개   ③ 3개
④ 4개   ⑤ 5개

04 오른쪽은 순환소수 $0.21\dot{5}$를 기약분수로 나타내는 과정이다. ①~⑤에 알맞은 수로 옳지 <u>않은</u> 것은?

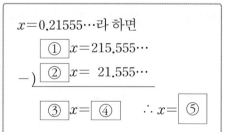

$x=0.21555\cdots$라 하면
⎧ ① $x=215.555\cdots$
$-$) ② $x=\;\;21.555\cdots$
③ $x=$ ④ $\therefore\; x=$ ⑤

① 1000   ② 10
③ 900   ④ 194
⑤ $\dfrac{97}{450}$

● 개념 REVIEW

05 다음 **보기** 중 순환소수를 분수로 나타내려고 할 때, 가장 편리한 식으로 바르게 연결한 것을 모두 고르시오.

┌─ 보기 ├─
ㄱ. $x=3.\dot{4}$ ⇨ $100x-x$ ㄴ. $x=1.5\dot{2}$ ⇨ $100x-10x$

ㄷ. $x=0.4\dot{0}\dot{7}$ ⇨ $1000x-x$ ㄹ. $x=2.0\dot{1}\dot{9}$ ⇨ $1000x-10x$
└──────

▶ 순환소수를 분수로 나타내기
; 10의 거듭제곱 이용

• $x=a.\dot{b}$일 때, 가장 편리한 식
⇨ $10x-x$

• $x=a.b\dot{c}$일 때, 가장 편리한
식 ⇨ ❶□$x-10x$

• $x=a.b\dot{c}\dot{d}$일 때, 가장 편리한
식 ⇨ $1000x-$❷□x

06 다음 중 순환소수를 분수로 나타낸 것으로 옳지 <u>않은</u> 것은?

① $7.\dot{3}=\dfrac{22}{3}$ ② $0.1\dot{8}=\dfrac{17}{90}$ ③ $2.9\dot{1}=\dfrac{131}{45}$

④ $1.0\dot{3}\dot{4}=\dfrac{1033}{990}$ ⑤ $3.\dot{5}4\dot{5}=\dfrac{3542}{999}$

▶ 순환소수를 분수로 나타내기
; 공식 이용

• $a.\dot{b}=\dfrac{ab-a}{❸□}$

• $a.b\dot{c}\dot{d}=\dfrac{abcd-ab}{❹□}$

07 다음 중 옳은 것을 모두 고르면? (정답 2개)

① 모든 소수는 분수로 나타낼 수 있다.

② 소수는 순환소수와 무한소수로 나눌 수 있다.

③ 무한소수 중에는 순환소수가 아닌 무한소수도 있다.

④ 정수가 아닌 유리수는 무한소수로만 나타낼 수 있다.

⑤ 기약분수의 분모가 2 또는 5 이외의 소인수를 가지면 그 분수는 순환소수로 나타낼 수 있다.

▶ 유리수와 소수의 관계

소수 ⎰ ❺□□소수 — 유리수이다.
   ⎱ ❻□□소수 ⎧ 순환소수 ⎫
              ⎩ 순환소수가 ⎭
                아닌 무한소수
              └→ 유리수가
                아니다.

⑪P
08 두 분수 $\dfrac{3}{22}$과 $\dfrac{7}{45}$에 각각 어떤 자연수 A를 곱하면 두 분수 모두 유한소수로 나타낼 수 있다고 한다. 이때 A의 값이 될 수 있는 가장 작은 자연수를 구하시오.

▶ 두 분수를 동시에 유한소수가 되도록 하는 자연수 구하기
각각의 분수를 유한소수가 되도록 하는 미지수의 조건을 생각한다.

08-1 두 분수 $\dfrac{1}{30}$과 $\dfrac{2}{70}$에 각각 어떤 자연수 A를 곱하면 두 분수 모두 유한소수로 나타낼 수 있다고 한다. 이때 A의 값이 될 수 있는 가장 큰 두 자리 자연수를 구하시오.

답 ❶ 100 ❷ 100 ❸ 9 ❹ 990
❺ 유한 ❻ 무한

>> 익힘교재 8쪽

01 다음 중 유리수가 <u>아닌</u> 것은?

① 2.35　　　　② -6　　　　③ -0.1234

④ π　　　　⑤ $\dfrac{4}{21}$

02 다음 중 분수를 소수로 나타낼 때, 순환마디가 나머지 넷과 <u>다른</u> 하나는?

① $\dfrac{1}{6}$　　　　② $\dfrac{5}{12}$　　　　③ $\dfrac{4}{15}$

④ $\dfrac{13}{30}$　　　　⑤ $\dfrac{19}{60}$

03 다음 **보기** 중 순환소수의 표현이 옳은 것을 모두 고르시오.

┤ 보기 ├
ㄱ. $0.888\cdots=0.\dot{8}$
ㄴ. $0.4132132132\cdots=0.4\dot{1}3\dot{2}$
ㄷ. $2.512512512\cdots=\dot{2}.5\dot{1}$
ㄹ. $1.315315315\cdots=1.\dot{3}1\dot{5}$

서술형
04 분수 $\dfrac{14}{55}$ 를 소수로 나타낼 때, 소수점 아래 3번째 자리의 숫자를 a, 소수점 아래 34번째 자리의 숫자를 b라 하자. 이때 $a-b$의 값을 구하시오.

UP
05 분수 $\dfrac{7}{13}$ 을 소수로 나타낼 때, 소수점 아래 n번째 자리의 숫자를 x_n이라 하자. 이때 $x_1+x_2+x_3+\cdots+x_{25}$의 값을 구하시오.

06 다음은 분수 $\dfrac{7}{40}$ 을 유한소수로 나타내는 과정이다. ①~⑤에 알맞은 수로 옳지 <u>않은</u> 것은?

$$\frac{7}{40}=\frac{7}{2^3\times5}=\frac{7\times\boxed{②}}{2^3\times5\times5^{\boxed{①}}}=\frac{\boxed{④}}{10^{\boxed{③}}}=\boxed{⑤}$$

① 2　　　　② 5^3　　　　③ 3

④ 175　　　　⑤ 0.175

07 다음 분수 중 유한소수로 나타낼 수 있는 것은?

① $\dfrac{6}{28}$　　　　　　② $\dfrac{42}{5^2\times3\times7}$

③ $\dfrac{132}{3\times7\times11}$　　　④ $\dfrac{12}{2^3\times3^2\times5}$

⑤ $\dfrac{4}{360}$

서술형
08 분수 $\dfrac{x}{90}$ 를 소수로 나타내면 유한소수가 되고, 기약분수로 나타내면 $\dfrac{1}{y}$ 이 된다. x가 $10<x<20$인 자연수일 때, $x+y$의 값을 구하시오.

09 두 분수 $\dfrac{3}{70}$과 $\dfrac{17}{102}$에 각각 어떤 자연수 A를 곱하면 두 분수 모두 유한소수로 나타낼 수 있다고 한다. 이때 A의 값이 될 수 있는 가장 작은 자연수를 구하시오.

10 분수 $\dfrac{12}{5 \times a}$를 소수로 나타내면 순환소수가 될 때, a의 값이 될 수 있는 가장 작은 자연수를 구하시오.

11 순환소수 $1.5\dot{2}\dot{1}$을 분수로 나타내려고 한다. $x = 1.5\dot{2}\dot{1}$이라 할 때, 다음 중 가장 편리한 식은?

① $10x - x$ ② $100x - x$

③ $1000x - x$ ④ $1000x - 10x$

⑤ $1000x - 100x$

12 다음 중 순환소수를 분수로 나타낸 것으로 옳은 것은?

① $0.5\dot{6} = \dfrac{28}{45}$ ② $0.\dot{2}\dot{3} = \dfrac{23}{90}$

③ $1.\dot{4}\dot{5} = \dfrac{145}{99}$ ④ $0.3\dot{7}\dot{6} = \dfrac{373}{999}$

⑤ $1.\dot{2}3\dot{4} = \dfrac{137}{111}$

13 다음 중 순환소수 $x = 2.14333\cdots$에 대한 설명으로 옳은 것은?

① 유한소수이다.

② $2.1\dot{4}\dot{3}$으로 나타낸다.

③ 순환마디는 143이다.

④ 기약분수로 나타내면 $\dfrac{643}{300}$이다.

⑤ 분수로 나타낼 때 가장 편리한 식은 $100x - 10x$이다.

신유형
14 순환소수 $0.\dot{a}\dot{b}$를 기약분수로 나타내면 $\dfrac{7}{11}$일 때, 순환소수 $0.\dot{b}\dot{a}$를 기약분수로 나타내시오.

(단, a, b는 0 또는 한 자리 자연수)

15 순환소수 $0.\dot{4}$의 역수를 a, 순환소수 $0.3\dot{8}$의 역수를 b라 할 때, ab의 값은?

① $\dfrac{9}{28}$ ② $\dfrac{7}{8}$ ③ $\dfrac{81}{14}$

④ $\dfrac{49}{18}$ ⑤ $\dfrac{84}{9}$

16 $0.1\dot{2}\dot{4}=A\times124$일 때, A의 값을 순환소수로 나타내면?

① $0.\dot{1}$ ② $0.0\dot{1}$ ③ $0.0\dot{1}$

④ $0.00\dot{1}$ ⑤ $0.\dot{0}0\dot{1}$

UP
17 $\dfrac{5}{2}\left(\dfrac{1}{10}+\dfrac{1}{100}+\dfrac{1}{1000}+\cdots\right)$을 계산한 값을 순환소수로 나타내면?

① $0.2\dot{5}$ ② $0.2\dot{7}$ ③ $1.2\dot{5}$

④ $1.2\dot{7}$ ⑤ $2.\dot{5}$

서술형
18 자연수 a에 $0.\dot{5}$를 곱해야 할 것을 잘못하여 0.5를 곱했더니 그 계산 결과가 바르게 계산한 답보다 1만큼 작았다. 이때 a의 값을 구하시오.

19 다음 중 옳은 것을 모두 고르면? (정답 2개)

① 모든 순환소수는 유리수이다.
② 모든 무한소수는 유리수가 아니다.
③ 유리수 중에는 분수로 나타낼 수 없는 것도 있다.
④ 모든 순환소수는 분수로 나타낼 수 있다.
⑤ 유한소수 중에는 유리수가 아닌 것도 있다.

창의·융합 문제

다음과 같은 방법으로 유리수를 구하려고 한다.

> ❶ 수직선 위에 두 수 0과 1을 각각 나타내는 두 점 사이를 15등분하여 14개의 점을 찍는다.
> ❷ 14개의 점이 각각 나타내는 유리수를 모두 구한다.

위와 같은 방법으로 구한 유리수 중 유한소수로 나타낼 수 있는 수를 모두 구하시오. (단, 기약분수로 나타낸다.)

해결의 길잡이

❶ 수직선 위에 두 수 0과 1을 각각 나타내는 두 점 사이를 15등분하여 14개의 점을 찍고 각 점에 대응하는 유리수를 $\dfrac{a}{15}$의 꼴로 나타낸다. (단, a는 정수)

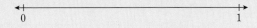

❷ ❶에서 구한 $\dfrac{a}{15}$의 꼴의 분수가 유한소수가 되도록 a의 조건을 구한다.

❸ 수직선 위에 나타낸 14개의 점에 대응하는 유리수 중 유한소수로 나타낼 수 있는 수를 모두 구한다.

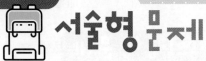

서술형 문제

1 분수 $\dfrac{15}{2^3 \times 3^2}$에 어떤 자연수 a를 곱하여 소수로 나타내면 유한소수가 될 때, a의 값이 될 수 있는 가장 작은 두 자리 자연수를 구하시오.

① 주어진 분수가 유한소수가 되도록 하는 조건은?

주어진 분수를 기약분수로 나타냈을 때, 분모의 소인수가 $\square$ 또는 $\square$뿐이면 유한소수로 나타낼 수 있다.

② 주어진 분수를 기약분수로 나타내면?

$$\dfrac{15}{2^3 \times 3^2} = \dfrac{\square}{2^{\square} \times 3}$$ … 30 %

③ (**②**에서 구한 기약분수)$\times a$가 유한소수가 되도록 하는 a의 값의 조건은?

$\boxed{} \times a$가 유한소수가 되려면 a는 $\square$의 배수이어야 한다. … 40 %

④ a의 값이 될 수 있는 가장 작은 두 자리 자연수는?

a의 값이 될 수 있는 가장 작은 두 자리 자연수는 $\square$이다. … 30 %

2 분수 $\dfrac{4}{112}$에 어떤 자연수 a를 곱하여 소수로 나타내면 유한소수가 될 때, a의 값이 될 수 있는 가장 큰 두 자리 자연수를 구하시오.

① 주어진 분수가 유한소수가 되도록 하는 조건은?

② 주어진 분수를 기약분수로 나타내면?

③ (**②**에서 구한 기약분수)$\times a$가 유한소수가 되도록 하는 a의 값의 조건은?

④ a의 값이 될 수 있는 가장 큰 두 자리 자연수는?

3 분수 $\dfrac{91}{140}$을 $\dfrac{a}{10^n}$로 나타낼 때, $a+n$의 값 중 가장 작은 값을 구하시오. (단, a, n은 자연수)

✏ 풀이 과정

답 _____

4 순환소수 $2.2\dot{7}$을 분수로 나타내면 $\dfrac{a}{90}$이고, 이 분수를 기약분수로 나타내면 $\dfrac{41}{b}$일 때, $a+b$의 값을 구하시오.

✏ 풀이 과정

답 _____

5 $\dfrac{1}{6} < 0.\dot{x} < \dfrac{4}{5}$를 만족하는 한 자리 자연수 x의 값 중에서 가장 큰 값을 a, 가장 작은 값을 b라 할 때, $a-b$의 값을 구하시오.

✏ 풀이 과정

답 _____

6 어떤 기약분수를 순환소수로 나타내는데 민주는 분자를 잘못 보아서 $1.3\dot{8}$이라 하였고, 진혁이는 분모를 잘못 보아서 $3.2\dot{7}$이라 하였다. 처음의 기약분수를 순환소수로 바르게 나타내시오.

✏ 풀이 과정

답 _____

비교하려면

이 사과보다는 배가
더 맛있을 것 같아.

배에 과즙이 풍부하지만,
역시 과일 향은
사과가 최고야.

굳이 남과 비교하려면 이렇게 하라.

일이 뜻대로 되지 않을 때는 나보다 못한 사람을 생각하라.

원망하고 탓하는 마음이 절로 사라지리라.

마음이 게을러지거든 나보다 나은 사람을 생각하라.

정신이 저절로 분발하리라.

– 채근담

금정적인 사람이 행복합니다.

행복한 사람은 균형 잡힌 비교를 합니다.

자신과 타인 사이에서 중심을 잃지 않는 비교를 통해

겸손을 배우고, 도전 정신을 키우고,

자족할 줄 아는 마음과 과욕을 부리지 않는 지혜를 갖게 됩니다.

02

단항식의 계산

배운내용 Check

1 다음을 거듭제곱으로 나타내시오.

(1) $2 \times 2 \times 2$　　　　　(2) $3 \times 3 \times 7$

2 다음 식을 간단히 하시오.

(1) $3x \times 5$　　　　　(2) $\dfrac{4}{5}a \times (-10)$

(3) $(-8y) \div 2$　　　　(4) $12b \div \left(-\dfrac{6}{7}\right)$

정답 **1** (1) 2^3　(2) $3^2 \times 7$
　　2 (1) $15x$　(2) $-8a$　(3) $-4y$　(4) $-14b$

지수법칙(1)

개념 알아보기

1 지수법칙; 지수의 합

m, n이 자연수일 때,

$$a^m \times a^n = a^{m+n}$$ ← 지수끼리 더한다.

(참고) $a = a^1$으로 지수 1이 생략된 것이다. (단, $a \neq 0$)

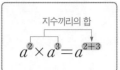

지수끼리의 합

$$a^2 \times a^3 = a^{2+3}$$

2 지수법칙; 지수의 곱

m, n이 자연수일 때,

$$(a^m)^n = a^{mn}$$ ← 지수끼리 곱한다.

(참고) $(a^m)^n = (a^n)^m$이 성립한다.

(주의) 다음과 같이 계산하지 않도록 주의한다.

① $a^m \times b^n \neq a^{m+n}$　　② $a^m + a^n \neq a^{m+n}$　　③ $a^m \times a^n \neq a^{mn}$

└─ 지수끼리의 합은 밑이 같은 경우에만 적용된다.

④ $(a^m)^n \neq a^{m+n}$　　　⑤ $(a^m)^n \neq a^{m^n}$

(참고) l, m, n이 자연수일 때, 다음이 성립한다.

① $a^l \times a^m \times a^n = a^{l+m+n}$ ② $\{(a^l)^m\}^n = a^{lmn}$

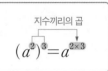

지수끼리의 곱

$$(a^2)^3 = a^{2 \times 3}$$

개념 자세히 보기

· 지수의 합

$$a^2 \times a^3 = \underbrace{(a \times a)}_{2개} \times \underbrace{(a \times a \times a)}_{3개}$$

거듭제곱의 곱셈

$$= \underbrace{a \times a \times a \times a \times a}_{5개}$$

$$= a^{2+3} = a^5$$

→ 지수끼리 더하기

· 지수의 곱

$$(a^2)^3 = \underbrace{a^2 \times a^2 \times a^2}_{3개}$$

거듭제곱의 거듭제곱

$$= a^{\overset{3개}{2+2+2}}$$

$$= a^{2 \times 3} = a^6$$

→ 지수끼리 곱하기

》》 익힘교재 9쪽

바른답 · 알찬풀이 9쪽

개념 확인하기

1 다음 식을 간단히 하시오.

(1) $2^4 \times 2^5$

(2) $x \times x^3$

(3) $(-1)^4 \times (-1)^3$

2 다음 식을 간단히 하시오.

(1) $(5^4)^4$

(2) $(a^5)^3$

(3) $(y^3)^6$

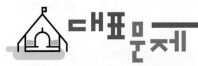

지수법칙; 지수의 합

01 다음 식을 간단히 하시오.

(1) $3^5 \times 3 \times 3^7$

(2) $x^6 \times x^3 \times x$

(3) $x^2 \times y^4 \times x^4 \times y$

(4) $a^5 \times b^4 \times a^2 \times b^6$

> **TIP** 밑이 같을 때에만 지수법칙을 이용할 수 있으므로 밑이 같은 것끼리 모아서 계산한다.

02 다음 ☐ 안에 알맞은 수를 구하시오.

(1) $a^5 \times a^{\square} = a^7$

(2) $7^{\square} \times 7 \times 7^6 = 7^{10}$

03 $2 \times 2^2 \times 2^x = 128$일 때, 자연수 x의 값은?

① 1   ② 2   ③ 3

④ 4   ⑤ 5

> **TIP** 좌변은 지수법칙을 이용하여 간단히 하고 우변은 2의 거듭제곱으로 나타낸 후 양변을 비교한다.

지수법칙; 지수의 곱

04 다음 식을 간단히 하시오.

(1) $(2^3)^2 \times 2^5$

(2) $a^4 \times (a^5)^4$

(3) $(5^4)^2 \times (5^2)^5$

05 다음 식을 간단히 하시오.

(1) $x \times (y^2)^2 \times (x^3)^3$

(2) $(x^4)^3 \times y^2 \times (x^2)^3 \times y$

(3) $a^3 \times (b^6)^2 \times (a^2)^4 \times b^3$

06 다음 ☐ 안에 알맞은 수를 구하시오.

(1) $(x^3)^{\square} = x^{18}$

(2) $(5^2)^3 \times 5^4 = (5^{\square})^2$

07 $3^a \times 27^3 = 9^6$일 때, 자연수 a의 값을 구하시오.

> **TIP** 밑이 다른 경우에는 소인수분해를 이용하여 밑을 같게 한 후 지수법칙을 이용한다.

익힘교재 10쪽

06 지수법칙(2)

개념 알아보기

1 지수법칙; 지수의 차

$a \neq 0$이고 m, n이 자연수일 때,

① $m > n$이면 $a^m \div a^n = a^{m-n}$

② $m = n$이면 $a^m \div a^n = 1$

③ $m < n$이면 $a^m \div a^n = \dfrac{1}{a^{n-m}}$

주의 다음과 같이 계산하지 않도록 주의한다.

① $a^m \div a^n \neq a^{m \div n}$　　　② $a^m \div a^m \neq 0$

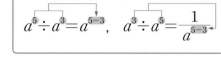

2 지수법칙; 지수의 분배

m이 자연수일 때,

① $(ab)^m = a^m b^m$

② $\left(\dfrac{a}{b}\right)^m = \dfrac{a^m}{b^m}$ (단, $b \neq 0$)

참고 $(-a)^m = \{(-1) \times a\}^m = (-1)^m a^m$이므로 $(-a)^m = \begin{cases} a^m & (m\text{이 짝수}) \\ -a^m & (m\text{이 홀수}) \end{cases}$

$(ab)^3 = a^3 b^3, \quad \left(\dfrac{a}{b}\right)^3 = \dfrac{a^3}{b^3}$

개념 자세히 보기

• 지수의 차

① $a^5 \div a^3 = \dfrac{a^5}{a^3} = \dfrac{\cancel{a} \times \cancel{a} \times \cancel{a} \times a \times a}{\cancel{a} \times \cancel{a} \times \cancel{a}}$

　　　(큰 수)−(작은 수)

$= a^2$

② $a^3 \div a^3 = \dfrac{a^3}{a^3} = \dfrac{\cancel{a} \times \cancel{a} \times \cancel{a}}{\cancel{a} \times \cancel{a} \times \cancel{a}}$

$= 1$　같다.

③ $a^3 \div a^5 = \dfrac{a^3}{a^5} = \dfrac{\cancel{a} \times \cancel{a} \times \cancel{a}}{\cancel{a} \times \cancel{a} \times \cancel{a} \times a \times a}$

$= \dfrac{1}{a^2}$　(큰 수)−(작은 수)

• 지수의 분배

① $(ab)^3 = (a \times b) \times (a \times b) \times (a \times b)$

$= a \times a \times a \times b \times b \times b$

$= a^3 b^3$

② $\left(\dfrac{a}{b}\right)^3 = \dfrac{a}{b} \times \dfrac{a}{b} \times \dfrac{a}{b}$

$= \dfrac{a \times a \times a}{b \times b \times b}$

$= \dfrac{a^3}{b^3}$

>> 익힘교재 9쪽

❧ 바른답 · 알찬풀이 9쪽

개념 확인하기

1 다음 식을 간단히 하시오.

(1) $2^7 \div 2^4$

(2) $x^8 \div x^8$

(3) $a^4 \div a^5$

(4) $(2a)^2$

(5) $(a^2 b)^4$

(6) $\left(\dfrac{y}{x^2}\right)^3$

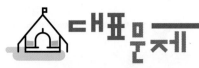

지수법칙; 지수의 차

01 다음 식을 간단히 하시오.

(1) $3^{11} \div (3^4)^2$

(2) $(x^2)^3 \div x^8$

(3) $b^3 \div b^2 \div b$

(4) $(x^2)^6 \div x \div (x^3)^3$

> **TIP** 거듭제곱의 거듭제곱을 먼저 계산한다.

02 다음 ☐ 안에 알맞은 수를 구하시오.

(1) $5^{\square} \div 5^2 = 5^4$

(2) $a^6 \div a^{\square} = \dfrac{1}{a}$

(3) $x^5 \div x^{\square} \div x = 1$

03 다음 중 계산 결과가 a^2인 것은?

① $a^4 \div a^6$ 　　　　② $a \div a^3$

③ $a^{10} \div a^7 \div a^3$ 　　④ $(a^3)^4 \div (a^2)^2 \div a^5$

⑤ $a^3 \div (a^2 \div a)$

지수법칙; 지수의 분배

04 다음 식을 간단히 하시오.

(1) $(-3x^3)^2$

(2) $(a^2 b^5 c)^4$

(3) $\left(-\dfrac{2}{x^3}\right)^5$

(4) $\left(\dfrac{5a^3}{b^4}\right)^2$

05 다음 ☐ 안에 알맞은 수를 구하시오.

(1) $(7x^{\square})^2 = 49x^4$

(2) $(-a^{\square} b^2)^3 = -a^{12} b^6$

(3) $\left(\dfrac{y^4}{x^3}\right)^{\square} = \dfrac{y^{20}}{x^{15}}$

06 $\left(-\dfrac{2y}{x^a}\right)^b = -\dfrac{cy^5}{x^{10}}$ 일 때, 자연수 a, b, c에 대하여 $a+b+c$의 값을 구하시오.

> **TIP** 지수법칙을 이용하여 좌변을 간단히 한 후 양변을 비교한다. 이때 부호에 주의한다.

▶▶ 익힘교재 11쪽

● 개념 REVIEW

01 다음 중 옳지 <u>않은</u> 것은?

① $x^4 \times x = x^5$ ② $(x^6)^2 = x^{12}$ ③ $x^8 \div x^2 = x^6$

④ $(5x^3)^2 = 5x^6$ ⑤ $\left(\dfrac{x^3}{y^2}\right)^5 = \dfrac{x^{15}}{y^{10}}$

> 지수법칙
> m, n이 자연수일 때,
> ① $a^m \times a^n = a^{① \square}$
> ② $(a^m)^n = a^{② \square}$
> ③ $a^m \div a^n = \begin{cases} a^{③ \square} & (m > n) \\ ^{④ \square} & (m = n) \\ \dfrac{1}{a^{⑤ \square}} & (m < n) \end{cases}$
> (단, $a \neq 0$)
> ④ $(ab)^m = a^{⑥ \square} b^m$
> $\left(\dfrac{a}{b}\right)^m = \dfrac{a^{⑦ \square}}{b^m}$ (단, $b \neq 0$)

02 $x + y = 4$이고, $A = 3^x$, $B = 3^y$일 때, AB의 값은? (단, x, y는 자연수)

① 27 ② 32 ③ 64

④ 81 ⑤ 128

> 지수법칙; 지수의 합

03 $3^5 = A$라 할 때, 27^5을 A를 사용하여 나타내면?

① $3A$ ② $9A$ ③ A^3

④ A^5 ⑤ A^9

> 지수법칙; 지수의 곱
> m, n이 자연수일 때,
> $a^n = A$이면
> $a^{mn} = (a^m)^n = (a^n)^m$
> $\quad = A^{⑧ \square}$

04 $2^3 \times (2^{\square})^4 \div 2^2 = 2^{13}$일 때, $\square$ 안에 알맞은 수는?

① 1 ② 2 ③ 3

④ 4 ⑤ 5

> 지수법칙; 지수의 합, 곱, 차

> 답 ① $m+n$ ② mn ③ $m-n$ ④ 1
> ⑤ $n-m$ ⑥ m ⑦ m ⑧ m

● 개념 REVIEW

 $(3x^a)^b=81x^{12}$일 때, 자연수 a, b에 대하여 $a-b$의 값은?

① -2 ② -1 ③ 0

④ 1 ⑤ 2

지수법칙; 지수의 분배

06 다음 식을 만족하는 자연수 a, b, c에 대하여 $a-b+c$의 값을 구하시오.

$$(x^2)^a \div x^5 = x^5, \quad \left(\frac{x^b}{y^3}\right)^3 = \frac{x^6}{y^c}$$

지수법칙; 지수의 곱, 차, 분배

07 $2^4+2^4+2^4+2^4=2^a$, $2^4 \times 2^4 \times 2^4 = 2^b$일 때, 자연수 a, b에 대하여 $a+b$의 값을 구하시오.

지수법칙의 응용

$$\underbrace{a^m+a^m+a^m+\cdots+a^m}_{a개}$$
$$=\text{❶}\boxed{} \times a^m = a^{m+1}$$

08 $4^3 \times 5^5$이 n자리 자연수일 때, n의 값을 구하시오.

지수법칙의 응용

$10=2\times5$임을 이용하여
$2^m \times 5^n$의 꼴을 $a \times 10^k$의 꼴로 나타낸다.
(단, m, n, a, k는 자연수)

08-1 $2^9 \times 3^2 \times 5^7$은 몇 자리 자연수인가?

① 6자리   ② 7자리   ③ 8자리

④ 9자리   ⑤ 10자리

➡️ 익힘교재 12쪽

답 ❶ a

단항식의 곱셈과 나눗셈

개념 알아보기 **1 단항식의 곱셈**

① 계수는 계수끼리, 문자는 문자끼리 계산한다. ◀── 곱셈의 교환법칙과 결합법칙을 이용한다.

② 같은 문자끼리의 곱셈은 지수법칙을 이용하여 간단히 한다.

참고 단항식의 곱셈에서 계산 결과의 부호는 각 항의 (−)의 개수에 따라 결정된다.

① (−)가 홀수 개 ➡ (−)   ② (−)가 짝수 개 ➡ (+)

$$2x \times 3y = 6xy$$

계수끼리의 곱 / 문자끼리의 곱

2 단항식의 나눗셈

[**방법** 1] 나눗셈을 곱셈으로 바꾸어 계산한다.

➡ $A \div B = A \times \dfrac{1}{B} = \dfrac{A}{B}$

$$24xy \div 4x = 24xy \times \frac{1}{4x} = 6y$$

[**방법** 2] 분수의 꼴로 바꾸어 계산한다.

➡ $A \div B = \dfrac{A}{B}$

$$24xy \div 4x = \frac{24xy}{4x} = 6y$$

참고 나누는 식이 분수의 꼴이거나 나눗셈이 2개 이상인 경우에는 [방법 1]을 이용하는 것이 편리하다.

개념 자세히 보기 **단항식의 곱셈**

다음 두 가지 방법을 이용하여 단항식의 곱셈을 이해할 수 있다.

①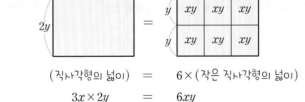

(직사각형의 넓이) = 6 × (작은 직사각형의 넓이)

$3x \times 2y$ = $6xy$

② $3x \times 2y$

$= 3 \times x \times 2 \times y$ ⎫ 곱셈의 교환법칙

$= 3 \times 2 \times x \times y$

$= (3 \times 2) \times (x \times y)$ ⎫ 곱셈의 결합법칙

$= 6xy$

>> 익힘교재 9쪽

≫ 바른답·알찬풀이 10쪽

개념 확인하기 **1** 다음 식을 간단히 하시오.

(1) $7x \times 3y$ (2) $3x \times (-4x)$ (3) $2a^2 \times 3ab$

2 다음 식을 간단히 하시오.

(1) $12a^4 \div 3a^2$ (2) $14a^5 \div (-2a^4)$ (3) $4a^3 \div \dfrac{1}{2}a$

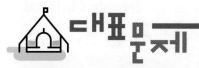

단항식의 곱셈

01 다음 식을 간단히 하시오.

(1) $(-x^2)^3 \times (-7x)$

(2) $(-2x)^2 \times 3xy$

(3) $(2b)^3 \times b^4 \times (-4b^2)$

(4) $(-b)^3 \times (5a^2)^2 \times ab$

02 다음 식을 간단히 하시오.

(1) $\left(-\dfrac{1}{2}xy\right) \times \dfrac{4}{3}x^3y$

(2) $8a^3b \times \left(\dfrac{b^2}{2}\right)^3$

(3) $y^4 \times \left(-\dfrac{2}{3}xy^2\right)^2 \times 9xy$

(4) $\dfrac{8a^2}{b^3} \times \left(-\dfrac{ab}{4}\right)^3 \times (-ab^5)$

03 밑변의 길이가 $10a^2b$, 높이가 $6ab$인 삼각형의 넓이를 구하시오.

> **TIP** (삼각형의 넓이)$=\dfrac{1}{2} \times$ (밑변의 길이) $\times$ (높이)

단항식의 나눗셈

04 다음 식을 간단히 하시오.

(1) $(-ab^2)^2 \div ab$

(2) $(-16x^5y^6) \div (-2xy^2)^3$

(3) $12a^3 \div 2a^2 \div 3a$

(4) $4x^2y^5 \div (-2y)^2 \div (xy^2)^3$

05 다음 식을 간단히 하시오.

(1) $5x^6 \div \left(-\dfrac{1}{2}x\right)^2$

(2) $(xy^2)^4 \div \left(-\dfrac{2x^2}{y}\right)$

(3) $3a^3 \div \left(-\dfrac{9}{2}a\right) \div 4a^2$

(4) $\left(-\dfrac{x}{y}\right)^3 \div \left(-\dfrac{2}{3}xy^3\right) \div \left(\dfrac{3}{x^2y}\right)^2$

06 다음 ☐ 안에 알맞은 식을 구하시오.

(1) $4x^2 \times \boxed{} = 16x^5$

(2) $10a^6b^3 \div \boxed{} = 5a^2b$

> **TIP** ① $A \times \boxed{} = B$이면 $\boxed{} = B \div A$
> ② $A \div \boxed{} = B$이면 $\boxed{} = A \div B$

≫ 익힘교재 13쪽

08 단항식의 곱셈과 나눗셈의 혼합 계산

 1 단항식의 곱셈과 나눗셈의 혼합 계산

단항식의 곱셈과 나눗셈이 혼합된 식은 다음과 같은 순서로 계산한다.

❶ 괄호가 있는 거듭제곱은 지수법칙을 이용하여 괄호를 푼다.

❷ 나눗셈은 나누는 식의 역수의 곱셈으로 바꾼다.

❸ 부호를 결정한 후 계수는 계수끼리, 문자는 문자끼리 계산한다.

(참고) 단항식의 곱셈과 나눗셈이 혼합된 식은 나눗셈을 곱셈으로 바꾸어 계산하면 편리하다.

(주의) 곱셈과 나눗셈이 혼합된 식은 반드시 앞에서부터 차례대로 계산한다.

$$\Rightarrow A \div B \times C = A \div BC = \frac{A}{BC} \,(\times)$$

$$A \div B \times C = A \times \frac{1}{B} \times C = \frac{AC}{B} \,(\bigcirc)$$

개념 자세히 보기 | **단항식의 곱셈과 나눗셈의 혼합 계산**

$(4a)^2 \times (-2a^3) \div 8a^2$

$= 16a^2 \times (-2a^3) \div 8a^2$ 괄호 풀기(지수법칙 이용)

$= 16a^2 \times (-2a^3) \times \dfrac{1}{8a^2}$ 나눗셈을 곱셈으로 바꾸기

$\quad$ 부호 결정

$= -\left(16 \times 2 \times \dfrac{1}{8}\right) \times \left(a^2 \times a^3 \times \dfrac{1}{a^2}\right)$ 계수는 계수끼리, 문자는 문자끼리 계산하기

$= -4a^3$

≫ 익힘교재 9쪽

바른답·알찬풀이 11쪽

 1 다음 ☐ 안에 알맞은 것을 써넣으시오.

(1) $6xy^3 \times 4x^2 \div 3xy^2 = 6xy^3 \times 4x^2 \times \dfrac{1}{\boxed{}}$

$\qquad = \left(6 \times 4 \times \dfrac{1}{\boxed{}}\right) \times \left(xy^3 \times x^2 \times \dfrac{1}{\boxed{}}\right)$

$\qquad = \boxed{}$

(2) $8x \div (-2y)^2 \times \dfrac{3}{2}xy^3 = 8x \div \boxed{} \times \dfrac{3}{2}xy^3$

$\qquad = 8x \times \dfrac{1}{\boxed{}} \times \dfrac{3}{2}xy^3$

$\qquad = \left(8 \times \dfrac{1}{\boxed{}} \times \dfrac{3}{2}\right) \times \left(x \times \dfrac{1}{\boxed{}} \times xy^3\right)$

$\qquad = \boxed{}$

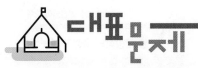
단항식의 곱셈과 나눗셈의 혼합 계산

01 다음 식을 간단히 하시오.

(1) $12x^2y \div 6x \times (-2y)$

(2) $ab^2 \times \dfrac{5}{2}ab \div 15b^3$

(3) $\left(-\dfrac{x^2}{8}\right) \div \dfrac{3xy^2}{4} \times (-6y^3)$

02 다음 식을 간단히 하시오.

(1) $(-3x^2)^2 \times 4x^2 \div 3x$

(2) $a^2b \times (-2ab)^4 \div \dfrac{1}{3}a^3b^2$

(3) $(-xy^3)^3 \div \dfrac{x^3}{2y} \times \left(-\dfrac{x}{y^2}\right)^2$

03 다음 **보기** 중 옳은 것을 모두 고르시오.

┤ 보기 ├

ㄱ. $a \times b \div c = \dfrac{ab}{c}$ ㄴ. $a \div b \times c = \dfrac{ac}{b}$

ㄷ. $(a \div b) \times c = \dfrac{bc}{a}$ ㄹ. $a \div (b \div c) = \dfrac{b}{ac}$

04 다음 계산 과정에서 ㈎에 $(ab^2)^4$을 넣었을 때, ㈏에 알맞은 식을 구하시오.

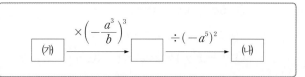

05 $\left(-\dfrac{15}{2}x^3y^2\right) \times \dfrac{6}{5}x^2y \div (-3xy^2) = ax^by^c$일 때, 자연수 a, b, c에 대하여 $a+b+c$의 값을 구하시오.

06 다음 ☐ 안에 알맞은 식을 구하시오.

(1) $(-2a^2) \times (-12a) \div \boxed{} = 3a^2$

(2) $6xy^4 \div \boxed{} \times (-2xy)^3 = -12xy^5$

(3) $\boxed{} \times \left(-\dfrac{2}{3}x^2y^2\right)^3 \div \left(\dfrac{1}{3}xy^3\right)^3 = -\dfrac{16}{3}x^4y^2$

TIP ① $A \times B \div \boxed{} = C$이면 $\boxed{} = A \times B \div C$

② $A \div \boxed{} \times B = C$이면 $\boxed{} = A \times B \div C$

③ $\boxed{} \times A \div B = C$이면 $\boxed{} = C \times B \div A$

» 익힘교재 14쪽

● 개념 REVIEW

01 다음 중 계산 결과가 옳지 <u>않은</u> 것은?

① $6a^2 \times 3ab = 18a^3b$

② $2x^3 \div (-x)^2 = 2x$

③ $(-x^2y^3) \times 2xy^2 \times (-3x^2y)^3 = 54x^9y^8$

④ $20x^5y^3 \div 5x^2y \div 2xy = 2x^3y^5$

⑤ $(10xy^3)^2 \div (-2x^2y)^3 \div 5x^2y = -\dfrac{5y^2}{2x^6}$

> **단항식의 곱셈과 나눗셈**
> • 단항식의 곱셈: 계수는
>   **❶**□□끼리, 문자는
>   **❷**□□끼리 계산한다.
> • 단항식의 나눗셈: 나눗셈을 곱
>   셈으로 바꾸거나 **❸**□□의
>   꼴로 바꾸어 계산한다.

02 $(-3x^2y^a)^3 \div \dfrac{3}{2}x^by^5 = -cx^2y$일 때, 자연수 a, b, c에 대하여 $a+b+c$의 값은?

① 0
② 6
③ 12
④ 18
⑤ 24

> **단항식의 계산에서 미지수 구하기**
> **❶** 단항식의 곱셈과 나눗셈을 하
>   여 좌변을 간단히 한다.
> **❷** 계수는 계수끼리, **❹**□□는
>   밑이 같은 지수끼리 비교한
>   다.

03 다음 □ 안에 알맞은 식을 구하시오.

$$(-2x^2y)^3 \div \boxed{} \times \left(-\dfrac{1}{2}xy\right) = x^4y^2$$

> **단항식의 곱셈과 나눗셈의 혼합
> 계산**
> **❶** **❺**□□ 법칙을 이용하여 괄
>   호를 푼다.
> **❷** 나눗셈은 나누는 식의 역수
>   의 **❻**□□으로 바꾼다.
> **❸** 계수는 계수끼리, 문자는 문
>   자끼리 계산한다.

04 어떤 단항식을 $5x^2y$로 나누어야 할 것을 잘못하여 곱했더니 $35x^5y^2$이 되었다. 이때 바르게 계산한 식을 구하시오.

> **바르게 계산한 식 구하기**
> • 잘못 계산한 식을 세워 어떤
>   단항식을 먼저 구한다.
> • 어떤 단항식 □ 구하기
>   ① □ × $A = B$
>   ⇨ □ = $B \div A$
>   ② □ ÷ $A = B$
>   ⇨ □ = $B \times A$

04-1 어떤 단항식에 $-\dfrac{b^3}{2a}$을 곱해야 할 것을 잘못하여 나누었더니 $8a^6b^4$이 되었다.

이때 바르게 계산한 식을 구하시오.

>> 익힘교재 15쪽

답 ❶ 계수 ❷ 문자 ❸ 분수
❹ 지수 ❺ 지수 ❻ 곱셈

01 다음 중 옳은 것은?

① $a^2 \times a^3 = a^6$
② $a^8 \div a^4 = a^2$
③ $(a^3)^4 \div a^4 = a^3$
④ $(2ab^2)^3 = 8a^3b^6$
⑤ $\left(\dfrac{b^3}{a^2}\right)^3 = \dfrac{b^9}{a^2}$

02 다음 중 □ 안에 알맞은 수가 가장 작은 것은?

① $a^{□} \times a^5 = a^8$
② $(a^{□})^5 = a^{10}$
③ $a^{□} \div a^4 = 1$
④ $(ab^2)^3 = a^3b^{□}$
⑤ $(a^3)^2 \times a^{□} = a^9$

03 n이 자연수일 때, $(-1)^n \times (-1)^{n+2} \times (-1)^{2n}$을 간단히 하면?

① $-n$
② -1
③ 1
④ n
⑤ $2n$

신유형
04 $10 \times 20 \times 30 = 2^a \times 3^b \times 5^c$일 때, 자연수 a, b, c에 대하여 $a+b-c$의 값을 구하시오.

서술형
05 $(x^2)^a \times (y^3)^3 \times x \times y^4 = x^9 y^b$일 때, 자연수 a, b에 대하여 $a+b$의 값을 구하시오.

06 다음 두 식을 모두 만족하는 자연수 a, b에 대하여 $a-b$의 값을 구하시오.

$$(4x^3)^2 = 16x^a, \quad \left(\dfrac{x^5}{y^a}\right)^4 = \dfrac{x^{20}}{y^b}$$

07 $8^3(4^2 + 4^2 + 4^2 + 4^2) = 2^a$일 때, 자연수 a의 값은?

① 9
② 12
③ 15
④ 18
⑤ 21

08 $3^2 = A$, $5^2 = B$라 할 때, 75^2을 A, B를 사용하여 나타내면?

① AB
② AB^2
③ AB^3
④ A^2B
⑤ A^2B^2

09 오른쪽 그림과 같이 한 장의 종이를 삼등분하여 한 번 접으면 그 두께는 처음의 3배가 된다. 두께가 1인 종이를 계속해서 삼등분하여 접을 때, 8번 접은 종이의 두께는 6번 접은 종이의 두께의 몇 배인지 구하시오.

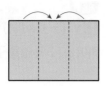

10 다음 중 옳은 것은?

① $3x^2 \times 5x^5 = 15x^{10}$

② $3x^2 y \times (-2xy^2)^3 = -6x^5 y^7$

③ $\dfrac{3}{2}x^2 y^4 \times \left(-\dfrac{4}{3}xy^3\right) = -2xy$

④ $3x^3 y^5 \div \dfrac{3}{2}x^3 y^4 = \dfrac{1}{2}xy$

⑤ $(-4x^2 y^3)^2 \div \left(-\dfrac{8}{5}x^4 y\right) = -10y^5$

11 $(-x^{⑦}y)^3 \div (-4xy^{⑭})^2 = -\dfrac{x^4}{16y^3}$일 때, ㈎, ㈏에 알맞은 자연수의 합은?

① 2   ② 3   ③ 4

④ 5   ⑤ 6

12 오른쪽 그림과 같은 직육면체 모양의 상자의 부피가 $18x^3 y^5$일 때, 이 상자의 높이를 구하시오.

13 단항식 $-12xy^3$에 어떤 식을 곱해야 할 것을 잘못하여 나누었더니 $4x^2 y$가 되었다. 이때 바르게 계산한 식을 구하시오.

14 다음 중 옳지 <u>않은</u> 것을 모두 고르면? (정답 2개)

① $x \times y \div z = \dfrac{xz}{y}$ ② $x \div y \div z = \dfrac{x}{yz}$

③ $x \div (y \times z) = \dfrac{yz}{x}$ ④ $x \times (y \div z) = \dfrac{xy}{z}$

⑤ $(x \div y) \div z = \dfrac{x}{yz}$

15 $2x^2 y^3 \div 6x^8 y^4 \times (-3x^4 y)^2 = Ax^B y^C$일 때, 자연수 A, B, C에 대하여 ABC의 값은?

① 2   ② 4   ③ 6

④ 8   ⑤ 9

16 $\left(\dfrac{1}{xy^3}\right)^2 \times (5x^4y^3)^2 \div \square = \dfrac{5x^6}{y}$ 일 때, $\square$ 안에 알맞은 식은?

① $\dfrac{3}{y}$ ② $\dfrac{5}{y}$ ③ $3y$

④ $5y$ ⑤ $5y^2$

서술형

17 두 식 A, B가 다음과 같을 때, $A \div B$를 간단히 하시오.

$$A = 12x^4y \div (-3x^3y) \times (2x^2y)^2$$
$$B = \frac{2}{3}xy^3 \times \left(-\frac{1}{2}x^2y\right)^3 \div \frac{3}{4}x^4y^5$$

UP

18 다음 그림에서 색칠한 부분의 식은 바로 위 사각형의 양 옆에 있는 두 식을 곱한 것과 같다. 이때 $B \times A \div C$를 간단히 하시오.

$-3xy^2$		A		C
	$12x^3y^4$		B	
		$-\frac{2}{3}x^5y^7$		

창의·융합 문제

큰 정삼각형 모양의 천을 다음과 같은 규칙으로 등분하여 작은 정삼각형 모양의 천 조각을 여러 개 만들려고 한다. [5단계]에서 남은 천 조각의 개수는 [2단계]에서 남은 천 조각의 개수의 몇 배인지 구하시오.

> [1단계] 큰 정삼각형 모양의 천을 4등분 한 후 가운데 천 조각 1개를 떼어 낸다.
> [2단계] 전 단계에서 남은 정삼각형 모양의 천 조각을 각각 4등분 한 후 각 천 조각의 가운데 천 조각 1개를 떼어 낸다.
> [3단계 이후] [2단계]를 계속 반복한다.
>
>
>
> [1단계]   [2단계]   [3단계]   …

해결의 길잡이

① 큰 정삼각형 모양의 천을 자를 때, [1단계], [2단계], [3단계], … 에서 남은 천 조각의 개수를 각각 구한다.

단계	1단계	2단계	3단계	…
남은 천 조각의 개수	3개	$3^\square$개	$3^\square$개	…

② 각 단계에서 남은 천 조각의 개수의 규칙을 이용하여 [5단계]에서 남은 천 조각의 개수를 구한다.

③ [5단계]에서 남은 천 조각의 개수는 [2단계]에서 남은 천 조각의 개수의 몇 배인지 구한다.

교과서 속

서술형 문제

1 $20^3 \times 5^4 = a \times 10^b$일 때, 자연수 a, b의 값을 각각 구하고, $20^3 \times 5^4$은 몇 자리 자연수인지 구하시오. (단, $0 < a < 10$)

2 $(2^2)^2 \times (5^3)^3 \times 8^3 = a \times 10^b$일 때, 자연수 a, b의 값을 각각 구하고, $(2^2)^2 \times (5^3)^3 \times 8^3$은 몇 자리 자연수인지 구하시오. (단, $10 < a < 100$)

1 20을 소인수분해하면?

$20 = 2^{\square} \times 5$

2 $20^3 \times 5^4$을 소인수분해하면?

$20^3 \times 5^4 = (2^{\square} \times 5)^3 \times 5^4 = 2^{\square} \times 5^{\square}$ ⋯ 30 %

3 **2**에서 소인수분해한 것을 $a \times 10^b$의 꼴로 나타내어 a, b의 값을 각각 구하면?

$2^{\square} \times 5^{\square} = \square \times (2^6 \times 5^6) = \square \times 10^{\square}$
$\therefore a = \square,\ b = \square$ ⋯ 50 %

4 $20^3 \times 5^4$은 몇 자리 자연수인가?

$20^3 \times 5^4 = \square \times 10^{\square}$이므로
$20^3 \times 5^4$은 $\square$자리 자연수이다. ⋯ 20 %

1 8을 소인수분해하면?

2 $(2^2)^2 \times (5^3)^3 \times 8^3$을 소인수분해하면?

3 **2**에서 소인수분해한 것을 $a \times 10^b$의 꼴로 나타내어 a, b의 값을 각각 구하면?

4 $(2^2)^2 \times (5^3)^3 \times 8^3$은 몇 자리 자연수인가?

바른답·알찬풀이 14쪽

3 $A=5^{x+1}$일 때, $125^x=kA^3$을 만족하는 수 k의 값을 구하시오.

✎ 풀이 과정

답 _____

5 오른쪽 그림과 같이 밑면의 반지름의 길이가 $4ab$인 원뿔의 부피가 $48\pi a^3b^2$일 때, 이 원뿔의 높이를 구하시오.

✎ 풀이 과정

답 _____

4 $a=-2$, $b=3$일 때, 다음 식의 값을 구하시오.

$$(-a^3b^4)^3 \div \left(-\frac{1}{2}a^5b^3\right)^2 \times \frac{a^3}{b^5}$$

✎ 풀이 과정

답 _____

6 두 식 a, b에 대하여 $\diamondsuit$, $\blacktriangle$를 각각 $a\diamondsuit b=a^2b$, $a\blacktriangle b=ab^2$으로 약속하자. 이때 $4x^2y\diamondsuit A=16x^8y^3$, $B\blacktriangle(-2x)=12x^3y^2$을 만족하는 두 식 A, B에 대하여 $\dfrac{A}{B}$를 간단히 하시오.

✎ 풀이 과정

답 _____

연습 명언

"나의 유일한 경쟁자는 어제의 나다. 연습실에 들어서면 어제 한 연습보다 더 강도 높은 연습을 한 번, 1분이라도 더 하기로 마음먹는다. 어제를 넘어선 오늘의 나를 만드는 것, 이것이 내 삶의 모토이다." – 발레리나, 강수진

"95세가 된 지금도 나는 매일 여섯 시간씩 연습한다. 왜냐하면 내 연주 실력이 아직도 조금씩 향상되고 있다는 걸 느끼기 때문이다." – 첼리스트, 파블로 카잘스

"하루를 연습하지 않으면 자신이 알고, 이틀을 연습하지 않으면 아내가 알고, 사흘을 연습하지 않으면 관객이 안다." – 지휘자, 레너드 번스타인

이들처럼 연습을 평범한 일상으로 만든 사람들은 모두 비범한 인물이 되었습니다.

03

다항식의 계산

배운내용 Check

1 다음 식을 간단히 하시오.

(1) $2(x-1)+3(2x-5)$ (2) $4(x+2)-(3x-1)$

2 다음 식을 간단히 하시오.

(1) $5x^3 \times 2x^4$ (2) $12a^7 \div (-3a^2)$

정답 **1** (1) $8x-17$ (2) $x+9$
   2 (1) $10x^7$ (2) $-4a^5$

다항식의 덧셈과 뺄셈

개념 알아보기

1 다항식의 덧셈과 뺄셈

(1) **다항식의 덧셈**

괄호가 있으면 괄호를 먼저 풀고 동류항끼리 모아서
간단히 한다.
└▸ 문자와 차수가 각각 같은 항

(2) **다항식의 뺄셈**

빼는 식의 각 항의 부호를 바꾸어 더한다.

➡ $A-(B+C)=A-B-C$ ┐ 괄호 앞에 −가 있으면
$A-(B-C)=A-B+C$ ┘ 괄호를 풀 때 괄호 안의
각 항의 부호를 바꾼다.

> 동류항
> $(a+2b)+(3a-4b)$
> 동류항
> $=(a+3a)+(2b-4b)$
> $=4a-2b$

다항식의 덧셈과 뺄셈은 $a+2b$
세로셈으로도 할 수 있다. $+)\ 3a-4b$
                          $\overline{4a-2b}$

2 여러 가지 괄호가 있는 식의 계산

(소괄호) → {중괄호} → [대괄호]의 순서로 괄호를 풀고 동류항끼리 모아서 간단히 한다.

예 $5x-[2x-\{y-(x+3y)\}]=5x-\{2x-(y-x-3y)\}$
$\qquad\qquad\qquad\qquad\qquad =5x-\{2x-(-x-2y)\}$
$\qquad\qquad\qquad\qquad\qquad =5x-(2x+x+2y)$
$\qquad\qquad\qquad\qquad\qquad =5x-(3x+2y)$
$\qquad\qquad\qquad\qquad\qquad =5x-3x-2y$
$\qquad\qquad\qquad\qquad\qquad =2x-2y$

개념 자세히 보기

• **다항식의 덧셈**

$(2x+3y)+(3x-5y)$ ⎫ 괄호 풀기
$=2x+3y+3x-5y$ ⎬ 동류항끼리 모으기
$=2x+3x+3y-5y$ ⎭ 간단히 하기
$=5x-2y$

• **다항식의 뺄셈**

$(2x+3y)-(3x-5y)$ ⎫ 빼는 식의 각 항의 부호 바꾸기
$=2x+3y-3x+5y$ ⎬ 동류항끼리 모으기
$=2x-3x+3y+5y$ ⎭ 간단히 하기
$=-x+8y$

» 익힘교재 16쪽

☞ 바른답·알찬풀이 15쪽

개념 확인하기

1 다음 ☐ 안에 알맞은 것을 써넣으시오.

(1) $(a+3b)+(4a+6b)$
$\quad =a+3b+4a+\boxed{}$
$\quad =a+\boxed{}+3b+6b$
$\quad =\boxed{}a+\boxed{}b$

(2) $(2a+7b)-(4a-3b)$
$\quad =2a+7b-4a+\boxed{}$
$\quad =2a-4a+\boxed{}+3b$
$\quad =\boxed{}a+\boxed{}b$

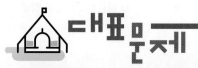

다항식의 덧셈과 뺄셈

01 다음 식을 간단히 하시오.

(1) $(-x+3y)+(2x-5y)$

(2) $(a+9b-6)+(3a-4b+1)$

(3) $3(5x-4y)-(-2x+7y)$

(4) $(4x-8y+5)-2(x+3y-2)$

02 다음 식을 간단히 하시오.

(1) $\dfrac{2x-5y}{3}+\dfrac{3x-y}{4}$

$=\dfrac{\boxed{}(2x-5y)+\boxed{}(3x-y)}{12}$

$=\dfrac{\boxed{}x-\boxed{}y}{12}$

(2) $\dfrac{3a-b}{2}-\dfrac{a-5b}{3}$

(3) $\left(\dfrac{1}{5}a+b\right)-\left(\dfrac{1}{4}a-\dfrac{4}{3}b\right)$

03 $\left(\dfrac{1}{3}x-\dfrac{3}{2}y\right)-\left(\dfrac{5}{6}x+\dfrac{1}{3}y\right)=ax+by$일 때, 수 a, b 에 대하여 $a-b$의 값을 구하시오.

04 $2x+3y-1+\boxed{}=3x-y+4$일 때, $\boxed{}$ 안에 알 맞은 식을 구하시오.

> **TIP** $A+\boxed{}=B$이면 $\boxed{}=B-A$

여러 가지 괄호가 있는 식의 계산

05 다음 식을 간단히 하시오.

(1) $-x+8y-\{4x-(x+y)\}$

(2) $3x-[2y+\{y-(4x-y)\}]$

> **TIP** (소괄호) → {중괄호} → [대괄호]의 순서로 괄호를 푼 다. 이때 빼는 식의 부호에 주의한다.

06 $a-5b-[-2a+b+\{6-(2a-b)\}-7]$을 간단 히 하면?

① $-3a-3b-1$　　② $3a-3b+1$

③ $a-5b+13$　　④ $5a-7b+1$

⑤ $5a-5b+1$

▸▸ 익힘교재 17쪽

이차식의 덧셈과 뺄셈

개념 알아보기

1 이차식

한 문자에 대한 차수가 2인 다항식을 그 문자에 대한 **이차식**
이라 한다.
└→ 문자의 곱해진 개수

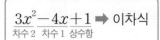

$3x^2 - 4x + 1 \Rightarrow$ 이차식
차수 2 차수 1 상수항

예 $3x^2 - 4x + 1$은 x에 대한 이차식이고 $-a^2 + 3$은 a에 대한 이차식이다.

참고 a, b, c는 수, $a \neq 0$일 때

① $ax + b \Rightarrow x$에 대한 일차식

② $ax^2 + bx + c \Rightarrow x$에 대한 이차식

2 이차식의 덧셈과 뺄셈

괄호를 풀고 동류항끼리 모아서 간단히 한다.
└→ 이차항끼리, 일차항끼리, 상수항끼리 계산한다.

참고 보통 차수가 높은 항부터 낮은 항의 순서로 정리한다.

개념 자세히 보기

• 이차식의 덧셈

$(4x^2 + 2x + 3) + (x^2 - 5x)$ ⎫ 괄호 풀기

$= 4x^2 + 2x + 3 + x^2 - 5x$ ⎬ 동류항끼리 모으기

$= \underbrace{(4x^2 + x^2)}_{\text{이차항}} + \underbrace{(2x - 5x)}_{\text{일차항}} + \underbrace{3}_{\text{상수항}}$ ⎭ 간단히 하기

$= 5x^2 - 3x + 3$

• 이차식의 뺄셈

$(4x^2 + 2x + 3) - (x^2 - 5x)$ ⎫ 괄호 풀기

$= 4x^2 + 2x + 3 - x^2 + 5x$ ⎬ 동류항끼리 모으기

$= \underbrace{(4x^2 - x^2)}_{\text{이차항}} + \underbrace{(2x + 5x)}_{\text{일차항}} + \underbrace{3}_{\text{상수항}}$ ⎭ 간단히 하기

$= 3x^2 + 7x + 3$

》》 익힘교재 16쪽

🖎 바른답 · 알찬풀이 16쪽

 1 다음 중 이차식인 것은 ○표, 이차식이 아닌 것은 ×표를 하시오.

(1) $2x - y + 3$ (   )   (2) $-x^2$ (   )   (3) $3a^2 + 2a - 3a^2$ (   )

2 다음 □ 안에 알맞은 수를 써넣으시오.

(1) $(2x^2 - 3x + 1) + (-x^2 - 4x + 3) = 2x^2 - 3x + 1 - x^2 - 4x + 3$

$\qquad\qquad = 2x^2 - x^2 - 3x - \boxed{}x + 1 + \boxed{}$

$\qquad\qquad = x^2 - \boxed{}x + \boxed{}$

(2) $(3x^2 + 4) - (5x^2 - 2x + 1) = 3x^2 + 4 - 5x^2 + 2x - 1$

$\qquad\qquad = 3x^2 - \boxed{}x^2 + \boxed{}x + 4 - \boxed{}$

$\qquad\qquad = \boxed{}x^2 + \boxed{}x + \boxed{}$

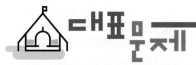

이차식의 덧셈과 뺄셈

01 다음 식을 간단히 하시오.

(1) $(-a^2+2a-1)+(3a^2+5)$

(2) $(x^2-3x+5)+4(-x^2+2x-3)$

(3) $(3y^2-y)-(-y^2-4y+9)$

(4) $(-5a^2+4a-3)-(-6a^2+2a-7)$

02 다음 식을 간단히 하시오.

(1) $\left(-a^2-\dfrac{5}{2}a-\dfrac{2}{3}\right)+\left(-2a^2-\dfrac{1}{2}a+\dfrac{1}{6}\right)$

(2) $\dfrac{x^2-4x-1}{2}-\dfrac{2x^2-7x}{5}$

03 $4(2x^2-x+1)-3(x^2-3x+5)$를 간단히 하였을 때, x^2의 계수와 상수항의 합을 구하시오.

04 $4x^2-x+1$에 다항식 A를 더했더니 $2x^2+x-3$이 되었다. 이때 다항식 A를 구하시오.

> **TIP** 주어진 문장을 등식으로 나타낸 후 등식의 좌변에 다항식 A만 남기고 모두 우변으로 이항한다.

여러 가지 괄호가 있는 이차식의 계산

05 다음 식을 간단히 하시오.

(1) $2a^2-\{5a^2+3a-(7a+2)\}$

(2) $5-[-3\{2x^2-4(2-x)\}+x^2]$

> **TIP** (소괄호) → {중괄호} → [대괄호]의 순서로 괄호를 푼다. 이때 빼는 식의 부호에 주의한다.

06 $3x+1-[2x^2-x-\{3x-(x^2-x+2)\}]$를 간단히 하면 ax^2+bx+c일 때, 수 a, b, c에 대하여 abc의 값은?

① -24　　② -12　　③ 12

④ 24　　⑤ 48

>> 익힘교재 18쪽

● 개념 REVIEW

01 다음 **보기** 중 옳은 것을 모두 고르시오.

┤보기├

ㄱ. $2(x+y)-(3x-2y+5)=-x+4y+7$

ㄴ. $3(x^2-2x+1)+2(-x^2+x+4)=x^2-4x+11$

ㄷ. $\dfrac{2x^2-x+1}{3}-\dfrac{-x^2+2x-3}{2}=\dfrac{7x^2-8x+11}{6}$

> 다항식의 덧셈과 뺄셈
> • 괄호를 풀고 ❶◻◻◻끼리 모아서 간단히 한다.
> • 계수가 분수인 경우는 분모의 최소공배수로 통분한다.

02 $\boxed{}-2(x^2+3x-1)=-x^2+x+4$일 때, $\boxed{}$ 안에 알맞은 식은?

① $-2x^2+2x-3$ ② $-x^2+4x-5$ ③ x^2+7x+2

④ $2x^2+2x-5$ ⑤ $3x^2+5x-6$

> 어떤 다항식 ◻ 구하기
> • $\boxed{}+A=B \Rightarrow \boxed{}=B-A$
> • $\boxed{}-A=B \Rightarrow \boxed{}=B+A$
> • $A-\boxed{}=B \Rightarrow \boxed{}=A-B$

03 다음 식을 간단히 하시오.

(1) $5x-[3y-2\{x+y-3(2x-4y)\}]$

(2) $2a^2-[-\{5a-4(a^2-2a)\}+5a^2-3]$

> 여러 가지 괄호가 있는 식의 계산
> 소괄호 → ❷◻◻◻ → 대괄호 의 순서로 괄호를 푼다.

04 $6a-5b+1$에 어떤 다항식을 더해야 할 것을 잘못하여 뺐더니 $4a-7b+5$가 되었다. 이때 바르게 계산한 식을 구하시오.

> 바르게 계산한 식 구하기
> 잘못 계산한 식을 세워 어떤 다항식을 먼저 구한다.

04-1 어떤 다항식에 $2x+4y-3$을 더해야 할 것을 잘못하여 뺐더니 $-3x+5y-6$이 되었다. 이때 바르게 계산한 식을 구하시오.

⟫ 익힘교재 19쪽

답 ❶ 동류항 ❷ 중괄호

단항식과 다항식의 곱셈과 나눗셈

1 단항식과 다항식의 곱셈

(1) **단항식과 다항식의 곱셈**: 분배법칙을 이용하여 단항식을 다항식의 각 항에 곱하여 계산한다.

(2) **전개**: 단항식과 다항식의 곱을 분배법칙을 이용하여 괄호를 풀어 하나의 다항식으로 나타내는 것

(3) **전개식**: 전개하여 얻은 다항식

$$2x(x+y-3)=2x^2+2xy-6x$$

전개 / 전개식

2 다항식과 단항식의 나눗셈

[**방법 1**] 나눗셈을 곱셈으로 바꾸고 다항식의 각 항에 단항식의 역수를 곱한다.

$$\Rightarrow (A+B) \div C = (A+B) \times \frac{1}{C} = A \times \frac{1}{C} + B \times \frac{1}{C}$$

÷를 ×로 / 역수로

[**방법 2**] 분수의 꼴로 바꾸어 다항식의 각 항을 단항식으로 나눈다.

$$\Rightarrow (A+B) \div C = \frac{A+B}{C} = \frac{A}{C} + \frac{B}{C}$$

(참고) 나누는 식이 분수의 꼴이거나 나눗셈이 2개 이상인 경우에는 [방법 1]을 이용하는 것이 편리하다.

개념 자세히 보기

• **단항식과 다항식의 곱셈**

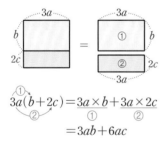

$$①③a(b+2c) = 3a \times b + 3a \times 2c$$
$$= 3ab + 6ac$$

• **다항식과 단항식의 나눗셈**

[방법 1]

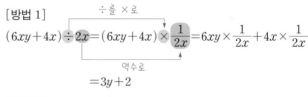

$$(6xy+4x) \div 2x = (6xy+4x) \times \frac{1}{2x} = 6xy \times \frac{1}{2x} + 4x \times \frac{1}{2x}$$
$$= 3y+2$$

÷를 ×로 / 역수로

[방법 2]

$$(6xy+4x) \div 2x = \frac{6xy+4x}{2x} = \frac{6xy}{2x} + \frac{4x}{2x} = 3y+2$$

분수의 꼴로 고치기

➡ 익힘교재 16쪽

⟫ 바른답·알찬풀이 17쪽

 1 다음 ☐ 안에 알맞은 것을 써넣으시오.

(1) $x(3x+3) = x \times \boxed{} + \boxed{} \times 3 = \boxed{}$

(2) $(9x^2+3xy) \div 3x = \dfrac{9x^2+3xy}{\boxed{}} = \dfrac{9x^2}{\boxed{}} + \dfrac{3xy}{\boxed{}} = \boxed{}$

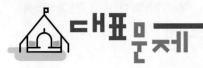

바른답·알찬풀이 17쪽

단항식과 다항식의 곱셈

01 다음 식을 전개하시오.

(1) $3x(5x+2y)$

(2) $\dfrac{x}{4}(8-12x)$

(3) $(-x+5y)\times(-2y)$

(4) $(-2x+y-3)\times 4xy$

(5) $-\dfrac{1}{2}a(8a+6b-4)$

02 다음 식을 간단히 하시오.

(1) $2x(3x-5y)-3y(y-2x)$

(2) $6x\left(\dfrac{1}{3}x-\dfrac{1}{2}y\right)-4x\left(\dfrac{1}{2}x-\dfrac{5}{4}y\right)$

03 $-2x(3x-2y+1)$을 간단히 하였을 때, xy의 계수는?

① -6 ② -4 ③ -3
④ 4 ⑤ 6

다항식과 단항식의 나눗셈

04 다음 식을 간단히 하시오.

(1) $(-2ab+6b)\div 6b$

(2) $(9x^2y+12y^2)\div(-3y)$

(3) $(3ab^2-2b^2)\div\left(-\dfrac{b}{2}\right)$

(4) $(6x^2y-4xy^2+2xy)\div(-4xy)$

05 다음 식을 간단히 하시오.

(1) $(6x^3-9x^2+x)\div 3x+(4x^2+8x)\div(-2x)$

(2) $\dfrac{4ab-5b^2}{b}-\dfrac{2a^3+a^2b}{a^2}$

06 $(-2y)\times\boxed{}=2x^2y-6xy+12y$일 때, $\boxed{}$ 안에 알맞은 식을 구하시오.

> **TIP** $A\times\boxed{}=B$이면 $\boxed{}=B\div A$

익힘교재 20쪽

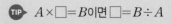

개념 12 다항식의 혼합 계산

개념 알아보기

1 다항식의 혼합 계산

덧셈, 뺄셈, 곱셈, 나눗셈이 혼합된 식은 다음과 같은 순서로 계산한다.

❶ 거듭제곱이 있으면 지수법칙을 이용하여 거듭제곱을 먼저 계산한다.

❷ 괄호가 있으면 (소괄호) → {중괄호} → [대괄호]의 순서로 괄호를 푼다.

❸ 분배법칙을 이용하여 곱셈, 나눗셈을 한다.

❹ 동류항끼리 모아서 덧셈, 뺄셈을 하여 간단히 한다.

주의 덧셈, 뺄셈, 곱셈, 나눗셈이 혼합된 식의 계산에서는 반드시 $\times$, $\div$의 계산을 $+$, $-$의 계산보다 먼저 해야 한다.

➡ $4x+6x\div2=4x+3x=7x\ (\bigcirc)$, $4x+6x\div2=10x\div2=5x\ (\times)$

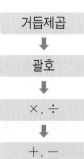

2 식의 대입

주어진 식의 문자에 그 문자를 나타내는 다른 식을 대입하여 주어진 식을 다른 문자에 대한 식으로 나타낼 수 있다. ➡ 문자에 식을 대입할 때에는 반드시 괄호로 묶어서 대입한다.

예 $y=x+3$일 때, $x-2y+1$을 x에 대한 식으로 나타내어 보자.

$x-2y+1=x-2(x+3)+1=-x-5$

개념 자세히 보기 **다항식의 혼합 계산**

$(4x^2-5xy)\div x-2(x-y)$

$=\dfrac{4x^2-5xy}{x}-2x+2y$ ⟩ 곱셈, 나눗셈하기

$=4x-5y-2x+2y$

$=2x-3y$ ⟩ 덧셈, 뺄셈하기

➡ 익힘교재 16쪽

바른답·알찬풀이 18쪽

개념 확인하기

1 다음 ☐ 안에 알맞은 것을 써넣으시오.

(1) $3x(x+2y)+(2x^2y-6x)\div2x=3x\times\boxed{}+3x\times\boxed{}+\dfrac{2x^2y-6x}{\boxed{}}$

$=\boxed{}+6xy+\boxed{}-3$

$=3x^2+\boxed{}-3$

(2) $(9x^2+15xy)\div3x-2(-x+3y)=\dfrac{9x^2+15xy}{\boxed{}}-2\times(-x)-2\times\boxed{}$

$=\boxed{}+5y+\boxed{}-6y$

$=\boxed{}-y$

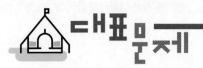

다항식의 혼합 계산

01 다음 식을 간단히 하시오.

(1) $\left(-3x^2+\dfrac{6}{5}x\right)\div 3x\times(-10x)$

(2) $2a\left(2a+\dfrac{5}{2}b\right)-(4a^3b-2a^2b^2)\div ab$

(3) $(a^2b-2ab^2)\times 8a^2b\div(-2ab)^2-5ab$

(4) $xy\left(\dfrac{y}{x}-\dfrac{x}{y}\right)-\dfrac{2x^3y+xy^3}{xy}$

02 $(9x^2+18x^2y^2)\div 9x^2+3y(-8x-5y)$를 간단히 하였을 때, y^2의 계수를 a, 상수항을 b라 하자. 이때 $b-a$의 값을 구하시오.

03 다음 식을 간단히 하시오.

$$3b(a-1)-\{(4a^2b+2ab)\div(-2ab)+3ab\}$$

단항식과 다항식의 곱셈과 나눗셈의 활용

04 오른쪽 그림과 같은 사다리꼴의 넓이를 구하시오.

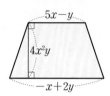

TIP (사다리꼴의 넓이)
$=\dfrac{1}{2}\times\{($윗변의 길이$)+($아랫변의 길이$)\}\times($높이$)$
임을 이용한다.

05 오른쪽 그림과 같은 직육면체의 부피가 $12a^3b-6a^2b^2$일 때, 이 직육면체의 높이를 구하시오.

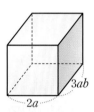

TIP (기둥의 부피)$=($밑넓이$)\times($높이$)$임을 이용한다.

식의 대입

06 $x=2y-1$일 때, 다음 식을 y에 대한 식으로 나타내시오.

(1) $2x-y$　　　　　　(2) $-x+3y+2$

07 $A=x-y$, $B=-3x+2y$일 때, $A+B$를 x, y에 대한 식으로 나타내시오.

익힘교재 21쪽

01 $-5x(x^2-2x+3)=ax^3+bx^2+cx$일 때, 수 a, b, c에 대하여 $a+b-c$의 값은?

① -10 ② -5 ③ 20

④ 25 ⑤ 30

02 다음 식을 간단히 하면?

$$(4a^2b-8ab^2+ab)\div\frac{4}{5}ab$$

① $-5a-10b+\dfrac{4}{5}$ ② $-5a+10b-\dfrac{5}{4}$

③ $5a-10b+\dfrac{4}{5}$ ④ $5a-10b+\dfrac{5}{4}$

⑤ $5a+10b-\dfrac{5}{4}$

03 다음 중 옳은 것은?

① $-a(2a-b)=-2a^2-ab$ ② $x^2-x(2x-1)=-x^2+1$

③ $2(x^2+xy)\div x=2x+2x^2y$ ④ $(6a^2-3a)\div\dfrac{2}{3}a=4a^3-2a^2$

⑤ $(-x^3y+2xy^2)\div\left(-\dfrac{1}{5}xy\right)=5x^2-10y$

04 $\square\div\left(-\dfrac{3}{2}ab\right)=6a^2b-4b+10$일 때, $\square$ 안에 알맞은 식을 구하시오.

● 개념 REVIEW

05 다음 식을 간단히 하시오.

$$\{4x(x-5)-x(7x-8)\}\div 3x$$

> 다항식의 혼합 계산
> 거듭제곱 ⇨ 괄호
> ⇨ ×, ❶☐ ⇨ +, ❷☐

06 오른쪽 그림에서 색칠한 부분의 넓이를 구하시오.

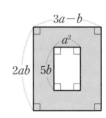

> 단항식과 다항식의 곱셈과 나눗셈의 활용
> 평면도형의 넓이가 주어지면 넓이를 구하는 공식을 이용하여 등식을 세운다.

07 $A=(x^4-x^3y+5x^2)\div x^2$, $B=x(x-3y)$일 때, $A-B$를 x, y에 대한 식으로 나타내시오.

> 식의 대입
> ❶ 주어진 식을 간단히 한다.
> ❷ 대입하는 식을 괄호로 묶어서 ❸☐☐하여 간단히 한다.

08 $x=2$, $y=3$일 때, $2(2x-y)-(4y^2-6xy)\div 2y$의 값을 구하시오.

> 식의 값 구하기
> ❶ 주어진 식을 간단히 한다.
> ❷ 간단히 한 식의 문자에 주어진 수를 대입한다. 이때 대입하는 수가 음수이면 괄호에 넣어서 대입한다.

08-1 $x=-2$, $y=\dfrac{1}{4}$일 때, $\dfrac{1}{2}x(6x-2y)+(9x^3y-3x^2y^2)\div 3xy$의 값을 구하시오.

>> 익힘교재 22쪽

답 ❶ ÷ ❷ − ❸ 대입

01 $2(5x-4y+6)-(-2x+3y+7)$ 을 간단히 하였을 때, x의 계수와 상수항의 합은?

① -3　　　② 2　　　③ 7
④ 12　　　⑤ 17

02 $\left(\dfrac{1}{3}a-\dfrac{3}{2}b+1\right)+\left(\dfrac{1}{6}a+\dfrac{3}{4}b-2\right)$ 를 간단히 하면?

① $\dfrac{1}{6}a-\dfrac{9}{4}b-3$　　　② $\dfrac{1}{6}a-\dfrac{3}{4}b+1$

③ $\dfrac{1}{2}a-\dfrac{9}{4}b-3$　　　④ $\dfrac{1}{2}a-\dfrac{3}{4}b-1$

⑤ $\dfrac{1}{2}a+\dfrac{3}{4}b+3$

03 $4x+7y+\boxed{}=-x+5y$일 때, $\boxed{}$ 안에 알맞은 식은?

① $-5x-2y$　　　② $-5x+2y$
③ $3x-11y$　　　④ $3x+11y$
⑤ $5x-2y$

04 다음 식을 간단히 하시오.

$$5b-2a-\{3a-(4a+b)+2b\}$$

05 $(3x^2+x+5)-2\left(\dfrac{5}{2}x^2-\dfrac{7}{2}x+\dfrac{1}{2}\right)=ax^2+bx+c$
일 때, 수 a, b, c에 대하여 abc의 값을 구하시오.

서술형
06 $(ax^2+4x-1)-(2x^2-3x+4)$를 간단히 하면 x^2의 계수와 x의 계수가 서로 같다. 이때 수 a의 값을 구하시오.

07 어떤 다항식에서 $3a^2-a+5$를 빼야 할 것을 잘못하여 더했더니 $-5a^2+3a+2$가 되었다. 이때 바르게 계산한 식을 구하시오.

08 다음 중 옳지 <u>않은</u> 것은?

① $x(x-y+1)=x^2-xy+x$

② $-xy(x-y)=-x^2y+xy^2$

③ $-3x(x+1)=-3x^2-3x$

④ $(8xy^2-6y^2)\div(-2y^2)=-4x+3$

⑤ $(-4x^2+2x)\div\left(-\dfrac{x}{2}\right)=2x-1$

09 다음 식을 전개하여 간단히 했을 때, x^2의 계수와 xy의 계수를 차례대로 구하시오.

$$3x(x+4y+4)-2x(-x+y-1)$$

10 $\dfrac{9xy-12x^2}{-3x}-\dfrac{16y^2-20xy}{4y}=ax+by$일 때, 수 a, b에 대하여 $a-b$의 값을 구하시오.

11 다항식 A를 $-3a$로 나누었더니 $4a-3b$가 되었다. 이때 다항식 A를 구하시오.

12 다음 보기 중 $-5x(2x+7y)+\dfrac{x^2y-4x^2y^2+3xy^2}{xy}$

을 간단히 한 결과에 대한 설명으로 옳은 것을 모두 고른 것은?

┤ 보기 ├

ㄱ. x^2의 계수는 -10이다.

ㄴ. xy의 계수는 -31이다.

ㄷ. x의 계수는 -1이다.

ㄹ. y의 계수는 3이다.

① ㄱ, ㄴ ② ㄱ, ㄹ ③ ㄴ, ㄷ

④ ㄴ, ㄹ ⑤ ㄷ, ㄹ

서술형
13 다음 식에 대하여 물음에 답하시오.

$$2xy(-3x+2y)-(2x^3y^2-x^2y^3)\div\left(-\dfrac{1}{3}xy\right)$$

(1) 주어진 식을 간단히 하시오.

(2) $x=-2$, $y=3$일 때, 주어진 식의 값을 구하시오.

14 밑변의 길이가 $8xy$인 삼각형의 넓이가 $32x^2y-4xy^3$일 때, 이 삼각형의 높이를 구하시오.

UP

15 오른쪽 그림과 같이 가로, 세로의 길이가 각각 $4x$, $3y$인 직사각형에서 색칠한 부분의 넓이를 구하시오.

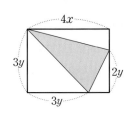

16 오른쪽 그림과 같이 밑면의 반지름의 길이가 $2a^2b$인 원기둥의 부피가 $20\pi a^2b^3$일 때, 이 원기둥의 겉넓이를 구하시오.

17 $A=4x-3y$, $B=2x+y$일 때, $3(A-2B)-(A-4B)$를 x, y에 대한 식으로 나타내시오.

신유형

18 두 순서쌍 (x_1, y_1), (x_2, y_2)에 대하여 $(x_1, y_1)◎(x_2, y_2)=x_1x_2+y_1y_2$로 약속할 때, 다음 식을 간단히 하시오.

$$(-1, 4x)◎(8xy, x+y)$$

창의·융합 문제

미래는 떡집에 한 변의 길이가 a cm인 정사각형을 밑면으로 하고 높이가 5 cm인 직육면체 모양의 떡을 주문하였다. 그러나 집으로 배달된 떡은 주문한 떡과 높이와 밑면의 세로의 길이는 같았지만 밑면의 가로의 길이가 3 cm만큼 더 길었다.

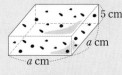

[주문한 떡]

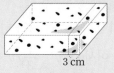

[배달된 떡]

집으로 배달된 떡의 부피는 주문한 떡의 부피보다 얼마나 더 큰지 구하시오.

해결의 길잡이

1 미래가 주문한 떡의 부피를 구한다.

2 집으로 배달된 떡의 부피를 구한다.

3 집으로 배달된 떡의 부피는 주문한 떡의 부피보다 얼마나 더 큰지 구한다.

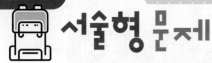

1 어떤 다항식에 $3xy^2$을 곱해야 할 것을 잘못하여 나누었더니 $4x^3y^5 - \dfrac{1}{3}xy^4$이 되었다. 이때 바르게 계산한 식을 구하시오.

2 어떤 다항식을 $-xy^2$으로 나누어야 할 것을 잘못하여 곱했더니 $5x^3y^5 - 3x^2y^4$이 되었다. 이때 바르게 계산한 식을 구하시오.

❶ 어떤 다항식을 A라 할 때, 잘못 계산한 결과를 이용하여 식을 세우면?

어떤 다항식을 A라 하면 다항식 A를 $3xy^2$으로 나누어서 $4x^3y^5 - \dfrac{1}{3}xy^4$이 되었으므로

$A \div \boxed{} = 4x^3y^5 - \dfrac{1}{3}xy^4$ … 30 %

❶ 어떤 다항식을 A라 할 때, 잘못 계산한 결과를 이용하여 식을 세우면?

❷ 어떤 다항식 A를 구하면?

$A \div \boxed{} = 4x^3y^5 - \dfrac{1}{3}xy^4$에서

$A = \left(4x^3y^5 - \dfrac{1}{3}xy^4\right) \times \boxed{}$

$ = 4x^3y^5 \times \boxed{} - \dfrac{1}{3}xy^4 \times \boxed{}$

$ = \boxed{}$ … 40 %

❷ 어떤 다항식 A를 구하면?

❸ 바르게 계산한 식을 구하면?

어떤 다항식이 $\boxed{}$이므로 바르게 계산하면

$(\boxed{}) \times 3xy^2$

$= \boxed{} \times 3xy^2 - \boxed{} \times 3xy^2$

$= \boxed{}$ … 30 %

❸ 바르게 계산한 식을 구하면?

3 $x-\dfrac{3x-y+1}{2}-\dfrac{x-3y}{6}=ax+by+c$일 때,
수 a, b, c에 대하여 $a+b-c$의 값을 구하시오.

✏ **풀이 과정**

답 _____

5 $-x(5x+y)+2y(-3x+4y)$를 간단히 하였
을 때, x^2의 계수를 a, xy의 계수를 b, y^2의 계수를 c
라 하자. 이때 $a-b+c$의 값을 구하시오.

✏ **풀이 과정**

답 _____

4 $4x^2-3x-1$에 다항식 A를 더하면
x^2+2x+6이고, $-2x^2+x-5$에서 다항식 B를
빼면 $-3x+1$일 때, $A+B$를 간단히 하시오.

✏ **풀이 과정**

답 _____

6 다음 ☐ 안에 알맞은 식을 구하시오.

$$2x(-3x+5y)+\boxed{}\times\left(-\dfrac{1}{2}x\right)=3x^2-2xy$$

✏ **풀이 과정**

답 _____

땅벌

기체역학론적인 측면과
항공기 모형 제작 실험에 의하면
땅벌은 절대 날아갈 수 없습니다.

그 이유는
몸의 크기에 비해 날개의 크기가 너무 작아서
땅벌이 날아가는 것을
불가능하게 하기 때문입니다.

그러나 땅벌은
이러한 과학적 사실과는 전혀 무관한 듯
어디든 날아다니며
매일매일 조금씩 꿀을 저장합니다.

– 이가출판사, 〈지금 이 순간 나에게 필요한 한마디〉 중에서

04

일차부등식

배운내용 Check

1 다음 문장을 부등호를 사용하여 나타내시오.

(1) x는 3보다 크다.

(2) x는 -3 이상이다.

(3) x는 3보다 크지 않다.

(4) x는 -3보다 크고 0보다 작거나 같다.

정답 **1** (1) $x > 3$ (2) $x \geq -3$ (3) $x \leq 3$ (4) $-3 < x \leq 0$

개념 13 부등식과 그 해

개념 알아보기

1 부등식

부등호 <, >, ≤, ≥를 사용하여 수 또는 식의 대소 관계를 나타낸 것

(예) $2<3$, $x \leq 1$, $2x+1 \geq 5$는 모두 부등식이다.

2 부등식의 표현

$a<b$	$a>b$	$a \leq b$	$a \geq b$
a는 b보다 작다. a는 b 미만이다.	a는 b보다 크다. a는 b 초과이다.	a는 b보다 작거나 같다. a는 b보다 크지 않다. a는 b 이하이다.	a는 b보다 크거나 같다. a는 b보다 작지 않다. a는 b 이상이다.

(참고) $a \leq b$는 '$a<b$ 또는 $a=b$', $a \geq b$는 '$a>b$ 또는 $a=b$'임을 의미한다.

3 부등식의 해

(1) **부등식의 해**: 미지수를 포함한 부등식을 참이 되게 하는 미지수의 값

(2) **부등식을 푼다**: 부등식의 해를 모두 구하는 것

개념 자세히 보기

부등식의 해

x가 자연수일 때, 부등식 $x+3<6$을 참이 되게 하는 x의 값을 구해 보자.

$x=1$일 때, $\underset{4}{1+3}<6$ → 참 $\Big]$ $x=1, 2$일 때, 참 ⟶ 부등식의 해

$x=2$일 때, $\underset{5}{2+3}<6$ → 참

$x=3$일 때, $\underset{6}{3+3}<6$ → 거짓 $\Big]$ x가 3 이상일 때, 거짓

⋮

➡ x가 자연수일 때, 부등식 $x+3<6$의 해는 1, 2이다.

» 익힘교재 23쪽

» 바른답 · 알찬풀이 22쪽

개념 확인하기

1 다음 보기 중 부등식인 것을 모두 고르시오.

┌ 보기 ┐

ㄱ. $3x+2=4$ ㄴ. $x>6$ ㄷ. $-2x+7$ ㄹ. $2a+1 \leq 6a$

2 다음 문장을 부등식으로 나타내시오.

(1) x는 5보다 작다.

(2) x는 -2보다 크거나 같다.

(3) x는 -4 이하이다.

(4) x는 8 초과이다.

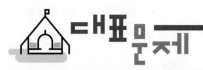
부등식으로 나타내기

01 다음 문장을 부등식으로 나타내시오.

(1) x와 7의 합은 -6보다 크지 않다.

(2) x의 2배에 4를 더하면 25 이상이다.

(3) a의 3배에서 2를 뺀 수는 a의 4배보다 작다.

02 다음 문장을 부등식으로 나타내시오.

(1) 길이가 x m인 철사에서 2 m를 잘라 내면 남은 철사의 길이는 10 m보다 짧다.

(2) 한 자루에 500원인 볼펜 x자루의 값은 3500원을 넘지 않는다.

(3) 현재 x세인 형의 15년 후의 나이는 30세보다 많거나 같다.

03 '가로의 길이가 x cm, 세로의 길이가 3 cm인 직사각형의 둘레의 길이는 11 cm 이하이다.'를 부등식으로 나타내면?

① $x+3 \leq 11$ ② $2x+3 \leq 11$
③ $2x+3 < 11$ ④ $2(x+3) \leq 11$
⑤ $2(x+3) < 11$

> **TIP** (직사각형의 둘레의 길이)
> $=2 \times \{($가로의 길이$)+($세로의 길이$)\}$
> 임을 이용한다.

부등식의 해

04 다음 보기 중 $x=-1$일 때 참이 되는 부등식을 모두 고르시오.

┤보기├
ㄱ. $x+5>6$ ㄴ. $2x+1 \leq 2$
ㄷ. $-3x \geq 2-x$ ㄹ. $x-3 < -4$

05 x의 값이 1, 2, 3일 때, 다음 부등식을 푸시오.

(1) $x-1 \geq 2$

(2) $-x+2 \leq 4$

(3) $3x < 3+2x$

(4) $1-4x > 5$

> **TIP** 부등식의 x에 a를 대입했을 때
> ① 부등식이 참이면 a는 부등식의 해이다.
> ② 부등식이 거짓이면 a는 부등식의 해가 아니다.

06 x의 값이 -2 이상 2 이하의 정수일 때, 다음 중 부등식 $x+4 \leq 2x+3$의 해를 모두 고르면? (정답 2개)

① -2 ② -1 ③ 0
④ 1 ⑤ 2

▶▶ 익힘교재 24쪽

부등식의 성질

개념 알아보기 1 부등식의 성질

(1) 부등식의 양변에 같은 수를 더하거나 양변에서 같은 수를 빼도 부등호의 방향은 바뀌지 않는다. ➡ $a<b$이면 $a+c<b+c$, $a-c<b-c$

(2) 부등식의 양변에 같은 양수를 곱하거나 양변을 같은 양수로 나누어도 부등호의 방향은 바뀌지 않는다. ➡ $a<b$, $c>0$이면 $ac<bc$, $\dfrac{a}{c}<\dfrac{b}{c}$

(3) 부등식의 양변에 같은 음수를 곱하거나 양변을 같은 음수로 나누면 부등호의 방향이 바뀐다. ➡ $a<b$, $c<0$이면 $ac>bc$, $\dfrac{a}{c}>\dfrac{b}{c}$

참고 부등식의 성질은 부등호가 $>$, $\leq$, $\geq$일 때에도 모두 성립한다.

개념 자세히 보기 **수직선을 이용한 부등식의 성질**

(1) $2<4$의 양변에 2를 더하면

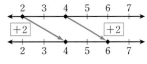

➡ $2+2<4+2$

$2<4$의 양변에서 2를 빼면

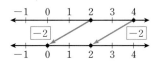

➡ $2-2<4-2$

(2) $2<4$의 양변에 2를 곱하면

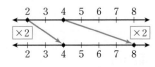

➡ $2\times2<4\times2$

$2<4$의 양변을 2로 나누면

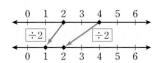

➡ $2\div2<4\div2$

(3) $2<4$의 양변에 -2를 곱하면

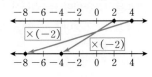

➡ $2\times(-2)>4\times(-2)$
　　　　　↳ 부등호의 방향이 바뀜

$2<4$의 양변을 -2로 나누면

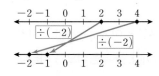

➡ $2\div(-2)>4\div(-2)$
　　　　　↳ 부등호의 방향이 바뀜

⟫ 익힘교재 23쪽

⟫ 바른답·알찬풀이 23쪽

개념 확인하기 1 $a\geq b$일 때, 다음 ☐ 안에 알맞은 부등호를 써넣으시오.

(1) $a+1\ \square\ b+1$　　(2) $a-5\ \square\ b-5$　　(3) $2a\ \square\ 2b$　　(4) $-\dfrac{a}{3}\ \square\ -\dfrac{b}{3}$

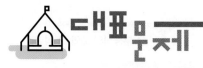

바른답·알찬풀이 23쪽

부등식의 성질

01 $a>b$일 때, 다음 □ 안에 알맞은 부등호를 써넣으시오.

(1) $2a+3$ □ $2b+3$

(2) $-3a+4$ □ $-3b+4$

(3) $\dfrac{a}{4}-1$ □ $\dfrac{b}{4}-1$

(4) $\dfrac{5-a}{6}$ □ $\dfrac{5-b}{6}$

02 다음 □ 안에 알맞은 부등호를 써넣으시오.

(1) $a-2<b-2$ ⇨ a □ b

(2) $-3a\leq-3b$ ⇨ a □ b

(3) $\dfrac{a}{6}\geq\dfrac{b}{6}$ ⇨ a □ b

(4) $5-\dfrac{2}{3}a>5-\dfrac{2}{3}b$ ⇨ a □ b

03 $a<b$일 때, 다음 중 옳지 <u>않은</u> 것은?

① $a+4<b+4$ ② $6a<6b$

③ $\dfrac{a}{10}<\dfrac{b}{10}$ ④ $1-a>1-b$

⑤ $-\dfrac{2a+1}{5}<-\dfrac{2b+1}{5}$

> **TIP** 부등식의 성질을 이용하여 보기의 부등식의 형태로 만든다.

식의 값의 범위 구하기

04 $x>4$일 때, 다음 식의 값의 범위를 구하시오.

(1) $x+6$

(2) $-3x+4$

(3) $\dfrac{1}{4}x-5$

05 $-6<x\leq2$일 때, 다음 식의 값의 범위를 구하시오.

(1) $2x-1$

⇨ $-6 < x \leq 2$ ⎫ $\times 2$
$\boxed{} < 2x \leq \boxed{}$ ⎬
$\boxed{} < 2x-1 \leq \boxed{}$ ⎭ -1

(2) $3x+2$

(3) $-\dfrac{x}{2}+2$

> **TIP** $ax+b$의 값의 범위 구하기
> ❶ 부등식의 각 변에 x의 계수 a를 곱한다. 이때 a가 음수이면 부등호의 방향이 바뀐다.
> ❷ ❶에서 구한 부등식의 각 변에 상수항 b를 더한다.

06 $2\leq x<4$일 때, 다음 중 $3-x$의 값이 될 수 있는 것을 모두 고르면? (정답 2개)

① $-\dfrac{3}{2}$ ② -1 ③ $\dfrac{1}{2}$

④ 1 ⑤ 2

≫ 익힘교재 25쪽

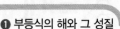

 개념 13 ~ 14

❶ 부등식의 해와 그 성질

● 개념 REVIEW

01 다음 보기 중 문장을 부등식으로 바르게 나타낸 것을 모두 고르시오.

┤ 보기 ├

ㄱ. 가로의 길이가 2 cm, 세로의 길이가 x cm인 직사각형의 넓이는 6 cm²보다 작지 않다. ➡ $2x \geq 6$

ㄴ. 한 송이에 3000원인 수국 x송이의 값과 포장비 2000원을 합한 금액은 20000원 이하이다. ➡ $3000x + 2000 \leq 20000$

ㄷ. 200 km의 거리를 시속 x km으로 달리면 3시간 미만이 걸린다. ➡ $200x < 3$

▶ 부등식으로 나타내기
· a는 b보다 작다. ➡ a❶□b
· a는 b보다 크다. ➡ a❷□b
· a는 b보다 작거나 같다.
  ➡ a❸□b
· a는 b보다 크거나 같다.
  ➡ a❹□b

02 다음 중 [ ] 안의 수가 주어진 부등식의 해가 <u>아닌</u> 것은?

① $x + 3 > -1$ $[-3]$

② $-4x - 1 \leq 7$ $[-2]$

③ $3x - 2 \leq 6$ $[2]$

④ $\dfrac{2}{3}x - 1 \leq -3$ $[-6]$

⑤ $5x \geq 3x + 4$ $[1]$

▶ 부등식의 해
미지수를 포함한 부등식을 ❺□이 되게 하는 미지수의 값

03 $-2a \leq -2b$일 때, 다음 중 옳지 <u>않은</u> 것은?

① $\dfrac{a}{3} \geq \dfrac{b}{3}$

② $-a + 6 \leq -b + 6$

③ $4a - 1 \geq 4b - 1$

④ $2 - 5a \geq 2 - 5b$

⑤ $7 - \dfrac{1}{2}a \leq 7 - \dfrac{1}{2}b$

▶ 부등식의 성질
$a < b$일 때,
· $c > 0$이면 $ac < bc$, $\dfrac{a}{c} < \dfrac{b}{c}$
· $c < 0$이면 ac❻□bc,
  $\dfrac{a}{c}$❼□$\dfrac{b}{c}$

04 $-2 < x \leq 1$이고 $A = 4(3x - 2)$일 때, A의 값 중에서 가장 큰 정수 M과 가장 작은 정수 m의 값을 각각 구하시오.

▶ 식의 값의 범위 구하기
주어진 식을 간단히 한 다음 부등식의 성질을 이용하여 식의 값의 범위를 구한다.

04-1 $-3 \leq x < 3$이고 $A = \dfrac{1}{3}(9 - 2x)$일 때, A의 값 중에서 가장 큰 정수를 M, 가장 작은 정수를 m이라 하자. 이때 $M + m$의 값을 구하시오.

답 ❶ < ❷ > ❸ ≤ ❹ ≥ ❺ 참
❻ > ❼ >

≫ 익힘교재 26쪽

개념 **15** 일차부등식과 그 풀이

개념 알아보기

1 일차부등식과 그 풀이

(1) **일차부등식**: 부등식에서 우변의 모든 항을 좌변으로 이항하여 정리할 때

(일차식)<0, (일차식)>0, (일차식)≤0, (일차식)≥0

중 어느 하나의 꼴이 되는 부등식

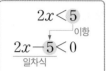

(2) **일차부등식의 풀이**

❶ 일차항은 좌변으로, 상수항은 우변으로 각각 이항한다.

❷ 양변을 정리하여 $ax<b$, $ax>b$, $ax\leq b$, $ax\geq b$ $(a\neq0)$의 꼴로 만든다.

❸ 양변을 x의 계수 a로 나누어

$x<(수)$, $x>(수)$, $x\leq(수)$, $x\geq(수)$

중 어느 하나의 꼴로 나타낸다. 이때 a가 음수이면 부등호의 방향이 바뀐다.

2 부등식의 해를 수직선 위에 나타내기

① $x<a$　　　② $x>a$　　　③ $x\leq a$　　　④ $x\geq a$

   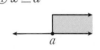

참고 수직선에서 ○에 대응하는 수는 부등식의 해에 포함되지 않고, ●에 대응하는 수는 부등식의 해에 포함된다.

개념 자세히 보기

일차부등식의 풀이

일차부등식 $2x+8>5x+2$를 풀어 보자.

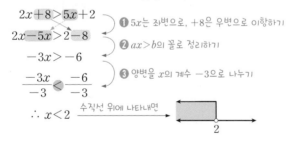

$2x+8>5x+2$
　❶ $5x$는 좌변으로, $+8$은 우변으로 이항하기

$2x-5x>2-8$
　❷ $ax>b$의 꼴로 정리하기

$-3x>-6$

$\dfrac{-3x}{-3}<\dfrac{-6}{-3}$
　❸ 양변을 x의 계수 -3으로 나누기

$\therefore x<2$　수직선 위에 나타내면

>> 익힘교재 23쪽

바른답·알찬풀이 24쪽

개념 확인하기

1 다음은 부등식의 성질을 이용하여 일차부등식을 푼 것이다. ☐ 안에 알맞은 수를 써넣으시오.

(1) $x-2<-1 \Rightarrow x<\boxed{}$

(2) $x+3>-2 \Rightarrow x>\boxed{}$

(3) $\dfrac{x}{3}\leq2 \Rightarrow x\leq\boxed{}$

(4) $-2x\leq4 \Rightarrow x\geq\boxed{}$

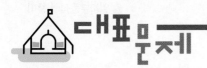

일차부등식

01 다음 **보기** 중 일차부등식인 것을 모두 고르시오.

┤보기├
ㄱ. $3x-2>5$　　　　ㄴ. $x+6\leq x$
ㄷ. $2x+1\geq -2x-3$　　ㄹ. $x^2+4x<7+x^2$

02 다음 중 부등식 $ax-1<2x+3$이 x에 대한 일차부등식이 되도록 하는 수 a의 값이 <u>아닌</u> 것은?

① 1　　　　② 2　　　　③ 3
④ 4　　　　⑤ 5

TIP 부등식 $ax+b<0$이 x에 대한 일차부등식이 될 조건
　　 ➡ $a\neq 0$

일차부등식의 풀이

03 다음 일차부등식을 푸시오.

(1) $4x+1\leq -7$

(2) $-2x\geq 3-5x$

(3) $5x+9>2x-6$

04 다음 부등식의 해를 오른쪽 수직선 위에 나타내시오.

(1) $x\geq 4$

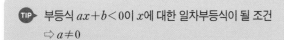

(2) $x<-2$

05 다음 일차부등식을 풀고, 그 해를 오른쪽 수직선 위에 나타내시오.

(1) $6x\geq x-10$

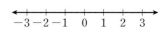

(2) $-5x-9<-2x$

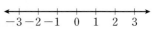

(3) $2x+1>4x-1$

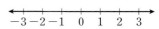

06 다음 일차부등식 중 해를 수직선 위에 나타냈을 때, 오른쪽 그림과 같은 것은?

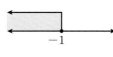

① $2x\leq x+1$　　　② $-3x+4<-7x$
③ $4x+6\leq 2$　　　④ $1+x>-x-1$
⑤ $9-3x\geq x+5$

TIP 수직선 위에 나타내어진 x의 값의 범위를 구한 후 각 일차부등식의 해를 구하여 비교한다.

해가 주어진 일차부등식

07 일차부등식 $2x+3<a$의 해가 $x<4$일 때, 수 a의 값을 구하시오.

TIP 주어진 일차부등식을 $x<$(수)의 꼴로 변형한 후, 이것이 $x<4$와 같음을 이용하여 a에 대한 방정식을 세운다.

익힘교재 27쪽

16 복잡한 일차부등식의 풀이

개념 **1 복잡한 일차부등식의 풀이**

복잡한 일차부등식은 다음과 같은 방법으로 일차부등식을 정리하여 푼다.

(1) **괄호가 있는 일차부등식**: 분배법칙을 이용하여 괄호를 풀고 동류항끼리 정리한 후 푼다.

(2) **계수가 소수인 일차부등식**: 양변에 10의 거듭제곱을 곱하여 계수를 모두 정수로 고쳐서 푼다.

(3) **계수가 분수인 일차부등식**: 양변에 분모의 최소공배수를 곱하여 계수를 모두 정수로 고쳐서 푼다.

> 주의 부등식의 양변에 수를 곱할 때에는 모든 항에 빠짐없이 곱해야 한다.
> ➡ $0.2x - 1 < 0.6$의 양변에 10을 곱하면 $\begin{cases} 2x - 10 < 6 \quad (\bigcirc) \\ 2x - 1 < 6 \quad (\times) \end{cases}$

> 참고 계수에 소수와 분수가 섞여 있는 일차부등식을 풀 때에는 소수를 분수로 고친 후 양변에 분모의 최소공배수를 곱하여 계수를 모두 정수로 고쳐서 푼다.

개념 자세히 보기 | **복잡한 일차부등식의 풀이**

(1) 괄호가 있는 일차부등식

$$3x - 4 < -2(x - 3) \xrightarrow{\text{괄호 풀기}} 3x - 4 < -2x + 6 \xrightarrow{\text{해 구하기}} x < 2$$

(2) 계수가 소수인 일차부등식

$$0.2x \geq 0.4x + 1.2 \xrightarrow{\text{양변에 } \times 10} 2x \geq 4x + 12 \xrightarrow{\text{해 구하기}} x \leq -6$$

(3) 계수가 분수인 일차부등식

$$\frac{1}{2}x + \frac{1}{3} > x \xrightarrow{\text{양변에 } \times 6} 3x + 2 > 6x \xrightarrow{\text{해 구하기}} x < \frac{2}{3}$$

>> 익힘교재 23쪽

바른답 · 알찬풀이 25쪽

개념 확인하기 **1** 다음 일차부등식의 풀이 과정에서 ☐ 안에 알맞은 것을 써넣으시오.

(1) $0.8x + 0.9 \leq 0.5x$

> 양변에 ☐을 곱하면
> $8x + \boxed{} \leq \boxed{}$
> ∴ $\boxed{}$

(2) $\frac{1}{2}x + \frac{2}{3} \leq \frac{5}{6}x$

> 양변에 분모의 최소공배수 ☐을 곱하면
> $3x + \boxed{} \leq \boxed{}$
> ∴ $\boxed{}$

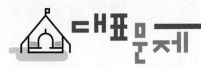

바른답·알찬풀이 25쪽

괄호가 있는 일차부등식

01 다음 일차부등식을 푸시오.

(1) $2(x-3)<5x+6$

(2) $1-3x\geq-2(2x-5)$

(3) $5(x-1)\leq3(x+1)$

(4) $3(4-x)<4(x+2)-3$

계수가 소수 또는 분수인 일차부등식

02 다음 일차부등식을 푸시오.

(1) $0.3x-1<0.2$

(2) $0.4x\geq0.2x+1.6$

(3) $0.5x+1.8\geq0.2x-0.3$

(4) $0.8-x>0.2(x+10)$

03 다음 일차부등식을 푸시오.

(1) $\dfrac{2}{3}x-\dfrac{1}{2}>\dfrac{3}{4}x$

(2) $\dfrac{x+3}{2}<\dfrac{x+6}{5}$

(3) $\dfrac{2}{5}x\leq\dfrac{4}{3}(x+7)$

04 다음 일차부등식을 푸시오.

(1) $\dfrac{x-2}{5}<0.3x-1$

(2) $\dfrac{1}{4}x-5\geq1.5x$

> **TIP** 계수에 소수와 분수가 섞여 있는 경우 소수를 분수로 고친 후 분모의 최소공배수를 곱하여 계수를 모두 정수로 고친다.

05 일차부등식 $0.7x-1<0.4(x+5)$를 만족하는 자연수 x의 개수를 구하시오.

익힘교재 28쪽

바른답·알찬풀이 25쪽

❷ 일차부등식의 풀이

01 다음 중 일차부등식이 <u>아닌</u> 것을 모두 고르면? (정답 2개)

① $7 < 4$　　　② $5x - 3 > 4$　　　③ $3x^2 + 4x < 3x^2$

④ $2x \geq 3(x+1)$　　　⑤ $x^2 + 2 \leq -x$

> ● 개념 REVIEW
>
> **일차부등식**
>
> 부등식에서 우변의 모든 항을 좌변으로 이항하여 정리할 때, 좌변이 ❶□□□의 꼴이 되는 부등식

02 일차부등식 $7x - 6 < 24 - x$를 만족하는 모든 자연수 x의 값의 합을 구하시오.

> **일차부등식의 풀이**
>
> 일차항은 좌변으로, 상수항은 ❷□□으로 이항하여 정리한 후 양변을 x의 계수로 나눈다.

03 다음 일차부등식 중 해가 $x > -3$인 것을 모두 고르면? (정답 2개)

① $2x + 4 > x + 1$

② $3(x+1) > 2x - 2$

③ $0.1x - 0.3 > 0.6 + 0.4x$

④ $\dfrac{x+6}{2} > -0.5x$

⑤ $\dfrac{1}{4}x + 3 > -\dfrac{1}{2}x$

> **복잡한 일차부등식의 풀이**
>
> 계수가 소수이면 양변에 10의 ❸□□□□을 곱하고, 계수가 분수이면 양변에 분모의 ❹□□□□□를 곱하여 계수를 정수로 고쳐서 푼다.

04 두 일차부등식 $0.2(x+8) < 4$, $3x + a < 2x$의 해가 서로 같을 때, 수 a의 값을 구하시오.

> **해가 서로 같은 두 일차부등식**
>
> ❶ 두 일차부등식 중 미지수가 없는 부등식의 해를 구한다.
> ❷ ❶에서 구한 해와 나머지 부등식의 해가 서로 같음을 이용하여 미지수의 값을 구한다.

04-1 두 일차부등식 $\dfrac{x}{3} \geq \dfrac{2x+3}{4} - 1$, $-(x+5) \leq a - 2x$의 해가 서로 같을 때, 수 a의 값을 구하시오.

> 답 ❶일차식 ❷우변 ❸거듭제곱 ❹최소공배수

>> 익힘교재 29쪽

일차부등식의 활용(1)

개념 알아보기 **1 일차부등식의 활용 문제의 풀이 순서**

일차부등식을 활용하여 문제를 풀 때에는 다음과 같은 순서로 해결한다.

❶ 미지수 정하기 　문제의 뜻을 이해하고, 구하려는 것을 미지수 x로 놓는다.

❷ 부등식 세우기 　문제의 뜻에 맞게 x에 대한 일차부등식을 세운다.

❸ 부등식 풀기 　일차부등식을 푼다.

❹ 확인하기 　구한 해가 문제의 뜻에 맞는지 확인한다.

> 참고　물건의 개수, 사람 수, 횟수 등을 미지수 x로 놓았을 때에는 구한 해 중에서 자연수만을 답으로 하고, 넓이, 거리 등을 미지수 x로 놓았을 때에는 구한 해 중에서 양수만을 답으로 한다.

개념 자세히 보기 **일차부등식의 활용; 개수에 대한 문제**

한 개에 1000원인 복숭아와 한 개에 700원인 사과를 합하여 12개를 사는데 전체 가격이 10000원 이하가 되게 하려고 한다. 이때 복숭아는 최대 몇 개까지 살 수 있는지 구해 보자.

❶ 미지수 정하기	복숭아를 x개 산다고 하면 사과는 $(12-x)$개를 산다.
❷ 부등식 세우기	(복숭아 x개의 가격)＋{사과 $(12-x)$개의 가격}≤10000 ➡ $1000x+700(12-x)\leq10000$ ⋯⋯ ㉠
❸ 부등식 풀기	$1000x+8400-700x\leq10000$, $300x\leq1600$ ∴ $x\leq\dfrac{16}{3}$ ➡ 복숭아는 최대 5개까지 살 수 있다.　　　↳5.333⋯ ↳복숭아의 개수는 자연수이다.
❹ 확인하기	㉠에 $x=5$를 대입하면 부등식이 성립하고 $x=6$을 대입하면 부등식이 성립하지 않으므로 구한 답이 문제의 뜻에 맞는다.

>> 익힘교재 23쪽

바른답·알찬풀이 26쪽

개념 확인하기 **1** 연속하는 두 자연수의 합이 15 이하일 때, 이를 만족하는 가장 큰 두 자연수를 구하려고 한다. 다음 ☐ 안에 알맞은 것을 써넣으시오.

> ❶ 연속하는 두 자연수 중 작은 수를 x라 하면 큰 수는 ☐ 이다.
> ❷ (연속하는 두 자연수의 합)≤15이므로 ☐ ≤15 ⋯⋯ ㉠
> ❸ ㉠을 풀면 $x\leq$ ☐
> 　따라서 x의 값 중 가장 큰 자연수는 ☐ 이므로 구하는 두 자연수는 ☐, ☐ 이다.
> ❹ ㉠에 $x=7$을 대입하면 부등식이 성립하고, $x=8$을 대입하면 부등식이 성립하지 않으므로 구한 답이 문제의 뜻에 맞는다.

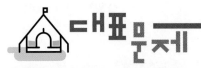

바른답·알찬풀이 26쪽

개수에 대한 문제

01 한 개에 300원인 자와 한 개에 200원인 지우개를 합하여 10개를 사는데 전체 가격이 2500원 미만이 되게 하려고 한다. 다음 물음에 답하시오.

(1) 자를 x개 산다고 할 때, 표를 완성하시오.

	자	지우개
개수(개)	x	$10-x$
가격(원)		

(2) 부등식을 세우시오.

(3) 자를 최대 몇 개까지 살 수 있는지 구하시오.

02 무게가 400 g인 빈 바구니에 한 개의 무게가 200 g씩인 망고를 담아 전체 과일바구니의 무게가 3 kg 이하가 되게 하려고 한다. 다음 물음에 답하시오.

(1) 망고를 x개 담는다고 할 때, 부등식을 세우시오.

(2) 망고를 최대 몇 개까지 담을 수 있는지 구하시오.

도형에 대한 문제

03 가로의 길이가 세로의 길이보다 5 cm 더 긴 직사각형의 둘레의 길이가 22 cm 이상일 때, 다음 물음에 답하시오.

(1) 직사각형의 세로의 길이를 x cm라 할 때, 부등식을 세우시오.

(2) 세로의 길이는 몇 cm 이상이어야 하는지 구하시오.

유리한 방법을 선택하는 문제

04 동네 문구점에서 한 권에 600원인 공책이 할인매장에서는 한 권에 500원이다. 할인매장에 다녀오는 데 드는 왕복 교통비가 1500원일 때, 공책을 몇 권 이상 사는 경우 할인매장에 가는 것이 유리한지 구하려고 한다. 다음 물음에 답하시오.

(1) 공책을 x권 산다고 할 때, 부등식을 세우시오.

(2) 공책을 몇 권 이상 사는 경우 할인매장에 가는 것이 유리한지 구하시오.

> **TIP** 두 가지 방법 중 유리한 쪽의 비용이 적음을 이용하여 부등식을 세운다.

예금액에 대한 문제

05 현재 진우와 채아의 통장에는 각각 15000원, 20000원이 예금되어 있다. 다음 달부터 매달 진우는 1500원씩, 채아는 1000원씩 예금하기로 할 때, 다음 물음에 답하시오.

(1) x개월 후에 진우의 예금액이 채아의 예금액보다 많아진다고 할 때, 표를 완성하시오.

	진우	채아
현재 예금액(원)	15000	20000
x개월 후의 예금액(원)		

(2) 부등식을 세우시오.

(3) 진우의 예금액이 채아의 예금액보다 많아지는 것은 몇 개월 후부터인지 구하시오.

익힘교재 30쪽

18 일차부등식의 활용(2)

개념 알아보기

1 거리, 속력, 시간에 대한 문제

거리, 속력, 시간에 대한 문제는 다음 관계를 이용하여 부등식을 세운다.

① (거리)=(속력)×(시간) ② (속력)=$\dfrac{(거리)}{(시간)}$ ③ (시간)=$\dfrac{(거리)}{(속력)}$

주의 거리, 속력, 시간에 대한 문제는 반드시 단위를 통일한 후 식을 세워야 한다.

➡ ① 1 km=1000 m ② 1시간=60분, 1분=$\dfrac{1}{60}$시간

2 소금물의 농도에 대한 문제

소금물의 농도에 대한 문제는 다음 관계를 이용하여 부등식을 세운다.

① (소금물의 농도)=$\dfrac{(소금의 양)}{(소금물의 양)}$×100 (%)

② (소금의 양)=$\dfrac{(소금물의 농도)}{100}$×(소금물의 양)

개념 자세히 보기

• **거리, 속력, 시간에 대한 문제**

희수가 등산을 하는데 올라갈 때는 시속 2 km로 걷고, 내려올 때는 같은 길을 시속 3 km로 걸어서 5시간 이내에 돌아오려고 한다.

	올라갈 때	내려올 때	전체
거리	x km	x km	
속력	시속 2 km	시속 3 km	
시간	$\dfrac{x}{2}$시간	$\dfrac{x}{3}$시간	5시간 이내

➡ $\dfrac{x}{2}+\dfrac{x}{3}\leq 5$

↳ 시간에 대한 부등식

• **소금물의 농도에 대한 문제**

6 %의 소금물 200 g과 12 %의 소금물을 섞어서 8 % 이상의 소금물을 만들려고 한다.

	6 %의 소금물	12 %의 소금물	8 %의 소금물
소금물의 양(g)	200	x	$200+x$
소금의 양(g)	$\dfrac{6}{100}\times 200$	$\dfrac{12}{100}x$	$\dfrac{8}{100}(200+x)$

6 % ＋ 12 % ≧ 8 %
200 g x g $(200+x)$ g

➡ $\dfrac{6}{100}\times 200+\dfrac{12}{100}x\geq\dfrac{8}{100}(200+x)$

↳ 소금의 양에 대한 부등식

➤ 익힘교재 23쪽

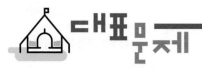

거리, 속력, 시간에 대한 문제

01 성훈이는 집에서 10 km 떨어진 주영이네 집까지 자전거를 타고 가는데 처음에는 시속 10 km로 달리다가 도중에 자전거가 고장나서 시속 2 km로 걸었더니 4시간 이내에 도착하였다. 다음 물음에 답하시오.

(1) 자전거를 타고 이동한 거리를 x km라 할 때, 표를 완성하시오.

	자전거를 탈 때	걸을 때	전체
거리	x km		
속력	시속 10 km		
시간			4시간 이내

(2) 부등식을 세우시오.

(3) 자전거를 타고 이동한 거리는 최소 몇 km인지 구하시오.

02 별이가 기차역에 도착하였는데 기차가 출발하기 전까지 1시간의 여유가 있어서 이 시간 동안 상점에 가서 물건을 사오려고 한다. 물건을 사는데 20분이 걸리고 시속 3 km로 걷는다고 할 때, 다음 물음에 답하시오.

(1) 역에서 상점까지의 거리를 x km라 할 때, 부등식을 세우시오.

(2) 역에서 몇 km 이내에 있는 상점을 이용할 수 있는지 구하시오.

> **TIP** (갈 때 걸린 시간)+(머문 시간)+(올 때 걸린 시간)≤1 임을 이용하여 부등식을 세운다.

소금물의 농도에 대한 문제

03 10 %의 소금물 200 g과 15 %의 소금물을 섞어서 13 % 이상의 소금물을 만들려고 한다. 다음 물음에 답하시오.

(1) 15 %의 소금물을 x g 넣는다고 할 때, 표를 완성하시오.

	10 %의 소금물	15 %의 소금물	13 %의 소금물
소금물의 양(g)	200	x	
소금의 양(g)	$\dfrac{10}{100} \times 200$		

(2) 부등식을 세우시오.

(3) 15 %의 소금물을 몇 g 이상 섞어야 하는지 구하시오.

> **TIP** 같은 양의 소금물일 때, 소금의 양이 많은 쪽의 농도가 더 높다는 것을 이용하여 부등식을 세운다.

04 12 %의 소금물 300 g에 물을 더 넣어 10 % 이하의 소금물을 만들려고 한다. 다음 물음에 답하시오.

(1) 물을 x g 더 넣는다고 할 때, 부등식을 세우시오.

(2) 더 넣어야 하는 물의 양은 최소 몇 g인지 구하시오.

> **TIP** 소금물에 물을 더 넣어도 소금의 양은 변하지 않음을 이용하여 부등식을 세운다.

◈ 익힘교재 31쪽

● 개념 REVIEW

01 차가 7인 두 정수의 합이 25보다 작다고 한다. 두 수 중 큰 수를 x라 할 때, x의 값이 될 수 있는 가장 큰 정수를 구하시오.

▶ 수에 대한 문제
차가 a인 두 수
$\Rightarrow x-a, x$ 또는 $x, x+$❶▢

02 소혜의 두 번의 줄넘기 기록은 각각 52회, 43회이었다. 세 번의 줄넘기 기록의 평균이 50회 이상이 되려면 세 번째 줄넘기 기록은 몇 회 이상이어야 하는지 구하시오.

▶ 평균에 대한 문제
• 두 수 a, b의 평균 $\Rightarrow \dfrac{a+b}{2}$
• 세 수 a, b, c의 평균
$\Rightarrow \dfrac{a+b+c}{❷▢}$

03 지우와 민재가 자전거를 타고 같은 지점에서 동시에 출발하여 직선 도로 위를 서로 반대 방향으로 달리고 있다. 지우는 분속 400 m, 민재는 분속 500 m로 달릴 때, 두 사람 사이의 거리가 1.8 km 이상이 되려면 최소 몇 분을 달려야 하는지 구하시오.

▶ 거리, 속력, 시간에 대한 문제
• 같은 지점에서 동시에 반대 방향으로 출발하는 경우 A, B 사이의 거리
$\Rightarrow$ (A가 이동한 거리) + (B가 이동한 거리)
• (^{❸}▢▢)＝(속력)×(시간)

UP
04 어느 유적지의 입장료는 한 사람당 2000원이고, 20명 이상의 단체의 경우 한 사람당 1600원인 단체 입장권을 구입할 수 있다고 한다. 20명 미만의 단체가 이 유적지에 입장하려고 할 때, 몇 명 이상이면 20명의 단체 입장권을 사는 것이 유리한지 구하시오.

▶ 유리한 방법을 선택하는 문제
❶ 두 가지 방법에 대하여 각각의 비용에 대한 식을 세운다.
❷ 비용이 적은 쪽이 유리한 방법임을 이용하여 부등식을 세우고 푼다.

04-1 오른쪽 표는 어느 음원사이트에서 노래를 내려받는 데 필요한 요금을 나타낸 것이다. 한 달 동안 노래를 몇 곡 이상 내려받을 경우에 회원으로 가입하는 것이 유리한지 구하시오.

	회원	비회원
월회비 (원)	3000	0
한 곡당 요금 (원)	400	600

≫ 익힘교재 32쪽

답 ❶a ❷3 ❸거리

중단원 **마무리 문제**

01 다음 중 부등식인 것을 모두 고르면? (정답 2개)

① $3x < 4$ ② $x - 2 = 5$ ③ $-6x + 1$

④ $5 - 5 = 6$ ⑤ $\frac{1}{4}x - 1 \geq 3 + x$

02 다음 중 문장을 부등식으로 나타낸 것으로 옳지 <u>않은</u> 것은?

① x의 2배에 3을 더한 수는 -5보다 크다.
    ⇨ $2x + 3 > -5$

② 길이가 9 cm인 끈에서 x cm를 잘라 내고 남은 끈의 길이는 3 cm 미만이다. ⇨ $9 - x < 3$

③ 한 송이에 x원인 장미꽃 6송이의 가격은 7000원을 넘지 않는다. ⇨ $6x < 7000$

④ 한 개에 300원인 지우개 5개와 한 권에 700원인 공책 x권의 값의 합은 5000원 이상이다.
    ⇨ $1500 + 700x \geq 5000$

⑤ x km의 거리를 시속 45 km로 달리는 데 걸리는 시간은 1시간 30분 이하이다. ⇨ $\frac{x}{45} \leq \frac{3}{2}$

03 다음 부등식 중 방정식 $2x + 1 = 5$를 만족하는 x의 값을 해로 갖는 것은?

① $x - 8 > 0$ ② $1 - 4x \geq 2$

③ $3x - 1 \leq x + 1$ ④ $\frac{1}{2}x + 3 \geq -x$

⑤ $0.5x + 2 < 1.5x$

04 다음 중 □ 안에 들어갈 부등호의 방향이 나머지 넷과 <u>다른</u> 하나는?

① $a + 2 > b + 2$이면 $a \square b$이다.

② $\frac{2}{5}a > \frac{2}{5}b$이면 $a \square b$이다.

③ $3a - 2 > 3b - 2$이면 $a \square b$이다.

④ $1 - 2a > 1 - 2b$이면 $a \square b$이다.

⑤ $\frac{a}{4} - 1 > \frac{b}{4} - 1$이면 $a \square b$이다.

서술형
05 $-5 < x \leq 2$이고 $A = 7 - 3x$일 때, A의 값의 범위는 $a \leq A < b$이다. 이때 수 a, b에 대하여 $b - a$의 값을 구하시오.

06 부등식 $4x - 6 \leq ax + 2 - 3x$가 x에 대한 일차부등식이 되도록 하는 수 a의 조건을 구하시오.

신유형
07 $a < 0$일 때, x에 대한 일차부등식 $ax + 2 > 8 - ax$를 풀면?

① $x > -\frac{3}{a}$ ② $x < -\frac{3}{a}$ ③ $x > \frac{3}{a}$

④ $x < \frac{3}{a}$ ⑤ $x > 3a$

08 일차부등식 $3x-4 \geq a-x$의 해가 $x \geq -1$일 때, 수 a의 값을 구하시오.

09 일차부등식 $x-2(x+2) \geq 3(4-x)$를 풀면?

① $x \geq -8$　　② $x \geq -4$　　③ $x \leq 4$
④ $x \geq 8$　　⑤ $x \leq 8$

10 다음 일차부등식 중 해가 나머지 넷과 <u>다른</u> 하나는?

① $3x-4 > 8$　　　　　② $8-x < 2(x-2)$
③ $x+0.6 > 1+0.9x$　　④ $\dfrac{x+2}{3} < \dfrac{3}{4}x-1$
⑤ $\dfrac{x+6}{10}-0.2 > \dfrac{x}{5}$

11 일차부등식 $1+0.4x < \dfrac{1}{5}(x+9)$를 만족하는 자연수 x의 개수를 구하시오.

서술형
12 다음 두 일차부등식의 해가 서로 같을 때, 수 a의 값을 구하시오.

$$3(x+1) \leq x+a, \quad \dfrac{x-2}{4} \geq \dfrac{1+2x}{3}$$

13 일차부등식 $3(x+1)+2 > 6x+a$를 만족하는 자연수 x의 값이 존재하지 않을 때, 수 a의 값의 범위는?

① $a \geq -2$　　② $a \geq -1$　　③ $a > -1$
④ $a \geq 2$　　⑤ $a > 2$

UP
14 일차부등식 $3x+2 < a$를 만족하는 자연수 x의 개수가 3개일 때, 수 a의 값의 범위를 구하시오.

15 어느 사진관에서 사진 4장을 인화하는 데 드는 가격은 4000원이고 4장을 초과하면 한 장당 400원씩 추가된다고 한다. 사진 한 장당 가격이 600원 이하가 되게 하려면 사진을 몇 장 이상 인화해야 하는지 구하시오.

16 윗변의 길이가 3 cm, 높이가 8 cm인 사다리꼴이 있다. 이 사다리꼴의 넓이가 32 cm² 이상일 때, 아랫변의 길이는 몇 cm 이상이어야 하는지 구하시오.

신유형

17 민태가 갈 때는 시속 2 km로, 올 때는 같은 길을 시속 3 km로 걸어서 집에서 어느 장소까지 산책을 하려고 한다. 집에서부터 각 장소까지의 거리가 오른쪽 표와 같을 때, 중간에 쉬는 시간 30분을 포함하여 3시간 이내에 산책을 마칠 수 있는 장소를 모두 고르시오.

장소	거리(km)
백화점	1
도서관	1.8
수영장	2.5
공원	3.2

18 9 %의 설탕물 200 g에서 물을 증발시켜 12 % 이상의 설탕물을 만들려고 한다. 물을 몇 g 이상 증발시켜야 하는지 구하시오.

창의·융합 문제

다음 그림은 어느 음식점의 메뉴판이다.

다음은 메뉴판:
MENU
SPAGHETTI
스파게티 6000원
PIZZA
불고기피자 10000원
포테이토피자 12000원
콤비네이션피자 13000원
고르곤졸라피자 15000원
※회원카드 제시 시 전체 가격의 40 % 할인

수아가 스파게티 1인분과 피자 한 판을 주문하려고 한다. 회원카드와 8000원짜리 할인쿠폰을 모두 가지고 있을 때, 어떤 피자를 주문해야 회원카드를 제시하는 것이 유리한지 구하시오. (단, 회원카드와 할인쿠폰을 중복하여 사용할 수 없다.)

해결의 길잡이

❶ 수아가 주문한 피자 한 판의 가격을 x원이라 할 때, 회원카드를 제시할 경우와 할인쿠폰을 사용할 경우에 수아가 지불해야 할 전체 가격을 각각 x에 대한 식으로 나타낸다.

❷ ❶을 이용하여 부등식을 세운다.

❸ ❷에서 세운 부등식을 풀어 어떤 피자를 주문해야 하는지 구한다.

교과서 속

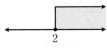

서술형 문제

---

1 일차부등식 $ax-6 \leq 4(x-3)$의 해를 수직선 위에 나타내면 다음 그림과 같을 때, 수 a의 값을 구하시오.

2 일차부등식 $3-ax > \dfrac{1}{2}(2x+12)$의 해를 수직선 위에 나타내면 다음 그림과 같을 때, 수 a의 값을 구하시오.

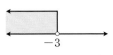

---

① 일차부등식 $ax-6 \leq 4(x-3)$을 간단히 하면?

$ax-6 \leq 4(x-3)$에서

$ax-6 \leq 4x-12$

$(\boxed{})x \leq -6$ ······ ㉠ … 20 %

① 일차부등식 $3-ax > \dfrac{1}{2}(2x+12)$를 간단히 하면?

---

② 일차부등식 $ax-6 \leq 4(x-3)$의 해를 a에 대한 식으로 나타내면?

이 부등식의 해가 $x \geq \boxed{}$이므로 $a-4\boxed{}0$이어야 한다.

따라서 ㉠의 양변을 $a-4$로 나누면

$x \boxed{} \dfrac{-6}{a-4}$ … 40 %

② 일차부등식 $3-ax > \dfrac{1}{2}(2x+12)$의 해를 a에 대한 식으로 나타내면?

---

③ a의 값을 구하면?

$\dfrac{-6}{a-4} = \boxed{}$이므로 $a-4 = \boxed{}$

$\therefore a = \boxed{}$ … 40 %

③ a의 값을 구하면?

---

3 $-1 \leq x < 2$일 때, $10 - 5x$의 값이 될 수 있는 정수의 개수를 구하시오.

✎ 풀이 과정

✐ 답 _____

4 일차부등식 $-0.2x + 2 < 0.1x + 2.9$를 만족하는 x의 값 중 가장 작은 정수를 a, 일차부등식 $\dfrac{x+4}{3} - \dfrac{1}{2}x > 1$을 만족하는 x의 값 중 가장 큰 정수를 b라 할 때, $a+b$의 값을 구하시오.

✎ 풀이 과정

✐ 답 _____

5 어느 과학관의 가상 현실 게임 이용 요금은 한 사람당 3000원이고, 25명 이상의 단체의 경우 한 사람당 2400원인 단체 이용권을 구입할 수 있다고 한다. 25명 미만의 단체가 이 게임을 이용하려고 할 때, 몇 명 이상이면 25명의 단체 이용권을 사는 것이 유리한지 구하시오.

✎ 풀이 과정

✐ 답 _____

6 등산을 하는데 올라갈 때에는 시속 3 km로 걸어가고, 내려올 때에는 올라간 길보다 2 km 더 먼 길을 시속 4 km로 걸어서 4시간 이내에 등산을 마치려고 한다. 이때 올라갈 수 있는 거리는 최대 몇 km인지 구하시오.

✎ 풀이 과정

✐ 답 _____

상상력을 실현하는 일론 머스크 이야기

"근거 없는 두려움은 무시해야 한다. 그 두려움이 합리적인 생각으로 실패할 가능성이 높더라도 도전할 가치가 있다면 그 두려움을 이겨 내고 전진해야 한다. 실패하더라도 도전할 가치가 있기 때문이다."
— 일론 머스크(1971~　)

일론 머스크는 미국의 기업가입니다. 그는 12살에 혼자 배운 프로그래밍으로 비디오 게임 코드를 만들었고, 24살에는 인터넷을 기반으로 하는 지역 정보 제공 회사를 운영하다 28살에 2200만 달러에 매각했습니다. 이후 전자상거래 결제 서비스 회사를 일궈 그 회사를 매각함으로써 31살이라는 나이에 15억 달러라는 큰돈을 벌었습니다.

억만장자가 된 일론 머스크는 인류를 위한 가치 있는 일에 자신의 돈을 써야겠다고 생각했습니다. 그래서 어린 시절부터 공상과학 소설을 읽으며 키워 온 자신의 상상력을 구체화하기 시작했습니다.

2002년 스페이스 X라는 회사를 세워 인류가 위기에 처했을 때, 화성으로 이주시킬 우주 로켓을 개발하기 시작했으며 2017년에는 로켓 발사에도 성공합니다. 2004년에는 지구의 환경오염을 방지하기 위해 전기 자동차 생산 회사 테슬라를 창업하고, 2006년에는 자원이 고갈되는 지구의 위기를 구하기 위해 태양광 에너지 회사 솔라시티에 직접 투자하며 사업을 성공 궤도에 올렸습니다.

지금도 일론 머스크는 '가치'를 토대로 한 상상력을 현실로 다루는 과정 속에 있습니다.

연립일차방정식

배운내용 Check

1 $a=-2, b=3$일 때, 다음 식의 값을 구하시오.

(1) $\frac{1}{2}a+b$　　　　　(2) b^2-a

2 다음 일차방정식을 푸시오.

(1) $5x-2=8$　　　　　(2) $1-3x=4(x+2)$

정답 **1** (1) 2 (2) 11
　　 2 (1) $x=2$ (2) $x=-1$

미지수가 2개인 일차방정식

개념 알아보기

1 미지수가 2개인 일차방정식

(1) **미지수가 2개인 일차방정식**: 미지수가 2개이고, 그 차수가 모두 1인 방정식

$$ax+by+c=0 \ (a, b, c는 수, a\neq0, b\neq0)$$

차수 1

예 $6x-y-5=0$

미지수 2개

➡ 미지수가 2개인 일차방정식이다.

차수 2

$-3x+4=0, \ x^2-y-6=0$

미지수 1개

➡ 미지수가 2개인 일차방정식이 아니다.

(2) **미지수가 2개인 일차방정식의 해 또는 근**: 미지수가 2개인 일차방정식이 참이 되게 하는 x, y의 값 또는 순서쌍 (x, y)

(3) **일차방정식을 푼다**: 일차방정식의 해를 모두 구하는 것

개념 자세히 보기

미지수가 2개인 일차방정식의 해 구하기

x, y가 자연수일 때, 일차방정식 $2x+y=10$의 해를 구해 보자.

$x=1, 2, 3, \cdots$을 $2x+y=10$에 대입하여 y의 값을 구하면 다음 표와 같다.

x	1	2	3	4	5	6	$\cdots$
y	8	6	4	2	0	-2	$\cdots$

↳ 자연수가 아니다.

➡ 따라서 일차방정식 $2x+y=10$의 해는 $(1, 8), (2, 6), (3, 4), (4, 2)$

》 익힘교재 33쪽

》 바른답·알찬풀이 30쪽

개념 확인하기

1 다음 보기 중 미지수가 2개인 일차방정식을 모두 고르시오.

┤ 보기 ├

ㄱ. $2x+3y$　　ㄴ. $x-y=0$　　ㄷ. $x+5=2$

ㄹ. $x-3y+5=0$　　ㅁ. $5x-3=y+3$　　ㅂ. $x+y^2+1=0$

2 일차방정식 $x+3y=16$에 대하여 다음 물음에 답하시오.

(1) 표를 완성하시오.

x							$\cdots$
y	1	2	3	4	5	6	$\cdots$

(2) x, y가 자연수일 때, 일차방정식 $x+3y=16$의 해를 x, y의 순서쌍 (x, y)로 나타내시오.

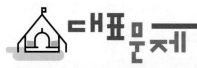

미지수가 2개인 일차방정식

01 다음 **보기** 중 미지수가 2개인 일차방정식의 개수를 구하시오.

┌ **보기** ┐

ㄱ. $x^2+x=6$ ㄴ. $x-y+1$

ㄷ. $6x-5=y$ ㄹ. $2x+y=y+1$

ㅁ. $3x-5y+4=0$ ㅂ. $\dfrac{1}{x}+\dfrac{1}{y}=2$

02 다음 문장을 미지수가 2개인 일차방정식으로 나타내시오.

(1) 수학 시험에서 6점짜리 문제 x개와 5점짜리 문제 y개를 맞혀서 95점을 받았다.

(2) 오리 x마리와 돼지 y마리의 다리 수의 합은 54개이다.

(3) 한 봉지에 1200원인 과자 x봉지와 한 개에 700원인 아이스크림 y개를 샀더니 8600원이었다.

미지수가 2개인 일차방정식의 해

03 다음 일차방정식 중 x, y의 순서쌍 $(1, -2)$를 해로 갖는 것은?

① $x-3y=6$ ② $x+y-3=0$
③ $2x+3y=0$ ④ $3x+y-1=0$
⑤ $5x-y=4$

04 다음 중 일차방정식 $2x-y=3$의 해가 <u>아닌</u> 것은?

① $(2, 1)$ ② $(3, 4)$ ③ $(4, 5)$
④ $(5, 7)$ ⑤ $(6, 9)$

05 x, y가 자연수일 때, 다음 일차방정식의 모든 해를 x, y의 순서쌍 (x, y)로 나타내시오.

(1) $x+4y=20$

(2) $3x+2y=15$

해 또는 계수가 문자로 주어진 일차방정식

06 일차방정식 $2x-ay=11$의 한 해가 $(5, 1)$일 때, 수 a의 값을 구하시오.

> **TIP** 일차방정식의 해가 주어진 경우 그 해를 일차방정식에 대입하여 수 a의 값을 구한다.

07 x, y의 순서쌍 $(-2, k)$가 일차방정식 $4x+y=-9$의 해일 때, k의 값을 구하시오.

➤➤ 익힘교재 34쪽

미지수가 2개인 연립일차방정식

개념 알아보기 **1 미지수가 2개인 연립일차방정식**

(1) **연립방정식**: 두 개 이상의 방정식을 한 쌍으로 묶어 나타낸 것

(2) **미지수가 2개인 연립일차방정식**: 각각의 방정식이 미지수가 2개인 일차방정식인 연립방정식

예 $\begin{cases} x+y=5 \\ 2x-y=1 \end{cases}$ ──▶ 미지수가 2개인 일차방정식이 2개

참고 연립일차방정식을 간단히 연립방정식이라고도 한다.

(3) **연립방정식의 해**: 연립방정식에서 각각의 방정식의 공통인 해

(4) **연립방정식을 푼다**: 연립방정식의 해를 구하는 것

개념 자세히 보기 **미지수가 2개인 연립방정식의 해 구하기**

x, y가 자연수일 때, 연립방정식 $\begin{cases} x+y=5 & \cdots \text{㉠} \\ 2x-y=1 & \cdots \text{㉡} \end{cases}$ 의 해를 구해 보자.

$x+y=5$ ➡

x	1	2	3	4	5	⋯
y	4	3	2	1	0	⋯

➡ ㉠의 해: $(1, 4),\ (2, 3),\ (3, 2),\ (4, 1)$

㉠, ㉡의 공통인 해

$2x-y=1$ ➡

x	1	2	3	4	⋯
y	1	3	5	7	⋯

➡ ㉡의 해: $(1, 1),\ (2, 3),\ (3, 5),\ (4, 7),\ \cdots$

연립방정식의 해: $(2, 3)$

》 익힘교재 33쪽

▷ 바른답·알찬풀이 31쪽

 1 연립방정식 $\begin{cases} x+y=4 & \cdots \text{㉠} \\ 2x+y=7 & \cdots \text{㉡} \end{cases}$ 에 대하여 다음 물음에 답하시오.

(1) 두 일차방정식 ㉠, ㉡의 해를 구하여 표를 완성하시오.

㉠
x	1	2	3	4	5	⋯
y						⋯

㉡
x	1	2	3	4	5	⋯
y						⋯

(2) x, y가 자연수일 때, 연립방정식 $\begin{cases} x+y=4 \\ 2x+y=7 \end{cases}$ 의 해를 x, y의 순서쌍 (x, y)로 나타내시오.

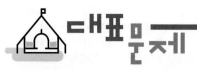

미지수가 2개인 연립방정식의 해

01 다음 문장을 x, y에 대한 연립방정식으로 나타내시오.

(1) 농구 경기에서 3점 슛 x개, 2점 슛 y개를 넣어 총 33점을 득점하였는데 2점 슛이 3점 슛보다 9개 더 많았다.

(2) 선화의 몸무게는 x kg이고, 현지의 몸무게는 y kg이다. 두 사람의 몸무게의 평균이 40 kg이고, 선화의 몸무게가 현지의 몸무게보다 2 kg 더 나간다.

02 x, y가 자연수일 때, 다음 연립방정식의 해를 x, y의 순서쌍 (x, y)로 나타내시오.

(1) $\begin{cases} x+y=7 \\ x+3y=11 \end{cases}$

(2) $\begin{cases} 2x+y=9 \\ 5x-y=12 \end{cases}$

(3) $\begin{cases} x+3y=17 \\ 3x-y=1 \end{cases}$

> **TIP** x, y에 대한 연립방정식의 해
> ⇨ 두 일차방정식의 공통인 해
> ⇨ 두 일차방정식을 동시에 만족하는 x, y의 값 또는 x, y의 순서쌍 (x, y)

03 다음 연립방정식 중 x, y의 순서쌍 $(-2, 5)$를 해로 갖는 것은?

① $\begin{cases} x-y=-7 \\ 2x+3y=4 \end{cases}$

② $\begin{cases} x+2y=1 \\ -2x+y=9 \end{cases}$

③ $\begin{cases} x+y=3 \\ 5x-2y=0 \end{cases}$

④ $\begin{cases} x+4y=18 \\ 6x+2y=2 \end{cases}$

⑤ $\begin{cases} 4x+y=-3 \\ -3x+2y=16 \end{cases}$

해 또는 계수가 문자로 주어진 연립방정식

04 연립방정식 $\begin{cases} ax+y=4 \\ 3x+by=7 \end{cases}$의 해가 $(3, 1)$일 때, 수 a, b의 값을 각각 구하시오.

> **TIP** 연립방정식의 해가 (p, q)이다.
> ⇨ $x=p, y=q$를 각각의 일차방정식에 대입하면 등식이 성립한다.

05 $x=k, y=-1$이 연립방정식 $\begin{cases} 3x+2y=7 \\ x-ay=-2 \end{cases}$의 해일 때, ak의 값을 구하시오. (단, a는 수)

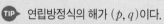 익힘교재 35쪽

● 개념 REVIEW

01 다음 중 미지수가 2개인 일차방정식인 것을 모두 고르면? (정답 2개)

① $5x-y$

② $x^2-y^2+1=0$

③ $\dfrac{1}{2}x+4y=-3$

④ $3x-y=y-4$

⑤ $\dfrac{2}{x}-\dfrac{3}{y}=5$

> **미지수가 2개인 일차방정식**
> 미지수가 2개이고, 그 차수가 모두 ❶□인 방정식
> ⇨ $ax+by+c=0$
> (a, b, c는 수, a❷□$0, b\neq0$)

02 x, y가 자연수일 때, 일차방정식 $2x+5y=22$의 해의 개수는?

① 1개

② 2개

③ 3개

④ 4개

⑤ 무수히 많다.

> **미지수가 2개인 일차방정식의 해 구하기**
> x, y가 자연수일 때, 일차방정식의 해
> ⇨ x (또는 y)에 자연수를 차례대로 대입하여 y (또는 x)가 자연수가 되는 x, y의 값 또는 순서쌍 ❸□를 찾는다.

03 다음 연립방정식 중 x, y의 순서쌍 $(2, 3)$을 해로 갖는 것을 모두 고르면? (정답 2개)

① $\begin{cases} x+y=3 \\ 2x+y=4 \end{cases}$

② $\begin{cases} x+y=5 \\ 3x-2y=6 \end{cases}$

③ $\begin{cases} x-y=-1 \\ 2x-y=1 \end{cases}$

④ $\begin{cases} x+2y=3 \\ 2x-3y=-5 \end{cases}$

⑤ $\begin{cases} x-3y=-7 \\ 2x+y=7 \end{cases}$

> **미지수가 2개인 연립방정식의 해**
> $x=m, y=n$이 연립방정식의 해이다.
> ⇨ $x=m, y=$❹□을 각각의 일차방정식에 대입하면 등식이 성립한다.

UP
04 연립방정식 $\begin{cases} x+y=-4 \\ 4x-3y=1+a \end{cases}$의 해가 $(k, 3k)$일 때, $a+k$의 값을 구하시오.

(단, a는 수)

> **해 또는 계수가 문자로 주어진 연립방정식**
> ❶ 미지수가 없는 일차방정식을 이용하여 해를 먼저 구한다.
> ❷ ❶에서 구한 해를 나머지 일차방정식에 대입하여 미지수의 값을 구한다.

04-1 연립방정식 $\begin{cases} -2x+y=6 \\ x+ay=4 \end{cases}$의 해가 $x=2k, y=k$일 때, $a-k$의 값을 구하시오.

(단, a는 수)

▶▶ 익힘교재 36쪽

답 ❶1 ❷≠ ❸(x, y) ❹n

연립방정식의 풀이; 대입법

 1 연립방정식의 풀이; 대입법

(1) **대입법**: 한 미지수를 없애기 위하여 한 방정식을 한 미지수에 대하여 정리한 식을 다른 방정식의 그 미지수에 대입하여 연립방정식을 푸는 방법

(2) **대입법을 이용한 연립방정식의 풀이**

❶ 한 방정식을 한 미지수에 대하여 푼다. → $x=(y$에 대한 식) 또는 $y=(x$에 대한 식)

❷ ❶의 식을 다른 방정식의 그 미지수에 대입하여 한 미지수를 없앤 후 방정식의 해를 구한다.

❸ ❷에서 구한 해를 ❶의 식에 대입하여 다른 미지수의 값을 구한다.

참고 연립방정식의 두 일차방정식 중 어느 하나가 $x=(y$에 대한 식) 또는 $y=(x$에 대한 식)의 꼴로 정리하기 편할 때, 즉 x 또는 y의 계수가 1 또는 -1일 때 대입법을 이용하면 편리하다.

개념 자세히 보기 | **대입법을 이용하여 연립방정식 풀기**

대입법을 이용하여 연립방정식 $\begin{cases} 2x-y=5 & \cdots ㉠ \\ y-x=-3 & \cdots ㉡ \end{cases}$ 을 풀어 보자.

$\begin{cases} 2x-y=5 \\ \boxed{y-x=-3} \end{cases}$ → $\begin{cases} 2x-y=5 \\ \boxed{y=x-3} \end{cases}$ $\cdots ㉢$

❶ ㉡을 y에 대하여 푼다.

➡ ❷ ㉢을 ㉠에 대입하면

$2x-\boxed{(x-3)}=5$ ← 반드시 괄호에 넣어 대입한다.

$2x-x+3=5$

$\therefore x=2$

➡ ❸ $x=2$를 ㉢에 대입하면

$y=2-3=-1$

따라서 연립방정식의 해는 $x=2, y=-1$이다.

≫ 익힘교재 33쪽

바른답·알찬풀이 32쪽

 1 대입법을 이용하여 다음 연립방정식을 푸시오.

(1) $\begin{cases} y=x-4 \\ x+2y=1 \end{cases}$

(2) $\begin{cases} x=y+3 \\ 2x-y=8 \end{cases}$

(3) $\begin{cases} x=y+3 \\ x=3y-7 \end{cases}$

(4) $\begin{cases} y=-x+6 \\ y=4x-9 \end{cases}$

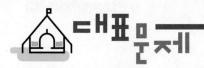

바른답·알찬풀이 32쪽

연립방정식의 풀이; 대입법

01 다음은 대입법을 이용하여 연립방정식

$$\begin{cases} x-2y=5 & \cdots \text{㉠} \\ 3x+y=1 & \cdots \text{㉡} \end{cases}$$

을 푸는 과정이다. ☐ 안에 알맞은 것을 써넣으시오.

x를 없애기 위하여 ㉠을 x에 대하여 풀면

$x=\boxed{}+5 \qquad \cdots$ ㉢

㉢을 ㉡에 대입하면

$3(\boxed{}+5)+y=1, \boxed{}y=\boxed{}$

$\therefore y=\boxed{}$

$y=\boxed{}$ 를 ㉢에 대입하면

$x=2\times(\boxed{})+5=\boxed{}$

02 대입법을 이용하여 다음 연립방정식을 푸시오.

(1) $\begin{cases} 2x+y=-6 \\ 3x-y=1 \end{cases}$

(2) $\begin{cases} x+3y=8 \\ 2x+9y=4 \end{cases}$

(3) $\begin{cases} 2x+3y=3 \\ 3x-y=10 \end{cases}$

(4) $\begin{cases} 2x-y=1 \\ 3x-2y=5 \end{cases}$

03 연립방정식 $\begin{cases} 2x-3y=7 \\ x=y+2 \end{cases}$ 의 해가 $x=a, y=b$일 때,

$\dfrac{1}{3}ab$의 값을 구하시오.

해의 조건이 주어진 연립방정식

04 연립방정식 $\begin{cases} 2x-y=6 \\ 8x-6y=k+18 \end{cases}$ 을 만족하는 x의 값이

y의 값의 2배일 때, 수 k의 값을 구하려고 한다. 다음 물음에 답하시오.

(1) 'x의 값이 y의 값의 2배이다.'를 x, y에 대한 식으로 나타내시오.

(2) (1)에서 구한 식을 이용하여 x, y의 값을 각각 구하시오.

(3) k의 값을 구하시오.

> **TIP** x의 값이 y의 값의 a배이다.
> ⇨ $x=ay$

05 연립방정식 $\begin{cases} x-y=3 \\ 2x+ay=-15 \end{cases}$ 를 만족하는 x와 y의 값

의 비가 $4:1$일 때, 수 a의 값을 구하시오.

> **TIP** x와 y의 값의 비가 $m:n$이다.
> ⇨ $x:y=m:n$, 즉 $nx=my$

익힘교재 37쪽

개념 22 연립방정식의 풀이; 가감법

개념 알아보기 **1 연립방정식의 풀이; 가감법**

(1) **가감법**: 한 미지수를 없애기 위하여 두 방정식을 변끼리 더하거나 빼서 연립방정식을 푸는 방법

(2) **가감법을 이용한 연립방정식의 풀이**
  ❶ 적당한 수를 곱하여 없애려는 미지수의 계수의 절댓값이 같게 만든다.
  ❷ 없애려는 미지수의 계수의 부호가 같으면 변끼리 빼고, 다르면 변끼리 더해서 한 미지수를 없앤 후 방정식을 푼다.
  ❸ ❷에서 구한 해를 두 방정식 중 간단한 식에 대입하여 다른 미지수의 값을 구한다.

개념 자세히 보기 **가감법을 이용하여 연립방정식 풀기**

가감법을 이용하여 연립방정식 $\begin{cases} 2x+y=5 & \cdots \text{㉠} \\ x-2y=5 & \cdots \text{㉡} \end{cases}$ 를 풀어 보자.

[방법 1] x를 없애는 경우 ← x의 계수의 절댓값을 같게 한다.

부호가 같은 경우 변끼리 뺀다.

$\begin{cases} 2x+y=5 \\ x-2y=5 \end{cases} \Rightarrow \begin{cases} 2x+y=5 \\ 2x-4y=10 \end{cases}$

$\begin{array}{r} 2x+\ y=\ 5 \\ -)\ 2x-4y=10 \\ \hline 5y=-5 \end{array}$
→ x 없애기
$\therefore y=-1$

$y=-1$을 ㉡에 대입하면
$x+2=5 \quad \therefore x=3$

따라서 연립방정식의 해는 $x=3,\ y=-1$이다.

[방법 2] y를 없애는 경우 ← y의 계수의 절댓값을 같게 한다.

부호가 다른 경우 변끼리 더한다.

$\begin{cases} 2x+y=5 \\ x-2y=5 \end{cases} \Rightarrow \begin{cases} 4x+2y=10 \\ x-2y=5 \end{cases}$

$\begin{array}{r} 4x+2y=10 \\ +)\ \ x-2y=\ 5 \\ \hline 5x=15 \end{array}$
→ y 없애기
$\therefore x=3$

$x=3$을 ㉠에 대입하면
$6+y=5 \quad \therefore y=-1$

따라서 연립방정식의 해는 $x=3,\ y=-1$이다.

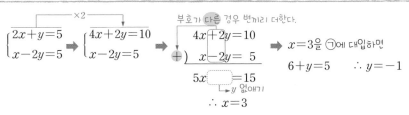

» 익힘교재 33쪽

» 바른답 · 알찬풀이 33쪽

개념 확인하기 **1** 가감법을 이용하여 다음 연립방정식을 푸시오.

(1) $\begin{cases} x-y=5 \\ x+y=-3 \end{cases}$

(2) $\begin{cases} x+y=3 \\ x-3y=-1 \end{cases}$

⟩⟩ 바른답·알찬풀이 33쪽

연립방정식의 풀이: 가감법

01 다음은 가감법을 이용하여 연립방정식

$$\begin{cases} 4x+3y=11 & \cdots \text{㉠} \\ 2x+y=7 & \cdots \text{㉡} \end{cases}$$

을 푸는 과정이다. ☐ 안에 알맞은 수를 써넣으시오.

---

x를 없애기 위하여 ㉡×☐를 하면

☐$x+2y=$☐ $\cdots$ ㉢

㉠−㉢을 하면

$$4x+3y=11$$
$$-)\ \underline{}x+2y=$$
$$y=$$

$y=$☐을 ㉡에 대입하면

$2x+($☐$)=7$ $\therefore x=$☐

---

02 가감법을 이용하여 다음 연립방정식을 푸시오.

(1) $\begin{cases} 2x+3y=8 \\ x-2y=-3 \end{cases}$

(2) $\begin{cases} 3x+y=14 \\ x+2y=13 \end{cases}$

(3) $\begin{cases} 5x-3y=6 \\ 3x-y=-2 \end{cases}$

(4) $\begin{cases} 2x+5y=-7 \\ -x-4y=8 \end{cases}$

03 연립방정식 $\begin{cases} 2x+3y=5 & \cdots \text{㉠} \\ 5x-y=4 & \cdots \text{㉡} \end{cases}$ 를 풀기 위해 y를

없앴더니 $ax=17$이 되었다. 다음 물음에 답하시오.

(단, a는 수)

(1) a의 값을 구하시오.

(2) 연립방정식의 해를 구하시오.

> **TIP** ❶ 없애려는 미지수의 계수의 절댓값이 같게 만든다.
> ❷ 계수의 부호가 ┌ 같으면 ⇨ 변끼리 뺀다.
> └ 다르면 ⇨ 변끼리 더한다.

해가 주어진 연립방정식

04 연립방정식 $\begin{cases} ax-by=6 \\ bx+ay=2 \end{cases}$ 의 해가 $x=2,\ y=-1$일

때, 수 $a,\ b$의 값을 각각 구하시오.

> **TIP** ❶ 주어진 해를 각 일차방정식에 대입하여 $a,\ b$에 대한 연립방정식을 만든다.
> ❷ ❶에서 만든 연립방정식을 풀어 $a,\ b$의 값을 각각 구한다.

05 연립방정식 $\begin{cases} ax+by=-7 \\ bx-ay=-4 \end{cases}$ 의 해가 $(-3,\ -2)$일 때,

수 $a,\ b$의 값은?

① $a=-1,\ b=1$ ② $a=1,\ b=-1$

③ $a=1,\ b=2$ ④ $a=2,\ b=1$

⑤ $a=3,\ b=2$

⟩⟩ 익힘교재 38쪽

개념 23 여러 가지 연립방정식의 풀이

1 복잡한 연립방정식의 풀이

(1) **괄호가 있는 연립방정식**: 분배법칙을 이용하여 괄호를 풀고, 동류항끼리 정리한 후 푼다.

(2) **계수가 소수인 연립방정식**: 양변에 10의 거듭제곱을 곱하여 계수를 정수로 고쳐서 푼다.

(3) **계수가 분수인 연립방정식**: 양변에 분모의 최소공배수를 곱하여 계수를 정수로 고쳐서 푼다.

2 $A=B=C$ 꼴의 방정식의 풀이

$\begin{cases} A=B \\ A=C \end{cases}$ 또는 $\begin{cases} A=B \\ B=C \end{cases}$ 또는 $\begin{cases} A=C \\ B=C \end{cases}$ 중 가장 간단한 것을 선택하여 푼다.

3 해가 특수한 연립방정식

한 쌍의 해를 갖는 연립방정식 이외에 해가 무수히 많거나 해가 없는 연립방정식도 있다.

(1) **해가 무수히 많은 연립방정식**: 두 일차방정식을 변형하였을 때, x, y의 계수와 상수항이 각각 같다.

(2) **해가 없는 연립방정식**: 두 일차방정식을 변형하였을 때, x, y의 계수는 각각 같고 상수항은 다르다.

예 $\begin{cases} x-3y=2 \\ 2x-6y=4 \end{cases}$ ➡ $\begin{array}{r} 2x-6y=4 \\ -)\ 2x-6y=4 \\ \hline 0=0 \end{array}$

➡ 해가 무수히 많다.

$\begin{cases} x-3y=1 \\ 2x-6y=4 \end{cases}$ ➡ $\begin{array}{r} 2x-6y=2 \\ -)\ 2x-6y=4 \\ \hline 0=-2 \end{array}$

➡ 해가 없다.

개념 자세히 보기 **복잡한 연립방정식 정리하기**

(1) 괄호가 있는 연립방정식

$\begin{cases} x+2(y-1)=6 \\ 3(x+1)-y=6 \end{cases}$ —괄호 풀기→ $\begin{cases} x+2y-2=6 \\ 3x+3-y=6 \end{cases}$ —식을 정리→ $\begin{cases} x+2y=8 \\ 3x-y=3 \end{cases}$

(2) 계수가 소수인 연립방정식

$\begin{cases} 0.1x+0.2y=1.9 \\ 0.2x-0.3y=1 \end{cases}$ —양변에 ×10→ $\begin{cases} x+2y=19 \\ 2x-3y=10 \end{cases}$

(3) 계수가 분수인 연립방정식

$\begin{cases} \dfrac{x}{3}+\dfrac{y}{6}=1 & \cdots ㉠ \\ \dfrac{x}{4}-\dfrac{y}{3}=-\dfrac{1}{6} & \cdots ㉡ \end{cases}$

㉠의 양변에 ×⑥ ← 3과 6의 최소공배수
㉡의 양변에 ×⑫ ← 4, 3, 6의 최소공배수

$\begin{cases} 2x+y=6 \\ 3x-4y=-2 \end{cases}$

(4) $A=B=C$ 꼴의 방정식

$\underset{A}{-4x-3y}=\underset{B}{3x+y}=\underset{C}{13}$ ➡ $\begin{cases} \underset{A}{-4x-3y}=\underset{B}{3x+y} \\ \underset{A}{-4x-3y}=\underset{C}{13} \end{cases}$ 또는 $\begin{cases} \underset{A}{-4x-3y}=\underset{B}{3x+y} \\ \underset{B}{3x+y}=\underset{C}{13} \end{cases}$ 또는 $\boxed{\begin{cases} \underset{A}{-4x-3y}=\underset{C}{13} \\ \underset{B}{3x+y}=\underset{C}{13} \end{cases}}$ ← 가장 간단하다.

≫ 익힘교재 33쪽

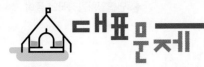

복잡한 연립방정식의 풀이

01 다음 연립방정식을 푸시오.

(1) $\begin{cases} x+y=2 \\ 2(x+1)+y=1 \end{cases}$

(2) $\begin{cases} 2(x-y)=3-5y \\ 3x-4(x+2y)=5 \end{cases}$

(3) $\begin{cases} 3(x-y)-2y=7 \\ 4x=3(4-y)+7 \end{cases}$

02 연립방정식 $\begin{cases} 5x-4y=9 \\ 3(x+3)=4(x-2y) \end{cases}$ 의 해가 $x=a, y=b$일 때, $a-b$의 값을 구하시오.

03 다음 연립방정식을 푸시오.

(1) $\begin{cases} 0.2x+0.1y=0.5 \\ 0.5x-0.3y=0.7 \end{cases}$

(2) $\begin{cases} 0.1x-0.2y=1 \\ 0.4x+0.7y=2.5 \end{cases}$

(3) $\begin{cases} 0.1x-0.4y=-1 \\ 0.1x+0.3y=1.1 \end{cases}$

04 다음 연립방정식을 푸시오.

(1) $\begin{cases} \dfrac{x}{2}+\dfrac{y}{3}=5 \\ \dfrac{x}{6}+\dfrac{y}{3}=1 \end{cases}$

(2) $\begin{cases} \dfrac{x}{4}+\dfrac{y}{6}=\dfrac{1}{3} \\ \dfrac{x}{5}-\dfrac{y}{10}=\dfrac{1}{2} \end{cases}$

(3) $\begin{cases} \dfrac{x}{2}-\dfrac{y}{3}=\dfrac{1}{6} \\ \dfrac{x}{3}-\dfrac{y}{4}=\dfrac{1}{12} \end{cases}$

05 연립방정식 $\begin{cases} \dfrac{x}{3}-\dfrac{y}{2}=\dfrac{1}{6} \\ 0.4x-0.3y=1.1 \end{cases}$ 의 해가 $x=p, y=q$ 일 때, 일차방정식 $px=q$의 해를 구하시오.

> **TIP** 연립방정식의 해를 구하여 p, q의 값을 먼저 구한다.

$A=B=C$ **꼴의 방정식**

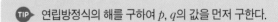

06 다음 방정식을 푸시오.

(1) $2x+y=3x-y=5$

(2) $3x-3y+3=x+2=2x-y+1$

(3) $\dfrac{x+2y}{5}=\dfrac{4x-y}{2}=3$

해가 특수한 연립방정식

07 다음 □ 안에 알맞은 수를 써넣고, 연립방정식을 푸시오.

(1) $\begin{cases} 2x+y=3 \\ 4x+2y=6 \end{cases} \Rightarrow \begin{cases} 4x+\boxed{}y=\boxed{} \\ 4x+2y=6 \end{cases}$

(2) $\begin{cases} -x+2y=3 \\ 2x-4y=6 \end{cases} \Rightarrow \begin{cases} \boxed{}x-4y=\boxed{} \\ 2x-4y=6 \end{cases}$

08 다음 연립방정식을 푸시오.

(1) $\begin{cases} -8x+2y=9 \\ 4x-y=3 \end{cases}$

(2) $\begin{cases} -9x+6y=12 \\ 3x-2y=-4 \end{cases}$

09 다음 연립방정식 중 해가 무수히 많은 것은?

① $\begin{cases} 2x+y=6 \\ 4x+2y=2 \end{cases}$
② $\begin{cases} x+y=5 \\ x-y=3 \end{cases}$

③ $\begin{cases} 3x-9y=-6 \\ -x+3y=2 \end{cases}$
④ $\begin{cases} 3y=2x-4 \\ 6y=4x+8 \end{cases}$

⑤ $\begin{cases} x+2y=3 \\ 3x+2y=0 \end{cases}$

10 연립방정식 $\begin{cases} -x+ay=-2 \\ bx+10y=-4 \end{cases}$ 의 해가 무수히 많을 때, 수 a, b의 값을 각각 구하시오.

> **TIP** 연립방정식 $\begin{cases} ax+by=c \\ a'x+b'y=c' \end{cases}$ 에서
>
> $\dfrac{a}{a'}=\dfrac{b}{b'}=\dfrac{c}{c'} \Rightarrow$ 해가 무수히 많다.
>
> $\dfrac{a}{a'}=\dfrac{b}{b'}\neq\dfrac{c}{c'} \Rightarrow$ 해가 없다.

11 다음 연립방정식 중 해가 없는 것은?

① $\begin{cases} 2x+3y=7 \\ 5x+6y=10 \end{cases}$
② $\begin{cases} -x+y=-3 \\ x-y=3 \end{cases}$

③ $\begin{cases} 2x+y=1 \\ 4x+2y=2 \end{cases}$
④ $\begin{cases} 3x-y=2 \\ x-y=-2 \end{cases}$

⑤ $\begin{cases} 3x-2y=1 \\ 6x-4y=3 \end{cases}$

12 다음 중 연립방정식 $\begin{cases} 3x+ay=4 \\ 9x-6y=b \end{cases}$ 의 해가 없을 조건은? (단, a, b는 수)

① $a=-2$, $b\neq-12$
② $a=-2$, $b=12$

③ $a=-2$, $b\neq12$
④ $a=2$, $b=12$

⑤ $a=2$, $b\neq12$

»» 익힘교재 39쪽

● 개념 REVIEW

01 연립방정식 $\begin{cases} y=-2x+1 \\ 5x+2y=6 \end{cases}$ 의 해가 $x=a,\ y=b$일 때, $a-b$의 값을 구하시오.

▶ 연립방정식의 풀이; 대입법
연립방정식에서 한 방정식이
$x=(y$에 대한 식)
또는 $y=(x$에 대한 식)의 꼴로
고치기 쉬울 때, 이 식을 다른 방
정식에 ❶□□하여 푼다.

02 가감법을 이용하여 연립방정식 $\begin{cases} 2x-3y=-5 & \cdots \text{㉠} \\ 3x+5y=2 & \cdots \text{㉡} \end{cases}$ 를 풀 때, 다음 중 x를 없애기 위하여 필요한 식은?

① ㉠$\times 2+$㉡$\times 3$ ② ㉠$\times 3-$㉡$\times 2$ ③ ㉠$\times 3+$㉡$\times 2$

④ ㉠$\times 5-$㉡$\times 3$ ⑤ ㉠$\times 5+$㉡$\times 3$

▶ 연립방정식의 풀이; 가감법
없애려는 미지수의 계수의
❷□□□이 같도록 적당한 수
를 곱한 후 변끼리 더하거나 뺀
다.

03 두 일차방정식 $x+2y=7,\ 3x-4y=1$을 모두 만족하는 $x,\ y$에 대하여 $6\left(\dfrac{1}{x}+\dfrac{1}{y}\right)-xy$의 값을 구하시오.

▶ 연립방정식의 풀이
두 일차방정식 $A,\ B$를 모두 만
족하는 $x,\ y$의 값
⇨ 연립방정식 $\begin{cases} A \\ B \end{cases}$의 ❸□

04 연립방정식 $\begin{cases} x+2y=7 \\ 3x-ay=1 \end{cases}$ 의 해가 일차방정식 $2x-5y=-4$를 만족할 때, 수 a의 값을 구하시오.

▶ 연립방정식의 풀이
연립방정식의 해가 다른 일차방
정식을 만족한다.
⇨ 세 일차방정식이 공통인
❹□를 갖는다.

05 연립방정식 $\begin{cases} 5(x-y)-4x=15 \\ (4x+y):(x-5y)=6:5 \end{cases}$ 의 해가 $(a,\ b)$일 때, ab의 값은?

① -10 ② -5 ③ 1

④ 5 ⑤ 10

▶ 비례식을 포함한 연립방정식의
풀이
$\overbrace{a:b=c:d}^{\text{내항의 곱}} \Rightarrow ad\,{}^{❺}□\,bc$
$\underbrace{}_{\text{외항의 곱}}$
임을 이용하여 비례식을 일차방
정식으로 고쳐서 푼다.

답 ❶ 대입 ❷ 절댓값 ❸ 해 ❹ 해 ❺ =

06 연립방정식 $\begin{cases} \dfrac{x}{4} - \dfrac{y}{3} = -\dfrac{5}{3} \\ 0.3x - 0.2y = -1.6 \end{cases}$ 의 해가 (a, b)일 때, ab의 값을 구하시오.

> **계수가 소수 또는 분수인 연립방정식**
> 계수가 소수 또는 분수인 연립방정식은 계수가 모두 ❶□□가 되도록 양변에 적당한 수를 곱한다.

07 방정식 $3x + 2y - 7 = 5x - 3y = 4(x - y)$의 해가 일차방정식 $kx - y = 3$을 만족할 때, 수 k의 값을 구하시오.

> **$A = B = C$ 꼴의 방정식**
> $\begin{cases} A=B \\ A=C \end{cases}$ $\begin{cases} A=B \\ B=C \end{cases}$ $\begin{cases} A=□ \\ B=❸□ \end{cases}$
> 중 가장 간단한 것을 선택하여 푼다.

08 연립방정식 $\begin{cases} 4x - 6y = 10 \\ -2x + 3y = a \end{cases}$ 의 해가 없을 때, 다음 중 수 a의 값이 될 수 <u>없는</u> 것은?

① -5 ② -3 ③ 1

④ 3 ⑤ 5

> **해가 없는 연립방정식**
> 두 일차방정식을 변형하였을 때, x, y의 계수는 각각 같고, ❹□□□은 다르다.

UP
09 다음 두 연립방정식의 해가 서로 같을 때, 수 a, b에 대하여 $a - b$의 값을 구하시오.

$$\begin{cases} x - 2y = a \\ 2x - y = -4 \end{cases}, \quad \begin{cases} x - y = -1 \\ -x + by = 9 \end{cases}$$

> **두 연립방정식의 해가 서로 같은 경우**
> ❶ 계수와 상수항이 모두 주어진 두 일차방정식으로 연립방정식을 세워 해를 구한다.
> ❷ ❶에서 구한 해를 나머지 일차방정식에 각각 대입하여 미지수의 값을 구한다.

09-1 다음 두 연립방정식의 해가 서로 같을 때, 수 a, b에 대하여 $b - a$의 값을 구하시오.

$$\begin{cases} 3x + 2y = -6 \\ ax - 3y = 7 \end{cases}, \quad \begin{cases} -2x + by = 2 \\ x + 3y = 5 \end{cases}$$

≫ 익힘교재 40쪽

답 ❶정수 ❷C ❸C ❹상수항

연립방정식의 활용

❸ 연립일차방정식의 활용

개념 알아보기

1 연립방정식의 활용 문제의 풀이 순서

연립방정식을 활용하여 문제를 풀 때에는 다음과 같은 순서로 해결한다.

❶ 미지수 정하기	문제의 뜻을 이해하고, 구하려고 하는 것을 미지수 x, y로 놓는다.
❷ 연립방정식 세우기	문제의 뜻에 맞게 x, y에 대한 연립방정식을 세운다.
❸ 연립방정식 풀기	연립방정식을 푼다.
❹ 확인하기	구한 해가 문제의 뜻에 맞는지 확인한다.

2 여러 가지 활용 문제

(1) **자연수에 대한 문제**

처음 수의 십의 자리의 숫자를 x, 일의 자리의 숫자를 y라 할 때, 처음 수의 십의 자리의 숫자와 일의 자리의 숫자를 바꾸면 ➡ 처음 수는 $10x+y$, 바꾼 수는 $10y+x$

(2) **나이에 대한 문제**

현재의 나이가 x세이면 ➡ a년 전의 나이는 $(x-a)$세, a년 후의 나이는 $(x+a)$세

(3) **증가, 감소에 대한 문제**

① x에서 $a\,\%$ 증가하면 ➡ 증가량은 $\dfrac{a}{100}x$, 전체 양은 $x+\dfrac{a}{100}x=\left(1+\dfrac{a}{100}\right)x$

② x에서 $b\,\%$ 감소하면 ➡ 감소량은 $\dfrac{b}{100}x$, 전체 양은 $x-\dfrac{b}{100}x=\left(1-\dfrac{b}{100}\right)x$

(4) **일에 대한 문제**

하루에 하는 일의 양이 x일 때 ➡ a일 동안 한 일의 양은 ax

개념 자세히 보기 | **연립방정식의 활용; 가격에 대한 문제**

준하는 한 개에 200원인 사탕과 한 개에 500원인 초콜릿을 합하여 7개를 사고 2300원을 지불하였다. 준하는 사탕과 초콜릿을 각각 몇 개씩 샀는지 구해 보자.

❶ 미지수 정하기	사탕을 x개, 초콜릿을 y개 샀다고 하자.
❷ 연립방정식 세우기	사탕과 초콜릿을 합하여 7개를 샀으므로 $x+y=7$ 사탕과 초콜릿의 전체 가격이 2300원이므로 $200x+500y=2300$ ➡ $\begin{cases} x+y=7 \\ 200x+500y=2300 \end{cases}$
❸ 연립방정식 풀기	위의 연립방정식을 풀면 $x=4$, $y=3$ 따라서 사탕은 4개, 초콜릿은 3개 샀다.
❹ 확인하기	산 사탕과 초콜릿의 개수는 $4+3=7$(개), 금액은 $200\times4+500\times3=2300$(원) 따라서 구한 해는 문제의 뜻에 맞는다.

≫ 익힘교재 33쪽

가격, 개수에 대한 문제

01 어느 박물관의 1인당 입장료가 어른은 3000원, 청소년은 2000원이다. 7명이 19000원을 내고 이 박물관에 입장하였을 때, 다음 물음에 답하시오.

(1) 박물관에 입장한 어른의 수가 x명, 청소년의 수가 y명일 때, 표를 완성하시오.

	어른	청소년
사람 수(명)	x	y
입장료(원)		

(2) x, y에 대한 연립방정식을 세우시오.

(3) (2)에서 세운 연립방정식을 풀어 박물관에 입장한 어른과 청소년은 각각 몇 명인지 구하시오.

02 닭과 토끼를 합하여 21마리가 있다. 다리의 수를 세어 보니 모두 70개일 때, 다음 물음에 답하시오.

(1) 닭의 수를 x마리, 토끼의 수를 y마리라 할 때, x, y에 대한 연립방정식을 세우시오.

(2) (1)에서 세운 연립방정식을 풀어 닭과 토끼는 각각 몇 마리인지 구하시오.

> **TIP** 다리가 a개인 동물이 x마리, 다리가 b개인 동물이 y마리 있다.
> $$\Rightarrow \begin{cases} x+y = (\text{전체 동물의 수}) \\ ax+by = (\text{전체 동물의 다리의 수}) \end{cases}$$

자연수에 대한 문제

03 두 자리 자연수가 있다. 이 수의 각 자리의 숫자의 합은 6이고, 십의 자리의 숫자와 일의 자리의 숫자를 바꾼 수는 처음 수보다 18만큼 크다고 한다. 다음 물음에 답하시오.

(1) 처음 수의 십의 자리의 숫자를 x, 일의 자리의 숫자를 y라 할 때, x, y에 대한 연립방정식을 세우시오.

(2) (1)에서 세운 연립방정식을 풀어 처음 수를 구하시오.

나이에 대한 문제

04 현재 형과 동생의 나이의 합은 17세이고, 5년 후에 형의 나이는 동생의 나이의 2배가 된다고 한다. 다음 물음에 답하시오.

(1) 현재 형의 나이를 x세, 동생의 나이를 y세라 할 때, x, y에 대한 연립방정식을 세우시오.

(2) (1)에서 세운 연립방정식을 풀어 현재 형과 동생의 나이를 각각 구하시오.

05 현재 이모의 나이는 지원이의 나이의 3배이고, 6년 전에 이모의 나이는 지원이의 나이의 5배였다고 한다. 현재 이모의 나이를 구하시오.

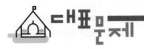

도형에 대한 문제

06 둘레의 길이가 58 cm인 직사각형이 있다. 가로의 길이가 세로의 길이보다 5 cm만큼 길다고 할 때, 다음 물음에 답하시오.

(1) 직사각형의 가로의 길이를 x cm, 세로의 길이를 y cm라 할 때, x, y에 대한 연립방정식을 세우시오.

(2) (1)에서 세운 연립방정식을 풀어 직사각형의 가로의 길이를 구하시오.

07 윗변의 길이가 아랫변의 길이보다 4 cm만큼 짧은 사다리꼴이 있다. 이 사다리꼴의 높이가 8 cm이고, 넓이가 56 cm²일 때, 윗변의 길이를 구하시오.

증가, 감소에 대한 문제

08 어느 중학교의 작년 입학생 수는 250명이었다. 올해 입학한 남학생 수는 작년에 비해 5 % 증가하고, 여학생 수는 10 % 감소하여 전체 입학생 수는 7명이 감소하였다. 다음 물음에 답하시오.

(1) 작년에 입학한 남학생 수를 x명, 여학생 수를 y명이라 할 때, x, y에 대한 연립방정식을 세우시오.

(2) (1)에서 세운 연립방정식을 푸시오.

(3) 올해 입학한 남학생 수를 구하시오.

09 A, B 두 제품을 생산하는 공장이 있다. 이 공장의 지난달 생산량은 A, B 두 제품을 합하여 500개이고, 이번 달 생산량은 지난달에 비해 A 제품은 4 % 증가하고, B 제품은 2 % 증가하여 전체적으로 16개가 증가하였다. 이번 달 A, B 두 제품의 생산량을 각각 구하시오.

일에 대한 문제

10 형돈이와 대준이가 같이 하면 6일 만에 끝낼 수 있는 일을 형돈이가 2일 동안 하고, 나머지를 대준이가 12일 동안 하여 끝냈다고 한다. 다음 물음에 답하시오.

(1) 형돈이와 대준이가 하루 동안 할 수 있는 일의 양을 각각 x, y라 할 때, x, y에 대한 연립방정식을 세우시오.

(2) (1)에서 세운 연립방정식을 푸시오.

(3) 이 일을 형돈이가 혼자서 하면 끝내는 데 며칠이 걸리는지 구하시오.

> **TIP** 전체 일의 양을 1로, 단위 시간에 할 수 있는 일의 양을 미지수로 놓고 연립방정식을 세운다.

11 어떤 빈 물탱크에 물을 채우는데 A 호스로 3시간 동안 넣은 후 B 호스로 6시간 동안 넣거나 A 호스로 2시간 동안 넣은 후 B 호스로 8시간 동안 넣으면 물이 가득 찬다. A 호스만으로 이 물탱크에 물을 가득 채우는 데 몇 시간이 걸리는지 구하시오.

거리, 속력, 시간에 대한 문제

12 수현이가 집에서 8 km 떨어진 도서관에 가는데 처음에는 시속 3 km로 걷다가 도서관 열람 시간이 끝날까봐 시속 6 km로 달렸더니 총 2시간이 걸렸다. 다음 물음에 답하시오.

(1) 시속 3 km로 걸은 거리를 x km, 시속 6 km로 달린 거리를 y km라 할 때, 표를 완성하시오.

	걸어갈 때	달려갈 때	전체
거리	x km		8 km
속력		시속 6 km	
시간	$\dfrac{x}{3}$시간		2시간

(2) x, y에 대한 연립방정식을 세우시오.

(3) (2)에서 세운 연립방정식을 풀어 수현이가 걸은 거리를 구하시오.

> **TIP** (시간)$=\dfrac{(거리)}{(속력)}$임을 이용하여
> $\begin{cases} (거리에 \ 대한 \ 일차방정식) \\ (시간에 \ 대한 \ 일차방정식) \end{cases}$으로 연립방정식을 세운다.

13 동생이 집에서 출발한 지 9분 후에 형이 집에서 출발하여 같은 길을 따라갔다. 동생은 분속 50 m로 걷고, 형은 분속 200 m로 달렸다고 할 때, 형이 집에서 출발한 지 몇 분 후에 동생과 만나는지 구하시오.

> **TIP** 시간차를 두고 출발하여 형과 동생이 만나는 경우
> ⇨ (형이 이동한 거리) = (동생이 이동한 거리)

소금물의 농도에 대한 문제

14 5 %의 소금물과 9 %의 소금물을 섞어서 8 %의 소금물 600 g을 만들려고 한다. 다음 물음에 답하시오.

(1) 5 %의 소금물의 양을 x g, 9 %의 소금물의 양을 y g이라 할 때, 표를 완성하시오.

	5 %의 소금물	9 %의 소금물	8 %의 소금물
소금물의 양(g)		y	600
소금의 양(g)			$\dfrac{8}{100} \times 600$

(2) x, y에 대한 연립방정식을 세우시오.

(3) (2)에서 세운 연립방정식을 풀어 5 %의 소금물과 9 %의 소금물의 양을 각각 구하시오.

> **TIP** (소금의 양)$=\dfrac{(소금물의 \ 농도)}{100} \times (소금물의 \ 양)$임을 이용하여 $\begin{cases} (소금물의 \ 양에 \ 대한 \ 일차방정식) \\ (소금의 \ 양에 \ 대한 \ 일차방정식) \end{cases}$으로 연립방정식을 세운다.

15 8 %의 설탕물과 12 %의 설탕물 200 g을 섞어서 9 %의 설탕물을 만들려고 한다. 이때 8 %의 설탕물을 몇 g 섞어야 하는지 구하시오.

16 16 %의 소금물에 소금을 더 넣어서 30 %의 소금물 600 g을 만들려고 한다. 이때 소금을 몇 g 더 넣어야 하는지 구하시오.

익힘교재 41쪽

 두 자리 자연수가 있다. 이 수의 각 자리의 숫자의 합은 9이고, 십의 자리의 숫자와 일의 자리의 숫자를 바꾼 수는 처음 수의 2배보다 9만큼 작다고 할 때, 처음 수는?

① 18　　　　　　② 27　　　　　　③ 36

④ 63　　　　　　⑤ 72

02 길이가 3 m인 끈을 두 개로 나누었더니 긴 끈의 길이가 짧은 끈의 길이의 2배보다 60 cm만큼 짧았다. 이때 긴 끈의 길이는?

① 170 cm　　　　② 180 cm　　　　③ 190 cm

④ 200 cm　　　　⑤ 210 cm

03 농도가 다른 두 소금물 A, B가 있다. 소금물 A를 300 g, 소금물 B를 200 g 섞으면 10 %의 소금물이 되고, 소금물 A를 200 g, 소금물 B를 300 g 섞으면 8 %의 소금물이 된다. 이때 소금물 A의 농도는 몇 %인지 구하시오.

**ⓊⓅ
04** 16 km 떨어진 두 지점에서 지안이와 지윤이가 동시에 마주 보고 출발하여 도중에 만났다. 지안이는 시속 3 km로 걷고, 지윤이는 시속 5 km로 달렸다고 할 때, 지안이가 걸은 거리는 몇 km인지 구하시오.

04-1 둘레의 길이가 18 km인 호수의 둘레를 따라 주영이와 슬비가 같은 지점에서 동시에 반대 방향으로 출발하였다. 주영이는 시속 8 km로 달렸고, 슬비는 시속 10 km로 달렸다고 할 때, 두 사람이 출발한 지점에서 처음으로 만날 때까지 걸린 시간은 몇 시간인지 구하시오.

≫ 익힘교재 42쪽

● 개념 REVIEW

▶ 자연수에 대한 문제

• 십의 자리의 숫자가 x, 일의 자리의 숫자가 y인 두 자리 자연수
⇨ ❶□ $x+y$

• 십의 자리의 숫자와 일의 자리의 숫자를 바꾼 수
⇨ ❷□ $y+x$

▶ 길이에 대한 문제

• 한 개의 끈을 잘라서 두 개로 나누면
⇨ (한 끈의 길이)
　＋(다른 끈의 길이)
　＝(원래 끈의 길이)

• 단위를 통일한 후 식을 세운다.
⇨ 1 m＝❸□ cm

▶ 소금물의 농도에 대한 문제

• 농도가 다른 두 소금물을 섞을 때
⇨ 소금의 양은 변하지 않음을 이용하여 연립방정식을 세운다.

• (소금의 양)
＝ $\dfrac{(농도)}{❹□}$ ×(소금물의 양)

▶ 거리, 속력, 시간에 대한 문제

• 동시에 마주 보거나 반대 방향으로 출발하는 경우 두 사람이 만날 때까지 걸린 시간은 같다.

• (시간)＝ $\dfrac{(거리)}{(속력)}$

답 ❶ 10　❷ 10　❸ 100　❹ 100

01 다음 **보기** 중 미지수가 2개인 일차방정식을 모두 고른 것은?

> ┤ 보기 ├
>
> ㄱ. $x+y=0$　　　ㄴ. $x+y^2=1$
>
> ㄷ. $x-3y=4+x$　　ㄹ. $5x-2=y+2$
>
> ㅁ. $\dfrac{1}{x}-y=0$　　　ㅂ. $y-5x$

① ㄱ, ㄷ　　　② ㄱ, ㄹ　　　③ ㄴ, ㅁ

④ ㄷ, ㄹ　　　⑤ ㄹ, ㅂ

02 x, y가 자연수일 때, 일차방정식 $x+2y=9$의 해의 개수를 a개, 일차방정식 $2x+3y=11$의 해의 개수를 b개라 하자. 이때 $a+b$의 값을 구하시오.

03 일차방정식 $2x+5y=4a-10$의 한 해가 $x=a$, $y=a+1$일 때, 수 a의 값을 구하시오.

04 다음 연립방정식 중 x, y의 순서쌍 $(2, -1)$을 해로 갖는 것은?

① $\begin{cases} 4x+y=7 \\ x-2y=-4 \end{cases}$　　② $\begin{cases} 3x+y=5 \\ x+2y=4 \end{cases}$

③ $\begin{cases} 3x+y=5 \\ 2x+y=3 \end{cases}$　　④ $\begin{cases} 3x-y=7 \\ 2x+3y=6 \end{cases}$

⑤ $\begin{cases} 3x-y=7 \\ 2x-3y=1 \end{cases}$

05 연립방정식 $\begin{cases} 5x+y=2 \\ 3x-my=14 \end{cases}$ 의 해가 $x=2$, $y=n$일 때, $8m+\dfrac{8}{n}$의 값은? (단, m은 수)

① 1　　　② 3　　　③ 5

④ 7　　　⑤ 9

06 연립방정식 $\begin{cases} 3x-4y=-1 \\ -4x+5y=-2 \end{cases}$ 를 만족하는 x, y에 대하여 $x-y$의 값은?

① -5　　　② -3　　　③ 1

④ 3　　　⑤ 5

서술형
07 연립방정식 $\begin{cases} ax-by=3 \\ bx+ay=4 \end{cases}$ 에서 잘못하여 a와 b를 서로 바꾸어 놓고 풀었더니 해가 $x=2$, $y=1$이었다. 처음의 연립방정식을 푸시오. (단, a, b는 수)

08 연립방정식 $\begin{cases} \dfrac{x}{4} - \dfrac{y}{2} = \dfrac{5}{4} \\ 3x - 2y = a \end{cases}$ 를 만족하는 y의 값이 x의

값의 3배일 때, 수 a의 값을 구하시오.

09 연립방정식 $\begin{cases} \dfrac{x+1}{5} - \dfrac{y}{2} = \dfrac{11}{5} \\ 1.1x + 0.5y = 0.6 \end{cases}$ 의 해가 일차방정식

$3x + 5y = a$를 만족할 때, 수 a의 값은?

① -10 ② -5 ③ 0
④ 5 ⑤ 10

서술형

10 방정식 $x + 2y + 2 = -4x + 3y - 5 = 4x + 4y + 1$
의 해가 $x = a$, $y = b$일 때, $2a + b$의 값을 구하시오.

11 연립방정식 $\begin{cases} 2x + (a-5)y = -6 \\ bx - 4y = -3 \end{cases}$ 의 해가 무수히

많을 때, 수 a, b에 대하여 $a + b$의 값은?

① -2 ② 1 ③ 3
④ 6 ⑤ 9

12 다음 중 연립방정식 $\begin{cases} 3x - 2y = 2 \\ 9x - ay = b \end{cases}$ 의 해가 없을 조건

은? (단, a, b는 수)

① $a = 6, b = 6$ ② $a = 6, b \neq 6$
③ $a \neq 6, b = -6$ ④ $a = -6, b \neq 6$
⑤ $a \neq -6, b = -6$

13 두 수의 차는 17이고 작은 수의 3배에서 큰 수를 빼면
15이다. 이때 두 수의 합은?

① 45 ② 47 ③ 49
④ 51 ⑤ 53

신유형

14 다음은 지혜네 가족 6명이 찜질방에 입장하고 받은 영
수증인데 일부분이 물에 젖어서 보이지 않는다. 지혜네 가족
중 소인은 모두 몇 명인지 구하시오.

영수증			
품목	단가(원)	수량(개)	금액(원)
대인	12000		
소인	5000		
합계		6	44000

서술형

15 A, B 두 사람이 가위바위보를 하여 이긴 사람은 3계단씩 올라가고, 진 사람은 2계단씩 내려가기로 하였다. 그 결과 A는 처음의 위치보다 18계단을 올라가고, B는 3계단을 올라가 있었다. 이때 B가 이긴 횟수를 구하시오.

(단, 비기는 경우는 없다.)

16 A, B 두 호스로 빈 물탱크에 물을 채우는데 A 호스로 4시간 동안 넣고, B 호스로 9시간 동안 넣었더니 가득 찼다. 또, 같은 물탱크에 물을 B 호스로만 15시간 동안 넣었더니 가득 찼을 때, A 호스로만 이 물탱크에 물을 가득 채우려면 몇 시간이 걸리는지 구하시오.

UP

17 배를 타고 길이가 15 km인 강을 거슬러 올라가는 데 5시간, 내려오는 데 3시간이 걸렸다. 정지한 물에서의 배의 속력은? (단, 강물과 배의 속력은 각각 일정하다.)

① 시속 1 km   ② 시속 2 km   ③ 시속 3 km
④ 시속 4 km   ⑤ 시속 5 km

18 3 %의 소금물과 7 %의 소금물을 섞어서 6 %의 소금물 400 g을 만들려고 한다. 7 %의 소금물을 몇 g 섞어야 하는지 구하시오.

창의·융합 문제

다음 그림과 같이 32개의 블록을 일정한 간격으로 세워 도미노를 만들었다. 도미노를 A, B 두 부분으로 나누어 만들었는데 A 부분의 블록은 1초에 3개씩, B 부분의 블록은 1초에 4개씩 넘어지도록 하였다. 이때 제일 앞 블록부터 마지막 블록까지 9초 만에 모두 넘어지게 하려면 A 부분과 B 부분에 블록을 각각 몇 개씩 세우면 되는지 구하시오. (단, 블록의 두께는 무시한다.)

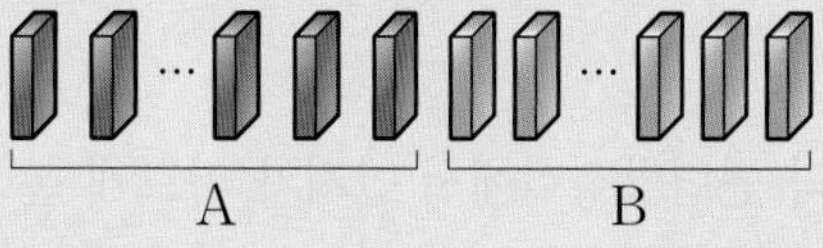

해결의 길잡이

❶ A 부분에 세운 블록과 B 부분에 세운 블록이 1개 넘어지는 데 걸리는 시간은 각각 몇 초인지 구한다.

❷ A 부분에 세운 블록의 개수를 x개, B 부분에 세운 블록의 개수를 y개라 할 때, x, y에 대한 연립방정식을 세운다.

❸ ❷에서 세운 연립방정식을 풀어 A 부분과 B 부분에 세워야 하는 블록의 개수를 각각 구한다.

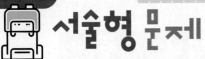

교과서 속 서술형 문제

---

1 민지와 윤아가 연립방정식 $\begin{cases} ax+2y=10 \\ 3x-by=6 \end{cases}$ 을 푸는데 민지는 a를 잘못 보고 풀어서 $x=6$, $y=6$을 해로 얻었고, 윤아는 b를 잘못 보고 풀어서 $x=2$, $y=4$를 해로 얻었다. 처음의 연립방정식을 푸시오.

(단, a, b는 수)

2 정우와 준희가 연립방정식 $\begin{cases} ax-4y=1 \\ x+by=2 \end{cases}$ 를 푸는데 정우는 a를 잘못 보고 풀어서 $x=8$, $y=2$를 해로 얻었고, 준희는 b를 잘못 보고 풀어서 $x=3$, $y=2$를 해로 얻었다. 처음의 연립방정식을 푸시오.

(단, a, b는 수)

---

1 b의 값은?

처음의 연립방정식에서 민지가 바르게 본 일차방정식은 [   ]이므로

$x=6$, $y=6$을 [   ]에 대입하면

$b=$ [ ]　　　　　　　　　… 30 %

2 a의 값은?

처음의 연립방정식에서 윤아가 바르게 본 일차방정식은 [   ]이므로

$x=2$, $y=4$를 [   ]에 대입하면

$a=$ [ ]　　　　　　　　　… 30 %

3 a, b의 값을 이용하여 처음의 연립방정식을 세우면?

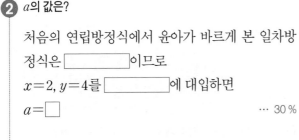

$\begin{cases} [\ ]+2y=10 & \cdots\cdots ㉠ \\ 3x-[\ ]=6 & \cdots\cdots ㉡ \end{cases}$　　… 10 %

4 처음의 연립방정식을 풀면?

㉠+㉡을 하면 [ ]$x=16$　　∴ $x=$[ ]

$x=$[ ]를 ㉠에 대입하면 [ ]$+2y=10$

∴ $y=$[ ]　　　　　　　　　… 30 %

---

1 b의 값은?

2 a의 값은?

3 a, b의 값을 이용하여 처음의 연립방정식을 세우면?

4 처음의 연립방정식을 풀면?

3 연립방정식 $\begin{cases} ax+by=-3 \\ bx-ay=4 \end{cases}$ 의 해가 $(-1, 2)$일 때, 수 a, b에 대하여 ab의 값을 구하시오.

🖊 풀이 과정

답 _____

4 다음 연립방정식을 만족하는 x와 y의 값의 합이 8일 때, 수 a의 값을 구하시오.

$$\begin{cases} \dfrac{x}{4}-\dfrac{y}{4}=-1 \\ 2x-3y=-11+a \end{cases}$$

🖊 풀이 과정

답 _____

5 학교 체육대회에서 상품으로 공책을 학생들에게 나누어 주는데 공책을 8권씩 나누어 주면 20권이 남고, 9권씩 나누어 주면 8권이 부족하다고 한다. 이때 공책은 모두 몇 권인지 구하시오.

🖊 풀이 과정

답 _____

6 원중이가 등산을 하는데 올라갈 때는 A 코스를 시속 3 km로 걷고, 내려올 때는 올라갈 때보다 4 km 더 긴 B 코스를 시속 5 km로 걸어서 총 4시간이 걸렸다고 한다. B 코스는 몇 km인지 구하시오.

🖊 풀이 과정

답 _____

사계절

글 / 그림 우쿠쥐

06

일차함수와
그 그래프

배운내용 Check

1 다음 그래프가 나타내는 x와 y 사이의 관계식을 구하시오.

(1)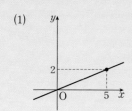

(2)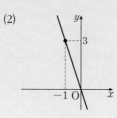

정답 **1** (1) $y=\dfrac{2}{5}x$ (2) $y=-3x$

25 함수의 뜻

개념 알아보기 **1 함수**

(1) **함수**: 두 변수 x, y에 대하여 x의 값이 정해짐에 따라 y의 값이 오직 하나씩 정해지는 관계가 있을 때, y를 x의 **함수**라 하고, 기호로 $y=f(x)$ 와 같이 나타낸다.

(참고) ・x의 값이 정해짐에 따라

　　　y의 값이 ┌ 오직 하나씩 정해지면 ➡ y는 x의 함수이다.
　　　　　　　 └ 정해지지 않거나 두 개 이상 정해지면 ➡ y는 x의 함수가 아니다.

　　　・x, y와 같이 여러 가지로 변하는 값을 나타내는 문자를 변수라 한다.

(2) **함수의 관계식**

두 변수 x, y 사이에 다음과 같은 규칙적인 변화 관계가 있을 때, y는 x의 함수이다.

① 정비례 관계식　　　　② 반비례 관계식　　　　③ x에 대한 일차식

➡ $y=ax\,(a\neq0)$　　➡ $y=\dfrac{a}{x}\,(a\neq0)$　　➡ $y=ax+b\,(a\neq0)$

(예) $y=2x$　　　　　　(예) $y=\dfrac{6}{x}$　　　　　(예) $y=x+3$

x	1	2	3	⋯
y	2	4	6	⋯

x	1	2	3	⋯
y	6	3	2	⋯

x	1	2	3	⋯
y	4	5	6	⋯

개념 자세히 보기 **함수의 판별**

① 자연수 x의 약수의 개수 y개

x	1	2	3	4	⋯
y(개)	1	2	2	3	⋯

➡ x의 값이 정해짐에 따라 y의 값이 오직 하나씩 정해지므로 y는 x의 함수이다.

② 자연수 x의 약수 y

x	1	2	3	4	⋯
y	1	1, 2	1, 3	1, 2, 4	⋯

➡ x의 값이 정해짐에 따라 y의 값이 오직 하나씩 정해지지 않으므로 y는 x의 함수가 아니다.

≫ 익힘교재 43쪽

바른답・알찬풀이 44쪽

개념 확인하기 **1** 다음 표를 완성하고, y가 x의 함수인 것은 ○표, 함수가 아닌 것은 ×표를 하시오.

(1) 한 개에 100원인 사탕 x개의 값 y원　　　　(2) 자연수 x의 배수 y

（　　　）　　　　　　　　　　　　　　　　　　　（　　　）

x(개)	1	2	3	4	⋯
y(원)	100				⋯

x	1	2	3	4	⋯
y					⋯

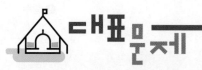
함수의 뜻

01 길이가 12 cm인 테이프를 x cm씩 똑같은 길이로 자를 때 잘린 테이프의 개수를 y개라 하자. 다음 물음에 답하시오.

(1) 표를 완성하시오.

x(cm)	1	2	3	4	⋯
y(개)					⋯

(2) y가 x의 함수인지 말하시오.

02 미래는 도서관에 갈 때, 1분에 50 m씩 일정한 속력으로 걷는다고 한다. x분 동안 걸은 거리를 y m라 할 때, 다음 물음에 답하시오.

(1) 표를 완성하시오.

x(분)	1	2	3	4	⋯
y(m)					⋯

(2) x와 y 사이의 관계식을 구하시오.

(3) y가 x의 함수인지 말하시오.

03 넓이가 24 cm²인 직사각형이 있다. 가로의 길이가 x cm, 세로의 길이가 y cm일 때, 다음 물음에 답하시오.

(1) 표를 완성하시오.

x(cm)	1	2	3	4	⋯
y(cm)					⋯

(2) x와 y 사이의 관계식을 구하시오.

(3) y가 x의 함수인지 말하시오.

04 현재 의준이의 나이는 14세이다. x년 후의 나이를 y세라 할 때, 다음 물음에 답하시오.

(1) 표를 완성하시오.

x(년)	1	2	3	4	⋯
y(세)					⋯

(2) x와 y 사이의 관계식을 구하시오.

(3) y가 x의 함수인지 말하시오.

05 다음 중 y가 x의 함수인 것은 ○표, 함수가 아닌 것은 ×표를 하시오.

(1) $y=6x$ ( )

(2) $y=2x+1$ ( )

(3) 자연수 x보다 작은 짝수 y ( )

(4) 한 개에 500원인 빵 x개의 값 y원 ( )

06 다음 **보기** 중 y가 x의 함수가 <u>아닌</u> 것을 모두 고르시오.

┤보기├
ㄱ. 절댓값이 x인 수 y
ㄴ. 자연수 x보다 작은 소수 y
ㄷ. 자연수 x를 2로 나눈 나머지 y
ㄹ. 한 변의 길이가 x인 정삼각형의 둘레의 길이 y

▶▶ 익힘교재 44쪽

 26 **함숫값**

개념 알아보기 | 1 함숫값

함수 $y=f(x)$에서 x의 값에 따라 하나씩 정해지는 y의 값 $f(x)$를 x에 대한 **함숫값**이라 한다.

> 함수 $y=f(x)$에서 $f(a)$ ➡ $x=a$일 때의 함숫값
> ➡ $x=a$일 때, y의 값
> ➡ $f(x)$에 x 대신 a를 대입하여 얻은 값

주의 함숫값을 구할 때, x의 값이 음수이면 괄호 안에 넣어서 대입한다.

개념 자세히 보기 | 함숫값 구하기

① 함수 $f(x)=4x$에서 $x=2$일 때의 함숫값

$x=2$ 대입

$f(x)=4x$ ➡ $f(2)=4\times2=8$ ← $x=2$일 때의 함숫값

x 대신 2로!

② 함수 $f(x)=4x$에서 $x=-2$일 때의 함숫값

$x=-2$ 대입

$f(x)=4x$ ➡ $f(-2)=4\times(-2)=-8$ ← $x=-2$일 때의 함숫값

x 대신 -2로!

▶▶ 익힘교재 43쪽

☞ 바른답 · 알찬풀이 44쪽

개념 확인하기

1 함수 $f(x)=3x$에 대하여 다음 ☐ 안에 알맞은 수를 써넣으시오.

(1) $x=4$일 때, 함숫값 $f(4)=3\times\boxed{}=\boxed{}$

(2) $x=-2$일 때, 함숫값 $f(-2)=3\times(\boxed{})=\boxed{}$

2 함수 $f(x)=\dfrac{6}{x}$에 대하여 다음 ☐ 안에 알맞은 수를 써넣으시오.

(1) $x=3$일 때, 함숫값 $f(3)=\dfrac{6}{\boxed{}}=\boxed{}$

(2) $x=-6$일 때, 함숫값 $f(-6)=\dfrac{6}{\boxed{}}=\boxed{}$

바른답·알찬풀이 44쪽

함숫값 구하기

01 다음 함수 $y=f(x)$에 대하여 $x=3$일 때의 함숫값을 구하시오.

(1) $f(x)=6x$

(2) $f(x)=-\dfrac{9}{x}$

(3) $f(x)=4x-2$

02 함수 $f(x)=-\dfrac{1}{4}x+1$에 대하여 다음 함숫값을 구하시오.

(1) $f(-2)$

(2) $f(8)$

03 함수 $f(x)=-3x$에 대하여 다음 물음에 답하시오.

(1) $f(-1)$, $f(2)$의 값을 각각 구하시오.

(2) $f(-1)+f(2)$의 값을 구하시오.

04 함수 $f(x)=-\dfrac{24}{x}$에 대하여 $f(4)+f(-6)+f(8)$의 값을 구하시오.

함숫값을 이용하여 미지수의 값 구하기

05 다음 조건을 만족하는 a의 값을 구하시오.

(1) 함수 $f(x)=2x$에 대하여 $f(a)=10$이다.

　　$\Rightarrow f(a)=2\times\boxed{}$이므로

　　　　$2\times\boxed{}=10$　　$\therefore a=\boxed{}$

(2) 함수 $f(x)=-6x$에 대하여 $f(a)=9$이다.

(3) 함수 $f(x)=\dfrac{8}{x}$에 대하여 $f(a)=4$이다.

06 다음 조건을 만족하는 수 a의 값을 구하시오.

(1) 함수 $f(x)=ax$에 대하여 $f(3)=6$이다.

　　$\Rightarrow f(3)=a\times\boxed{}$이므로

　　　　$a\times\boxed{}=6$　　$\therefore a=\boxed{}$

(2) 함수 $f(x)=ax$에 대하여 $f(-4)=12$이다.

(3) 함수 $f(x)=\dfrac{a}{x}$에 대하여 $f(2)=5$이다.

07 함수 $f(x)=ax$에 대하여 $f(-2)=1$일 때, 다음을 구하시오. (단, a는 수)

(1) a의 값

(2) $f(6)$의 값

익힘교재 45쪽

01 물 30 L를 x명이 똑같이 나누어 마시려고 한다. 한 사람이 마실 수 있는 물의 양을 y L라 할 때, 다음 물음에 답하시오.

(1) x와 y 사이의 관계식을 구하시오.

(2) y가 x의 함수인지 말하시오.

02 다음 중 y가 x의 함수인 것을 모두 고르면? (정답 2개)

① 자연수 x와 서로소인 자연수 y

② 나이가 x세인 사람의 키 y cm

③ 몸무게가 x kg인 사람의 키 y cm

④ 귤 10개 중 x개를 먹고 남은 귤의 개수 y개

⑤ 밑변의 길이가 x cm, 높이가 6 cm인 삼각형의 넓이 y cm^2

03 함수 $f(x)=5x-3$에 대하여 $f(2)-f(-1)$의 값을 구하시오.

04 함수 $f(x)=-\dfrac{6}{x}$에 대하여 $f(a)=-2$, $f(12)=b$일 때, ab의 값을 구하시오.

05 함수 $f(x)=mx$에 대하여 $f(2)=-8$, $f(-3)=n$일 때, $m-n$의 값을 구하시오. (단, m은 수)

05-1 함수 $f(x)=\dfrac{a}{x}$에 대하여 $f(2)=7$, $f(b)=-14$일 때, $a+b$의 값을 구하시오. (단, a는 수)

익힘교재 46쪽

개념 REVIEW

함수
두 변수 x, y에 대하여 x의 값이 정해짐에 따라
• y의 값이 오직 **❶**□□씩 정해지면
  ⇨ y는 x의 함수이다.
• y의 값이 오직 하나씩 정해지지 않으면
  ⇨ y는 x의 함수가 아니다.

함수

함숫값 구하기
함수 $y=f(x)$에서 $f(a)$
⇨ $x=$**❷**□일 때의 함숫값
⇨ $x=$**❸**□일 때, y의 값
⇨ $f(x)$에 x 대신 **❹**□를 대입하여 얻은 값

함숫값을 이용하여 미지수의 값 구하기
함수 $y=f(x)$에서 $f(a)=b$
⇨ 함수 $y=f(x)$에 $x=a$를 대입했을 때의 함숫값이 **❺**□이다.

함숫값을 이용하여 미지수의 값 구하기
함수 $y=f(x)$에서 $f(a)=b$
⇨ $y=f(x)$에 $x=a$, $y=b$를 대입하여 미지수의 값을 구한다.

답 ❶ 하나 ❷ a ❸ a ❹ a ❺ b

개념 27 일차함수의 뜻

개념 알아보기 1 일차함수

함수 $y=f(x)$에서

$$y=ax+b \ (a, b는 수, a\neq 0)$$

     x에 대한 일차식

$$y=2x+3$$
    일차식

와 같이 y가 x에 대한 일차식으로 나타내어질 때, 이 함수 $y=f(x)$를 x에 대한 **일차함수**라 한다.

참고 $y=f(x)$에서 $y=2x+3$과 $f(x)=2x+3$은 같은 함수이다.

주의 a, b는 수이고, $a\neq 0$일 때

① $ax+b$ ➡ x에 대한 일차식

② $ax+b=0$ ➡ x에 대한 일차방정식

③ $ax+b>0$ ➡ x에 대한 일차부등식

④ $y=ax+b$ ➡ x에 대한 일차함수

개념 자세히 보기

일차함수인 경우

$y=ax+b\,(a\neq 0)$의 꼴인 경우

- $y=x+2 \leftarrow a=1, \ b=2$
- $y=\dfrac{1}{2}x \leftarrow a=\dfrac{1}{2}, \ b=0$
- $y=-2x-1 \leftarrow a=-2, \ b=-1$

일차함수가 아닌 경우

$y=ax+b\,(a\neq 0)$의 꼴이 아닌 경우

- $y=2 \leftarrow a=0, b=2$
- $y=\dfrac{1}{x} \leftarrow x$가 분모에 있는 경우
- $y=x^2+1 \leftarrow y=(x$에 대한 이차식$)$의 꼴

              ≫ 익힘교재 43쪽

바른답 · 알찬풀이 45쪽

개념 확인하기 1 다음 중 y가 x에 대한 일차함수인 것은 ○표, 일차함수가 아닌 것은 ×표를 하시오.

(1) $y=3x-4$ (   )

(2) $y=5$ (   )

(3) $xy=2$ (   )

(4) $y=\dfrac{x}{2}+3$ (   )

(5) $y=-x^2+x$ (   )

(6) $y=-\dfrac{2}{3}x$ (   )

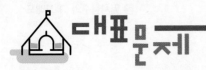

일차함수의 뜻

01 다음 **보기** 중 y가 x에 대한 일차함수인 것을 모두 고르시오.

┤ 보기 ├

ㄱ. $y=1-x$ ㄴ. $y=\dfrac{3}{x}$

ㄷ. $y=2(x-1)-2x$ ㄹ. $y=x(x+4)$

ㅁ. $y=\dfrac{x}{5}$ ㅂ. $y=-(x-6)+x$

02 다음 문장을 y를 x에 대한 식으로 나타내고, y가 x에 대한 일차함수인지 말하시오.

(1) 현재 x세인 은영이의 5년 전의 나이 y세

⇨ $y=\boxed{}$

(2) 반지름의 길이가 x cm인 원의 넓이 y cm²

⇨ $y=\boxed{}$

(3) 2 km의 거리를 시속 x km로 달릴 때 걸리는 시간 y시간

⇨ $y=\boxed{}$

(4) 한 변의 길이가 x cm인 정오각형의 둘레의 길이 y cm

⇨ $y=\boxed{}$

> **TIP** 주어진 문장을 x와 y 사이의 관계식으로 나타내고 식을 정리하였을 때, $y=(x$에 대한 일차식)의 꼴이면 y는 x에 대한 일차함수이다.

03 다음 문장을 y를 x에 대한 식으로 나타내고, y가 x에 대한 일차함수인 것을 모두 고르시오.

(1) 하루 중 낮의 길이가 x시간일 때, 밤의 길이 y시간

(2) 반지름의 길이가 x cm인 원의 둘레의 길이 y cm

(3) 6 L의 물을 x개의 물통에 똑같이 나누어 담을 때, 한 개의 물통에 담을 수 있는 물의 양 y L

(4) 한 개에 200원인 초콜릿 x개를 사고 3000원을 냈을 때의 거스름돈 y원

일차함수의 함숫값

04 일차함수 $f(x)=ax+5$에 대하여 $f(2)=6$일 때, 다음을 구하시오. (단, a는 수)

(1) a의 값

(2) $f(-4)$

(3) $f(b)=8$일 때, b의 값

05 일차함수 $f(x)=-2x+k$에 대하여 $f(2)=7$일 때, $f(-2)$의 값을 구하시오. (단, k는 수)

> **TIP** $f(2)=7$임을 이용하여 수 k의 값을 먼저 구한다.

» 익힘교재 47쪽

개념 28 일차함수 $y=ax+b$의 그래프

개념 알아보기

1 평행이동

한 도형을 일정한 방향으로 일정한 거리만큼 이동하는 것

2 일차함수 $y=ax+b$의 그래프

일차함수 $y=ax+b$의 그래프는 일차함수 $y=ax$의 그래프를 y축의 방향으로 b만큼 평행이동한 직선이다.

① $b>0$: y축의 양의 방향으로 이동

② $b<0$: y축의 음의 방향으로 이동

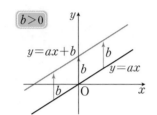

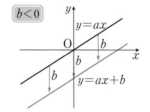

참고 일차함수 $y=ax$의 그래프

① 원점을 지나는 직선이다.

② $a>0$일 때, 오른쪽 위로 향하는 직선이고, 제1사분면과 제3사분면을 지난다.

  $a<0$일 때, 오른쪽 아래로 향하는 직선이고, 제2사분면과 제4사분면을 지난다.

개념 자세히 보기

일차함수 $y=x+2$의 그래프

같은 x의 값에 대하여 두 일차함수 $y=x$와 $y=x+2$의 함숫값을 표로 나타내고 그 그래프를 그려 보자.

x	$\cdots$	-2	-1	0	1	2	$\cdots$
$x+2$	$\cdots$	0	1	2	3	4	$\cdots$

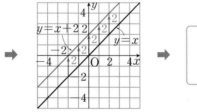

➡

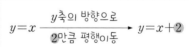

$y=x$ ──y축의 방향으로 2만큼 평행이동──➤ $y=x+2$

≫ 익힘교재 43쪽

⁑ 바른답·알찬풀이 46쪽

개념 확인하기

1 다음 일차함수의 그래프는 일차함수 $y=2x$의 그래프를 y축의 방향으로 얼마만큼 평행이동한 것인지 구하시오.

(1) $y=2x+7$ (2) $y=2x+\dfrac{1}{2}$ (3) $y=2x-5$

바른답·알찬풀이 46쪽

일차함수 $y=ax+b$의 그래프

01 오른쪽 그림은 일차함수 $y=-x$의 그래프이다. 이 그래프를 이용하여 오른쪽 좌표평면 위에 다음 일차함수의 그래프를 그리시오.

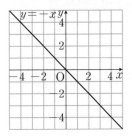

(1) $y=-x+2$

(2) $y=-x-3$

02 오른쪽 그림은 일차함수 $y=3x$의 그래프이다. 이 그래프를 이용하여 오른쪽 좌표평면 위에 다음 일차함수의 그래프를 그리시오.

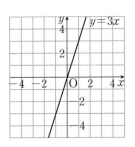

(1) $y=3x+4$

(2) $y=3x-3$

평행이동한 그래프의 식

03 다음 일차함수의 그래프를 y축의 방향으로 [ ] 안의 수만큼 평행이동한 그래프의 식을 구하시오.

(1) $y=5x$ [2]

(2) $y=-x$ [3]

(3) $y=\dfrac{3}{2}x$ [-1]

04 다음 일차함수의 그래프를 y축의 방향으로 [ ] 안의 수만큼 평행이동한 그래프의 식을 구하시오.

(1) $y=4x-7$ [5]

(2) $y=-3x+1$ [-2]

(3) $y=\dfrac{3}{5}x+5$ [-3]

> **TIP** $y=ax+b$ $\xrightarrow[\ k만큼\ 평행이동\ ]{\ y축의\ 방향으로\ }$ $y=ax+b+k$

05 다음 일차함수 중 그 그래프가 일차함수 $y=-2x$의 그래프를 평행이동한 그래프와 겹쳐지는 것은?

① $y=-\dfrac{1}{3}x+2$ ② $y=-\dfrac{1}{2}x$

③ $y=-2x-\dfrac{1}{2}$ ④ $y=x+2$

⑤ $y=2x-2$

06 일차함수 $y=\dfrac{1}{2}x$의 그래프를 y축의 방향으로 m만큼 평행이동한 그래프가 점 $(6, 1)$을 지날 때, m의 값은?

① -5 ② -4 ③ -3

④ -2 ⑤ -1

> **TIP** 일차함수의 그래프가 점 (●, ▲)를 지난다.
> ⇨ 일차함수의 식에 $x=●$, $y=▲$를 대입하면 등식이 성립한다.

익힘교재 48쪽

01 다음 중 y가 x에 대한 일차함수가 <u>아닌</u> 것을 모두 고르면? (정답 2개)

① $xy=4$ ② $y=\dfrac{2}{3}x-1$ ③ $y=-x^2+5$

④ $y=\dfrac{4-x}{3}$ ⑤ $y=x(1-x)+x^2$

02 다음 중 일차함수 $y=-3x+4$의 그래프 위의 점이 <u>아닌</u> 것은?

① $(1,1)$ ② $(0,4)$ ③ $(-1,7)$
④ $(2,-2)$ ⑤ $(-2,2)$

03 일차함수 $y=4x-a$의 그래프가 두 점 $(-2,-1)$, $(2,b)$를 지날 때, $b-a$의 값을 구하시오. (단, a는 수)

04 다음 일차함수 중 그 그래프가 일차함수 $y=-5x$의 그래프를 평행이동한 그래프와 겹쳐지지 <u>않는</u> 것을 모두 고르면? (정답 2개)

① $y=-\dfrac{1}{5}x+1$ ② $y=-5x+3$ ③ $y=5(x-1)$
④ $y=-6(x-1)+x$ ⑤ $y=5(1-x)$

05 일차함수 $y=ax-2$의 그래프를 y축의 방향으로 6만큼 평행이동한 그래프가 점 $(3,-1)$을 지날 때, 수 a의 값을 구하시오.

05-1 일차함수 $y=-5x+k$의 그래프를 y축의 방향으로 3만큼 평행이동한 그래프가 점 $(2,2k)$를 지날 때, 수 k의 값을 구하시오.

>> 익힘교재 49쪽

● 개념 REVIEW

▶ **일차함수**
$y=(x$에 대한 ❶□□식$)$, 즉
$y=ax+b\,(a\ne$❷□$)$의 꼴로
나타낼 수 있는 것

▶ **일차함수의 그래프 위의 점**
점 (p,q)가 일차함수 $y=ax+b$
의 그래프 위의 점이다.
⇨ $x=$❸□, $y=$❹□를
$y=ax+b$에 대입하면 등식
이 성립한다.
⇨ $q=ap+b$

▶ **일차함수의 그래프 위의 점**

▶ **평행이동**
한 도형을 일정한 방향으로 일
정한 거리만큼 ❺□□하는 것

▶ **일차함수 그래프의 평행이동**
일차함수 $y=ax+b$의 그래프
를 y축의 방향으로 k만큼 평행
이동한 그래프가 점 (p,q)를
지날 때,
❶ 평행이동한 그래프의 식을
구한다.
⇨ $y=ax+b+k$
❷ ❶에서 구한 식에 $x=p$,
$y=q$를 대입한다.

답 ❶일차 ❷0 ❸p ❹q ❺이동

일차함수의 그래프의 절편과 기울기

개념 알아보기

1 일차함수의 그래프의 x절편과 y절편

(1) x**절편**: 함수의 그래프가 x축과 만나는 점의 x좌표

➡ $y=0$일 때, x의 값

(2) y**절편**: 함수의 그래프가 y축과 만나는 점의 y좌표

➡ $x=0$일 때, y의 값

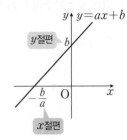

2 일차함수의 그래프의 기울기

(1) **기울기**: x의 값의 증가량에 대한 y의 값의 증가량의 비율

(2) 일차함수 $y=ax+b$의 그래프에서

$$(기울기)=\frac{(y의\ 값의\ 증가량)}{(x의\ 값의\ 증가량)}=a$$
↳ 항상 일정

개념 자세히 보기 | **일차함수 $y=2x+1$의 그래프의 기울기**

x의 값의 증가량에 대한 y의 값의 증가량의 비율은

$$\frac{(y의\ 값의\ 증가량)}{(x의\ 값의\ 증가량)}=\frac{2}{1}=\frac{4}{2}=2$$

로 일정하고, 이 값은 일차함수 $y=2x+1$에서 x의 계수 2와 같다.

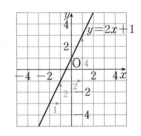

>> 익힘교재 43쪽

🔖⊦ 바른답·알찬풀이 47쪽

개념 확인하기

1 다음 일차함수의 그래프의 x절편과 y절편을 각각 구하시오.

(1)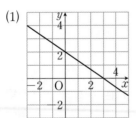

(2)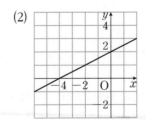

(3)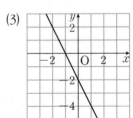

2 다음 일차함수의 그래프의 기울기를 구하시오.

(1) $y=3x-1$

(2) $y=-4x+3$

(3) $y=-\dfrac{5}{2}x+2$

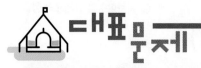
일차함수의 그래프의 x절편과 y절편

01 다음 일차함수의 그래프의 x절편과 y절편을 각각 구하시오.

(1) $y = x - 1$

(2) $y = -3x + 1$

(3) $y = \dfrac{1}{2}x + 3$

(4) $y = -2x - \dfrac{3}{2}$

02 다음 일차함수 중 그 그래프의 x절편이 나머지 넷과 다른 하나는?

① $y = -2x + 6$ 　② $y = \dfrac{2}{3}x - 2$

③ $y = \dfrac{7}{9}x - \dfrac{7}{3}$ 　④ $y = 3x + 3$

⑤ $y = -4x + 12$

03 일차함수 $y = 5x + k$의 그래프의 x절편이 2일 때, y절편을 구하시오. (단, k는 수)

> • x절편이 a이다. ⇨ 점 $(a, 0)$을 지난다.
> • y절편이 b이다. ⇨ 점 $(0, b)$를 지난다.

일차함수의 그래프의 기울기

04 다음을 구하시오.

(1) 일차함수 $y = -x + 7$의 그래프에서 x의 값의 증가량이 3일 때, y의 값의 증가량

(2) 일차함수 $y = \dfrac{2}{3}x - 5$의 그래프에서 x의 값이 -2에서 4까지 증가할 때, y의 값의 증가량

05 다음 두 점을 지나는 일차함수의 그래프의 기울기를 구하시오.

(1) $(1, 4), (2, 7)$

⇨ (기울기) $= \dfrac{(y의\ 값의\ 증가량)}{(x의\ 값의\ 증가량)}$

$= \dfrac{7 - \boxed{}}{2 - \boxed{}} = \boxed{}$

(2) $(3, -2), (1, -6)$

(3) $(0, 1), (3, -1)$

> **TIP** 서로 다른 두 점 $(x_1, y_1), (x_2, y_2)$를 지나는 일차함수의 그래프의 기울기 구하기
> (기울기) $= \dfrac{(y의\ 값의\ 증가량)}{(x의\ 값의\ 증가량)} = \dfrac{y_2 - y_1}{x_2 - x_1} \left(= \dfrac{y_1 - y_2}{x_1 - x_2} \right)$

06 두 점 $(-1, 4), (3, k)$를 지나는 일차함수의 그래프의 기울기가 3일 때, k의 값을 구하시오.

➡ 익힘교재 50쪽

일차함수의 그래프의 성질(1)

 1 일차함수의 그래프의 성질(1)

일차함수 $y=ax+b$의 그래프에서

	$a>0$일 때		$a<0$일 때	
	$b>0$	$b<0$	$b>0$	$b<0$
그래프	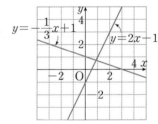			
그래프의 모양	오른쪽 위로 향하는 직선		오른쪽 아래로 향하는 직선	
증가·감소	x의 값이 증가하면 y의 값도 증가		x의 값이 증가하면 y의 값은 감소	
그래프가 y축과 만나는 부분	① $b>0$일 때: y축과 양의 부분에서 만난다. ➡ y절편이 양수 ② $b<0$일 때: y축과 음의 부분에서 만난다. ➡ y절편이 음수			

참고 a의 절댓값이 클수록 그래프는 y축에 가깝다.

개념 자세히 보기 **일차함수의 그래프의 성질**

두 일차함수 $y=2x-1$, $y=-\dfrac{1}{3}x+1$의 그래프의 기울기의 부호와 그래프의 모양 사이의 관계를 알아보자.

① $y=2x-1$의 그래프의 기울기는 $2>0$이다.

➡ 오른쪽 위로 향하는 직선이다.

② $y=-\dfrac{1}{3}x+1$의 그래프의 기울기는 $-\dfrac{1}{3}<0$이다.

➡ 오른쪽 아래로 향하는 직선이다.

≫ 익힘교재 43쪽

바른답 · 알찬풀이 48쪽

 1 다음 중 일차함수 $y=3x+2$의 그래프에 대한 설명으로 옳은 것은 ○표, 옳지 않은 것은 ×표를 하시오.

(1) y축과 양의 부분에서 만난다. ( )

(2) 오른쪽 아래로 향하는 직선이다. ( )

(3) x의 값이 증가하면 y의 값은 감소한다. ( )

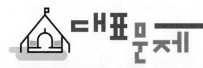

일차함수의 그래프의 성질 (1)

01 아래 **보기**의 일차함수 중 다음 직선을 그래프로 하는 것을 모두 고르시오.

┌ **보기** ┐

ㄱ. $y=\dfrac{1}{2}x-\dfrac{1}{4}$ ㄴ. $y=-3x+1$

ㄷ. $y=-\dfrac{3}{4}x-\dfrac{1}{2}$ ㄹ. $y=2x+4$

ㅁ. $y=5x$ ㅂ. $y=-\dfrac{1}{5}(x-3)$

(1) 오른쪽 위로 향하는 직선

(2) 오른쪽 아래로 향하는 직선

(3) x의 값이 증가할 때, y의 값도 증가하는 직선

(4) y축과 양의 부분에서 만나는 직선

(5) y축과 음의 부분에서 만나는 직선

02 다음 중 일차함수 $y=-\dfrac{2}{3}x+2$의 그래프에 대한 설명으로 옳지 <u>않은</u> 것은?

① 점 $(6, -2)$를 지난다.

② x절편은 3, y절편은 2이다.

③ 오른쪽 아래로 향하는 직선이다.

④ x의 값이 3만큼 증가하면 y의 값은 2만큼 감소한다.

⑤ 일차함수 $y=-\dfrac{2}{3}x$의 그래프를 y축의 방향으로 -2만큼 평행이동한 것이다.

일차함수 $y=ax+b$의 그래프의 모양에 따른 a, b의 부호

03 일차함수 $y=ax+b$의 그래프가 다음 그림과 같을 때, 수 a, b의 부호를 각각 정하시오.

(1) 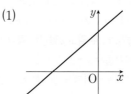   (2)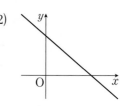

(3) 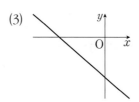   (4)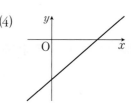

> **TIP** 일차함수 $y=ax+b$의 그래프가
> ① ┌ 오른쪽 위로 향하면 ⇨ $a>0$
>   └ 오른쪽 아래로 향하면 ⇨ $a<0$
> ② ┌ y축과 양의 부분에서 만나면 ⇨ $b>0$
>   └ y축과 음의 부분에서 만나면 ⇨ $b<0$

04 일차함수 $y=-ax-b$의 그래프가 오른쪽 그림과 같을 때, 다음 중 옳은 것은? (단, a, b는 수)

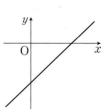

① $a>0, b>0$

② $a>0, b<0$

③ $a<0, b>0$

④ $a<0, b=0$

⑤ $a<0, b<0$

» 익힘교재 51쪽

일차함수의 그래프의 성질(2)

개념 알아보기 **1 일차함수의 그래프의 성질(2)**

(1) 기울기가 같은 두 일차함수의 그래프는 서로 평행하거나 일치한다.

　① 기울기가 같고 y절편이 다르면 ➡ 평행하다.

　② 기울기가 같고 y절편도 같으면 ➡ 일치한다.

　예 두 일차함수 $y=2x+1$, $y=2x+2$의 그래프에서

　　➡ 기울기가 2로 같고 y절편은 각각 1, 2로 다르다.

　　➡ 두 일차함수 $y=2x+1$, $y=2x+2$의 그래프는 서로 평행하다.

　참고 기울기가 서로 다른 두 일차함수의 그래프는 한 점에서 만난다.

(2) 서로 평행한 두 일차함수의 그래프의 기울기는 같다.

개념 자세히 보기 **일차함수의 그래프의 평행, 일치**

두 일차함수 $y=ax+b$, $y=cx+d$의 그래프에서

$a=c$, $b\neq d$일 때
: 기울기가 같고 y절편이 다르다. ➡ 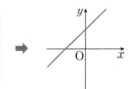 ➡ 두 일차함수의 그래프는 서로 평행하다.

$a=c$, $b=d$일 때
: 기울기가 같고 y절편도 같다. ➡ ➡ 두 일차함수의 그래프는 일치한다.

➤➤ 익힘교재 43쪽

📝 바른답·알찬풀이 48쪽

개념 확인하기 **1** 아래 **보기**의 일차함수 중 그 그래프가 다음 일차함수의 그래프와 평행한 것을 고르시오.

┌ **보기** ├───

ㄱ. $y=3x-5$ 　　　ㄴ. $y=\dfrac{1}{2}x+4$ 　　　ㄷ. $y=-2x-3$

ㄹ. $y=-x+4$ 　　　ㅁ. $y=4x+3$ 　　　ㅂ. $y=-\dfrac{1}{4}x-3$

───

(1) $y=-\dfrac{1}{4}x+1$ 　　　　　　　(2) $y=-x-5$

(3) $y=3x-\dfrac{1}{4}$ 　　　　　　　(4) $y=4x+\dfrac{1}{2}$

바른답·알찬풀이 48쪽

일차함수의 그래프의 성질(2)

01 아래 **보기**의 일차함수 중 그 그래프에 대하여 다음 물음에 답하시오.

┤ 보기 ├
ㄱ. $y=4x-4$　　　ㄴ. $y=2x+3$
ㄷ. $y=5x+2$　　　ㄹ. $y=4(x-1)$
ㅁ. $y=2\left(x+\dfrac{3}{4}\right)$　　　ㅂ. $y=5\left(x-\dfrac{2}{5}\right)$

(1) 서로 평행한 것끼리 짝 지으시오.

(2) 일치하는 것끼리 짝 지으시오.

02 다음 일차함수 중 그 그래프가 오른쪽 그림과 같은 그래프와 평행한 것은?

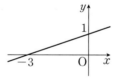

① $y=3x-1$　　② $y=3x+1$
③ $y=\dfrac{1}{3}x-1$　　④ $y=\dfrac{1}{3}x+1$
⑤ $y=-\dfrac{1}{3}x-1$

TIP 주어진 그래프의 기울기와 y절편을 먼저 구한다.

일차함수의 그래프가 평행, 일치할 조건

03 다음 두 일차함수의 그래프가 서로 평행할 때, 수 a의 값을 구하시오.

(1) $y=\dfrac{2}{3}x-5,\ y=-ax+1$

(2) $y=ax+7,\ y=(6-2a)x-2$

04 다음 두 일차함수의 그래프가 일치할 때, 수 a의 값을 구하시오.

(1) $y=\dfrac{1}{2}x-3,\ y=\dfrac{1}{2}x+a$

(2) $y=-x+4,\ y=-x-2a$

05 두 일차함수 $y=ax+5,\ y=-2x+3a-b$의 그래프에 대하여 다음을 구하시오.

(1) 두 그래프가 서로 평행하도록 하는 수 $a,\ b$의 조건

(2) 두 그래프가 일치하도록 하는 수 $a,\ b$의 조건

06 일차함수 $y=mx+2$의 그래프가 오른쪽 그림과 같은 그래프와 평행할 때, 수 m의 값을 구하시오.

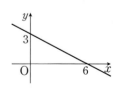

익힘교재 52쪽

01 일차함수 $y=\dfrac{1}{2}x-2$의 그래프의 x절편을 a, y절편을 b라 할 때, $a+b$의 값은?

① -3 ② -2 ③ -1

④ 1 ⑤ 2

02 일차함수 $y=\dfrac{a}{4}x-7$의 그래프에서 x의 값이 6만큼 증가할 때, y의 값은 9만큼 감소한다. 이때 수 a의 값을 구하시오.

03 세 점 $(2, -1)$, $(3, 1)$, $(-2, k)$가 한 직선 위에 있을 때, k의 값을 구하시오.

04 다음 중 일차함수 $y=ax+b$의 그래프에 대한 설명으로 옳은 것을 모두 고르면? (단, a, b는 수)(정답 2개)

① 점 $(b, 0)$을 지난다.

② 기울기는 a이고, x절편은 b이다.

③ $a>0$이면 오른쪽 위로 향하는 직선이다.

④ $a<0$일 때, x의 값이 증가하면 y의 값도 증가한다.

⑤ 일차함수 $y=ax$의 그래프를 y축의 방향으로 b만큼 평행이동한 것이다.

05 일차함수 $y=ax+2$의 그래프는 일차함수 $y=\dfrac{2}{3}x-4$의 그래프와 평행하고 점 $(b, -2)$를 지난다. 이때 $a-b$의 값은? (단, a는 수)

① -10 ② $-\dfrac{20}{3}$ ③ $-\dfrac{16}{3}$

④ $\dfrac{16}{3}$ ⑤ $\dfrac{20}{3}$

● 개념 REVIEW

▸ 일차함수의 그래프의 x절편과 y절편
- x절편: **❶**☐$=0$일 때, **❷**☐의 값
- y절편: **❸**☐$=0$일 때, **❹**☐의 값

▸ 일차함수의 그래프의 기울기
일차함수 $y=ax+b$의 그래프에서
$$(기울기)=\dfrac{(\text{❺☐의 값의 증가량})}{(\text{❻☐의 값의 증가량})}=a$$

▸ 세 점이 한 직선 위에 있을 조건
세 점 A, B, C가 한 직선 위에 있을 때,
$$(\overleftrightarrow{AB}\text{의 기울기})=(\overleftrightarrow{BC}\text{의 기울기})=(\overleftrightarrow{CA}\text{의 기울기})$$

▸ 일차함수의 그래프의 성질
일차함수 $y=ax+b$의 그래프에서
- a **❼**☐0이면 x의 값이 증가하면 y의 값도 증가
  ⇨ 오른쪽 위로 향하는 직선
- a **❽**☐0이면 x의 값이 증가하면 y의 값은 감소
  ⇨ 오른쪽 아래로 향하는 직선

▸ 일차함수의 그래프의 평행
두 일차함수 $y=ax+b$와 $y=cx+d$의 그래프가 서로 평행하다.
⇨ $a=c$, b **❾**☐d

답 ❶y ❷x ❸x ❹y ❺y ❻x ❼$>$ ❽$<$ ❾$\ne$

06 오른쪽 그림에서 두 일차함수의 그래프 l, m이 서로 평행할 때, 그래프 l이 x축과 만나는 점 A의 좌표는?

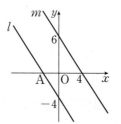

① $(-1, 0)$ ② $\left(-\dfrac{4}{3}, 0\right)$

③ $(-2, 0)$ ④ $\left(-\dfrac{8}{3}, 0\right)$

⑤ $(-3, 0)$

07 일차함수 $y=ax+7$의 그래프를 y축의 방향으로 -4만큼 평행이동하면 일차함수 $y=2x+b$의 그래프와 일치한다. 이때 수 a, b에 대하여 ab의 값을 구하시오.

UP

08 $a<0$, $b<0$일 때, 다음 중 일차함수 $y=-bx+a$의 그래프로 알맞은 것은?

(단, a, b는 수)

① 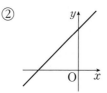   ②   ③

④   ⑤

08-1 일차함수 $y=abx-b$의 그래프가 오른쪽 그림과 같을 때, 수 a, b의 부호를 정하시오.

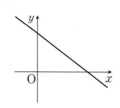

▶▶ 익힘교재 53쪽

● 개념 REVIEW

▸ 일차함수의 그래프의 평행

▸ 일차함수의 그래프의 일치

두 일차함수 $y=ax+b$와 $y=cx+d$가 일치한다.
⇨ $a=c$, b❶ $\square$ d

▸ a, b의 부호에 따른 일차함수 $y=ax+b$의 그래프의 모양

a, b의 부호에 따라 일차함수 $y=ax+b$의 그래프가 향하는 방향과 그래프가 y축과 만나는 부분을 판단한다.

답 ❶ $=$

32 일차함수의 그래프 그리기

개념 알아보기 **1 일차함수의 그래프 그리기**

(1) **두 점을 이용하여 그리기**

❶ 일차함수를 만족하는 서로 다른 두 점의 좌표를 찾는다.

❷ 두 점을 직선으로 연결한다.

(2) **x절편과 y절편을 이용하여 그리기**

❶ x절편, y절편을 각각 구한다.

❷ x절편과 y절편을 이용하여 x축, y축과 만나는 두 점을 좌표평면 위에 나타낸다.

❸ 두 점을 직선으로 연결한다.

참고 일차함수의 그래프가 원점을 지나지 않을 때, x절편과 y절편을 이용하여 일차함수의 그래프를 그릴 수 있다.

(3) **기울기와 y절편을 이용하여 그리기**

❶ y절편을 이용하여 y축과 만나는 점을 좌표평면 위에 나타낸다.

❷ 기울기를 이용하여 그래프가 지나는 다른 한 점을 찾는다.

❸ 두 점을 직선으로 연결한다.

개념 자세히 보기 **일차함수 $y = -\dfrac{1}{2}x + 3$의 그래프 그리기**

(1) 두 점을 이용하여 그리기

❶ $x = 2$일 때, $y = -\dfrac{1}{2} \times 2 + 3 = 2$

$x = 4$일 때, $y = -\dfrac{1}{2} \times 4 + 3 = 1$

즉, 두 점 $(2, 2), (4, 1)$을 지난다.

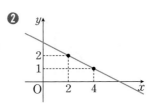

(2) x절편과 y절편을 이용하여 그리기

❶ $y = 0$일 때, $0 = -\dfrac{1}{2}x + 3$

$\therefore x = 6$

$x = 0$일 때, $y = 3$

즉, x절편은 6, y절편은 3이다.

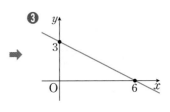

(3) 기울기와 y절편을 이용하여 그리기

기울기가 $-\dfrac{1}{2}$이므로 x의 값이 2만큼 증가할 때 y의 값은 1만큼 감소

» 익힘교재 43쪽

일차함수의 그래프 그리기

01 다음 일차함수의 그래프 위에 있는 두 점을 이용하여 좌표평면 위에 그래프를 그리시오.

(1) $y = -x + 3$

(2) $y = \dfrac{1}{2}x - 2$

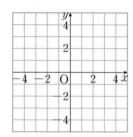 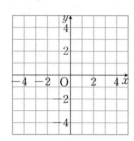

02 x절편과 y절편을 이용하여 좌표평면 위에 다음 일차함수의 그래프를 그리시오.

(1) $y = 2x - 6$

(2) $y = -\dfrac{1}{3}x + 2$

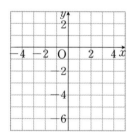 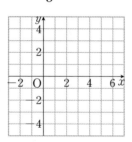

03 기울기와 y절편을 이용하여 좌표평면 위에 다음 일차함수의 그래프를 그리시오.

(1) $y = -2x - 4$

(2) $y = \dfrac{3}{4}x - 3$

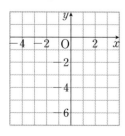 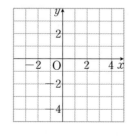

04 다음 중 일차함수 $y = \dfrac{4}{5}x + 4$의 그래프는?

① 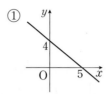 ②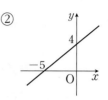

③ 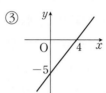 ④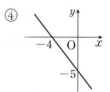

⑤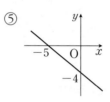

> **TIP** 일차함수의 그래프는 다음 중 한 가지를 이용하여 그린다.
> ① 그래프 위에 있는 두 점
> ② x절편과 y절편
> ③ 기울기와 y절편

일차함수의 그래프와 좌표축으로 둘러싸인 도형의 넓이

05 오른쪽 그림과 같이 일차함수 $y = -\dfrac{2}{3}x + 4$의 그래프가 x축, y축과 만나는 점을 각각 A, B라 할 때, $\triangle$ABO의 넓이를 구하시오.

(단, O는 원점)

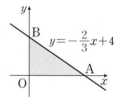

> **TIP** 일차함수 $y = ax + b$의 그래프와 x축 및 y축으로 둘러싸인 삼각형의 넓이 $\Rightarrow \dfrac{1}{2} \times |x$절편$| \times |y$절편$|$

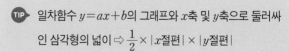

익힘교재 54쪽

일차함수의 식 구하기

개념 알아보기 **1 일차함수의 식 구하기**

(1) **기울기와 y절편이 주어질 때**

기울기가 a이고 y절편이 b인 직선을 그래프로 하는 일차함수의 식 ➡ $y=ax+b$

(2) **기울기와 한 점의 좌표가 주어질 때**

기울기가 a이고 점 (x_1, y_1)을 지나는 직선을 그래프로 하는 일차함수의 식

➡ $y=ax+b$로 놓고 이 식에 $x=x_1$, $y=y_1$을 대입하여 b의 값을 구한다.

(3) **서로 다른 두 점의 좌표가 주어질 때**

서로 다른 두 점 (x_1, y_1), (x_2, y_2)를 지나는 직선을 그래프로 하는 일차함수의 식

❶ 두 점의 좌표를 이용하여 기울기 a를 구한다.

➡ $a = (기울기) = \dfrac{(y의 값의 증가량)}{(x의 값의 증가량)} = \dfrac{y_2-y_1}{x_2-x_1} = \dfrac{y_1-y_2}{x_1-x_2}$

❷ $y=ax+b$로 놓고 이 식에 두 점 중 한 점의 좌표를 대입하여 b의 값을 구한다.

(4) **x절편과 y절편이 주어질 때**

x절편이 p, y절편이 q인 직선을 그래프로 하는 일차함수의 식

❶ 두 점 $(p, 0)$, $(0, q)$를 지남을 이용하여 기울기 a를 구한다.

➡ $a = (기울기) = \dfrac{q-0}{0-p} = -\dfrac{q}{p}$

❷ y절편이 q이므로 구하는 일차함수의 식은 $y = -\dfrac{q}{p}x + q$이다.

개념 자세히 보기 **일차함수의 식 구하기**

일차함수의 식을 $y=ax+b$로 놓고 수 a, b의 값을 각각 구한다.

(1) 기울기가 2, y절편이 3일 때	$a = (기울기) = 2$ $b = (y절편) = 3$	$y = 2x+3$
(2) 기울기가 3이고, 점 $(-1, 2)$를 지날 때	$a = (기울기) = 3$이므로 $y=3x+b$에 $x=-1, y=2$를 대입하면 $b=5$	$y = 3x+5$
(3) 두 점 $(1, 4)$, $(2, 6)$을 지날 때	❶ $a = (기울기) \dfrac{6-4}{2-1} = 2$ ❷ $y=2x+b$에 $x=1, y=4$를 대입하면 $b=2$	$y = 2x+2$
(4) x절편이 3, y절편이 6일 때	두 점 $(3, 0)$, $(0, 6)$을 지나므로 ❶ $a = (기울기) = \dfrac{6-0}{0-3} = -2$ ❷ $b = (y절편) = 6$	$y = -2x+6$

» 익힘교재 43쪽

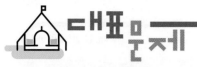

일차함수의 식 구하기: 기울기와 y절편이 주어질 때

01 다음 직선을 그래프로 하는 일차함수의 식을 구하시오.

(1) 기울기가 4이고 y절편이 1인 직선

(2) 기울기가 3이고 점 $\left(0, -\dfrac{2}{3}\right)$를 지나는 직선

(3) x의 값이 6만큼 증가할 때, y의 값이 3만큼 증가하고, y절편은 -5인 직선

02 다음 직선을 그래프로 하는 일차함수의 식을 구하시오.

(1) 일차함수 $y = -\dfrac{2}{5}x - 9$의 그래프와 평행하고 y절편이 -4인 직선

(2) 일차함수 $y = 2x - 1$의 그래프와 평행하고 점 $(0, 3)$을 지나는 직선

03 다음 그림과 같은 직선을 그래프로 하는 일차함수의 식을 구하시오.

(1)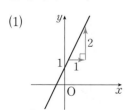

(2)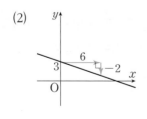

일차함수의 식 구하기: 기울기와 한 점의 좌표가 주어질 때

04 다음은 기울기가 -3이고 점 $(-1, 6)$을 지나는 직선을 그래프로 하는 일차함수의 식을 구하는 과정이다. ☐ 안에 알맞은 것을 써넣으시오.

> 기울기가 -3이므로 구하는 일차함수의 식을
> $y = \boxed{}x + b$라 하자.
> 이 일차함수의 그래프가 점 $(-1, 6)$을 지나므로
> $\boxed{} = -3 \times (-1) + b$ $\therefore b = \boxed{}$
> 따라서 구하는 일차함수의 식은
> $y = \boxed{}$

05 다음 직선을 그래프로 하는 일차함수의 식을 구하시오.

(1) 기울기가 $\dfrac{1}{3}$이고 점 $(-3, 4)$를 지나는 직선

(2) x의 값이 2만큼 증가할 때, y의 값은 4만큼 감소하고, 점 $(1, -3)$을 지나는 직선

(3) 일차함수 $y = -\dfrac{2}{3}x + 5$의 그래프와 평행하고 점 $(6, -1)$을 지나는 직선

06 오른쪽 그림과 같은 직선과 평행하고, 점 $(-4, 4)$를 지나는 직선을 그래프로 하는 일차함수의 식을 구하시오.

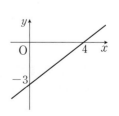

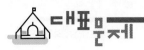

07 다음은 두 점 $(1, 2)$, $(3, -4)$를 지나는 직선을 그래프로 하는 일차함수의 식을 구하는 과정이다. ☐ 안에 알맞은 것을 써넣으시오.

> 구하는 일차함수의 식을 $y=ax+b$라 하면
>
> $a=\dfrac{(y의\ 값의\ 증가량)}{(x의\ 값의\ 증가량)}=\dfrac{-4-2}{3-☐}=☐$
>
> 즉, $y=☐x+b$
>
> 또, 이 일차함수의 그래프가 점 $(1, 2)$를 지나므로
>
> $2=☐\times 1+b$ $\therefore b=☐$
>
> 따라서 구하는 일차함수의 식은
>
> $y=$ ☐

08 다음 두 점을 지나는 직선을 그래프로 하는 일차함수의 식을 구하시오.

(1) $(-1, 2)$, $(1, 6)$

(2) $(-2, 1)$, $(2, -3)$

09 오른쪽 그림과 같은 직선을 그래프로 하는 일차함수의 식을 구하시오.

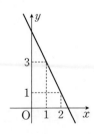

> **TIP** 그래프 위에 있는 두 점의 좌표를 찾아 기울기를 먼저 구한다.

10 다음은 x절편이 7, y절편이 -3인 직선을 그래프로 하는 일차함수의 식을 구하는 과정이다. ☐ 안에 알맞은 것을 써넣으시오.

> x절편이 7, y절편이 -3이므로 이 일차함수의 그래프가 두 점 $(7, 0)$, $(0, ☐)$을 지난다.
>
> 따라서 $(기울기)=\dfrac{☐-0}{0-7}=☐$이고, y절편이 -3이므로 구하는 일차함수의 식은
>
> $y=$ ☐

> **TIP** x절편이 m, y절편이 n이면 두 점 $(m, 0)$, $(0, n)$을 지난다.

11 다음 직선을 그래프로 하는 일차함수의 식을 구하시오.

(1) x절편이 -2, y절편이 3인 직선

(2) x절편이 -5, y절편이 -2인 직선

12 오른쪽 그림과 같은 직선을 그래프로 하는 일차함수의 식을 구하시오.

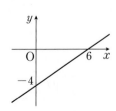

▶ 익힘교재 55쪽

일차함수의 활용

개념 알아보기

1 일차함수의 활용 문제의 풀이 순서

일차함수를 활용하여 문제를 풀 때에는 다음과 같은 순서로 해결한다.

❶ 변수 정하기	문제의 뜻을 이해하고 변하는 두 양을 x, y로 놓는다.
❷ 함수 구하기	x와 y 사이의 관계를 일차함수 $y=ax+b$로 나타낸다.
❸ 답 구하기	일차함수의 식이나 그래프를 이용하여 문제를 푸는 데 필요한 값을 찾는다.
❹ 확인하기	구한 답이 문제의 뜻에 맞는지 확인한다.

참고 먼저 변하는 양을 변수 x로 놓고, x에 따라 변하는 양을 변수 y로 놓으면 편리하다.

개념 자세히 보기

일차함수의 활용

1 L의 휘발유로 15 km를 달리는 자동차가 있다. 이 자동차에 40 L의 휘발유를 넣고 300 km를 달렸을 때, 남아 있는 휘발유의 양을 구해 보자. (단, 휘발유의 양은 일정한 비율로 소모된다.)

❶ 변수 정하기	40 L의 휘발유를 넣고 달린 거리가 x km일 때, 남아 있는 휘발유의 양을 y L라 하자.
❷ 함수 구하기	1 km를 달리는 데 드는 휘발유의 양 ➡ $\dfrac{1}{15}$ L x km를 달리는 데 드는 휘발유의 양 ➡ $\dfrac{1}{15}x$ L 따라서 x와 y 사이의 관계식은 $y=40-\dfrac{1}{15}x$
❸ 답 구하기	300 km를 달렸으므로 $y=40-\dfrac{1}{15}x$에 $x=300$을 대입하면 $y=40-\dfrac{1}{15}\times300=20$ 따라서 300 km를 달렸을 때, 남아 있는 휘발유의 양은 20 L이다.
❹ 확인하기	1 L의 휘발유로 15 km를 달리므로 300 km를 달렸을 때 사용한 휘발유의 양은 $300\times\dfrac{1}{15}=20(\text{L})$이다. 이때 남아 있는 휘발유의 양은 $40-20=20(\text{L})$이다. 따라서 구한 답은 문제의 뜻에 맞는다.

≫ 익힘교재 43쪽

➡ 바른답·알찬풀이 51쪽

1 어느 건물의 엘리베이터는 1초에 2 m씩 내려온다고 한다. 50 m 높이에서 출발하여 쉬지 않고 내려올 때, x초 후의 엘리베이터의 높이를 y m라 하자. 다음 표를 완성하고 x와 y 사이의 관계식을 구하시오.

x(초)	0	1	2	3	4	5	⋯
y(m)	50	48					⋯

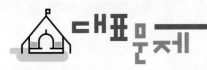

온도, 길이, 양에 대한 문제

01 냄비에 온도가 8 °C인 물이 담겨 있다. 이 냄비를 가열하면 1분마다 물의 온도가 3 °C씩 올라간다고 한다. 냄비를 가열한 지 x분 후의 물의 온도를 y °C라 할 때, 다음 물음에 답하시오.

(1) 표를 완성하시오.

x(분)	0	1	2	3	4	⋯
y(°C)						⋯

(2) x와 y 사이의 관계식을 구하시오.

(3) 물의 온도가 35 °C가 되는 것은 냄비를 가열한 지 몇 분 후인지 구하시오.

02 길이가 20 cm인 초가 있다. 이 초에 불을 붙인 지 100분 후에 초가 다 탄다고 한다. 불을 붙인 지 x분 후에 남은 초의 길이를 y cm라 할 때, 다음 물음에 답하시오.
  (단, 초의 길이가 줄어드는 속력은 일정하다.)

(1) x와 y 사이의 관계식을 구하시오.

(2) 불을 붙인 지 30분 후에 남은 초의 길이를 구하시오.

(3) 남은 초의 길이가 10 cm가 되는 것은 불을 붙인 지 몇 분 후인지 구하시오.

03 40 L의 물이 들어 있는 물통에서 2분마다 4 L씩 물이 흘러나간다고 한다. 물이 흘러나가기 시작하여 x분 후에 물통에 남아 있는 물의 양을 y L라 할 때, x와 y 사이의 관계식을 구하고 물이 흘러나간 지 12분 후에 물통에 남아 있는 물의 양을 구하시오.

거리, 속력, 시간에 대한 문제

04 정우네 가족은 시속 80 km로 달리는 자동차를 타고 집에서 출발하여 420 km 떨어진 할머니 댁에 가려고 한다. 출발한 지 x시간 후에 남은 거리를 y km라 할 때, 다음 물음에 답하시오.

(1) 표를 완성하시오.

x(시간)	0	1	2	3	4	⋯
y(km)						⋯

(2) x와 y 사이의 관계식을 구하시오.

(3) 출발한 지 4시간 후에 남은 거리를 구하시오.

(4) 남은 거리가 20 km가 되는 것은 출발한 지 몇 시간 후인지 구하시오.

익힘교재 56쪽

● 개념 REVIEW

01 일차함수 $y=-\dfrac{2}{3}x+2$의 그래프가 지나는 사분면을 모두 구하시오.

> 일차함수의 그래프 그리기
> ① 서로 다른 두 점을 이용
> ② x절편과 y절편을 이용
> ③ 기울기와 ❶□절편을 이용

02 두 일차함수 $y=-x-3$, $y=\dfrac{3}{2}x-3$의 그래프와 x축으로 둘러싸인 도형의 넓이를 구하시오.

> 일차함수의 그래프와 좌표축으로 둘러싸인 도형의 넓이
> ❷□절편과 y절편을 이용하여 그래프를 그려서 그래프와 좌표축으로 둘러싸인 도형의 넓이를 구한다.

03 일차함수 $y=\dfrac{1}{2}x+8$의 그래프와 평행하고, 일차함수 $y=-\dfrac{1}{2}x-2$의 그래프와 x축 위에서 만나는 직선을 그래프로 하는 일차함수의 식을 구하시오.

> 일차함수의 식 구하기; 기울기와 한 점의 좌표가 주어질 때
> ❶ 기울기가 a인 직선을 그래프로 하는 일차함수의 식을 $y=$❸□$x+b$로 놓는다.
> ❷ 한 점의 좌표를 $y=$❸□$x+b$에 대입하여 b의 값을 구한다.

04 오른쪽 그림과 같은 직선을 그래프로 하는 일차함수의 식을 구하시오.

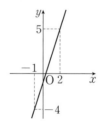

> 일차함수의 식 구하기; 서로 다른 두 점의 좌표가 주어질 때
> ❶ 두 점의 좌표를 이용하여 ❹□□□a를 구하고 일차함수의 식을 $y=ax+b$로 놓는다.
> ❷ 한 점의 좌표를 $y=ax+b$에 대입하여 b의 값을 구한다.

05 다음 **보기** 중 두 점 $(-2, -5)$, $(1, 7)$을 지나는 일차함수의 그래프에 대한 설명으로 옳은 것을 모두 고르시오.

> 일차함수의 식 구하기; 서로 다른 두 점의 좌표가 주어질 때

┤ 보기 ├
ㄱ. y절편은 3이다.
ㄴ. 점 $(2, 11)$을 지난다.
ㄷ. x축과 만나는 점의 x좌표는 4이다.
ㄹ. 일차함수 $y=4x+5$의 그래프와 평행하다.

답 ❶y ❷x ❸a ❹기울기

● 개념 REVIEW

06 다음 중 x절편이 -3이고, y절편이 6인 일차함수의 그래프 위의 점이 <u>아닌</u> 것은?

① $(-2, 2)$　　　　② $(-1, 3)$　　　　③ $(1, 8)$

④ $(2, 10)$　　　　⑤ $(-5, -4)$

> 일차함수의 식 구하기; x절편과 y절편이 주어질 때
>
> x절편이 p, y절편이 q인 직선을 그래프로 하는 일차함수의 식은
>
> $y = \dfrac{\boxed{①}}{}x + \boxed{②}$
>
> (단, $p \neq 0$, $q \neq 0$)

07 길이가 10 cm인 용수철에 무게가 20 g인 추를 달았더니 용수철의 길이가 15 cm가 되었다. 무게가 16 g인 추를 달았을 때의 용수철의 길이를 구하시오. (단, 추의 무게에 따라 용수철이 늘어나는 길이는 일정하다.)

> 일차함수의 활용
>
> 먼저 변하는 양을 변수 x로 놓고 x에 따라 변하는 양을 변수 ③□로 놓는다.

08 기온이 0 ℃일 때 공기 중에서 소리의 속력은 초속 331 m이고, 기온이 10 ℃ 오를 때마다 소리의 속력은 초속 6 m씩 증가한다고 한다. 기온이 30 ℃일 때의 소리의 속력을 구하시오.

> 일차함수의 활용
> ; 소리의 속력에 대한 문제

UP
09 오른쪽 그림과 같은 직사각형 ABCD에서 점 P는 점 B를 출발하여 변 BC를 따라 점 C까지 1초에 5 cm씩 움직인다. 점 P가 점 B를 출발한 지 x초 후의 △ABP의 넓이를 y cm²라 할 때, 다음 물음에 답하시오.

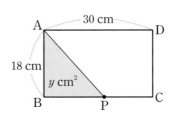

(1) x와 y의 관계식을 구하시오.

(2) 4초 후의 △ABP의 넓이를 구하시오.

> 일차함수의 활용
> ; 도형에 대한 문제
>
> x초 후의 $\overline{\text{BP}}$의 길이는 $5x$ cm이다.

09-1 **09**번 문제에서 △ABP의 넓이가 135 cm²가 되는 것은 점 P가 점 B를 출발한 지 몇 초 후인지 구하시오.

>> 익힘교재 57쪽

답 ① $-\dfrac{q}{p}$ ② q ③ y

중단원 **마무리 문제**

01 다음 중 y가 x의 함수가 <u>아닌</u> 것은?

① 자연수 x의 절댓값 y

② 자연수 x보다 작은 홀수 y

③ 시속 60 km로 x시간 동안 달린 거리 y km

④ 길이가 75 m인 테이프를 x m 사용하고 남은 길이 y m

⑤ 밑변의 길이가 8 cm이고 높이가 x cm인 삼각형의 넓이 y cm^2

02 다음 **보기** 중 y가 x에 대한 일차함수인 것을 모두 고르시오.

┌ 보기 ┤

ㄱ. $y=9$　　　　　　ㄴ. $y=x(1+x)$

ㄷ. $y=\dfrac{1}{2}x-1$　　　ㄹ. $y=\dfrac{4}{x}$

ㅁ. $y=1-x^2$　　　　ㅂ. $y=-8x+3$

03 일차함수 $f(x)=2x+k$에 대하여 $f(-1)=0$일 때, $f(1)+f(3)$의 값은? (단, k는 수)

① 8　　　　　② 10　　　　　③ 12

④ 14　　　　　⑤ 16

04 일차함수 $y=x+a$의 그래프를 y축의 방향으로 3만큼 평행이동한 그래프가 두 점 $(-1, 4)$, $(3, k)$를 지날 때, $a+k$의 값은? (단, a는 수)

① 7　　　　　② 8　　　　　③ 9

④ 10　　　　　⑤ 11

서술형
05 일차함수 $y=-2x+m$의 그래프가 일차함수 $y=-\dfrac{1}{3}x-2$의 그래프와 x축 위에서 만날 때, 수 m의 값을 구하시오.

06 일차함수 $y=ax+b$의 그래프가 오른쪽 그림과 같을 때, 다음 중 일차함수 $y=bx-a$의 그래프로 알맞은 것은? (단, a, b는 수)

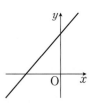

①

②

③

④
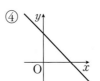

⑤

07 일차함수 $y=-2x+a$의 그래프를 y축의 방향으로 -2만큼 평행이동하면 일차함수 $y=2bx+8$의 그래프와 일치한다. 이때 수 a, b에 대하여 $a+b$의 값을 구하시오.

08 다음 중 일차함수 $y=-\dfrac{3}{4}x-6$의 그래프에 대한 설명으로 옳지 <u>않은</u> 것은?

① 오른쪽 아래로 향하는 직선이다.
② 기울기는 $-\dfrac{3}{4}$이고, x절편은 $-\dfrac{4}{3}$이다.
③ y축과 음의 부분에서 만난다.
④ 제2, 3, 4사분면을 지난다.
⑤ 일차함수 $y=-\dfrac{3}{4}x+2$의 그래프와 서로 평행하다.

09 다음 일차함수 중 그 그래프가 제2사분면을 지나지 <u>않는</u> 것은?

① $y=-\dfrac{3}{2}x-3$ ② $y=-x+2$
③ $y=2x+9$ ④ $y=3x-5$
⑤ $y=\dfrac{7}{3}x+7$

10 일차함수 $y=ax+8$의 그래프가 x축, y축과 만나는 점을 각각 A, B라 하자. $\triangle$AOB의 넓이가 24일 때, 양수 a의 값을 구하시오. (단, O는 원점)

서술형
11 두 점 $(-2, -3)$, $(2, 5)$를 지나는 직선과 평행하고, 점 $\left(0, \dfrac{1}{3}\right)$을 지나는 직선을 그래프로 하는 일차함수의 식을 구하시오.

12 오른쪽 그림과 같은 직선과 평행하고 점 $(3, 1)$을 지나는 일차함수의 그래프가 점 $(k, -3)$을 지날 때, k의 값을 구하시오.

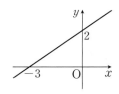

신유형
13 어느 영화 동아리에서 영화 상영을 위해 오른쪽 그림과 같이 영사기와 스크린을 설치하려고 한다. 두 점 A$(1, 4)$, B$(3, 2)$를 잇는 선분의 위치에 스크린을 설치하고 영사기를 점 $(0, 1)$의 위치에 놓으면 영사기에서 나온 빛은 일차함수 $y=ax+1$의 그래프를 따라 직선 형태로 나가 스크린에 닿게 하려고 할 때, 수 a의 값의 범위를 구하시오.

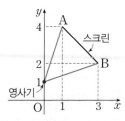

14 현재 온도가 15 ℃인 액체에 열을 가한 지 x분 후의 온도를 y ℃라 할 때, 오른쪽 그림은 x와 y 사이의 관계를 그래프로 나타낸 것이다. 열을 가한 지 50분 후 이 액체의 온도는?

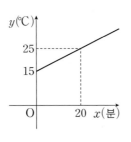

① 40 ℃   ② 45 ℃   ③ 50 ℃
④ 55 ℃   ⑤ 60 ℃

15 100 L의 물을 채울 수 있는 수족관에 물이 20 L 들어 있다. 이 수족관에 일정한 속력으로 물을 채우기 시작하여 5분 후에 물의 양은 30 L가 되었다. 수족관에 물을 채우기 시작하여 가득 채우는 데 걸리는 시간은?

① 38분   ② 40분   ③ 42분
④ 44분   ⑤ 46분

UP
16 오른쪽 그림에서 점 P는 점 B를 출발하여 $\overline{BD}$를 따라 점 D까지 5초에 2 cm씩 움직인다. 점 P가 점 B를 출발한 지 몇 초 후에 △ABP와 △CPD의 넓이의 합이 21 cm²가 되는지 구하시오.

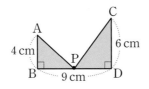

다음 그림은 어느 하천의 하구에 형성된 삼각주를 좌표평면 위에 나타낸 것이다. 삼각주의 모양이 두 일차함수 $y=\dfrac{1}{5}x-1$, $y=-2x+10$의 그래프와 y축으로 둘러싸인 도형의 모양과 같다고 할 때, 이 삼각주의 넓이를 구하시오.

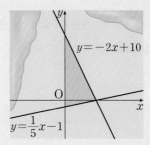

해결의 길잡이

❶ 일차함수 $y=\dfrac{1}{5}x-1$의 그래프의 x절편과 y절편을 각각 구한다.

❷ 일차함수 $y=-2x+10$의 그래프의 x절편과 y절편을 각각 구한다.

❸ 삼각주가 두 일차함수 $y=\dfrac{1}{5}x-1$, $y=-2x+10$의 그래프와 y축으로 둘러싸인 도형의 모양과 같음을 이용하여 넓이를 구한다.

교과서 속 서술형 문제

1 일차함수 $y=2x+k$의 그래프를 y축의 방향으로 -3만큼 평행이동한 그래프가 점 $(2, 7)$을 지날 때, 수 k의 값과 평행이동한 그래프의 x절편을 각각 구하시오.

2 일차함수 $y=-5x+7$의 그래프를 y축의 방향으로 k만큼 평행이동한 그래프의 x절편이 1일 때, 수 k의 값과 평행이동한 그래프의 y절편을 각각 구하시오.

---

① 일차함수 $y=2x+k$의 그래프를 y축의 방향으로 -3만큼 평행이동한 그래프의 식은?

$$y=2x+\boxed{}$$

$\cdots$ 30 %

① 일차함수 $y=-5x+7$의 그래프를 y축의 방향으로 k만큼 평행이동한 그래프의 식은?

---

② 수 k의 값은?

평행이동한 그래프가 점 $(2, 7)$을 지나므로

$y=2x+\boxed{}$에 $x=2$, $y=\boxed{}$을 대입하면

$\boxed{}=2\times2+\boxed{}$

$\therefore k=\boxed{}$

$\cdots$ 30 %

② 수 k의 값은?

---

③ 평행이동한 그래프의 식은?

$y=2x+\boxed{}$에서 $k=\boxed{}$이므로

$y=2x+\boxed{}$

$\cdots$ 10 %

③ 평행이동한 그래프의 식은?

---

④ 평행이동한 그래프의 x절편은?

$y=2x+\boxed{}$에서 $y=\boxed{}$일 때,

$\boxed{}=2x+\boxed{}$ $\therefore x=\boxed{}$

따라서 평행이동한 그래프의 x절편은 $\boxed{}$이다.

$\cdots$ 30 %

④ 평행이동한 그래프의 y절편은?

---

3 세 점 $(-1, -12)$, $(1, 2)$, $(2, m)$이 한 직선 위에 있을 때, m의 값을 구하시오.

✏ 풀이 과정

답 _____

5 일차함수 $y = \dfrac{1}{2}x - 1$의 그래프와 x축 위에서 만나고 $y = -x - 4$의 그래프와 y축 위에서 만나는 직선을 그래프로 하는 일차함수의 식을 구하시오.

✏ 풀이 과정

답 _____

4 오른쪽 그림과 같은 일차함수의 그래프의 x절편을 구하시오.

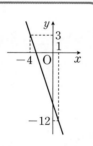

✏ 풀이 과정

답 _____

6 오른쪽 그림과 같은 직사각형 ABCD에서 점 P는 점 A를 출발하여 변 AD를 따라 점 D까지 매초 3 cm씩 움직인다. 사다리꼴 ABCP의 넓이가 264 cm²가 되는 것은 점 P가 점 A를 출발한 지 몇 초 후인지 구하시오.

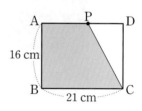

✏ 풀이 과정

답 _____

선물 상자

어쩌면 선물 상자는
열기 전의 설렘이
가장 좋을지도 몰라.

07

일차함수와 일차방정식의 관계

배운내용 Check

1 다음 연립방정식을 푸시오.

(1) $\begin{cases} x+y=5 \\ 2x-y=1 \end{cases}$　　(2) $\begin{cases} x-3y=4 \\ 2x-6y=6 \end{cases}$

2 일차함수 $y=-\dfrac{1}{2}x+5$의 그래프의 기울기, x절편, y절편을 각각 구하시오.

정답 **1** (1) $x=2$, $y=3$ (2) 해가 없다.
　　2 기울기: $-\dfrac{1}{2}$, x절편: 10, y절편: 5

35 일차함수와 일차방정식의 관계

개념 알아보기

1 미지수가 2개인 일차방정식의 그래프

미지수가 2개인 일차방정식의 해 (x, y)를 좌표평면 위에 나타낸 것

참고 미지수가 2개인 일차방정식의 그래프의 모양

    ① x, y가 자연수 또는 정수일 때 ➡ 점   ② x, y의 값의 범위가 수 전체일 때 ➡ 직선

예 일차방정식 $x-y+2=0$의 그래프

    ① x, y가 정수일 때   ② x, y의 값의 범위가 수 전체일 때

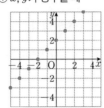 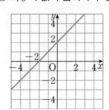

2 일차함수와 일차방정식의 관계

미지수가 2개인 일차방정식 $ax+by+c=0$ (a, b, c는 수, $a \neq 0, b \neq 0$)의 그래프는 일차함수 $y=-\dfrac{a}{b}x-\dfrac{c}{b}$의 그래프와 같다.

일차방정식		일차함수
$ax+by+c=0$ ($a\neq0, b\neq0$)	y에 대하여 푼다. ⟶ ⟵ 이항하여 정리한다.	$y=-\dfrac{a}{b}x-\dfrac{c}{b}$

개념 자세히 보기 일차함수와 일차방정식의 관계

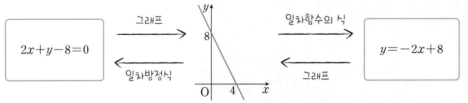

                                                                        ≫ 익힘교재 58쪽

⇛ 바른답·알찬풀이 56쪽

개념 확인하기

1 다음 일차방정식과 일차함수를 그 그래프가 서로 같은 것끼리 짝 지으시오.

      [일차방정식]   [일차함수]

(1) $2x+2y-4=0$ •   • ㉠ $y=\dfrac{1}{3}x-1$

(2) $-x+3y+3=0$ •   • ㉡ $y=-x+2$

(3) $10x-5y-2=0$ •   • ㉢ $y=2x-\dfrac{2}{5}$

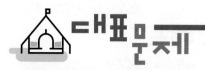

미지수가 2개인 일차방정식의 그래프

01 일차방정식 $x-y-4=0$에 대하여 다음 물음에 답하시오.

(1) 표를 완성하시오.

x	$\cdots$	-1	0	1	2	$\cdots$
y	$\cdots$					$\cdots$

(2) x, y의 값의 범위가 수 전체일 때, (1)의 표를 이용하여 일차방정식 $x-y-4=0$의 그래프를 좌표평면 위에 그리시오.

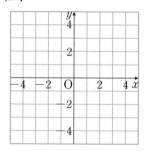

02 다음 조건을 만족하는 수 a의 값을 구하시오.

(1) 일차방정식 $x+y=a$의 그래프가 점 $(1, 2)$를 지난다.

(2) 일차방정식 $2x+ay=7$의 그래프가 점 $(5, 3)$을 지난다.

> **TIP** 일차방정식 $ax+by+c=0$ $(a \neq 0, b \neq 0)$의 그래프가 점 (p, q)를 지난다.
> ⇨ $x=p$, $y=q$를 $ax+by+c=0$에 대입하면 등식이 성립한다.
> ⇨ $ap+bq+c=0$

일차함수와 일차방정식의 관계

03 다음 일차방정식을 일차함수 $y=ax+b$의 꼴로 나타내고, 그 그래프를 좌표평면 위에 그리시오. (단, a, b는 수)

(1) $3x+2y+6=0$ ⇨ _____

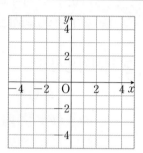

(2) $x-2y+4=0$ ⇨ _____

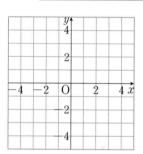

04 다음 일차방정식의 그래프의 기울기, x절편, y절편을 각각 구하시오.

(1) $x-y+6=0$

(2) $x+4y-5=0$

(3) $-4x-3y+2=0$

» 익힘교재 59쪽

일차방정식 $x=p, y=q$의 그래프

개념 알아보기

1 일차방정식 $x=p, y=q$의 그래프

(1) 일차방정식 $x=p\,(p$는 수, $p\neq0)$의 그래프

점 $(p, 0)$을 지나고 y축에 평행한 직선 → x축에 수직인 직선

(2) 일차방정식 $y=q\,(q$는 수, $q\neq0)$의 그래프

점 $(0, q)$를 지나고 x축에 평행한 직선 → y축에 수직인 직선

참고 일차방정식 $x=0$의 그래프 ➡ y축, 일차방정식 $y=0$의 그래프 ➡ x축

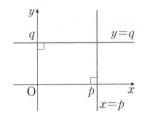

2 직선의 방정식

미지수 x, y의 값의 범위가 수 전체일 때, 일차방정식

$$ax+by+c=0\,(a, b, c$$는 수, $a\neq0$ 또는 $b\neq0)$

의 해는 무수히 많고, 이것을 좌표평면 위에 나타내면 직선이 된다. 이때 이 일차방정식을 **직선의 방정식**이라 한다.

개념 자세히 보기

일차방정식 $x=3$의 그래프

$ax+by+c=0$의 꼴로 나타내면
$x+0\times y-3=0$
즉, y에 어떤 값을 대입해도
x의 값은 항상 3이다.

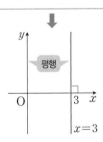

일차방정식 $y=2$의 그래프

$ax+by+c=0$의 꼴로 나타내면
$0\times x+y-2=0$
즉, x에 어떤 값을 대입해도
y의 값은 항상 2이다.

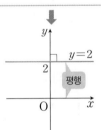

» 익힘교재 58쪽

▶ 바른답 · 알찬풀이 57쪽

개념 확인하기

1 다음 □ 안에 알맞은 것을 써넣고, 주어진 일차방정식의 그래프를 좌표평면 위에 각각 그리시오.

(1) $x=2$

⇨ 점 $(□, 0)$을 지나고 □축에 평행한 직선이다.

(2) $y=-4$

⇨ 점 $(0, □)$를 지나고 □축에 평행한 직선이다.

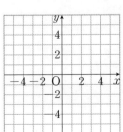

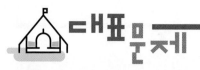

바른답·알찬풀이 57쪽

일차방정식 $x=p$, $y=q$의 그래프

01 다음 일차방정식의 그래프를 좌표평면 위에 각각 그리시오.

(1) $x+3=0$

(2) $y-2=0$

(3) $2x-8=0$

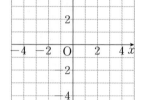

02 다음 직선을 그래프로 하는 일차방정식을 구하시오.

(1) 점 $(4, 3)$을 지나고 y축에 평행한 직선

(2) 점 $(-1, -5)$를 지나고 x축에 평행한 직선

(3) 점 $(-3, 5)$를 지나고 x축에 수직인 직선

(4) 점 $(7, -8)$을 지나고 y축에 수직인 직선

03 다음 직선을 그래프로 하는 일차방정식을 구하시오.

(1) 두 점 $(3, -5)$, $(3, 1)$을 지나는 직선

(2) 두 점 $(0, -1)$, $(5, -1)$을 지나는 직선

 • 직선 위의 두 점의 x좌표가 같다.
⇨ y축에 평행하다. ⇨ $x=p$ ($p\neq 0$)의 꼴
• 직선 위의 두 점의 y좌표가 같다.
⇨ x축에 평행하다. ⇨ $y=q$ ($q\neq 0$)의 꼴

직선의 방정식

04 다음 그림과 같은 직선의 방정식을 구하시오.

(1)
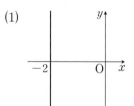

(2)
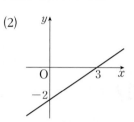

05 아래 **보기**의 방정식 중 그 그래프가 다음에 해당하는 것을 모두 고르시오.

보기
ㄱ. $x-y=0$ ㄴ. $x-4=0$
ㄷ. $y+5=0$ ㄹ. $x-y+3=0$

(1) x축에 평행한 직선의 방정식

(2) y축에 평행한 직선의 방정식

06 직선 $y=3x-5$ 위의 점 $(a, 4)$를 지나고 y축에 평행한 직선의 방정식은?

① $x=-1$ ② $x=3$ ③ $x+y=2$
④ $y=3$ ⑤ $2x-y=1$

익힘교재 60쪽

● 개념 REVIEW

01 일차방정식 $3x+5y=-2$의 그래프가 두 점 $(1, a)$, $(b, 2)$를 지날 때, $a-b$의 값을 구하시오.

▶ 일차방정식의 그래프 위의 점
일차방정식 $ax+by+c=0$ $(a≠0, b≠0)$의 그래프가 점 (p, q)를 지난다.
$⇨ a^① \square + b^② \square + c=0$

02 다음 중 일차방정식 $2x-3y+3=0$의 그래프는?

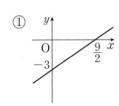

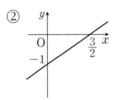

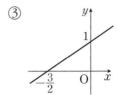

▶ 일차함수와 일차방정식의 관계
일차방정식 $ax+by+c=0$ $(a≠0, b≠0)$의 그래프는 일차함수 $y=^③\square x-\dfrac{c}{b}$ 의 그래프와 같다.

03 다음 중 일차방정식 $x+3y-6=0$의 그래프에 대한 설명으로 옳은 것은?

① 기울기는 -1이다.

② x절편은 -6이다.

③ 일차함수 $y=\dfrac{1}{3}x$의 그래프와 평행하다.

④ 점 $(3, 1)$을 지난다.

⑤ 제1사분면을 지나지 않는다.

▶ 일차함수와 일차방정식의 관계

04 일차방정식 $x+ay+b=0$의 그래프가 오른쪽 그림과 같을 때, 다음 중 옳은 것은? (단, a, b는 수)

① $a>0, b>0$ ② $a>0, b<0$

③ $a<0, b>0$ ④ $a<0, b<0$

⑤ $a<0, b=0$

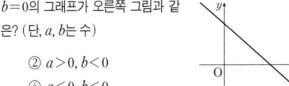

▶ 일차방정식 $ax+b+c=0$의 그래프의 모양에 따른 a, b, c의 부호
❶ 주어진 일차방정식을
$y=-\dfrac{a}{b}x-\dfrac{c}{b}$로 나타낸다.
❷ 직선이 향하는 방향과 $^④\square$축과 만나는 부분을 이용하여 a, b, c의 부호를 판단한다.

답 ❶ p ❷ q ❸ $-\dfrac{a}{b}$ ❹ y

05 다음 **보기** 중 일차방정식 $2x=-10$의 그래프에 대한 설명으로 옳지 <u>않은</u> 것을 모두 고르시오.

┌ 보기 ├──────────────────────────
ㄱ. 점 $(-5, 3)$을 지난다.
ㄴ. 일차방정식 $x=1$의 그래프와 평행하다.
ㄷ. x축에 평행한 직선이다.
ㄹ. 일차방정식 $y=5$의 그래프와 만나지 않는다.
└──────────────────────────────

06 두 점 $(4a, 2a+1)$, $(4, -1)$을 지나는 직선이 y축에 수직일 때, a의 값은?

① -1 ② $-\dfrac{1}{2}$ ③ 0

④ $\dfrac{1}{2}$ ⑤ 1

07 다음 **보기**의 일차방정식의 그래프가 오른쪽 그림과 같을 때, 일차방정식과 그 그래프를 바르게 짝 지으시오.

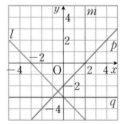

┌ 보기 ├──────────────────────────
ㄱ. $x-y-2=0$ ㄴ. $x=2$
ㄷ. $x+y+3=0$ ㄹ. $y+3=0$
└──────────────────────────────

UP

08 네 직선 $x+4=0$, $x=3$, $y=1$, $2y+4=0$으로 둘러싸인 도형의 넓이는?

① 18 ② 21 ③ 24
④ 28 ⑤ 32

08-1 네 직선 $x=3$, $x-a=0$, $y+1=0$, $y-5=0$으로 둘러싸인 도형의 넓이가 24일 때, 수 a의 값을 구하시오. (단, $a>3$)

◈ 익힘교재 61쪽

● 개념 REVIEW

● 일차방정식 $x=p$, $y=q$의 그래프
• ❶□축에 평행한 직선
  ⇨ $x=p\,(p\neq0)$의 꼴
• ❷□축에 평행한 직선
  ⇨ $y=q\,(q\neq0)$의 꼴

● 일차방정식 $x=p$, $y=q$의 그래프
두 점 (a, b), (c, d)를 지나는 직선
• $a=c$이면 ❸□축에 수직인 직선
• $b=d$이면 ❹□축에 수직인 직선

● 직선의 방정식
x, y의 값의 범위가 수 전체일 때, 일차방정식
$ax+by+c=0$ (a, b, c는 수, a❺□0 또는 b❻□0)

● 좌표축에 평행한 직선으로 둘러싸인 도형의 넓이
좌표축에 평행한 네 직선으로 둘러싸인 도형은 직사각형이므로 가로, 세로의 길이를 각각 구한 후 넓이를 구한다.

답 ❶ y ❷ x ❸ x ❹ y ❺ $\neq$ ❻ $\neq$

일차방정식의 그래프와 연립방정식 (1)

 1 일차방정식의 그래프와 연립방정식

두 일차방정식 $ax+by+c=0$, $a'x+b'y+c'=0$의 그래프의 교점의 좌표는 연립방정식

$$\begin{cases} ax+by+c=0 \\ a'x+b'y+c'=0 \end{cases}$$

의 해와 같다.

두 일차방정식의 그래프의 교점의 좌표 (p, q)	⟷	연립방정식의 해 $x=p, y=q$

개념 자세히 보기 **일차방정식의 그래프와 연립방정식**

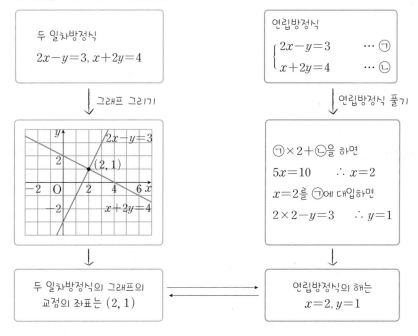

두 일차방정식
$2x-y=3, x+2y=4$

↓ 그래프 그리기

두 일차방정식의 그래프의
교점의 좌표는 $(2, 1)$

연립방정식
$$\begin{cases} 2x-y=3 & \cdots ㉠ \\ x+2y=4 & \cdots ㉡ \end{cases}$$

↓ 연립방정식 풀기

㉠×2+㉡을 하면
$5x=10$ ∴ $x=2$
$x=2$를 ㉠에 대입하면
$2×2-y=3$ ∴ $y=1$

연립방정식의 해는
$x=2, y=1$

≫ 익힘교재 58쪽

바른답·알찬풀이 58쪽

 1 두 일차방정식 $x+y=1$, $x-y=3$의 그래프가 오른쪽 그림과 같을 때, 다음 물음에 답하시오.

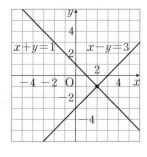

(1) 두 일차방정식의 그래프의 교점의 좌표를 구하시오.

(2) 연립방정식 $\begin{cases} x+y=1 \\ x-y=3 \end{cases}$의 해를 구하시오.

(3) (1), (2)의 결과를 비교해 보시오.

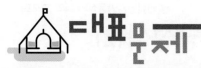

일차방정식의 그래프와 연립방정식

01 다음 연립방정식의 각 일차방정식의 그래프를 좌표평면 위에 그리고, 그 그래프를 이용하여 연립방정식의 해를 구하시오.

(1) $\begin{cases} x-2y=-5 \\ x+y=4 \end{cases}$

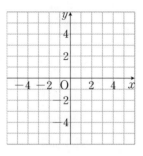

(2) $\begin{cases} 2x+y=1 \\ -x-4y=3 \end{cases}$

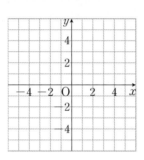

02 다음 두 일차방정식의 그래프의 교점의 좌표를 구하시오.

(1) $2x+y=5, 2x-y=-1$

(2) $3x-2y=6, x-2y=4$

(3) $-x+2y=5, 3x-4y=-6$

> **TIP** (두 일차방정식의 그래프의 교점의 좌표)
> = (연립방정식의 해)

03 두 일차방정식 $x+2y=a$, $3x-y=-5$의 그래프의 교점의 좌표가 $(k, 2)$일 때, 수 a의 값을 구하시오.

04 연립방정식 $\begin{cases} x+ay=1 \\ bx+y=-4 \end{cases}$의 각 일차방정식의 그래프가 오른쪽 그림과 같을 때, 수 a, b에 대하여 $a+b$의 값을 구하시오.

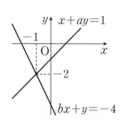

05 다음 중 두 일차방정식 $3x+y-7=0$, $2x-y-3=0$의 그래프의 교점을 지나고 x축에 평행한 직선의 방정식은?

① $x=1$　　② $x=2$　　③ $y=1$
④ $y=2$　　⑤ $y=3$

» 익힘교재 62쪽

일차방정식의 그래프와 연립방정식(2)

개념 알아보기 **1 연립방정식의 해의 개수와 두 그래프의 위치 관계**

연립방정식 $\begin{cases} ax+by+c=0 \\ a'x+b'y+c'=0 \end{cases}$의 해의 개수는 두 일차방정식 $ax+by+c=0$,

$a'x+b'y+c'=0$의 그래프의 교점의 개수와 같다.

두 일차방정식의 그래프의 위치 관계	한 점	평행	일치
	한 점에서 만난다.	평행하다.	일치한다.
두 그래프의 교점의 개수	한 개이다.	없다.	무수히 많다.
연립방정식의 해의 개수	해가 한 쌍이다.	해가 없다.	해가 무수히 많다.
기울기와 y절편	기울기가 다르다.	기울기는 같고 y절편은 다르다.	기울기와 y절편이 각각 같다.

참고 연립방정식 $\begin{cases} ax+by+c=0 \\ a'x+b'y+c'=0 \end{cases}$에서

① 해가 한 쌍이다. ➡ $\dfrac{a}{a'} \neq \dfrac{b}{b'}$　② 해가 없다. ➡ $\dfrac{a}{a'} = \dfrac{b}{b'} \neq \dfrac{c}{c'}$　③ 해가 무수히 많다. ➡ $\dfrac{a}{a'} = \dfrac{b}{b'} = \dfrac{c}{c'}$

개념 자세히 보기 **연립방정식의 해의 개수와 두 그래프의 위치 관계**

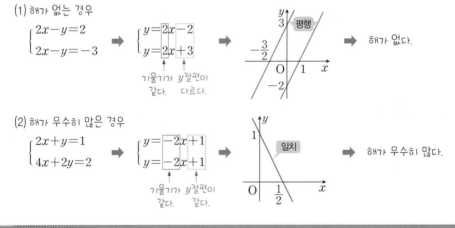

(1) 해가 없는 경우

$\begin{cases} 2x-y=2 \\ 2x-y=-3 \end{cases}$ ➡ $\begin{cases} y=\boxed{2}x-2 \\ y=\boxed{2}x+3 \end{cases}$ ➡ 평행 ➡ 해가 없다.

기울기가 같다. y절편이 다르다.

(2) 해가 무수히 많은 경우

$\begin{cases} 2x+y=1 \\ 4x+2y=2 \end{cases}$ ➡ $\begin{cases} y=\boxed{-2}x+1 \\ y=\boxed{-2}x+1 \end{cases}$ ➡ 일치 ➡ 해가 무수히 많다.

기울기가 같다. y절편이 같다.

≫ 익힘교재 58쪽

🌿 바른답 · 알찬풀이 59쪽

개념 확인하기 **1** 다음 물음에 답하시오.

(1) 두 일차방정식 $2x-y=2$, $4x-2y=4$의 그래프를 오른쪽 좌표평면 위에 각각 그리시오.

(2) (1)의 그래프를 이용하여 연립방정식 $\begin{cases} 2x-y=2 \\ 4x-2y=4 \end{cases}$ 의 해를 구하시오.

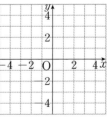

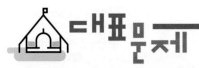

바른답·알찬풀이 59쪽

연립방정식의 해의 개수와 두 그래프의 위치 관계

01 연립방정식 $\begin{cases} x-2y=-4 \\ 2x-4y=8 \end{cases}$ 의 각 일차방정식의 그래프를 다음 좌표평면 위에 그리고, 그 그래프를 이용하여 연립방정식을 푸시오.

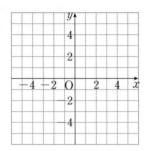

02 아래 **보기**의 연립방정식 중 두 일차방정식의 그래프의 교점의 개수가 다음과 같은 것을 고르시오.

┌ 보기 ├
ㄱ. $\begin{cases} 2x-y=1 \\ x+2y=3 \end{cases}$　　ㄴ. $\begin{cases} x-y=2 \\ 2x-2y=-3 \end{cases}$

ㄷ. $\begin{cases} 3x+y=2 \\ 6x+2y=4 \end{cases}$

(1) 교점이 한 개인 것

(2) 교점이 무수히 많은 것

(3) 교점이 없는 것

03 연립방정식 $\begin{cases} ax+2y=2 \\ 2x-y=b \end{cases}$ 의 해가 다음과 같을 때, 수 a, b의 조건을 각각 구하시오.

(1) 해가 한 쌍이다.

(2) 해가 없다.

(3) 해가 무수히 많다.

04 다음 연립방정식의 해가 없을 때, 수 a의 값을 구하시오.

(1) $\begin{cases} 2x-y=3 \\ ax+3y=12 \end{cases}$

(2) $\begin{cases} ax+y=2 \\ 2x-3y=3 \end{cases}$

> **TIP** 연립방정식의 해가 없다.
> ⇨ 두 일차방정식의 그래프가 서로 평행하다.
> ⇨ 두 일차방정식의 그래프의 기울기는 같고 y절편은 다르다.

05 다음 연립방정식의 해가 무수히 많을 때, 수 a, b의 값을 각각 구하시오.

(1) $\begin{cases} ax-3y=1 \\ 4x-6y=b \end{cases}$

(2) $\begin{cases} x+ay=3 \\ -3x+9y=b \end{cases}$

> **TIP** 연립방정식의 해가 무수히 많다.
> ⇨ 두 일차방정식의 그래프가 일치한다.
> ⇨ 두 일차방정식의 그래프의 기울기와 y절편이 각각 같다.

06 두 직선 $3x+y=2$, $-9x-3y=a$의 교점이 존재하지 않을 때, 다음 중 수 a의 값이 될 수 없는 것은?

① -6　　② -2　　③ 0

④ 2　　⑤ 6

≫ 익힘교재 63쪽

01 연립방정식 $\begin{cases} x+y=a \\ 2x-y=4 \end{cases}$ 의 각 일차방정식의 그래프가 오른 쪽 그림과 같을 때, $a+b$의 값을 구하시오. (단, a는 수)

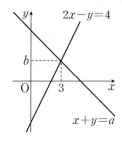

▶ 일차방정식의 그래프와 연립방정식
두 일차방정식
$ax+by+c=0$,
$a'x+b'y+c'=0$의 그래프의
교점의 좌표가 (p, q)이다.
⇨ 연립방정식
$\begin{cases} ax+by+c=0 \\ a'x+b'y+c'=0 \end{cases}$ 의 해가
$x=$❶▢, $y=$❷▢이다.

02 연립방정식 $\begin{cases} ax+2y=-4 \\ -6x-4y=6 \end{cases}$ 의 해가 없을 때, 수 a의 값은?

① -6 　　② -3 　　③ 1
④ 3 　　⑤ 6

▶ 연립방정식의 해의 개수와 두 그래프의 위치 관계
• 연립방정식의 해가 없다.
　⇨ 두 일차방정식의 그래프가
　서로 ❸▢▢하다.
• 연립방정식의 해가 무수히 많다.
　⇨ 두 일차방정식의 그래프가
　❹▢▢한다.

03 두 일차방정식 $x+ay=3$, $2x+4y=b$의 그래프가 일치할 때, 수 a, b에 대하여 $a+b$의 값을 구하시오.

▶ 연립방정식의 해의 개수와 두 그래프의 위치 관계

UP
04 세 직선 $x+y=0$, $2x+y-2=0$, $ax-y-4=0$이 한 점에서 만날 때, 수 a의 값을 구하시오.

▶ 세 직선이 한 점에서 만나는 경우
세 직선이 한 점에서 만난다.
⇨ 세 직선 중 두 직선의 교점을
　나머지 한 직선도 지난다.

04-1 직선 $3x-y=0$이 두 직선 $3x+2y=9$, $x-y=a-11$의 교점을 지날 때, 수 a의 값을 구하시오.

>> 익힘교재 64쪽

답 ❶ p ❷ q ❸ 평행 ❹ 일치

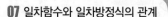

01 다음 중 일차방정식 $x-3y=6$의 그래프 위의 점이 <u>아닌</u> 것은?

① $(-3, -3)$ ② $\left(-1, -\dfrac{7}{3}\right)$ ③ $(0, -2)$

④ $\left(2, -\dfrac{4}{3}\right)$ ⑤ $(3, 1)$

02 다음 일차방정식 중 그 그래프가 일차함수 $y=\dfrac{1}{2}x-2$의 그래프와 같은 것은?

① $-2x+y-4=0$ ② $-2x+y+4=0$
③ $x-2y-4=0$ ④ $x-2y-2=0$
⑤ $x+2y+4=0$

03 다음 중 일차방정식 $2x+3y-4=0$의 그래프에 대한 설명으로 옳은 것을 모두 고르면? (정답 2개)

① 기울기는 $\dfrac{2}{3}$이다.

② x절편은 2이다.

③ y절편은 $-\dfrac{4}{3}$이다.

④ 제3사분면을 지나지 않는다.

⑤ x의 값이 증가하면 y의 값도 증가한다.

04 일차방정식 $4x+3y=9$의 그래프의 기울기를 m, y절편을 n이라 할 때, mn의 값을 구하시오.

05 일차방정식 $ax+by+6=0$의 그래프가 오른쪽 그림과 같을 때, 수 a, b에 대하여 $a-b$의 값을 구하시오.

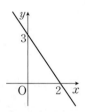

UP
06 일차방정식 $ax+by+c=0$의 그래프가 오른쪽 그림과 같을 때, 다음 중 일차방정식 $cx+by+a=0$의 그래프로 알맞은 것은? (단, a, b, c는 수)

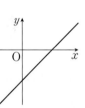

① ②

③ ④

⑤

07 다음 중 오른쪽 그림과 같은 직선 위에 있는 점은?

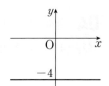

① $(-4, -1)$ ② $(-4, 0)$
③ $(1, -4)$ ④ $(2, 4)$
⑤ $(4, 0)$

08 일차방정식 $ax+by+3=0$의 그래프가 오른쪽 그림과 같을 때, 수 a, b에 대하여 $a+b$의 값을 구하시오.

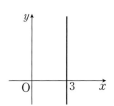

09 두 점 $(a-2, 4)$, $(1-2a, 3)$을 지나는 직선이 x축에 수직일 때, a의 값은?

① -2 ② -1 ③ 0
④ 1 ⑤ 2

10 두 일차방정식 $x+4y+12=0$, $-3x+2y-8=0$의 그래프의 교점을 지나고 x축에 평행한 직선의 방정식은?

① $x=-4$ ② $x=-2$ ③ $y=-5$
④ $y=-4$ ⑤ $y=-2$

11 두 일차방정식 $x-y+b=0$, $ax+2y-8=0$의 그래프가 오른쪽 그림과 같을 때, 점 P의 좌표는?
(단, a, b는 수)

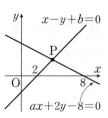

① $(3, 2)$ ② $(3, 3)$
③ $(4, 2)$ ④ $(4, 3)$
⑤ $(5, 3)$

12 두 직선 $y=3$, $x-y=6$의 교점을 지나고 오른쪽 그림의 직선과 평행한 직선의 방정식을 $y=ax+b$라 하자. 이때 수 a, b에 대하여 $a+b$의 값을 구하시오.

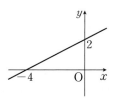

13 연립방정식 $\begin{cases} 3x-2y+a=0 \\ 3x+4y-b=0 \end{cases}$ 의 각 일차방정식의 그래프가 다음 그림과 같을 때, 선분 AB의 길이는?
(단, a, b는 수)

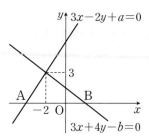

① 4 ② 6 ③ 8
④ 10 ⑤ 11

14 두 직선 $x+y=4$, $2x-y=2$와 y축으로 둘러싸인 도형의 넓이를 구하시오.

15 다음 중 연립방정식 $\begin{cases} -3x+y+a=0 \\ bx-2y-2=0 \end{cases}$ 에 대한 설명으로 옳은 것은?

① $a=1$, $b=6$이면 해가 없다.

② $a=2$, $b=6$이면 해가 무수히 많다.

③ $a=3$, $b=6$이면 해가 한 쌍이다.

④ $a=1$, $b=-6$이면 해가 없다.

⑤ $b \neq 6$이면 해가 한 쌍이다.

서술형

16 연립방정식 $\begin{cases} ax-y=3 \\ 2x+y=b \end{cases}$ 의 해가 무수히 많을 때, 직선 $y=ax-b$가 지나지 <u>않는</u> 사분면을 구하시오.

(단, a, b는 수)

UP

17 세 직선 $x+y=5$, $2x-y=1$, $y=ax+2$에 의하여 삼각형이 만들어지지 않도록 하는 수 a의 값을 모두 구하시오.

(단, $a \neq 0$)

창의·융합 문제

윤지네 반 학생들이 학교 축제에서 팥빙수를 만들어 판매하기로 하였다. 직선 l은 판매한 팥빙수의 그릇 수에 따른 총수입을 나타내고, 직선 m은 만든 팥빙수의 그릇 수에 따른 총비용을 나타낸다. 다음을 읽고 윤지네 반 학생들이 손해를 보지 않으려면 팥빙수를 적어도 몇 그릇 팔아야 하는지 구하시오.

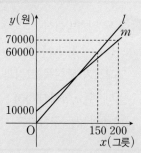

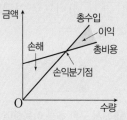

손익분기점이란 일정한 기간의 총수입과 총비용이 일치하는 점을 말한다. 따라서 총수입이 손익분기점을 넘으면 이익이 발생하고, 손익분기점을 넘지 못하면 손해가 발생한다.

해결의 길잡이

1 직선이 지나는 점의 좌표를 이용하여 두 직선 l, m의 방정식을 구한다.

2 두 직선 l, m의 교점의 좌표를 구한다.

3 손해를 보지 않으려면 팥빙수를 적어도 몇 그릇 팔아야 하는지 구한다.

서술형 문제

1 두 일차방정식
$x+ay=4$, $bx-3y=8$의
그래프가 오른쪽 그림과 같
을 때, 수 a, b에 대하여
$a+b$의 값을 구하시오.

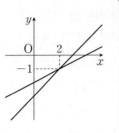

2 두 일차방정식
$ax+y=-1$, $x+by=8$
의 그래프가 오른쪽 그림
과 같을 때, 수 a, b에 대하
여 ab의 값을 구하시오.

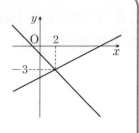

---

❶ 연립방정식 $\begin{cases} x+ay=4 \\ bx-3y=8 \end{cases}$ 의 해는?

두 일차방정식의 그래프의 교점의 좌표는
$(\square, \square)$이므로 연립방정식의 해는
$x=\square$, $y=\square$ ⋯ 30 %

❶ 연립방정식 $\begin{cases} ax+y=-1 \\ x+by=8 \end{cases}$ 의 해는?

❷ ❶에서 구한 해를 이용하여 a의 값을 구하면?

$x=\square$, $y=\square$을 일차방정식 $x+ay=4$에 대입
하면
$\square+a\times(\square)=4$
$\therefore a=\square$ ⋯ 30 %

❷ ❶에서 구한 해를 이용하여 a의 값을 구하면?

❸ ❶에서 구한 해를 이용하여 b의 값을 구하면?

$x=\square$, $y=\square$을 일차방정식 $bx-3y=8$에 대
입하면
$b\times\square-3\times(\square)=8$
$\therefore b=\square$ ⋯ 30 %

❸ ❶에서 구한 해를 이용하여 b의 값을 구하면?

❹ $a+b$의 값은?

$a+b=\square+\square=\square$ ⋯ 10 %

❹ ab의 값은?

바른답·알찬풀이 62쪽

3 일차방정식 $3x+4y-3=0$의 그래프가 지나는 사분면을 모두 구하시오.

✏️ 풀이 과정

답 _____

5 연립방정식 $\begin{cases} 3x+ay=5 \\ -6x+4y=b \end{cases}$ 의 해가 무수히 많을 때, 수 a, b의 값을 각각 구하시오.

✏️ 풀이 과정

답 _____

4 두 직선 $2x-y=1$, $3x+2y=12$의 교점을 지나고 y절편이 -1인 직선의 x절편을 구하시오.

✏️ 풀이 과정

답 _____

6 오른쪽 그림과 같이 직선 $x-y+1=0$과 직선 l은 한 점 $(2, 3)$에서 만난다. 삼각형 ABC의 넓이가 6일 때, 직선 l의 방정식을 $ax+by+c=0$의 꼴로 나타내시오.
(단, a, b는 서로소인 자연수, c는 수)

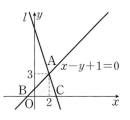

✏️ 풀이 과정

답 _____

중등 도서 안내

국어 독해·문법·어휘 훈련서

수능 국어의 자신감을 깨우는 단계별 실력 완성 훈련서

독해	0_준비편, 1_기본편, 2_실력편, 3_수능편
어휘	1_종합편, 2_수능편
문법	1_기본편, 2_수능편

영어 문법·독해 훈련서

중학교 영어의 핵심 문법과 독해 스킬 공략으로
내신·서술형·수능까지 단계별 완성 훈련서

GRAMMAR BITE

문법	PREP
문법	Grade 1, Grade 2, Grade 3
문법	PLUS 수능

READING BITE

독해	PREP
독해	Grade 1, Grade 2, Grade 3
독해	SUM

내신 필수 기본서

자세하고 쉬운 설명으로 개념을 이해하고, 특별한 비법으로 자신 있게
시험을 대비하는 필수 기본서

[2022 개정]
사회	①-1, ①-2*
역사	①-1, ①-2*
과학	1-1, 1-2*

*2025년 상반기 출간 예정

[2022 개정]
국어	(신유식) 1-1, 1-2*
	(민병곤) 1-1, 1-2*
영어	1-1, 1-2*

*2025년 상반기 출간 예정

[2015 개정]
국어	2-1, 2-2, 3-1, 3-2
영어	2-1, 2-2, 3-1, 3-2
수학	2(상), 2(하), 3(상), 3(하)
사회	①-1, ①-2, ②-1, ②-2
역사	①-1, ①-2, ②-1, ②-2
과학	2-1, 2-2, 3-1, 3-2

*국어, 영어는 미래엔 교과서 연계 도서입니다.

수학 개념·유형 훈련서

빠르게 반복하며 수학 실력을 제대로 완성하는
단계별 내신 완성 훈련서

[2022 개정]
수학	1(상), 1(하), 2(상), 2(하), 3(상)*, 3(하)*

*2025년 상반기 출간 예정

[2015 개정]
수학	2(상), 2(하), 3(상), 3(하)

[2015 개정]
수학	2(상), 2(하), 3(상), 3(하)

개념 잡고 성적 올리는 필수 개념서

올리드

익힘교재편 　중등 수학 2(상)

올리드 100점 전략 　개념을 꽉! · 문제를 싹! · 시험을 확! · 오답을 꼭! 잡아라

Mirae N 에듀

올리드 100점 전략

1 교과서 개념을 알차게 정리한 38개의 개념 꽉 잡기

　　　　　　　　　　　　　　　　　　　　　　　　　　　　　● 개념교재편

2 개념별 대표 문제부터 실전 문제까지 **체계적인 유형 학습으로 문제 싹 잡기**

　　　　　　　　　　　　　　　　　　　　　　　　　　　　　● 익힘교재편

3 핵심 문제부터 기출 문제까지 **완벽한 반복 학습으로 시험 확 잡기**

4 문제별 특성에 맞춘 자세하고 친절한 풀이로 오답 꼭 잡기　　　　　● 바른답·알찬풀이

익힘
교재편

중등 **수학 2**(상)

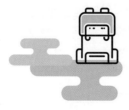

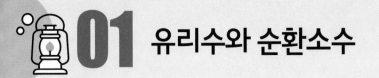

01 유리수와 순환소수

⟹ 바른답·알찬풀이 64쪽

❶ 유리수의 소수 표현

01 유리수와 소수

(1) 유리수

① 유리수: 분수 $\dfrac{a}{b}$ (a, b는 정수, $b \neq 0$)의 꼴로 나타낼 수 있는 수 $\longrightarrow \dfrac{(정수)}{(0이\ 아닌\ 정수)}$

② 유리수의 분류

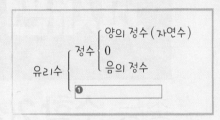

$$유리수 \begin{cases} 정수 \begin{cases} 양의 정수 (자연수) \\ 0 \\ 음의 정수 \end{cases} \\ \boxed{❶} \end{cases}$$

(2) 소수의 분류

① 유한소수: 소수점 아래의 0이 아닌 숫자가 $\boxed{❷}$ 번 나타나는 소수

② $\boxed{❸}$: 소수점 아래의 0이 아닌 숫자가 무한 번 나타나는 소수

02 순환소수

(1) $\boxed{❹}$: 소수점 아래의 어떤 자리에서부터 일정한 숫자의 배열이 끝없이 되풀이되는 무한소수

(2) $\boxed{❺}$: 순환소수의 소수점 아래에서 숫자의 배열이 일정하게 되풀이되는 한 부분

(3) 순환소수의 표현: 순환소수는 첫 번째 순환마디의 양 끝의 숫자 위에 점을 찍어서 나타낸다.

예 $0.555\cdots = 0.\dot{5}$, $2.308308308\cdots = \boxed{❻}$

❷ 유리수의 분수 표현

01 유한소수, 순환소수로 나타낼 수 있는 분수

(1) 유한소수의 분수 표현

모든 유한소수는 분모가 10의 거듭제곱인 분수로 나타낼 수 있다. 이때 유한소수를 기약분수로 나타내면 분모의 소인수는 2 또는 $\boxed{❼}$ 뿐이다. $\longrightarrow$ 분모와 분자의 공약수가 1뿐이다.

예 $0.55 = \dfrac{55}{100} = \dfrac{11}{20} = \dfrac{11}{2^2 \times 5}$

(2) 유한소수, 순환소수로 나타낼 수 있는 분수

분수를 기약분수로 나타냈을 때,

① 분모의 소인수가 2 또는 5뿐이면 그 분수는 유한소수로 나타낼 수 있다.

② 분모가 2 또는 5 이외의 소인수를 가지면 그 분수는 유한소수로 나타낼 수 없다. ⟹ 순환소수로 나타낼 수 있다.

02 순환소수를 분수로 나타내기

(1) 순환소수를 분수로 나타내는 방법: 10의 거듭제곱 이용

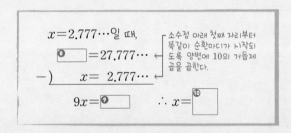

$x = 2.777\cdots$일 때,

소수점 아래 첫째 자리부터 똑같이 순환마디가 시작되도록 양변에 10의 거듭제곱을 곱한다.

$$\boxed{❽} = 27.777\cdots$$
$$-\ )\quad x = 2.777\cdots$$
$$9x = \boxed{❾} \qquad \therefore x = \boxed{❿}$$

(2) 순환소수를 분수로 나타내는 방법: 공식 이용

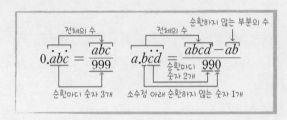

$$0.\dot{a}b\dot{c} = \frac{abc}{999} \qquad a.b\dot{c}\dot{d} = \frac{abcd - ab}{990}$$

순환마디 숫자 3개   소수점 아래 순환하지 않는 숫자 1개

03 유리수와 소수의 관계

(1) 정수가 아닌 모든 유리수는 유한소수 또는 $\boxed{⓫}$ 로 나타낼 수 있다.

(2) 유한소수와 순환소수는 모두 유리수이다.
$\longrightarrow$ 유한소수와 순환소수는 모두 분수로 나타낼 수 있으므로 유리수이다.

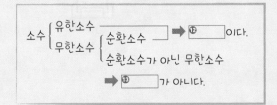

$$소수 \begin{cases} 유한소수 \\ 무한소수 \begin{cases} 순환소수 \implies \boxed{⓬} 이다. \\ 순환소수가 아닌 무한소수 \implies \boxed{⓭} 가 아니다. \end{cases} \end{cases}$$

01 다음 수를 보기에서 모두 고르시오.

| 보기 |

$$\frac{15}{3}, \quad -\frac{12}{5}, \quad 34, \quad 0, \quad -2.3, \quad 0.8, \quad -2$$

(1) 자연수   답 _____

(2) 음의 정수   답 _____

(3) 정수   답 _____

(4) 정수가 아닌 유리수   답 _____

02 오른쪽과 같이 유리수를 분류하였을 때, 다음 물음에 답하시오.

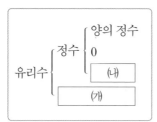

(1) (개), (내)에 알맞은 것을 써넣으시오.

답 _____

(2) 다음 중 (개)에 해당하는 수의 개수를 a개, (내)에 해당하는 수의 개수를 b개라 할 때, $a-b$의 값을 구하시오.

$$-3, \quad 0, \quad 3.14, \quad 1, \quad \frac{3}{5}, \quad -\frac{14}{7}, \quad -0.2$$

답 _____

03 다음 분수를 소수로 나타내고, 유한소수와 무한소수로 구분하시오.

(1) $\frac{1}{3}$ 답 _____ , _____

(2) $\frac{5}{8}$ 답 _____ , _____

(3) $\frac{11}{12}$ 답 _____ , _____

(4) $\frac{13}{40}$ 답 _____ , _____

(5) $\frac{8}{25}$ 답 _____ , _____

(6) $\frac{12}{55}$ 답 _____ , _____

04 다음 중 옳은 것은 ○표, 옳지 않은 것은 ×표를 하시오.

(1) 정수는 유리수이다.   ( )

(2) 유리수는 정수이다.   ( )

(3) 유리수는 모두 분수로 나타낼 수 있다.   ( )

(4) 정수는 양의 정수, 음의 정수로 이루어져 있다.

   ( )

01 다음 보기 중 순환소수를 모두 고르시오.

┤ 보기 ├
ㄱ. -0.9　　　　ㄴ. $0.010101\cdots$
ㄷ. $2.3579\cdots$　　ㄹ. 3.01234
ㅁ. $-1.8555\cdots$　ㅂ. 5.777

답 _____

02 다음 순환소수의 순환마디를 구하시오.

(1) $0.333\cdots$　　　　답 _____

(2) $0.676767\cdots$　　답 _____

(3) $4.540540540\cdots$　답 _____

03 다음 순환소수를 점을 찍어 간단히 나타내시오.

(1) $0.2333\cdots$　　　　답 _____

(2) $0.256256256\cdots$　답 _____

(3) $3.357435743574\cdots$　답 _____

(4) $0.3464646\cdots$　　답 _____

(5) $2.616161\cdots$　　답 _____

04 다음 보기 중 순환소수의 표현으로 옳은 것을 모두 고르시오.

┤ 보기 ├
ㄱ. $0.7888\cdots=0.7\dot{8}$
ㄴ. $-1.919191\cdots=-\dot{1}.\dot{9}$
ㄷ. $0.056056056\cdots=0.\dot{0}5\dot{6}$
ㄹ. $0.4434343\cdots=0.4\dot{4}\dot{3}$

답 _____

05 다음 분수를 소수로 나타내고, 순환소수를 점을 찍어 간단히 나타내시오.

(1) $\dfrac{2}{9}$　　　답 _____ , _____

(2) $\dfrac{10}{11}$　　답 _____ , _____

(3) $\dfrac{17}{12}$　　답 _____ , _____

(4) $\dfrac{7}{24}$　　답 _____ , _____

(5) $\dfrac{5}{22}$　　답 _____ , _____

06 순환소수 $0.\dot{1}4285\dot{7}$의 소수점 아래 35번째 자리의 숫자를 구하시오.

답 _____

01 다음 중 정수가 아닌 유리수의 개수는?

$$-5, \quad 0.333, \quad 0, \quad \frac{4}{9},$$
$$\frac{100}{25}, \quad -1.1, \quad 13, \quad \frac{49}{7}$$

① 2개 ② 3개 ③ 4개
④ 5개 ⑤ 6개

02 다음 중 유리수가 아닌 것은?

① 7 ② -2 ③ $\frac{3}{8}$
④ 0.1212 ⑤ 0.151551555⋯

03 다음 중 분수를 소수로 나타낼 때, 유한소수가 되는 것을 모두 고르면? (정답 2개)

① $\frac{7}{5}$ ② $\frac{11}{6}$ ③ $\frac{13}{15}$
④ $\frac{6}{27}$ ⑤ $\frac{18}{30}$

04 다음 중 순환소수와 순환마디가 바르게 연결된 것은?

① 0.151515⋯ ⇨ 151 ② 0.2747474⋯ ⇨ 74
③ 0.395395⋯ ⇨ 3953 ④ 1.541541⋯ ⇨ 154
⑤ 13.413413⋯ ⇨ 134

05 다음 중 분수를 순환소수로 나타낼 때, 순환마디가 나머지 넷과 다른 하나는?

① $\frac{8}{3}$ ② $\frac{13}{6}$ ③ $\frac{4}{9}$
④ $\frac{5}{12}$ ⑤ $\frac{7}{15}$

06 다음 중 순환소수의 표현으로 옳지 않은 것은?

① $0.343434\cdots = 0.\dot{3}\dot{4}$
② $4.135135135\cdots = 4.\dot{1}3\dot{5}$
③ $0.2555\cdots = 0.2\dot{5}$
④ $5.28444\cdots = 5.28\dot{4}$
⑤ $2.3694694694\cdots = 2.3\dot{6}9\dot{4}$

07 분수 $\frac{6}{11}$ 을 순환소수로 나타내면?

① $0.\dot{5}$ ② $0.5\dot{4}$ ③ $0.\dot{5}\dot{4}$
④ $0.54\dot{5}$ ⑤ $0.\dot{5}4\dot{5}$

08 분수 $\frac{10}{41}$ 을 순환소수로 나타낼 때, 소수점 아래 27번째 자리의 숫자는?

① 0 ② 2 ③ 3
④ 4 ⑤ 9

01 다음은 분수의 분모를 10의 거듭제곱의 꼴로 고쳐서 유한소수로 나타내는 과정이다. ☐ 안에 알맞은 수를 써넣으시오.

(1) $\dfrac{4}{5}=\dfrac{4\times\boxed{}}{5\times\boxed{}}=\dfrac{\boxed{}}{10}=\boxed{}$

(2) $\dfrac{3}{40}=\dfrac{3}{2^3\times5}=\dfrac{3\times\boxed{}}{2^3\times5\times\boxed{}}=\dfrac{\boxed{}}{1000}=\boxed{}$

02 다음 분수의 분모를 10의 거듭제곱의 꼴로 고친 후 유한소수로 나타내시오.

(1) $\dfrac{7}{4}$ 답 _____ , _____

(2) $\dfrac{5}{8}$ 답 _____ , _____

(3) $\dfrac{12}{50}$ 답 _____ , _____

(4) $\dfrac{72}{120}$ 답 _____ , _____

03 다음 분수 중 유한소수로 나타낼 수 있는 것은 ○표, 유한소수로 나타낼 수 없는 것은 ×표를 하시오.

(1) $\dfrac{7}{2^2\times5^2}$ (   ) (2) $\dfrac{9}{2\times3\times5}$ (   )

(3) $\dfrac{26}{2\times5\times13}$ (   ) (4) $\dfrac{45}{2\times5\times7}$ (   )

04 다음을 소수로 나타내면 유한소수가 될 때, a의 값이 될 수 있는 가장 작은 자연수를 구하시오.

(1) $\dfrac{a}{2^2\times5\times7}$ 답 _____

(2) $\dfrac{5}{2\times13}\times a$ 답 _____

(3) $\dfrac{3}{180}\times a$ 답 _____

(4) $\dfrac{36}{330}\times a$ 답 _____

05 분수 $\dfrac{14}{7\times x}$ 를 소수로 나타내면 정수가 아닌 유한소수가 될 때, x의 값이 될 수 있는 한 자리 자연수의 개수를 구하시오.   답 _____

06 다음 **보기** 중 유한소수로 나타낼 수 <u>없는</u> 것을 모두 고르시오.

┤ 보기 ├
ㄱ. $\dfrac{11}{5^3}$ ㄴ. $\dfrac{7}{3\times5}$ ㄷ. $\dfrac{9}{2^3\times3}$

ㄹ. $\dfrac{27}{2^2\times5\times7}$ ㅁ. $\dfrac{121}{2^3\times5\times11}$

답 _____

01 다음은 순환소수를 분수로 나타내는 과정이다. □ 안에 알맞은 수를 써넣으시오.

(1) $x = 0.4\dot{9}$

$$\boxed{}\,x = 49.494949\cdots$$
$$-)\quad\quad x = 0.494949\cdots$$
$$\boxed{}\,x = 49$$
$$\therefore x = \boxed{}$$

(2) $x = 2.8\dot{3}$

$$\boxed{}\,x = 283.333\cdots$$
$$-)\quad 10x = \boxed{}$$
$$\boxed{}\,x = 255$$
$$\therefore x = \frac{255}{\boxed{}} = \frac{17}{\boxed{}}$$

02 다음 순환소수를 분수로 나타낼 때, 가장 편리한 식을 보기에서 고르시오.

┤보기├
ㄱ. $10x - x$ ㄴ. $100x - x$
ㄷ. $100x - 10x$ ㄹ. $1000x - x$
ㅁ. $1000x - 10x$ ㅂ. $1000x - 100x$

(1) $x = 0.09\dot{0}$ 답 _____

(2) $x = 0.5\dot{7}$ 답 _____

(3) $x = 2.2\dot{4}$ 답 _____

(4) $x = 1.4\dot{3}\dot{6}$ 답 _____

03 다음 순환소수를 기약분수로 나타내시오.

(1) $0.\dot{8}\dot{7}$ 답 _____

(2) $1.\dot{3}\dot{8}$ 답 _____

(3) $0.5\dot{3}$ 답 _____

(4) $3.4\dot{1}\dot{2}$ 답 _____

04 다음 보기 중 순환소수를 분수로 나타낸 것으로 옳은 것을 모두 고르시오.

┤보기├
ㄱ. $0.\dot{3} = \dfrac{1}{3}$ ㄴ. $0.0\dot{2} = \dfrac{2}{9}$
ㄷ. $1.\dot{2}\dot{3} = \dfrac{41}{33}$ ㄹ. $0.1\dot{0}\dot{6} = \dfrac{7}{66}$

답 _____

05 다음 보기 중 옳은 것을 모두 고르시오.

┤보기├
ㄱ. 순환소수는 $\dfrac{(정수)}{(0이\ 아닌\ 정수)}$의 꼴로 나타낼 수 있다.
ㄴ. 모든 무한소수는 유리수가 아니다.
ㄷ. 정수가 아닌 유리수 중 유한소수로 나타낼 수 없는 수는 순환소수로 나타낼 수 있다.

답 _____

01 다음은 분수 $\dfrac{3}{20}$ 을 유한소수로 나타내는 과정이다. ①~⑤에 알맞은 수로 옳지 <u>않은</u> 것은?

$$\dfrac{3}{20}=\dfrac{3}{2^{①}\times 5}=\dfrac{3\times\boxed{②}}{2^{①}\times 5\times\boxed{③}}=\dfrac{15}{\boxed{④}}=\boxed{⑤}$$

① 2   ② 5   ③ 10
④ 100   ⑤ 0.15

02 다음 분수 중 유한소수로 나타낼 수 <u>없는</u> 것을 모두 고르면? (정답 2개)

① $\dfrac{1}{10}$ ② $\dfrac{4}{15}$ ③ $\dfrac{2}{5}$
④ $\dfrac{1}{20}$ ⑤ $\dfrac{11}{60}$

03 분수 $\dfrac{a}{540}$ 를 소수로 나타내면 유한소수가 되고, 이 분수를 기약분수로 나타내면 $\dfrac{1}{b}$ 이 된다. a가 가장 작은 자연수일 때, $a+b$의 값을 구하시오.

04 분수 $\dfrac{6}{2^2\times 5\times x}$ 을 소수로 나타내면 순환소수가 될 때, 10 이하의 자연수 중 x의 값이 될 수 있는 모든 수의 합을 구하시오.

05 다음은 순환소수 $2.4\dot{1}\dot{5}$ 를 분수로 나타내는 과정이다. (가)~(라)에 알맞은 것을 써넣으시오.

순환소수 $2.4\dot{1}\dot{5}$ 를 x라 하면
$x=2.415415415\cdots$ $\cdots\cdots$ ㉠
㉠의 양변에 $\boxed{(가)}$ 을 곱하면
$\boxed{(나)}=2415.415415415\cdots$ $\cdots\cdots$ ㉡
㉡−㉠을 하면
$999x=\boxed{(다)}$ $\therefore x=\boxed{(라)}$

06 순환소수 $0.5\dot{1}\dot{3}$ 을 분수로 나타내려고 한다. $x=0.5\dot{1}\dot{3}$ 이라 할 때, 다음 중 가장 편리한 식은?

① $100x-x$ ② $100x-10x$
③ $1000x-x$ ④ $1000x-10x$
⑤ $1000x-100x$

07 순환소수 $0.2\dot{2}\dot{7}$ 에 어떤 자연수를 곱하여 유한소수가 되도록 할 때, 곱할 수 있는 가장 작은 자연수를 구하시오.

08 다음 중 옳지 <u>않은</u> 것은?

① 모든 유한소수는 유리수이다.
② 모든 순환소수는 유리수이다.
③ 정수가 아닌 유리수는 모두 유한소수로 나타낼 수 있다.
④ 모든 순환소수는 분수로 나타낼 수 있다.
⑤ 순환소수가 아닌 무한소수는 분수로 나타낼 수 없다.

02 단항식의 계산

바른답·알찬풀이 67쪽

❶ 지수법칙

01 지수법칙 (1)

(1) 지수법칙; 지수의 합

m, n이 자연수일 때,

$$a^m \times a^n = a^{\boxed{①}}$$
└→ 지수끼리 더한다.

예 $a^5 \times a^3 = \boxed{②}$

(2) 지수법칙; 지수의 곱

m, n이 자연수일 때,

$$(a^m)^n = a^{\boxed{③}}$$
└→ 지수끼리 곱한다.

예 $(a^2)^4 = \boxed{④}$

02 지수법칙 (2)

(1) 지수법칙; 지수의 차

$a \neq 0$이고 m, n이 자연수일 때,

$$a^m \div a^n = \begin{cases} a^{\boxed{⑤}} & (m > n) \\ 1 & (m = n) \\ \dfrac{1}{a^{n-m}} & (m < n) \end{cases}$$

예 $a^4 \div a^3 = \boxed{⑥}$, $a^2 \div a^2 = \boxed{⑦}$, $a^2 \div a^6 = \dfrac{1}{\boxed{⑧}}$

(2) 지수법칙; 지수의 분배

m이 자연수일 때,

$$\begin{aligned} &① (ab)^m = a^m b^m \\ &② \left(\frac{a}{b}\right)^m = \frac{a^{\boxed{⑨}}}{b^m} \,(단, b \neq 0) \end{aligned}$$

예 $(ab)^5 = \boxed{⑩}$, $\left(\dfrac{a}{b}\right)^4 = \boxed{⑪}$

참고 $(-a)^m = \begin{cases} a^m & (m이 짝수) \\ -a^m & (m이 홀수) \end{cases}$

❷ 단항식의 곱셈과 나눗셈

01 단항식의 곱셈과 나눗셈

(1) 단항식의 곱셈

　① 계수는 계수끼리, 문자는 문자끼리 계산한다.
　　└→ 곱셈의 교환법칙과 곱셈의 결합법칙 이용
　② 같은 문자끼리의 곱셈은 $\boxed{⑫}$ 법칙을 이용하여 간단히 한다.

　예 $3x^2 \times 2x^3 = 6\boxed{⑬}$

　참고 부호 결정 $\begin{cases} (-)가 홀수 개 \Rightarrow (-) \\ (-)가 짝수 개 \Rightarrow (+) \end{cases}$

(2) 단항식의 나눗셈

　방법1 나눗셈을 곱셈으로 바꾸어 계산한다.

　　$\Rightarrow A \div B = A \times \dfrac{1}{B}$

　예 $6x^2y \div \dfrac{3}{2}xy = 6x^2y \times \dfrac{2}{3xy} = \boxed{⑭}$

　방법2 분수의 꼴로 바꾸어 계산한다.

　　$\Rightarrow A \div B = \dfrac{\boxed{⑮}}{B}$

　예 $3xy^2 \div 2x^2y = \dfrac{3xy^2}{2x^2y} = \boxed{⑯}$

02 단항식의 곱셈과 나눗셈의 혼합 계산

단항식의 곱셈과 나눗셈의 혼합 계산은 다음과 같은 순서로 한다.

❶ 괄호가 있는 거듭제곱은 지수법칙을 이용하여 괄호를 푼다.
❷ 나눗셈은 나누는 식의 역수의 $\boxed{⑰}$셈으로 바꾼다.
❸ 부호를 결정한 후 계수는 계수끼리, 문자는 문자끼리 계산한다.

예 $(2x)^3 \div 2x^2 \times 3x^4$

$= 8x^3 \div 2x^2 \times 3x^4$ 〉괄호 풀기 (지수법칙 이용)

$= 8x^3 \times \boxed{⑱} \times 3x^4$ 〉나눗셈을 곱셈으로 바꾸기

$= \left(8 \times \dfrac{1}{2} \times 3\right) \times \left(x^3 \times \dfrac{1}{x^2} \times x^4\right)$ 〉계산하기
　└─계수는 계수끼리─┘ └──문자는 문자끼리──┘

$= \boxed{⑲}$

01 다음 식을 간단히 하시오.

(1) $x^3 \times x^7$ 답 _____

(2) $3^2 \times 3^5$ 답 _____

(3) $a \times a^3 \times a^4$ 답 _____

(4) $5^2 \times 5^5 \times 5^8$ 답 _____

(5) $a^5 \times b^4 \times a^4 \times b$ 답 _____

(6) $x^2 \times y \times x^4 \times y^3$ 답 _____

02 다음 식을 간단히 하시오.

(1) $(a^5)^4$ 답 _____

(2) $(2^3)^6$ 답 _____

(3) $(x^5)^3 \times x^2$ 답 _____

(4) $(a^2)^4 \times (a^5)^3$ 답 _____

(5) $x \times (y^3)^3 \times (x^7)^2$ 답 _____

(6) $(a^4)^3 \times b^3 \times (a^2)^5 \times (b^3)^4$ 답 _____

03 다음 ☐ 안에 알맞은 수를 구하시오.

(1) $a^{\square} \times a^6 = a^{10}$ 답 _____

(2) $a^3 \times a^4 \times a^{\square} = a^{12}$ 답 _____

(3) $(x^5)^{\square} = x^{15}$ 답 _____

(4) $(2^{\square})^4 = 2^{28}$ 답 _____

(5) $(a^{\square})^2 \times a^7 = a^{11}$ 답 _____

(6) $(x^2)^3 \times x^6 = (x^{\square})^2$ 답 _____

04 $2^x \times 2^3 = 64^2$일 때, 자연수 x의 값을 구하시오.

답 _____

05 오른쪽 그림과 같이 한 모서리의 길이가 a^4인 정육면체의 부피를 구하시오.

답 _____

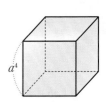

01 다음 식을 간단히 하시오.

(1) $x^8 \div x^2$ 답 _____

(2) $a^5 \div a^5$ 답 _____

(3) $(x^2)^4 \div (x^3)^2$ 답 _____

(4) $(a^3)^2 \div a \div a^7$ 답 _____

(5) $x^5 \div (x^2)^2 \div x$ 답 _____

(6) $(y^3)^4 \div (y^6 \div y^2)$ 답 _____

02 다음 식을 간단히 하시오.

(1) $(a^3 b^4)^2$ 답 _____

(2) $(-2y^2)^3$ 답 _____

(3) $(-xy^3)^5$ 답 _____

(4) $\left(\dfrac{a}{b^4}\right)^3$ 답 _____

(5) $\left(\dfrac{y^2}{2x}\right)^4$ 답 _____

(6) $\left(-\dfrac{y^3}{x}\right)^5$ 답 _____

03 다음 ☐ 안에 알맞은 수를 구하시오.

(1) $5^9 \div 5^{\square} = 5^3$ 답 _____

(2) $(a^{\square})^3 \div a^{11} = \dfrac{1}{a^2}$ 답 _____

(3) $(x^{\square} y^2)^2 = x^8 y^4$ 답 _____

(4) $\left(-\dfrac{2y^{\square}}{a}\right)^4 = \dfrac{16y^{20}}{a^4}$ 답 _____

04 다음 보기 중 $a^{10} \div a^4 \div a^2$과 계산 결과가 같은 것을 고르시오.

┤ 보기 ├
ㄱ. $a^4 \div a^2 \times a^3$　　　　ㄴ. $a^4 \times a^2 \div a^{10}$
ㄷ. $a^4 \times (a^4 \div a^2)$　　　　ㄹ. $a^{10} \div (a^4 \times a^2)$

답 _____

05 $\left(\dfrac{2x^a}{y^b z}\right)^3 = \dfrac{8x^{12}}{y^6 z^c}$일 때, 자연수 a, b, c에 대하여 $a+b+c$의 값을 구하시오.

답 _____

02 단항식의 계산

01 다음 식을 간단히 하였을 때, 그 결과가 나머지 넷과 다른 하나는?

① $a^7 \times a^3$
② $a^2 \times a^3 \times a^4$
③ $(a^5)^2$
④ $(a^2)^4 \times a^2$
⑤ $(a^2)^2 \times (a^3)^2$

02 n이 자연수일 때, $(-1)^n \times (-1)^{n+1} \times (-1)^{2n+2}$을 간단히 하면?

① $-4n$
② -1
③ 0
④ 1
⑤ $4n$

03 $2^{10} = A$라 할 때, $\dfrac{1}{64^5}$을 A를 사용하여 나타내면?

① $-3A$
② $-\dfrac{3}{A}$
③ $\dfrac{1}{A^3}$
④ $\dfrac{3}{A}$
⑤ A^3

04 다음 **보기** 중 옳은 것을 모두 고르시오.

┤ 보기 ├

ㄱ. $(x^3)^8 = x^{24}$
ㄴ. $x^4 \times x^5 = x^{20}$
ㄷ. $x^4 \div x^6 = x^2$
ㄹ. $\left(\dfrac{y^2}{x}\right)^3 = \dfrac{y^6}{x}$
ㅁ. $\left(-\dfrac{y^2}{x^3}\right)^2 = \dfrac{y^4}{x^6}$

05 $\left(-\dfrac{2x^a}{y^4}\right)^2 = \dfrac{bx^6}{y^c}$일 때, 자연수 a, b, c에 대하여 $a-b+c$의 값을 구하시오.

06 $8^9 \div 4^{25} \times 16^7$을 계산하면?

① 4
② 8
③ 16
④ 32
⑤ 64

07 다음 중 □ 안에 알맞은 수가 가장 큰 것은?

① $(a^{\square})^3 = a^{21}$
② $8^{\square} \div 4^5 = 2^5$
③ $x^2 \times (x^{\square})^3 \div x^5 = x^{15}$
④ $72^{\square} = 2^{12} \times 3^8$
⑤ $\left(\dfrac{5}{3^2}\right)^4 = \dfrac{5^4}{3^{\square}}$

08 $5^4 \times 5^4 = 5^x$, $5^4 + 5^4 + 5^4 + 5^4 + 5^4 = 5^y$일 때, 자연수 x, y에 대하여 $x+y$의 값을 구하시오.

바른답·알찬풀이 69쪽

01 다음 식을 간단히 하시오.

(1) $2a \times 3a^2$ 답 _____

(2) $(-3ab^2) \times 4a^3$ 답 _____

(3) $10xy^3 \times \left(-\dfrac{1}{2}x^4y^2\right)$ 답 _____

(4) $2x^2 \times (-5x^2y) \times (-x^3y^2)$

답 _____

02 다음 식을 간단히 하시오.

(1) $(-a)^4 \times 3a^5$ 답 _____

(2) $(2x^2y)^3 \times \dfrac{5}{4}y^5$ 답 _____

(3) $(-4ab^2)^2 \times (-ab^2)^3$ 답 _____

(4) $\left(\dfrac{y}{x^2}\right)^4 \times (-x^3y)^2 \times \left(-\dfrac{6x^5}{y}\right)$

답 _____

03 $(2x^2y)^3 \times (-xy^2)^2 \times 5xy^4 = ax^by^c$일 때, 자연수 a, b, c에 대하여 $a+b+c$의 값을 구하시오.

답 _____

04 다음 식을 간단히 하시오.

(1) $15a^6 \div 5a^2$ 답 _____

(2) $(-3a^2b) \div a^3b$ 답 _____

(3) $9xy^3 \div \dfrac{y^2}{3x}$ 답 _____

(4) $6x^3 \div 2x \div \dfrac{3}{5}x^2$ 답 _____

05 다음 식을 간단히 하시오.

(1) $18a^3 \div (3a)^2$ 답 _____

(2) $(2xy^2)^3 \div (-x^3y)^2$ 답 _____

(3) $\left(\dfrac{4}{ab}\right)^2 \div \dfrac{8a^2}{b^3}$ 답 _____

(4) $(4x^2y^3)^2 \div (-xy^2) \div (2y^2)^3$

답 _____

06 $(-20x^2y^3) \div \boxed{} = -5xy^2$일 때, $\boxed{}$ 안에 알맞은 식을 구하시오.

답 _____

01 다음 ☐ 안에 알맞은 것을 써넣으시오.

(1) $15a^2b^2 \times (-b) \div (-3ab)$

$= 15a^2b^2 \times (-b) \times \left(-\dfrac{\boxed{}}{3ab}\right)$

$= \boxed{}$

(2) $(-x^3y)^2 \div x^3y^6 \times (-2x^2y^2)$

$= \boxed{} \div x^3y^6 \times (-2x^2y^2)$

$= \boxed{} \times \dfrac{\boxed{}}{x^3y^6} \times (-2x^2y^2)$

$= \boxed{}$

02 다음 식을 간단히 하시오.

(1) $6x^3y \times 4y^2 \div 8xy$ 답 _____

(2) $14a^2b \div 7a \times 2b^2$ 답 _____

(3) $12ab^2 \div \dfrac{1}{2}a^2b^4 \times (-ab)$ 답 _____

(4) $3x^2y^2 \times \dfrac{2}{5}xy^4 \div \dfrac{6}{5}xy^3$ 답 _____

(5) $3x^2 \times (-2x^3) \div 12xy^3$ 답 _____

03 다음 식을 간단히 하시오.

(1) $(-5a^2)^2 \times (2a)^2 \div 10a^5$ 답 _____

(2) $(3xy)^2 \div \dfrac{9}{10}x^3y^4 \times \dfrac{2}{5}x^4y^3$ 답 _____

(3) $(4xy^2)^2 \times (-5xy^2) \div (-2x^2y)^3$ 답 _____

(4) $(-2x^2y)^3 \div \left(\dfrac{y}{3x}\right)^2 \times \left(\dfrac{x}{y^2}\right)^3$ 답 _____

04 다음 ☐ 안에 알맞은 식을 구하시오.

(1) $8a^2b \div \boxed{} \times 4a^4 = 16a^3$ 답 _____

(2) $(-2x^3y^2) \times 6x^2y^5 \div \boxed{} = 4x^2y^3$ 답 _____

(3) $4x^3 \times \boxed{} \div (-x^2y)^2 = 12xy$ 답 _____

(4) $\boxed{} \times (-2ab^2)^3 \div \left(-\dfrac{a^2}{3b^3}\right)^2 = 6ab^2$ 답 _____

01 $(-ab^2)^2 \times \left(\dfrac{b^2}{a}\right)^3 \times \left(-\dfrac{a^2}{b^2}\right)^2$ 을 간단히 하면?

① ab^2 ② a^3b^2 ③ a^3b^6

④ a^6b^6 ⑤ $\dfrac{b^6}{a}$

02 다음 보기 중 옳은 것을 모두 고른 것은?

┌ 보기 ├
ㄱ. $2x^2 \times 3x^3 = 6x^6$
ㄴ. $(-2a) \times 3b = 6ab$
ㄷ. $8x^2 \div (-2x^2) = -4$
ㄹ. $(-5ab) \div (-3ab) = 15$
ㅁ. $(x^2)^2 \times (-3x^2) = -3x^6$

① ㄱ, ㄷ ② ㄱ, ㄹ ③ ㄴ, ㅁ

④ ㄷ, ㄹ ⑤ ㄷ, ㅁ

03 $(6x^4y^{(가)})^2 \div 4x^{(나)}y^3 = \dfrac{9y^3}{x}$일 때, (가), (나)에 알맞은 자연수의 합을 구하시오.

04 $(-3ab^2c)^2 \times (-9ac^2) \div (3b^3c^2)^2$을 간단히 하시오.

05 $x^2y \div \dfrac{1}{3}xy^5 \times (xy^a)^2 = bx^3y^4$일 때, 자연수 a, b에 대하여 $a+b$의 값을 구하시오.

06 밑면의 지름의 길이가 $6a$ cm이고 높이가 $9b$ cm인 원뿔의 부피는?

① $9\pi a^2b$ cm^3 ② $27\pi ab$ cm^3
③ $27\pi a^2b$ cm^3 ④ $108\pi ab$ cm^3
⑤ $108\pi a^2b$ cm^3

07 $(-4x^2) \div 2xy \times \boxed{} = -2x^2y^2$일 때, $\boxed{}$ 안에 알맞은 식은?

① xy ② xy^3 ③ x^2y

④ $4x^3y$ ⑤ $\dfrac{1}{x^2y}$

08 어떤 식에 $\dfrac{2a}{b}$를 곱해야 할 것을 잘못하여 나누었더니 $(3ab^2)^2$이 되었다. 이때 바르게 계산한 식을 구하시오.

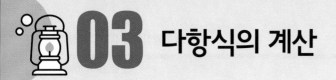

03 다항식의 계산

🔖 바른답·알찬풀이 7쪽

❶ 다항식의 덧셈과 뺄셈

01 다항식의 덧셈과 뺄셈

(1) 다항식의 덧셈: 괄호가 있으면 괄호를 먼저 풀고 ❶[ ]끼리 모
아서 간단히 한다.
 └→ 문자와 차수가
   각각 같은 항

$$(2a+b)+(4a+3b)$$
$$=2a+b+4a+3b$$ } 괄호 풀기
$$=6a+4b$$ } 동류항끼리 모아서 간단히 하기

(2) 다항식의 뺄셈: 빼는 식의 각 항의 부호를 바꾸어 더한다.

$$(3a+5b)-(6a-2b)$$
$$=3a+5b\ominus6a\oplus2b$$ } 빼는 식의 각 항의 부호 바꾸기
$$=-3a+7b$$ } 동류항끼리 모아서 간단히 하기

(3) 여러 가지 괄호가 있는 식의 계산: $(\ \ )$ → $\{\ \ \}$ → $[\ \ ]$ 의
 소괄호 중괄호 대괄호
 순서로 괄호를 풀고 동류항끼리 모아서 간단히 한다.

02 이차식의 덧셈과 뺄셈

(1) ❷[ ]: 한 문자에 대한 차수가 2인 다항식을 그 문자에 대
 └→ 문자의 곱해진 개수
 한 이차식이라 한다.

(2) 이차식의 덧셈과 뺄셈: 괄호를 풀고 동류항끼리 모아서 간단히
 한다.

$$(2x^2-x+7)-(x^2+3x-1)$$
$$=2x^2-x+7\ominus x^2\ominus3x\oplus1$$ } 괄호 풀기
$$=x^2-4x+8$$ } 동류항끼리 모아서 간단히 하기
 └→ 차수가 높은 항부터 낮은 항의 순서로 정리하기

❷ 단항식과 다항식의 곱셈과 나눗셈

01 단항식과 다항식의 곱셈

(1) 단항식과 다항식의 곱셈: 분배법칙을 이용하여 단항식을 다항
 식의 각 항에 곱하여 계산한다.

(2) ❸[ ]: 단항식과 다항식의 곱을 분배법칙을 이용하여 괄호를
 풀어 하나의 다항식으로 나타내는 것

(3) ❹[ ]: 전개하여 얻은 다항식

$$\underbrace{a}_{단항식}\underbrace{(2a+b)}_{다항식}=a\times2a+a\times b$$
$$=\underbrace{2a^2+ab}_{전개식}$$

02 다항식과 단항식의 나눗셈

[방법 1] 나눗셈을 ❺[ ]으로 바꾸고 다항식의 각 항에 단항식
 의 역수를 곱한다.

$$(9x^2+6x)\div3x=(9x^2+6x)\times\frac{1}{3x}$$
   ÷를 ×로 / 역수로
$$=9x^2\times\frac{1}{3x}+6x\times\frac{1}{3x}$$
$$=3x+2$$

[방법 2] 분수의 꼴로 바꾸어 다항식의 각 항을 단항식으로 나눈다.

$$(9x^2+6x)\div3x=\frac{9x^2+6x}{3x}$$
$$=\frac{9x^2}{3x}+\frac{6x}{3x}$$
$$=3x+2$$

03 다항식의 혼합 계산

덧셈, 뺄셈, 곱셈, 나눗셈이 혼합된 식은 다음과 같은 순서로 계산
한다.

❶ ❻[ ]을 이용하여 거듭제곱을 먼저 계산한다.

❷ $(\ \ )$ → $\{\ \ \}$ → $[\ \ ]$ 의 순서로 괄호를 푼다.
  소괄호 중괄호 대괄호

❸ 분배법칙을 이용하여 곱셈, 나눗셈을 한다.

❹ 동류항끼리 모아서 덧셈, 뺄셈을 하여 간단히 한다.

04 식의 대입

주어진 식의 문자에 그 문자를 나타내는 다른 식을 대입하여 주어
진 식을 다른 문자에 대한 식으로 나타낼 수 있다.

01 다음 식을 간단히 하시오.

(1) $(2x-5y)+(3x+7y)$ 답 _____

(2) $(3a+2b-1)+(2a-3b+5)$ 답 _____

(3) $(6a+3b)-(2a-5b)$ 답 _____

(4) $5(3x-5y)-2(4x-7y)$ 답 _____

02 다음 식을 간단히 하시오.

(1) $\dfrac{2x-y}{3}+\dfrac{x-3y}{2}$ 답 _____

(2) $\left(\dfrac{1}{4}a-\dfrac{1}{2}b\right)+\left(\dfrac{1}{2}a+\dfrac{5}{6}b\right)$ 답 _____

(3) $\dfrac{5x+2y}{6}-\dfrac{3x-y}{2}$ 답 _____

(4) $\dfrac{2x-y}{3}-\dfrac{x+3y}{5}$ 답 _____

03 $(3x-4y+5)-3(-x+2y+1)$을 간단히 하였을 때, x의 계수와 상수항의 합을 구하시오.

답 _____

04 $\left(\dfrac{3}{4}x-\dfrac{1}{6}y\right)-\left(\dfrac{2}{3}x-\dfrac{3}{2}y\right)=ax+by$일 때, 수 a, b에 대하여 ab의 값을 구하시오.

답 _____

05 다음 식을 간단히 하시오.

(1) $\{5a-(a+4b)\}+(3a-6b)$ 답 _____

(2) $7a-5b-\{4a-3(2a-3b)\}$ 답 _____

(3) $5x-[2y+\{3x-(2x-y)\}]$ 답 _____

(4) $4a+5b-[2a-\{7-5a-(2b+3)\}]$ 답 _____

01 다음 중 이차식인 것은 ○표, 이차식이 아닌 것은 ×표를 하시오.

(1) $x-2y$ ( )

(2) a^3+3a^2+4 ( )

(3) $8x-5x^2$ ( )

(4) $\dfrac{2}{x^2}-3$ ( )

02 다음 식을 간단히 하시오.

(1) $(3x^2+4)+(x^2-1)$ 답 _____

(2) $(2x^2+x-3)+(4x^2-3x-5)$ 답 _____

(3) $(5x^2-4x+6)-(3x^2+x-1)$ 답 _____

(4) $(3a^2-2a+6)-2(4a^2-6a+3)$ 답 _____

(5) $2(2x^2-5x+1)-3(x^2+x-4)$ 답 _____

03 다음 식을 간단히 하시오.

(1) $\left(-2x^2+\dfrac{5}{2}x-\dfrac{3}{4}\right)-\left(-3x^2+\dfrac{3}{2}x+\dfrac{2}{5}\right)$ 답 _____

(2) $\dfrac{x^2-7x}{3}+\dfrac{-x^2+5x+1}{2}$ 답 _____

(3) $\dfrac{5x^2-2x+3}{6}-\dfrac{3x^2+x-4}{4}$ 답 _____

04 다음 □ 안에 알맞은 식을 구하시오.

(1) $\boxed{}-(4x^2+6)=x^2-3x+1$ 답 _____

(2) $2x^2-3x+5+\boxed{}=x^2+x-1$ 답 _____

05 다음 식을 간단히 하시오.

(1) $a^2+2a-\{4a-(a^2+2a-1)\}$ 답 _____

(2) $2x^2-[3x-\{x^2-(2x-3)-1\}]$ 답 _____

01 $2(2a-3b)+3(-a-2b)$를 간단히 하였을 때, a의 계수와 b의 계수의 합을 구하시오.

02 $\dfrac{4x-y}{5}-\dfrac{3x+y+1}{4}=ax+by+c$일 때, 수 a, b, c에 대하여 $a-b+c$의 값을 구하시오.

03 다음 식을 간단히 하시오.

$$6x-[x+5y-\{4x+3y-(2x-y)\}]$$

04 어떤 다항식에서 $-2a-3b+1$을 빼야 할 것을 잘못하여 더했더니 $a+b-1$이 되었다. 이때 바르게 계산한 식은?

① $a-7b-3$ ② $a-7b+3$

③ $5a-b+3$ ④ $5a+7b-3$

⑤ $5a+7b+3$

05 다음 중 이차식이 아닌 것은?

① $0.1x^2$

② $-x^2+x$

③ $3(x^2+x-3)-3x$

④ $\left(\dfrac{1}{3}x^2-2x+\dfrac{1}{4}\right)+\left(\dfrac{1}{2}x^2-\dfrac{3}{2}\right)$

⑤ $\dfrac{1}{2}(4x^2-4x+3)-2(x^2-1)$

06 $\dfrac{x^2-2x+1}{4}-\dfrac{2x^2-1}{3}$을 간단히 하면?

① $\dfrac{-5x^2-6x-1}{12}$ ② $\dfrac{-5x^2-6x+7}{12}$

③ $\dfrac{5x^2-6x+7}{12}$ ④ $\dfrac{11x^2-6x-1}{12}$

⑤ $\dfrac{11x^2-6x+1}{12}$

07 $(ax^2-4x+7)+(2x^2-3ax+1)$을 간단히 하였더니 x^2의 계수와 x의 계수의 합이 -6이었다. 이때 수 a의 값을 구하시오.

08 어떤 다항식 A에 x^2+4x+1을 더했더니 $3x^2-x+4$가 되었다. 이때 다항식 A를 구하시오.

01 다음 식을 전개하시오.

(1) $\dfrac{2}{3}y(6x+2y)$ 답 _____

(2) $(2x-3y)\times(-4x)$ 답 _____

(3) $2a^2(a^2+3a+5)$ 답 _____

(4) $(2x^2-x+3y)\times(-3xy)$ 답 _____

02 다음 보기 중 옳지 <u>않은</u> 것을 모두 고르시오.

┌ 보기 ├─────────────

ㄱ. $2x(x-1)=2x^2-2x$

ㄴ. $y(3y^2-2y+4)=3y^3-2y^2+4y$

ㄷ. $5ab(ab-b^2)=5a^2b^2-b^2$

ㄹ. $-\dfrac{1}{3}x(2xy^2+3x)=-\dfrac{2}{3}x^2y^2-\dfrac{1}{3}x^2$

답 _____

03 다음 식을 간단히 하시오.

(1) $-6a^2-a(a+8)$ 답 _____

(2) $3x(-x+2)+5x(x-3)$ 답 _____

(3) $4x(2x+5)-\dfrac{x}{4}(4-12x)$ 답 _____

04 다음 식을 간단히 하시오.

(1) $(10a^2-6a)\div\dfrac{2}{5}a$ 답 _____

(2) $(12x^2y-20xy^2-xy)\div(-4xy)$ 답 _____

(3) $\dfrac{14x^2y^3-21xy^2}{7y^2}$ 답 _____

(4) $\dfrac{12x^3y-x^2y^2+9x^2y}{3x^2y}$ 답 _____

05 다음 식을 간단히 하시오.

(1) $(x^3-2x^2)\div(-2x^2)+(2x^2-6x)\div3x$ 답 _____

(2) $(12a^2b^2+6ab^2)\div\dfrac{2}{3}ab-5ab$ 답 _____

(3) $\dfrac{9a^2-6ab}{3a}-\dfrac{14a^2b+4ab}{2ab}$ 답 _____

06 $\boxed{}\div3xy^2=xy-3y^2+3$일 때, $\boxed{}$ 안에 알맞은 식을 구하시오.

답 _____

01 다음 □ 안에 알맞은 식을 써넣으시오.

$$(-4x^3y+6xy^2)\times(xy)^3\div(-2x^4y^3)$$
$$=(-4x^3y+6xy^2)\times\boxed{}\div(-2x^4y^3)$$
$$=(\boxed{})\div(-2x^4y^3)$$
$$=\boxed{}$$
$$\boxed{}$$
$$=\boxed{}$$

02 다음 식을 간단히 하시오.

(1) $(9x^2-15x)\div 3x\times(-xy)$

답 _____

(2) $6a^2b\div(-2a)+a(a-5b)$

답 _____

(3) $(10x^3-5x^2)\div 5x-2x(x-3)$

답 _____

(4) $2b(4a-7b)+(15a^2b-35ab^2)\div 5a$

답 _____

(5) $\dfrac{x^2y^3-4xy^3}{xy}-(3x+2)\times y^2$

답 _____

03 $-2b(3a-2)+(6a^3-4a^2b+12a^2)\div(-2a^2)$을 간단히 한 식에서 a의 계수와 b의 계수의 합을 구하시오.

답 _____

04 오른쪽 그림과 같이 작은 직사각형 모양의 조각들을 이어 붙여 큰 직사각형을 만들었다. 다음을 구하시오.

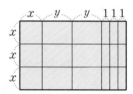

(1) 큰 직사각형의 가로의 길이

답 _____

(2) 큰 직사각형의 세로의 길이

답 _____

(3) 큰 직사각형의 넓이

답 _____

05 오른쪽 그림과 같이 밑면의 반지름의 길이가 ab인 원뿔의 부피가 $2\pi a^3b^2-\pi a^2b^3$일 때, 이 원뿔의 높이를 구하시오.

답 _____

06 $A=x+3y$, $B=5x-y$일 때, $2A-B$를 x, y에 대한 식으로 나타내시오.

답 _____

01 $3x(x^2-4x+5)=ax^3+bx^2+cx$일 때, 수 a, b, c에 대하여 $a-b-c$의 값을 구하시오.

02 $-2x(3x-y)-y(4x-1)$을 간단히 하였을 때, x^2의 계수와 xy의 계수의 합을 구하시오.

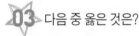**3** 다음 중 옳은 것은?

① $a(3b+5)=3ab+5$

② $(9a^2-6ab)\div3a=3a-b$

③ $-5a(5a+2b)=-25a^2+10ab$

④ $(-10a^2b+5ab)\div5a=-2a+b$

⑤ $-2a(-2b+a+2)=4ab-2a^2-4a$

04 $(8xy-2x^2)\div(-2x)=ay+bx$일 때, 수 a, b에 대하여 $a+b$의 값은?

① -3 ② -2 ③ -1

④ 1 ⑤ 2

05 $(a^3-4a^2)\div a^2-(a^2+2a)\div(-a)$를 간단히 하면?

① $2a-6$ ② $2a-2$ ③ $-2a$

④ $-4a$ ⑤ -6

⭐**06** 다음 식을 간단히 하시오.

$$\{-2y(-6x+3y)-(3xy-2xy^2)\}\div\frac{1}{2}y$$

07 다음 ☐ 안에 알맞은 식을 구하시오.

$$3x(2xy^2+xy)+\boxed{}\times\left(-\frac{1}{2}x^2y\right)=x^3y^2$$

08 오른쪽 그림과 같은 전개도로 만들어지는 직육면체의 겉넓이를 구하시오.

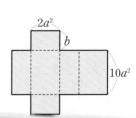

04 일차부등식

바른답·알찬풀이 74쪽

❶ 부등식의 해와 그 성질

01 부등식과 그 해

(1) ❶   : 부등호 $<$, $>$, $\leq$, $\geq$ 를 사용하여 수 또는 식의 대
소 관계를 나타낸 것
└→ $<$ 또는 $=$

(2) 부등식의 표현

① $a < b$ ➡ a는 b보다 작다. / a는 b 미만이다.

② a ❷ b ➡ a는 b보다 크다. / a는 b 초과이다.

③ a ❸ b ➡ a는 b보다 작거나 같다. / a는 b 이하이다.
└→ 크지 않다.

④ a ❹ b ➡ a는 b보다 크거나 같다. / a는 b 이상이다.
└→ 작지 않다.

(3) 부등식의 해: 미지수를 포함한 부등식을 ❺ 이 되게 하는 미
지수의 값

(4) 부등식을 푼다: 부등식의 해를 모두 구하는 것

02 부등식의 성질

(1) $a < b$이면 $a+c < b+c$, $a-c < b-c$

(2) $a < b$, $c > 0$이면 $ac < bc$, $\dfrac{a}{c} < \dfrac{b}{c}$

(3) $a < b$, $c < 0$이면 ac ❻ bc, $\dfrac{a}{c}$ ❼ $\dfrac{b}{c}$

참고 부등식의 성질은 부등호가 $>$, $\leq$, $\geq$일 때에도 모두 성립한다.

❷ 일차부등식의 풀이

01 일차부등식과 그 풀이

(1) 일차부등식: 부등식에서 우변의 모든 항을 좌변으로 이항하여
정리할 때

(일차식) < 0, (일차식) > 0, (일차식) ≤ 0, (일차식) ≥ 0

중 어느 하나의 꼴이 되는 부등식

(2) 일차부등식의 풀이

❶ 일차항은 좌변으로, 상수항은 우변으로 각각 이항한다.

❷ 양변을 정리하여 $ax < b$, $ax > b$, $ax \leq b$,
$ax \geq b$ ($a \neq 0$)의 꼴로 만든다.

❸ 양변을 x의 계수 a로 나누어

$x < (수)$, $x > (수)$, $x \leq (수)$, $x \geq (수)$

중 어느 하나의 꼴로 나타낸다. →a가 음수이면 부등호의 방향이 바뀐다.

(3) 부등식의 해를 수직선 위에 나타내기

① $x < a$ ② x ❽ a

③ x ❾ a ④ $x \geq a$

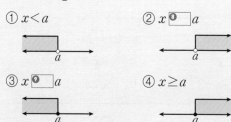

02 복잡한 일차부등식의 풀이

(1) 괄호가 있는 일차부등식: ❿   을 이용하여 괄호를 풀고
동류항끼리 정리한 후 푼다.

(2) 계수가 소수인 일차부등식: 양변에 10의 거듭제곱을 곱하여
계수를 모두 정수로 고쳐서 푼다.
└→ 10, 100, 1000, …

(3) 계수가 분수인 일차부등식: 양변에 분모의 ⓫   을 곱하
여 계수를 모두 정수로 고쳐서 푼다.
└→ 분모가 모두 약분되도록!

❸ 일차부등식의 활용

01 일차부등식의 활용

(1) 일차부등식의 활용 문제의 풀이 순서

| 미지수 정하기 | ➡ | 부등식 세우기 | ➡ | 부등식 풀기 | ➡ | 확인 하기 |

(2) 거리, 속력, 시간에 대한 문제

① (거리) = (속력) × (시간)

② (속력) = $\dfrac{(거리)}{(⓬)}$

③ (시간) = $\dfrac{(⓭)}{(속력)}$

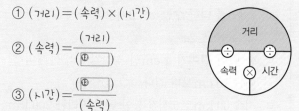

(3) 소금물의 농도에 대한 문제

① (소금물의 농도) = $\dfrac{(소금의 양)}{(소금물의 양)} \times 100$ (%)

② (소금의 양) = $\dfrac{(소금물의 농도)}{100} \times ($소금물의 양$)$

01 다음 보기 중 부등식인 것을 모두 고르시오.

| 보기 |

ㄱ. $x+1>3$ ㄴ. $2x-1=3$

ㄷ. $y=2x$ ㄹ. $-3x+4$

ㅁ. $-1\geq-3$ ㅂ. $x\leq2x-1$

답 _____

02 다음 문장을 부등식으로 나타내시오.

(1) 8에서 x의 3배를 뺀 수는 11보다 작다.

답 _____

(2) 한 개에 500원인 사탕 3개와 한 개에 700원인 초콜 릿 x개의 값의 합은 5000원 이상이다.

답 _____

(3) 전체 학생 200명 중에서 남학생이 x명일 때, 여학생 은 100명보다 많다.

답 _____

03 다음 보기 중 문장을 부등식으로 바르게 나타낸 것을 모두 고르시오.

| 보기 |

ㄱ. x를 3으로 나눈 수는 4 초과이다. ▷ $\dfrac{x}{3}>4$

ㄴ. x에 5를 더한 수는 x의 2배보다 작지 않다.

▷ $x+5\leq2x$

ㄷ. 한 변의 길이가 x cm인 정삼각형의 둘레의 길 이는 10 cm보다 길다. ▷ $3x>10$

ㄹ. 시속 60 km로 x시간 동안 달린 거리는 200 km 미만이다. ▷ $\dfrac{x}{60}<200$

답 _____

04 다음 보기 중 $x=4$일 때 참이 되는 부등식을 모두 고 르시오.

| 보기 |

ㄱ. $x-3>1$ ㄴ. $-x+5\leq1$

ㄷ. $2x\geq x-8$ ㄹ. $\dfrac{1}{2}x-6<-7$

답 _____

05 x의 값이 0, 1, 2, 3일 때, 다음 부등식을 푸시오.

(1) $x+5\leq6$ 답 _____

(2) $3x\geq5$ 답 _____

(3) $-2x+7<7$ 답 _____

(4) $4-3x\geq-x$ 답 _____

06 x의 값이 -1 이상 3 미만의 정수일 때, 부등식 $5-3x>2$를 푸시오.

답 _____

01 $a < b$일 때, 다음 □ 안에 알맞은 부등호를 써넣으시오.

(1) $a+2 \square b+2$

(2) $-a-4 \square -b-4$

(3) $2-5a \square 2-5b$

(4) $\dfrac{a}{3}-7 \square \dfrac{b}{3}-7$

(5) $\dfrac{3}{2}a+4 \square \dfrac{3}{2}b+4$

(6) $\dfrac{6-a}{7} \square \dfrac{6-b}{7}$

02 다음 □ 안에 알맞은 부등호를 써넣으시오.

(1) $a+6 > b+6 \Rightarrow a \square b$

(2) $-2a \leq -2b \Rightarrow a \square b$

(3) $3a-1 \geq 3b-1 \Rightarrow a \square b$

(4) $1+\dfrac{a}{5} \leq 1+\dfrac{b}{5} \Rightarrow a \square b$

(5) $-\dfrac{a}{2}+3 < -\dfrac{b}{2}+3 \Rightarrow a \square b$

(6) $\dfrac{7-5a}{3} > \dfrac{7-5b}{3} \Rightarrow a \square b$

03 $x \geq 1$일 때, 다음 식의 값의 범위를 구하시오.

(1) $x-5$ 답 _____

(2) $-2x+3$ 답 _____

(3) $\dfrac{1}{2}x+1$ 답 _____

(4) $-\dfrac{2}{3}x-\dfrac{1}{3}$ 답 _____

04 $x < -5$일 때, 다음 식의 값의 범위를 구하시오.

(1) $3x+2$ 답 _____

(2) $-x-7$ 답 _____

(3) $\dfrac{2}{5}x-1$ 답 _____

(4) $-\dfrac{1}{4}x+\dfrac{3}{4}$ 답 _____

05 $-2 < x \leq 4$일 때, 다음 식의 값의 범위를 구하시오.

(1) $-3x$ 답 _____

(2) $2x-1$ 답 _____

(3) $\dfrac{1}{4}x+5$ 답 _____

(4) $3-\dfrac{x}{2}$ 답 _____

01 다음 중 부등식이 <u>아닌</u> 것을 모두 고르면? (정답 2개)

① $2x+7-3x$ ② $x \le -1$

③ $x+3 \ge 4x$ ④ $x^2+4x \ge x^2-1$

⑤ $2x+10=-x$

02 다음 중 문장을 부등식으로 나타낸 것으로 옳은 것은?

① x에 10을 더한 수는 x의 5배보다 크다.
  ⇨ $x+10 < 5x$

② 상우의 8년 후의 나이는 현재 나이 x세의 2배보다
  적다. ⇨ $x+8 > 2x$

③ 매주 x원씩 5주 동안 저축하면 10000원 이상이 된다.
  ⇨ $5x > 10000$

④ 200개의 수학 문제를 매일 20개씩 x일 동안 풀면 남
  은 문제 수는 30개 미만이다. ⇨ $200-20x < 30$

⑤ 시속 4 km로 x시간 동안 걸어간 거리는 16 km 이
  하이다. ⇨ $\dfrac{x}{4} \le 16$

03 x의 값이 0 이상 4 이하의 정수일 때, 부등식
$2-x \le 2x-7$의 해의 개수는?

① 1개   ② 2개   ③ 3개

④ 4개   ⑤ 5개

04 $a < b$일 때, 다음 중 옳은 것을 모두 고르면?

(정답 2개)

① $a+3 < b+3$ ② $a-3 > b-3$

③ $4a-3 > 4b-3$ ④ $-a+3 > -b+3$

⑤ $-\dfrac{a}{2}-3 < -\dfrac{b}{2}-3$

05 $-5a-1 < -5b-1$일 때, 다음 중 옳지 <u>않은</u> 것은?

① $a > b$ ② $-a+4 < -b+4$

③ $-8a > -8b$ ④ $\dfrac{-2a+1}{3} < \dfrac{-2b+1}{3}$

⑤ $\dfrac{a}{7} > \dfrac{b}{7}$

06 $-2 \le x < 1$일 때, $3x-2$의 값의 범위는 $a \le 3x-2 < b$
이다. 이때 수 a, b에 대하여 $a+b$의 값을 구하시오.

07 $-3 \le x < 2$일 때, $A=\dfrac{2x+1}{5}$의 값의 범위는?

① $-1 \le A < 1$ ② $-1 < A \le 1$

③ $-5 \le A < 5$ ④ $-5 < A \le 5$

⑤ $-6 \le A < 4$

01 다음 보기 중 일차부등식은 모두 몇 개인지 구하시오.

┤보기├
ㄱ. $-\dfrac{x}{6}>1$ ㄴ. $x+3<2$

ㄷ. $x\geq1-x$ ㄹ. $1-x^2\leq2-x^2$

ㅁ. $x^2+3>5x+x^2$ ㅂ. $4x-1\leq2(2x+1)$

답 _____

02 다음 일차부등식을 풀고, 그 해를 수직선 위에 나타내시오.

(1) $x+4>6$ 답 _____

-2 -1 0 1 2

(2) $-3x\geq-6$ 답 _____

-2 -1 0 1 2

(3) $2x-2>x-3$ 답 _____

-2 -1 0 1 2

(4) $3-2x\leq3x-7$ 답 _____

-2 -1 0 1 2

(5) $x-9\geq-5+3x$ 답 _____

-2 -1 0 1 2

03 다음 일차부등식의 해를 수직선 위에 바르게 나타낸 것을 보기에서 고르시오.

┤보기├
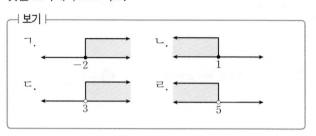

(1) $x-5>-2$ 답 _____

(2) $5x+2\leq7$ 답 _____

(3) $-3x-1\leq5$ 답 _____

(4) $4x-9<x+6$ 답 _____

04 일차부등식 $11-3x\geq x-5$를 만족하는 자연수 x의 개수를 구하시오.

답 _____

05 일차부등식 $a-3x<x+1$의 해를 수직선 위에 나타내면 오른쪽 그림과 같을 때, 수 a의 값을 구하시오.

답 _____

01 다음 일차부등식을 푸시오.

(1) $x-3>3(3-x)$　　답 _____

(2) $4(2x-1)\leq-(x-5)$　　답 _____

(3) $3(x-1)-5(x+1)>8$　　답 _____

02 다음 일차부등식을 푸시오.

(1) $0.3x+0.2>0.1x+1$　　답 _____

(2) $0.7x+0.4\leq1.7x-0.6$　　답 _____

(3) $0.3(x-1)\leq0.1x+0.9$　　답 _____

03 다음 일차부등식을 푸시오.

(1) $\dfrac{x}{5}<\dfrac{6}{5}+\dfrac{x}{2}$　　답 _____

(2) $\dfrac{x+3}{2}>-\dfrac{4x+1}{3}$　　답 _____

(3) $\dfrac{1-2x}{3}\geq2-\dfrac{x}{4}$　　답 _____

04 다음 보기의 일차부등식 중 해가 $x<-3$인 것을 모두 고르시오.

┤ 보기 ├

ㄱ. $\dfrac{x}{3}>-1$

ㄴ. $4(x-1)>x+5$

ㄷ. $0.5-x>0.2x+4.1$

ㄹ. $\dfrac{x-1}{2}<-3-\dfrac{x}{3}$

답 _____

05 다음 일차부등식을 푸시오.

(1) $\dfrac{4}{5}x<0.2x+\dfrac{3}{2}$　　답 _____

(2) $1.5-0.5x\leq\dfrac{1}{4}x-3$　　답 _____

(3) $\dfrac{5}{2}x-3.9\geq3\left(x+\dfrac{1}{2}\right)+0.4x$　답 _____

06 일차부등식 $0.3(3x-1)<\dfrac{x}{5}-1$을 만족하는 가장 큰 정수 x의 값을 구하시오.

답 _____

01 다음 중 일차부등식이 <u>아닌</u> 것은?

① $2-x \leq 3$ ② $x+3 \geq 2x-1$
③ $3x-5 > 2x-5$ ④ $2x-4 < 2+2x$
⑤ $3x^2-3x < 3x^2+2x+4$

02 부등식 $ax^2+x < bx-5$가 x에 대한 일차부등식이 되도록 하는 수 a, b의 조건을 각각 구하시오.

03 다음 중 일차부등식 $-3x+7 > -5$와 해가 서로 같은 것은?

① $4x > 3x+4$ ② $5x+15 < 0$
③ $x+5 > 2x+1$ ④ $3x-1 > 8$
⑤ $-2x-1 < 7$

04 다음 중 일차부등식 $4x+15 \geq x-3$의 해를 수직선 위에 바르게 나타낸 것은?

①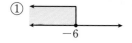
②
③
④
⑤

05 일차부등식 $\dfrac{2x+5}{3} - \dfrac{x-2}{4} > 1$을 만족하는 가장 작은 정수 x의 값을 구하시오.

06 일차부등식 $0.3(2x+1) - \dfrac{1}{2} \geq 0.4x$를 풀면?

① $x \leq -1$ ② $x \geq -1$ ③ $x \leq 1$
④ $x \geq 1$ ⑤ $x \geq 2$

07 일차부등식 $4-3(x-1) > 2(x+a)$의 해가 $x < -1$일 때, 수 a의 값을 구하시오.

08 일차부등식 $6x-a \leq 5x-1$을 만족하는 자연수 x의 개수가 2개일 때, 수 a의 값의 범위는?

① $3 < a < 4$ ② $3 < a \leq 4$ ③ $3 \leq a < 4$
④ $3 \leq a \leq 4$ ⑤ $4 < a < 5$

01 연속하는 세 홀수의 합이 33보다 작다고 할 때, 다음 물음에 답하시오.

(1) 연속하는 세 홀수 중 가운데 수를 x라 할 때, 부등식을 세우시오.

답 _____

(2) 세 홀수 중에서 가장 큰 세 자연수를 구하시오.

답 _____

02 한 개에 400원인 사탕과 한 개에 250원인 사탕을 합하여 7개를 사는데 전체 금액이 2400원 이하가 되게 하려고 한다. 다음 물음에 답하시오.

(1) 한 개에 400원인 사탕을 x개 산다고 할 때, 부등식을 세우시오.

답 _____

(2) 한 개에 400원인 사탕을 최대 몇 개까지 살 수 있는지 구하시오.

답 _____

03 밑변의 길이가 5 cm인 삼각형의 넓이가 15 cm² 이상일 때, 다음 물음에 답하시오.

(1) 높이를 x cm라 할 때, 부등식을 세우시오.

답 _____

(2) 높이는 몇 cm 이상이어야 하는지 구하시오.

답 _____

04 집 근처의 편의점에서 한 개에 500원인 캐러멜이 할인매장에서는 한 개에 400원이다. 할인매장을 다녀오는 데 드는 왕복 교통비가 1400원일 때, 캐러멜을 몇 개 이상 사는 경우 할인매장에 가는 것이 유리한지 구하려고 한다. 다음 물음에 답하시오.

(1) 캐러멜을 x개 산다고 할 때, 부등식을 세우시오.

답 _____

(2) 캐러멜을 몇 개 이상 사는 경우 할인매장에 가는 것이 유리한지 구하시오.

답 _____

05 어느 과학관의 입장료는 한 사람당 1200원이고, 50명 이상의 단체는 20 %를 할인해 준다고 한다. 50명 미만의 단체가 이 과학관에 입장하려고 할 때, 몇 명 이상이면 50명의 단체 입장권을 사는 것이 유리한지 구하시오.

답 _____

06 현재 규리의 저금통에는 3000원, 성민이의 저금통에는 2400원이 저금되어 있다. 다음 주부터 매주 규리는 500원씩, 성민이는 700원씩 저금할 때, 다음 물음에 답하시오.

(1) x주 후에 성민이의 저금액이 규리의 저금액보다 많아진다고 할 때, 부등식을 세우시오.

답 _____

(2) 성민이의 저금액이 규리의 저금액보다 많아지는 것은 몇 주 후부터인지 구하시오.

답 _____

01 민수는 집에서 23 km 떨어진 할머니 댁까지 가는데 처음에는 자전거를 타고 시속 14 km로 가다가 도중에 자전거를 보관소에 세워 놓고 시속 4 km로 걸어서 2시간 이내에 할머니 댁에 도착하려고 한다. 다음 물음에 답하시오. (단, 자전거를 보관소에 세우는 데 걸리는 시간은 무시한다.)

(1) 집에서 보관소까지의 거리를 x km라 할 때, 부등식을 세우시오.

답 _____

(2) 집에서 보관소까지의 거리는 최소 몇 km인지 구하시오.

답 _____

02 지원이가 집에서 서점으로 갈 때에는 분속 80 m로 걷고, 돌아올 때에는 분속 60 m로 걷는다고 한다. 중간에 서점에 들른 시간 5분을 포함하여 왕복 40분 이내에 돌아왔을 때, 다음 물음에 답하시오.

(1) 집에서 서점까지의 거리를 x m라 할 때, 부등식을 세우시오.

답 _____

(2) 집에서 서점까지의 거리는 몇 m 이내인지 구하시오.

답 _____

03 12 %의 소금물 100 g과 8 %의 소금물을 섞어서 9 % 이하의 소금물을 만들려고 한다. 다음 물음에 답하시오.

(1) 8 %의 소금물을 x g 넣는다고 할 때, 부등식을 세우시오.

답 _____

(2) 8 %의 소금물을 몇 g 이상 섞어야 하는지 구하시오.

답 _____

04 5 %의 소금물 400 g에 물을 더 넣어 2 % 이하의 소금물을 만들려고 한다. 다음 물음에 답하시오.

(1) 물을 x g 더 넣는다고 할 때, 부등식을 세우시오.

답 _____

(2) 더 넣어야 하는 물의 양은 최소 몇 g인지 구하시오.

답 _____

05 4 %의 소금물 300 g에 소금을 더 넣어 20 % 이상의 소금물을 만들려고 한다. 다음 물음에 답하시오.

(1) 소금을 x g 더 넣는다고 할 때, 부등식을 세우시오.

답 _____

(2) 더 넣어야 하는 소금의 양은 최소 몇 g인지 구하시오.

답 _____

01 연속하는 세 자연수의 합이 48보다 작다고 할 때, 이를 만족하는 가장 큰 세 자연수를 구하시오.

02 윤주는 두 번의 시험에서 각각 86점과 78점을 받았다. 세 번의 시험 성적의 평균이 80점 이상이 되려면 세 번째 시험에서 몇 점 이상을 받아야 하는지 구하시오.

03 한 권에 2000원인 연습장 한 권과 한 자루에 1200원인 볼펜 몇 자루를 선물 상자에 넣어서 선물을 하려고 한다. 선물 상자가 3400원일 때, 전체 비용이 15000원 이하가 되게 하려면 볼펜을 최대 몇 자루까지 넣을 수 있는지 구하시오.

04 공기청정기를 구입할 경우에는 구입 비용 50만 원과 매달 2만 원의 유지비가 들고, 공기청정기를 대여할 경우에는 매달 4만 원의 대여료가 든다고 한다. 이때 공기청정기를 몇 개월 이상 사용하는 경우 구입하는 것이 유리한지 구하시오.

05 현재 윤지의 통장에는 60000원, 진경이의 통장에는 25000원이 예금되어 있다. 다음 달부터 매달 윤지는 2000원씩, 진경이는 1500원씩 예금한다고 할 때, 윤지의 예금액이 진경이의 예금액의 2배보다 적어지는 것은 몇 개월 후부터인지 구하시오.

06 A 지점에서 16 km 떨어진 B 지점까지 가는데 처음에는 시속 3 km로 걷다가 도중에 시속 5 km로 뛰어서 5시간 이내에 B 지점에 도착하였다. 이때 뛰어간 거리는 몇 km 이상인가?

① 2 km   ② $\dfrac{5}{2}$ km   ③ 3 km

④ $\dfrac{7}{2}$ km   ⑤ 4 km

07 승우는 터미널에서 버스가 출발하기 전까지 40분의 여유가 있어서 이 시간 동안 편의점에서 물을 사오려고 한다. 물을 사는 데 10분이 걸리고 시속 4 km로 걷는다고 할 때, 터미널에서 몇 km 이내에 있는 편의점을 이용할 수 있는가?

① $\dfrac{2}{3}$ km   ② 1 km   ③ $\dfrac{4}{3}$ km

④ $\dfrac{5}{3}$ km   ⑤ 2 km

08 4 %의 설탕물과 8 %의 설탕물 300 g을 섞어서 7 % 이상의 설탕물을 만들려고 할 때, 4 %의 설탕물은 최대 몇 g까지 섞을 수 있는지 구하시오.

05 연립일차방정식

❶ 미지수가 2개인 연립일차방정식

01 미지수가 2개인 일차방정식

(1) 미지수가 2개인 일차방정식: 미지수가 2개이고, 그 차수가 모두 ❶ 인 방정식

$$ax+by+c=0 \; (a,b,c는 수, a \neq 0, b \neq 0)$$

> 예) $2x+y=7$ ← 미지수 2개, 차수 1

(2) 미지수가 2개인 일차방정식의 해 또는 근: 미지수가 2개인 일차방정식이 ❷ 이 되게 하는 x, y의 값 또는 순서쌍 (x, y)

(3) 일차방정식을 푼다: 일차방정식의 해를 모두 구하는 것

02 미지수가 2개인 연립일차방정식

(1) ❸ 방정식: 두 개 이상의 방정식을 한 쌍으로 묶어 나타낸 것

(2) 미지수가 2개인 연립일차방정식: 각각의 방정식이 미지수가 2개인 일차방정식인 연립방정식

(3) 연립방정식의 해: 연립방정식에서 각각의 방정식의 공통인 해

(4) 연립방정식을 푼다: 연립방정식의 해를 구하는 것

❷ 연립일차방정식의 풀이

01 연립방정식의 풀이

(1) 대입법: 한 미지수를 없애기 위하여 한 방정식을 한 미지수에 대하여 정리한 식을 다른 방정식의 그 미지수에 ❹ 하여 연립방정식을 푸는 방법

$$\begin{cases} y=x+2 & \cdots \; \text{㉠} \\ x+2y=10 & \cdots \; \text{㉡} \end{cases}$$

➡ ㉠을 ㉡에 대입 ➡ $x+2(x+2)=10$
> └ 괄호에 넣어 대입한다.

---

(2) 가감법: 한 미지수를 없애기 위하여 두 방정식을 변끼리 더하거나 빼서 연립방정식을 푸는 방법

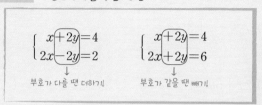

> $\begin{cases} x+2y=4 \\ 2x-2y=2 \end{cases}$ $\begin{cases} x+2y=4 \\ 2x+2y=6 \end{cases}$
> 부호가 다를 땐 더하기!   부호가 같을 땐 빼기!

02 여러 가지 연립방정식의 풀이

(1) 복잡한 연립방정식의 풀이
  ① 괄호가 있는 연립방정식: 분배법칙을 이용하여 괄호를 풀고, 동류항끼리 정리한 후 푼다.
  ② 계수가 소수인 연립방정식: 양변에 10의 거듭제곱을 곱하여 계수를 정수로 고쳐서 푼다.
    > └ 10, 100, 1000, ⋯
  ③ 계수가 분수인 연립방정식: 양변에 분모의 ❺ 를 곱하여 계수를 정수로 고쳐서 푼다.
    > └ 분모가 모두 약분되도록!!

(2) $A=B=C$ 꼴의 방정식의 풀이
$$\begin{cases} A=B \\ A=C \end{cases} \text{또는} \begin{cases} A=B \\ B=C \end{cases} \text{또는} \begin{cases} A=C \\ B=C \end{cases} \text{중 가장 간단한 것}$$
을 선택하여 푼다.

(3) 해가 특수한 연립방정식
  ① 해가 무수히 많은 연립방정식: 두 일차방정식을 변형하였을 때, x, y의 계수와 상수항이 각각 같다.
  ② 해가 없는 연립방정식: 두 일차방정식을 변형하였을 때, x, y의 계수는 각각 같고 ❻ 은 다르다.

> 참고 연립방정식 $\begin{cases} ax+by=c \\ a'x+b'y=c' \end{cases}$ 에서
> ① $\dfrac{a}{a'}=\dfrac{b}{b'}=\dfrac{c}{c'}$ ➡ 해가 무수히 많다. ② $\dfrac{a}{a'}=\dfrac{b}{b'}\neq\dfrac{c}{c'}$ ➡ 해가 없다.

❸ 연립일차방정식의 활용

01 연립방정식의 활용

연립방정식의 활용 문제의 풀이 순서는 다음과 같다.

미지수 정하기 ➡ 연립방정식 세우기 ➡ 연립방정식 풀기 ➡ 확인하기

01 다음 중 미지수가 2개인 일차방정식인 것은 ○표, 아닌 것은 ×표를 하시오.

(1) $y = -x + 3$ ( )

(2) $2x + 5y = 7$ ( )

(3) $\dfrac{1}{2}x - y^2 = 8$ ( )

(4) $x(x-3) = x^2 + y$ ( )

(5) $-(x + 2y) + 1 = 3y - x$ ( )

02 다음 문장을 미지수가 2개인 일차방정식으로 나타내시오.

(1) x의 5배는 y의 3배보다 5만큼 더 크다.

답 _____

(2) 현재 x세인 소연이의 나이는 y세인 민국이의 나이보다 3세가 더 적다.

답 _____

(3) 100원짜리 동전 x개와 500원짜리 동전 y개를 합한 금액은 5000원이다.

답 _____

03 다음 일차방정식 중 x, y의 순서쌍 $(1, 2)$를 해로 갖는 것은 ○표, 갖지 않는 것은 ×표를 하시오.

(1) $x + y = 3$ ( )

(2) $y = 2x$ ( )

(3) $3x + 4y = 5$ ( )

(4) $2x + 1 = 3y - 4$ ( )

04 다음 일차방정식에 대하여 표를 완성하고, x, y가 자연수일 때, 그 해를 x, y의 순서쌍 (x, y)로 나타내시오.

(1) $2x + y = 8$

x	1	2	3	4
y				

답 _____

(2) $x + 2y = 6$

x				
y	1	2	3	4

답 _____

05 일차방정식 $ax + y = 15$의 한 해가 $x = 4$, $y = 3$일 때, 수 a의 값을 구하시오.

답 _____

01 다음 문장을 x, y에 대한 연립방정식으로 나타내시오.

(1) 두 자연수 x, y의 합은 60이고, x는 y의 4배이다.

답 _____

(2) 미영이의 수학 점수 x점과 영어 점수 y점의 평균은 82점이고, 수학 점수가 영어 점수보다 6점이 더 높다.

답 _____

(3) 한 자루에 500원인 색연필 x자루와 한 자루에 1000원인 볼펜 y자루를 합하여 10자루를 사고 6500원을 지불하였다.

답 _____

02 다음 중 주어진 순서쌍이 연립방정식의 해인 것은 ○표, 아닌 것은 ×표를 하시오.

(1) $\begin{cases} 2x+y=4 \\ x+3y=7 \end{cases} \Rightarrow (1, 2)$　　　　(　)

(2) $\begin{cases} x+y=1 \\ 3x+y=5 \end{cases} \Rightarrow (2, -1)$　　　(　)

(3) $\begin{cases} 2x-y=2 \\ x-y=-2 \end{cases} \Rightarrow (4, 6)$　　　(　)

(4) $\begin{cases} x+y=6 \\ x-2y=1 \end{cases} \Rightarrow (5, 2)$　　　(　)

03 x, y가 자연수일 때, 다음 연립방정식을 푸시오.

(1) $\begin{cases} 2x+y=7 \\ x-y=2 \end{cases}$

답 _____

(2) $\begin{cases} x+y=7 \\ x+3y=11 \end{cases}$

답 _____

04 연립방정식 $\begin{cases} 4x-y=a \\ x-y=b \end{cases}$ 의 해가 $(3, 7)$일 때, 수 a, b의 값을 각각 구하시오.

답 _____

05 연립방정식 $\begin{cases} y=x+7 \\ 3x-6=2y+k \end{cases}$ 를 만족하는 y의 값이 5일 때, 다음을 구하시오. (단, k는 수)

(1) x의 값

답 _____

(2) k의 값

답 _____

01 다음 **보기** 중 미지수가 2개인 일차방정식을 모두 고른 것은?

┤ 보기 ├

ㄱ. $x-y=1$ ㄴ. $x-2y-3=1$

ㄷ. $2x+5y+18$ ㄹ. $3x^2-y-9=0$

ㅁ. $2x-y=2(x-1)$

① ㄱ, ㄴ   ② ㄱ, ㄴ, ㄷ   ③ ㄱ, ㄴ, ㅁ

④ ㄴ, ㄷ, ㅁ   ⑤ ㄷ, ㄹ, ㅁ

02 다음 중 일차방정식 $3x-y=7$의 해는?

① $(1, 4)$ ② $(2, 1)$ ③ $(3, 2)$

④ $(4, -5)$ ⑤ $(5, -8)$

03 x, y가 자연수일 때, 일차방정식 $x+2y=10$의 해의 개수는?

① 2개   ② 3개   ③ 4개

④ 5개   ⑤ 6개

04 일차방정식 $3x-ay=3$의 한 해가 $(2, 3)$일 때, 수 a의 값을 구하시오.

05 다음 문장을 x, y에 대한 연립방정식으로 나타내시오.

현재 x세인 내 나이와 y세인 동생의 나이의 합은 23세이고, 내 나이는 동생의 나이의 2배보다 4세가 적다.

06 다음 연립방정식 중 $x=2$, $y=-3$을 해로 갖는 것은?

① $\begin{cases} x-2y=8 \\ x-3y=3 \end{cases}$ ② $\begin{cases} x+4y=7 \\ 2x+5y=-11 \end{cases}$

③ $\begin{cases} 2x-3y=13 \\ 8x-9y=3 \end{cases}$ ④ $\begin{cases} 2x+y=1 \\ 5x+2y=4 \end{cases}$

⑤ $\begin{cases} 3x-y=9 \\ 3x+y=-1 \end{cases}$

07 $x=3$, $y=k$가 연립방정식 $\begin{cases} ax+y=9 \\ x+3y=12 \end{cases}$의 해일 때, $a+k$의 값을 구하시오. (단, a는 수)

01 연립방정식 $\begin{cases} 3x+y=6 & \cdots \text{㉠} \\ x=-3y+10 & \cdots \text{㉡} \end{cases}$ 을 풀기 위해
㉡을 ㉠에 대입하여 x를 없앴더니 $ay=-24$가 되었다. 이때 수 a의 값을 구하시오.

답 _____

02 대입법을 이용하여 다음 연립방정식을 푸시오.

(1) $\begin{cases} y=-x+2 \\ 2x=y+7 \end{cases}$ 답 _____

(2) $\begin{cases} 5y=4x-1 \\ 5y=2x+7 \end{cases}$ 답 _____

(3) $\begin{cases} x=2y-3 \\ 5x-7y=24 \end{cases}$ 답 _____

(4) $\begin{cases} 5x-y=7 \\ -x+5y=13 \end{cases}$ 답 _____

(5) $\begin{cases} x+2y=2 \\ 3x-2y=14 \end{cases}$ 답 _____

03 연립방정식 $\begin{cases} y=5x-1 \\ y=-x+11 \end{cases}$ 의 해가 $x=a,\ y=b$일 때, $b-a$의 값을 구하시오.

답 _____

04 연립방정식 $\begin{cases} y=-3x+1 \\ 2x-y=4 \end{cases}$ 의 해가 일차방정식 $ax-y=5$를 만족할 때, 수 a의 값을 구하시오.

답 _____

05 연립방정식 $\begin{cases} 5x+ay=16 \\ 3x-4y=10 \end{cases}$ 을 만족하는 $x,\ y$에 대하여 $x=3y$일 때, 다음을 구하시오. (단, a는 수)

(1) $x,\ y$의 값   답 _____

(2) a의 값   답 _____

01 가감법을 이용하여 연립방정식 $\begin{cases} x+2y=4 & \cdots \text{㉠} \\ 3x+5y=7 & \cdots \text{㉡} \end{cases}$

을 풀려고 한다. 아래 **보기**에서 다음을 고르시오.

┌ 보기 ┐

ㄱ. ㉠−㉡×2   ㄴ. ㉠×3−㉡×2

ㄷ. ㉠×3−㉡   ㄹ. ㉠×2+㉡×5

ㅁ. ㉠×5−㉡×2   ㅂ. ㉠×5−㉡×3

(1) x를 없앨 때, 가장 편리한 식

답 _____

(2) y를 없앨 때, 가장 편리한 식

답 _____

02 가감법을 이용하여 다음 연립방정식을 푸시오.

(1) $\begin{cases} 2x-y=5 \\ x+y=1 \end{cases}$ 답 _____

(2) $\begin{cases} x+3y=5 \\ x-y=1 \end{cases}$ 답 _____

(3) $\begin{cases} 3x-y=1 \\ 2x-3y=-4 \end{cases}$ 답 _____

(4) $\begin{cases} 5x+3y=5 \\ 3x+2y=2 \end{cases}$ 답 _____

03 연립방정식 $\begin{cases} 4x-5y=9 \\ 5x+2y=3 \end{cases}$ 을 만족하는 x, y에 대하여

$x+y$의 값을 구하시오.

답 _____

04 연립방정식 $\begin{cases} 3x+y=-2 \\ x+2y=11 \end{cases}$ 의 해가 일차방정식

$2x+y=a$를 만족할 때, 수 a의 값을 구하시오.

답 _____

05 연립방정식 $\begin{cases} bx+ay=10 \\ 2ax-by=4 \end{cases}$ 의 해가 $x=2$, $y=4$일

때, 수 a, b의 값을 각각 구하시오.

답 _____

06 연립방정식 $\begin{cases} ax-by=-6 \\ bx+ay=22 \end{cases}$ 의 해가 $(3, -1)$일 때,

수 a, b의 값을 각각 구하시오.

답 _____

01 다음 연립방정식을 푸시오.

(1) $\begin{cases} 3(x-y)+4y=11 \\ 2x-3(x-2y)=9 \end{cases}$ 답 _____

(2) $\begin{cases} 3x+4(x-y)=27 \\ 2x-(x+y)=3 \end{cases}$ 답 _____

(3) $\begin{cases} 0.1x+0.3y=2 \\ 0.5x-1.2y=-0.8 \end{cases}$ 답 _____

(4) $\begin{cases} \dfrac{1}{3}x+\dfrac{5}{6}y=\dfrac{9}{2} \\ \dfrac{1}{2}x-\dfrac{1}{4}y=-\dfrac{3}{4} \end{cases}$ 답 _____

(5) $\begin{cases} 0.3x-0.5y=1.9 \\ \dfrac{x}{2}-\dfrac{y}{3}=-\dfrac{5}{6} \end{cases}$ 답 _____

02 다음 방정식을 푸시오.

(1) $4x-3y+3=3x-y+1=x+6$

답 _____

(2) $\dfrac{x+y}{2}=\dfrac{x-y}{3}=2$

답 _____

03 다음 연립방정식을 푸시오.

(1) $\begin{cases} 2x-3y=1 \\ 6x-9y=3 \end{cases}$ 답 _____

(2) $\begin{cases} x-2y=3 \\ 3x-6y=12 \end{cases}$ 답 _____

(3) $\begin{cases} x-y=1+y \\ 4x-8y=4 \end{cases}$ 답 _____

(4) $\begin{cases} x-4y=5 \\ -2x+8y-10=0 \end{cases}$ 답 _____

04 연립방정식 $\begin{cases} 2x-y=3 \\ 4x-ay=b \end{cases}$ 의 해가 무수히 많을 때, 수 a, b의 값을 각각 구하시오.

답 _____

05 연립방정식 $\begin{cases} x-3y=4 \\ ax-9y=15 \end{cases}$ 의 해가 없을 때, 수 a의 값을 구하시오.

답 _____

01 연립방정식 $\begin{cases} x+y=4 \\ 3x+y=8 \end{cases}$ 의 해는?

① $(-2, -1)$　② $(-2, 1)$　③ $(-2, 2)$

④ $(2, -2)$　⑤ $(2, 2)$

02 연립방정식 $\begin{cases} x-y=3 \\ 2x+y=a \end{cases}$ 를 만족하는 x의 값이 y의 값의 2배일 때, 수 a의 값은?

① 3　　② 6　　③ 9

④ 12　　⑤ 15

03 진영이와 연지가 연립방정식 $\begin{cases} ax-5y=7 \\ 5x-by=11 \end{cases}$ 을 푸는 데 진영이는 a를 잘못 보고 풀어서 $x=2$, $y=-\dfrac{1}{4}$을 해로 얻었고, 연지는 b를 잘못 보고 풀어서 $x=\dfrac{1}{2}$, $y=-1$을 해로 얻었다. 처음의 연립방정식을 푸시오. (단, a, b는 수)

04 연립방정식 $\begin{cases} 5x:4y=1:2 \\ 3x-2(x+y)=8 \end{cases}$ 의 해가 (a, b)일 때, ab의 값을 구하시오.

05 연립방정식 $\begin{cases} 0.1x+0.2y=1.3 \\ \dfrac{x+y}{5}-\dfrac{y}{3}=1 \end{cases}$ 을 만족하는 x, y에 대하여 $x+y$의 값을 구하시오.

06 방정식 $2x+y+2=3x-4y-5=4x+4y+1$을 풀면?

① $x=-2, y=-2$　② $x=-2, y=-1$

③ $x=-2, y=1$　④ $x=2, y=-2$

⑤ $x=2, y=-1$

07 다음 연립방정식 중 해가 무수히 많은 것은?

① $\begin{cases} x+2y=1 \\ 2x+4y=4 \end{cases}$　② $\begin{cases} x-3y=2 \\ 5x-15y=10 \end{cases}$

③ $\begin{cases} 2x+y=3 \\ 4x-2y=3 \end{cases}$　④ $\begin{cases} 2x-y=-3 \\ 4x-4y=-4 \end{cases}$

⑤ $\begin{cases} 0.2x-0.3y=-2 \\ \dfrac{x}{3}-\dfrac{y}{2}=-2 \end{cases}$

08 연립방정식 $\begin{cases} -6x+2y=1 \\ 3x+ay=-5 \end{cases}$ 의 해가 없을 때, 수 a의 값을 구하시오.

01 진우는 수학 시험에서 4점짜리 문제와 5점짜리 문제를 합하여 20개를 맞혀서 87점을 받았다고 한다. 다음 물음에 답하시오.

(1) 진우가 맞힌 문제 중 4점짜리 문제의 수를 x개, 5점짜리 문제의 수를 y개라 할 때, x, y에 대한 연립방정식을 세우시오.

답 _____

(2) 진우가 맞힌 4점짜리 문제의 수를 구하시오.

답 _____

02 두 자리 자연수가 있다. 이 수의 각 자리의 숫자의 합은 10이고, 십의 자리의 숫자와 일의 자리의 숫자를 바꾼 수는 처음 수보다 18만큼 작을 때, 다음 물음에 답하시오.

(1) 처음 수의 십의 자리의 숫자를 x, 일의 자리의 숫자를 y라 할 때, x, y에 대한 연립방정식을 세우시오.

답 _____

(2) 처음 수를 구하시오.

답 _____

03 가로의 길이가 세로의 길이의 2배보다 5 cm만큼 짧고, 둘레의 길이가 32 cm인 직사각형이 있다. 다음 물음에 답하시오.

(1) 직사각형의 가로의 길이를 x cm, 세로의 길이를 y cm라 할 때, x, y에 대한 연립방정식을 세우시오.

답 _____

(2) 이 직사각형의 세로의 길이를 구하시오.

답 _____

04 은태가 2일 동안 일한 후 나머지를 정은이가 4일 동안 일하여 끝낼 수 있는 일을 은태가 3일 동안 일한 후 나머지를 정은이가 2일 동안 일하여 끝냈다. 다음 물음에 답하시오.

(1) 은태와 정은이가 하루 동안 할 수 있는 일의 양을 각각 x, y라 할 때, x, y에 대한 연립방정식을 세우시오.

답 _____

(2) 이 일을 은태가 혼자서 하면 끝내는 데 며칠이 걸리는지 구하시오.

답 _____

05 석원이는 집에서 10 km 떨어진 병원에 가는데 처음에는 시속 4 km로 걷다가 도중에 시속 6 km로 달렸더니 총 2시간이 걸렸다. 다음 물음에 답하시오.

(1) 시속 4 km로 걸어간 거리를 x km, 시속 6 km로 달려간 거리를 y km라 할 때, x, y에 대한 연립방정식을 세우시오.

답 _____

(2) 석원이가 시속 4 km로 걸어간 거리를 구하시오.

답 _____

06 6 %의 소금물과 12 %의 소금물을 섞어서 8 %의 소금물 300 g을 만들려고 한다. 다음 물음에 답하시오.

(1) 6 %의 소금물의 양을 x g, 12 %의 소금물의 양을 y g이라 할 때, x, y에 대한 연립방정식을 세우시오.

답 _____

(2) 12 %의 소금물을 몇 g 섞어야 하는지 구하시오.

답 _____

01 한 개에 1200원인 과자와 한 개에 1500원인 빵을 합하여 13개를 사고 18000원을 지불하였다. 이때 과자의 개수와 빵의 개수의 차는?

① 2개   ② 3개   ③ 4개

④ 5개   ⑤ 6개

02 두 자리 자연수가 있다. 십의 자리의 숫자의 3배는 일의 자리의 숫자보다 2만큼 크고, 십의 자리의 숫자와 일의 자리의 숫자를 바꾼 수는 처음 수의 2배보다 1만큼 작다고 한다. 처음 수의 십의 자리의 숫자를 구하시오.

03 어머니의 나이와 딸의 나이의 차는 24세이고, 5년 후에는 어머니의 나이가 딸의 나이의 3배라 한다. 현재 딸의 나이는?

① 7세   ② 9세   ③ 11세

④ 13세   ⑤ 15세

04 둘레의 길이가 20 cm인 직사각형을 가로의 길이는 3배로 늘이고, 세로의 길이는 8 cm만큼 늘였더니 둘레의 길이가 처음 직사각형의 둘레의 길이의 3배가 되었다. 처음 직사각형의 가로의 길이를 구하시오.

05 지민이가 4일 동안 하고 나머지를 동현이가 9일 동안 하여 완성할 수 있는 일을 지민이와 동현이가 함께 6일 동안 하여 완성하였다. 이 일을 지민이가 혼자서 하면 완성하는 데 며칠이 걸리는지 구하시오.

06 단비네 학교의 작년 전체 학생 수는 1000명이었다. 올해는 작년에 비하여 남학생 수는 2 % 증가하고, 여학생 수는 5 % 감소하여 전체 학생 수가 978명이 되었다. 올해의 남학생 수를 구하시오.

07 형이 집에서 출발한 지 24분 후에 동생이 집에서 출발하여 같은 길을 따라갔다. 형은 분속 50 m로 걷고, 동생은 분속 200 m로 자전거를 타고 갔다고 할 때, 동생이 출발한 지 몇 분 후에 형과 만나는지 구하시오.

08 10 %의 설탕물에 설탕을 더 넣어서 20 %의 설탕물 45 g을 만들려고 한다. 이때 설탕을 몇 g 더 넣어야 하는지 구하시오.

06 일차함수와 그 그래프

❶ 함수

01 함수의 뜻

두 변수 x, y에 대하여 x의 값이 정해짐에 따라 y의 값이 오직 하나씩 정해지는 관계가 있을 때, y를 x의 함수라 하고, 기호로 $y=$ ❶ 와 같이 나타낸다.

02 함숫값

함수 $y=f(x)$에서 x의 값에 따라 하나씩 정해지는 y의 값 $f(x)$를 x에 대한 함숫값이라 한다.

❷ 일차함수와 그 그래프

01 일차함수의 뜻

함수 $y=f(x)$에서

$$y=ax+b \ (a, b는 \ 수, a\neq 0)$$

와 같이 y가 x에 대한 ❷ 식으로 나타내어질 때, 이 함수 $y=f(x)$를 x에 대한 일차함수라 한다.

02 일차함수 $y=ax+b$의 그래프

(1) ❸ : 한 도형을 일정한 방향으로 일정한 거리만큼 이동하는 것 → 도형의 모양은 변하지 않는다.

(2) 일차함수 $y=ax+b$의 그래프

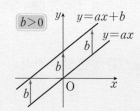 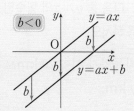

❸ 일차함수의 그래프의 성질

01 일차함수의 그래프의 절편과 기울기

(1) x절편: 함수의 그래프가 x축과 만나는 점의 x좌표

➡ $y=0$일 때, x의 값

(2) y절편: 함수의 그래프가 y축과 만나는 점의 y좌표

➡ $x=0$일 때, y의 값

(3) $($기울기$)=\dfrac{(\text{❹} \ 의 \ 값의 \ 증가량)}{(\text{❺} \ 의 \ 값의 \ 증가량)}$ → 항상 일정

02 일차함수의 그래프의 성질(1)

일차함수 $y=ax+b$의 그래프에서

(1) a의 부호 ← 그래프의 모양 결정

$\begin{cases} a>0일 \ 때: 오른쪽 \ 위로 \ 향하는 \ 직선 \\ a<0일 \ 때: 오른쪽 \ \text{❻} \ 로 \ 향하는 \ 직선 \end{cases}$

(2) b의 부호 ← y축과 만나는 부분 결정

$\begin{cases} b>0일 \ 때: 그래프가 \ y축과 \ 양의 \ 부분에서 \ 만난다. \\ b<0일 \ 때: 그래프가 \ y축과 \ 음의 \ 부분에서 \ 만난다. \end{cases}$

03 일차함수의 그래프의 성질(2)

(1) 기울기가 같은 두 일차함수의 그래프는 서로 ❼ 하거나 일치한다.

(2) 서로 평행한 두 일차함수의 그래프의 기울기는 같다.

❹ 일차함수의 그래프와 활용

01 일차함수의 그래프 그리기

(1) 그래프 위에 있는 두 점을 이용하여 그릴 수 있다.

(2) x절편과 y절편을 이용하여 그릴 수 있다.

(3) 기울기와 y절편을 이용하여 그릴 수 있다.

02 일차함수의 식 구하기

(1) 기울기가 a, y절편이 b일 때 ➡ $y=ax+b$

(2) 기울기가 a이고 점 (x_1, y_1)을 지날 때

➡ $y=ax+b$에 $x=x_1$, $y=y_1$을 대입하여 b의 값을 구한다.

(3) 서로 다른 두 점의 좌표가 주어질 때

➡ 두 점의 좌표를 이용하여 기울기 a를 구하고 $y=ax+b$에 두 점 중 한 점의 좌표를 대입하여 b의 값을 구한다.

(4) x절편이 p, y절편이 q일 때

➡ 두 점 $(p, 0)$, $(0, \text{❽})$을 지남을 이용하여 기울기를 구한다.

03 일차함수의 활용

변수 정하기 ➡ 함수 구하기 ➡ 답 구하기 ➡ 확인하기

01 한 개에 300원인 쿠키 x개의 가격을 y원이라 할 때, 다음 물음에 답하시오.

(1) 표를 완성하시오.

x(개)	1	2	3	4	...
y(원)					...

(2) y가 x의 함수인지 말하시오.

답 _____

02 y는 자연수 x보다 작거나 같은 소수일 때, 다음 물음에 답하시오.

(1) 표를 완성하시오.

x	1	2	3	4	...
y					...

(2) y가 x의 함수인지 말하시오.

답 _____

03 시속 x km의 속력으로 y시간 동안 움직인 거리가 10 km일 때, 다음 물음에 답하시오.

(1) 표를 완성하시오.

x(km/h)	1	2	3	4	...
y(시간)					...

(2) x와 y 사이의 관계식을 구하시오.

답 _____

(3) y가 x의 함수인지 말하시오.

답 _____

04 아래 그림에서 탁자 x개를 일렬로 붙일 때의 의자의 개수를 y개라 하자. 다음 물음에 답하시오.

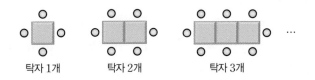

탁자 1개   탁자 2개   탁자 3개

(1) 표를 완성하시오.

x(개)	1	2	3	4	...
y(개)					...

(2) x와 y 사이의 관계식을 구하시오.

답 _____

(3) y가 x의 함수인지 말하시오.

답 _____

05 다음 중 y가 x의 함수인 것은 ○표, 함수가 아닌 것은 ×표를 하시오.

(1) 자동차가 시속 20 km로 x시간 동안 달린 거리 y km   (   )

(2) 넓이가 12 cm²인 직사각형의 가로의 길이가 x cm일 때, 세로의 길이 y cm   (   )

(3) 자연수 x보다 작은 홀수 y (   )

(4) 물의 높이가 1분에 5 cm씩 올라갈 때, x분 후의 물의 높이 y cm   (   )

01 함수 $f(x)=2x$에 대하여 다음 ☐ 안에 알맞은 수를 써넣으시오.

(1) $x=3$일 때,

함숫값 $f(3)=2\times\boxed{}=\boxed{}$

(2) $x=-5$일 때,

함숫값 $f(-5)=2\times(\boxed{})=\boxed{}$

02 다음 함수 $y=f(x)$에 대하여 $x=2$일 때의 함숫값을 구하시오.

(1) $f(x)=-4x$ 답 _____

(2) $f(x)=\dfrac{6}{x}$ 답 _____

(3) $f(x)=x+3$ 답 _____

(4) $f(x)=1-2x$ 답 _____

03 함수 $f(x)=4x$에 대하여 다음을 구하시오.

(1) $f\left(\dfrac{1}{2}\right)+f(5)$ 답 _____

(2) $f(-2)-f(4)$ 답 _____

(3) $f(1)+f\left(\dfrac{1}{4}\right)-f(3)$ 답 _____

04 다음 조건을 만족하는 a의 값을 구하시오.

(1) 함수 $f(x)=3x$에 대하여 $f(a)=2$이다.

답 _____

(2) 함수 $f(x)=\dfrac{15}{x}$에 대하여 $f(a)=-3$이다.

답 _____

(3) 함수 $f(x)=-\dfrac{2}{3}x$에 대하여 $f(a)=4$이다.

답 _____

(4) 함수 $f(x)=-\dfrac{9}{x}$에 대하여 $f(a)=3$이다.

답 _____

05 함수 $f(x)=ax$에 대하여 다음 조건을 만족하는 수 a의 값을 구하시오.

(1) $f(4)=-2$ 답 _____

(2) $f(-3)=9$ 답 _____

(3) $f\left(\dfrac{3}{2}\right)=1$ 답 _____

01 다음 중 y가 x의 함수인 것을 모두 고르면? (정답 2개)

① $y=($자연수 x의 약수$)$

② $y=($자연수 x와 서로소인 수$)$

③ $y=($자연수 x와 15의 공배수$)$

④ $y=($자연수 x를 3으로 나눈 나머지$)$

⑤ $y=($자연수 x보다 작은 자연수의 개수$)$

02 다음 보기 중 y가 x의 함수가 <u>아닌</u> 것을 모두 고르시오.

┤ 보기 ├

ㄱ. 한 권에 700원인 공책 x권의 가격 y원

ㄴ. 나이가 x세인 사람의 몸무게 y kg

ㄷ. 절댓값이 x인 유리수 y

ㄹ. 밑변의 길이가 x cm이고 넓이가 10 cm²인 평행사변형의 높이 y cm

ㅁ. 전체 쪽수가 300쪽인 책에서 x쪽을 읽고 남은 쪽수 y쪽

03 함수 $f(x)=-2x$에 대하여 $f(-1)+f(2)$의 값을 구하시오.

04 두 함수 $f(x)=2x+5$, $g(x)=-x+4$에 대하여 $f(-2)+g(5)$의 값을 구하시오.

05 함수 $f(x)=(x$ 이하의 소수의 개수$)$에 대하여 $f(7)+f(15)$의 값을 구하시오.

06 함수 $f(x)=-\dfrac{8}{x}$에 대하여 $f(-2)=a$, $f(b)=-8$일 때, $a-b$의 값은?

① -5 ② -3 ③ -1

④ 1 ⑤ 3

07 함수 $f(x)=\dfrac{a}{x}$에 대하여 $f(2)=-5$일 때, 수 a의 값은?

① -20 ② -15 ③ -10

④ 10 ⑤ 20

08 두 함수 $f(x)=ax$, $g(x)=\dfrac{a}{x}$에 대하여 $f(-1)=4$일 때, $g(-2)$의 값을 구하시오. (단, a는 수)

01 다음 중 y가 x에 대한 일차함수인 것은 ○표, 일차함수가 아닌 것은 ×표를 하시오.

(1) $y = \dfrac{2}{x}$ ( )

(2) $y = 3x - x^2$ ( )

(3) $y = 5(1 - x)$ ( )

(4) $y = \dfrac{x}{3} + 1$ ( )

(5) $y = x - (4 + x)$ ( )

(6) $y = \dfrac{1-x}{2}$ ( )

02 다음 문장을 y를 x에 대한 식으로 나타내고, y가 x에 대한 일차함수인지 말하시오.

(1) 한 변의 길이가 x cm인 정사각형의 넓이 y cm²

답 _____

(2) 시속 x km로 5시간 동안 걸은 거리 y km

답 _____

(3) x원인 물건을 2개 사고 5000원을 냈을 때, 거스름돈 y원

답 _____

(4) 한 변의 길이가 x cm인 정삼각형의 둘레의 길이 y cm

답 _____

(5) 100 L의 물이 들어 있는 수조에서 1분에 5 L씩 물을 빼낼 때, x분 후에 남아 있는 물의 양 y L

답 _____

(6) 반지름의 길이가 x cm인 구의 부피 y cm³

답 _____

03 일차함수 $f(x) = -3x + 7$에 대하여 다음을 구하시오.

(1) $f(1)$ 답 _____

(2) $f\left(\dfrac{2}{3}\right)$ 답 _____

(3) $f(-2)$ 답 _____

(4) $f(a) = 2$일 때, a의 값 답 _____

04 일차함수 $f(x) = 4x + k$에 대하여 $f(2) = 5$일 때, 다음을 구하시오. (단, k는 수)

(1) k의 값 답 _____

(2) $f(-3)$ 답 _____

01 다음 표를 완성하고, 좌표평면 위에 주어진 일차함수의 그래프를 그리시오.

(1) $y=2x+2$

x	$\cdots$	-2	-1	0	1	2	$\cdots$
$2x$	$\cdots$	-4	-2	0	2	4	$\cdots$
$2x+2$	$\cdots$						$\cdots$

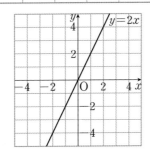

(2) $y=-x+2$

x	$\cdots$	-2	-1	0	1	2	$\cdots$
$-x$	$\cdots$	2	1	0	-1	-2	$\cdots$
$-x+2$	$\cdots$						$\cdots$

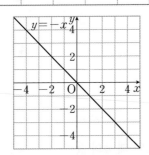

02 다음 일차함수의 그래프는 일차함수 $y=5x$의 그래프를 y축의 방향으로 얼마만큼 평행이동한 것인지 구하시오.

(1) $y=5x+2$ 답 _____

(2) $y=5x-1$ 답 _____

(3) $y=5x-\dfrac{5}{3}$ 답 _____

03 다음 일차함수의 그래프를 y축의 방향으로 [ ] 안의 수만큼 평행이동한 그래프의 식을 구하시오.

(1) $y=6x$ [-1]   답 _____

(2) $y=-4x$ $\left[\ \dfrac{1}{2}\ \right]$ 답 _____

(3) $y=\dfrac{1}{2}x$ [1]   답 _____

(4) $y=-\dfrac{2}{3}x$ [-2]   답 _____

(5) $y=4x+6$ [-5]   답 _____

(6) $y=-x+2$ [3]   답 _____

04 다음은 일차함수 $y=x-3$의 그래프를 y축의 방향으로 6만큼 평행이동한 그래프가 점 $(a, 1)$을 지날 때, a의 값을 구하는 과정이다. ☐ 안에 알맞은 것을 써넣으시오.

> $y=x-3$의 그래프를 y축의 방향으로 6만큼 평행이동한 그래프의 식은
> $y=x-3+$☐, 즉 $y=$☐
> 이 그래프가 점 $(a, 1)$을 지나므로
> ☐$=$☐$+3$ $\therefore\ a=$☐

바른답·알찬풀이 88쪽

01 다음 보기 중 y가 x에 대한 일차함수인 것을 모두 고른 것은?

| 보기 |

ㄱ. $x-2y$ ㄴ. $y=-\dfrac{1}{2}x$

ㄷ. $y=x+5$ ㄹ. $y=x^2+1$

ㅁ. $y=2(x-1)-x$ ㅂ. $3x+4=5$

① ㄱ, ㄴ, ㅂ   ② ㄱ, ㄷ, ㅁ   ③ ㄴ, ㄷ, ㅁ

④ ㄴ, ㄹ, ㅂ   ⑤ ㄷ, ㅁ, ㅂ

02 다음 중 y가 x에 대한 일차함수가 <u>아닌</u> 것을 모두 고르면? (정답 2개)

① 두 수 x, y의 합은 24이다.

② 반지름의 길이가 x cm인 반원의 넓이는 y cm²이다.

③ 시속 x km로 달리는 자동차가 y시간 동안 이동한 거리는 200 km이다.

④ 놀이공원의 입장료가 한 사람당 x원일 때, 10명의 입장료는 y원이다.

⑤ 한 개에 1000원인 물건 x개를 사고 10000원을 냈을 때의 거스름돈은 y원이다.

03 일차함수 $f(x)=ax-3$에 대하여 $f(2)=-2$일 때, $f(10)$의 값을 구하시오. (단, a는 수)

04 다음 중 일차함수 $y=2x-5$의 그래프 위의 점이 <u>아닌</u> 것은?

① $(2, 1)$ ② $(-2, -9)$ ③ $\left(\dfrac{5}{2}, 0\right)$

④ $(1, -3)$ ⑤ $(-1, -7)$

05 일차함수 $y=\dfrac{1}{3}x-2$의 그래프가 두 점 $(-3, m)$, $(n, 2)$를 지날 때, $m+n$의 값은?

① 3   ② 6   ③ 9

④ 12   ⑤ 15

06 다음 일차함수 중 그 그래프가 일차함수 $y=\dfrac{5}{4}x$의 그래프를 평행이동한 그래프와 겹쳐지는 것은?

① $y=\dfrac{4}{5}x$ ② $y=-\dfrac{5}{4}x$

③ $y=\dfrac{5}{4}x-3$ ④ $y=1-\dfrac{5}{4}x$

⑤ $y=\dfrac{4}{5}x+6$

07 일차함수 $y=5x+k$의 그래프를 y축의 방향으로 -4만큼 평행이동한 그래프가 점 $(2, 4)$를 지날 때, 수 k의 값을 구하시오.

바른답·알찬풀이 88쪽

01 다음 일차함수의 그래프의 x절편과 y절편을 각각 구하시오.

(1) $y=-x+3$　　답 ___x절편:　　 , y절편:___

(2) $y=\dfrac{1}{2}x+5$　　답 ___x절편:　　 , y절편:___

(3) $y=\dfrac{2}{5}x-4$　　답 ___x절편:　　 , y절편:___

(4) $y=10x+8$　　답 ___x절편:　　 , y절편:___

(5) $y=-4x+\dfrac{1}{3}$　　답 ___x절편:　　 , y절편:___

(6) $y=-\dfrac{3}{2}x-3$　　답 ___x절편:　　 , y절편:___

02 다음 일차함수의 그래프에서 ☐ 안에 알맞은 수를 써넣고, 기울기를 구하시오.

(1)

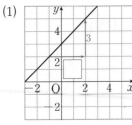

답 ___

(2)

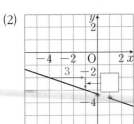

답 ___

03 다음 일차함수의 그래프에서 x의 값이 -2에서 3까지 증가할 때, y의 값의 증가량을 구하시오.

(1) $y=-x+5$　　답 ___

(2) $y=4x+6$　　답 ___

(3) $y=-3x+7$　　답 ___

(4) $y=\dfrac{2}{5}x+1$　　답 ___

04 다음 두 점을 지나는 일차함수의 그래프의 기울기를 구하시오.

(1) $(2,1)$, $(0,-4)$　　답 ___

(2) $(-1,-6)$, $(-3,8)$　　답 ___

(3) $(0,-2)$, $(4,6)$　　답 ___

(4) $(-3,4)$, $(1,3)$　　답 ___

05 오른쪽 그림과 같은 일차함수의 그래프의 x절편을 a, y절편을 b, 기울기를 c라 할 때, abc의 값을 구하시오.

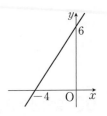

답 ___

01 아래 **보기**의 일차함수 중 다음 직선을 그래프로 하는 것을 모두 고르시오.

보기
ㄱ. $y=-4x+\dfrac{2}{3}$ ㄴ. $y=\dfrac{5}{4}x-3$

ㄷ. $y=-\dfrac{2}{5}x-\dfrac{1}{3}$ ㄹ. $y=6x+6$

ㅁ. $y=\dfrac{2}{3}x$ ㅂ. $y=-x+5$

(1) 오른쪽 위로 향하는 직선

답 _____

(2) 오른쪽 아래로 향하는 직선

답 _____

(3) x의 값이 증가할 때, y의 값도 증가하는 직선

답 _____

(4) x의 값이 증가할 때, y의 값은 감소하는 직선

답 _____

(5) y축과 양의 부분에서 만나는 직선

답 _____

(6) y축과 음의 부분에서 만나는 직선

답 _____

02 다음 중 일차함수 $y=-\dfrac{5}{3}x-15$의 그래프에 대한 설명으로 옳은 것은 ○표, 옳지 않은 것은 ×표를 하시오.

(1) 오른쪽 아래로 향하는 직선이다. (   )

(2) x의 값이 6만큼 증가하면 y의 값도 10만큼 증가한다. (   )

03 $a>0$, $b<0$일 때, 아래 **보기**의 그래프 중 다음 일차함수의 그래프로 알맞은 것을 구하시오.

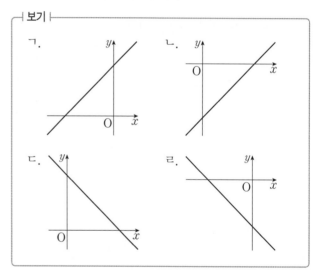

보기
ㄱ.
ㄴ.
ㄷ.
ㄹ.

(1) $y=ax-b$ 답 _____

(2) $y=bx+a$ 답 _____

(3) $y=abx+b$ 답 _____

(4) $y=ax+\dfrac{b}{a}$ 답 _____

01 아래 **보기**의 일차함수 중 그 그래프에 대하여 다음을 구하시오.

┤ 보기 ├
ㄱ. $y = \dfrac{1}{2}x + 1$ ㄴ. $y = \dfrac{5}{4}x$

ㄷ. $y = -\dfrac{2}{5}x - \dfrac{1}{3}$ ㄹ. $2y = x + 2$

ㅁ. $y = \dfrac{5}{4}x - 1$ ㅂ. $2y = -x + 4$

(1) 서로 평행한 두 그래프   답

(2) 일치하는 두 그래프   답 _____

(3) 오른쪽 그래프와 평행한 그래프

답 _____

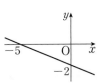

(4) 오른쪽 그래프와 일치하는 그래프

답 _____

02 다음 두 일차함수의 그래프가 서로 평행할 때, 수 a의 값을 구하시오.

(1) $y = -4x + 1, \; y = ax - 3$ 답 _____

(2) $y = 2ax - \dfrac{2}{3}, \; y = 5x - 1$ 답 _____

(3) $y = (a+2)x - 5, \; y = -3ax + 1$ 답 _____

03 다음 두 일차함수의 그래프가 일치할 때, 수 a의 값을 구하시오.

(1) $y = 7x + 5, \; y = 7x + a$

답

(2) $y = -3x - 2, \; y = -3x + \dfrac{a}{4}$

답 _____

(3) $y = \dfrac{1}{4}x + a, \; y = \dfrac{1}{4}x + (1 - 2a)$

답 _____

04 두 일차함수 $y = ax + 1, \; y = 3x + b$의 그래프에 대하여 다음을 구하시오.

(1) 두 그래프가 서로 평행하도록 하는 수 a, b의 조건

답 _____

(2) 두 그래프가 일치하도록 하는 수 a, b의 조건

답 _____

05 두 점 $(1, k), (3, -4)$를 지나는 직선이 일차함수 $y = -3x + 1$의 그래프와 평행할 때, k의 값을 구하시오.

답 _____

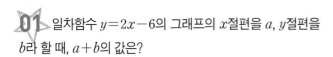
01 일차함수 $y=2x-6$의 그래프의 x절편을 a, y절편을 b라 할 때, $a+b$의 값은?

① -4 ② -3 ③ -2
④ -1 ⑤ 0

02 일차함수 $y=\dfrac{1}{3}x-2$의 그래프에서 x의 값의 증가량이 -3일 때, y의 값의 증가량은?

① 2 ② 1 ③ $-\dfrac{1}{3}$
④ -1 ⑤ -2

03 두 점 $(-2, -1)$, $(4, a)$를 지나는 일차함수의 그래프의 기울기가 $-\dfrac{2}{3}$일 때, a의 값은?

① -2 ② -3 ③ -4
④ -5 ⑤ -6

04 세 점 $(-1, -3)$, $(1, 1)$, $(4, a)$가 한 직선 위에 있을 때, a의 값을 구하시오.

05 일차함수 $y=ax-b$의 그래프가 오른쪽 그림과 같을 때, 일차함수 $y=\dfrac{1}{b}x+a$의 그래프로 알맞은 것은?

(단, a, b는 수)

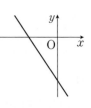

① 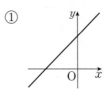   ②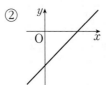

③ 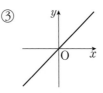   ④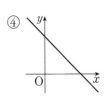

⑤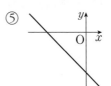

06 다음 일차함수 중 그 그래프가 일차함수 $y=3x-2$의 그래프와 만나지 <u>않는</u> 것은?

① $y=2x-3$ ② $y=\dfrac{1}{3}x+2$
③ $y=1-3x$ ④ $y=3(x-2)$
⑤ $y=\dfrac{1}{3}(x-2)$

07 일차함수 $y=ax-5$의 그래프는 일차함수 $y=\dfrac{1}{2}x+10$의 그래프와 평행하고 점 $(b, -2)$를 지날 때, $a+b$의 값을 구하시오. (단, a는 수)

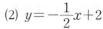
01 다음 일차함수의 그래프 위에 있는 두 점을 이용하여 좌표평면 위에 그래프를 그리시오.

(1) $y=4x-3$

(2) $y=-\dfrac{1}{2}x+2$

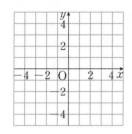
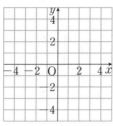

02 x절편과 y절편을 이용하여 좌표평면 위에 다음 일차함수의 그래프를 그리시오.

(1) $y=-3x+6$

(2) $y=\dfrac{3}{2}x-3$

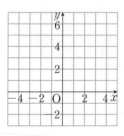
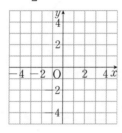

03 기울기와 y절편을 이용하여 좌표평면 위에 다음 일차함수의 그래프를 그리시오.

(1) $y=-\dfrac{1}{3}x+3$

(2) $y=2x-4$

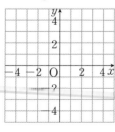
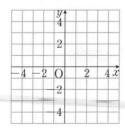

04 다음 중 일차함수 $y=\dfrac{2}{3}x+2$의 그래프는?

① 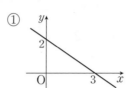   ②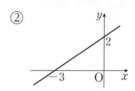

③ 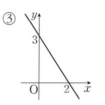   ④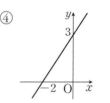

⑤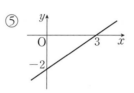

05 일차함수 $y=-\dfrac{3}{4}x+3$의 그래프가 x축, y축과 만나는 점을 각각 A, B라 할 때, △ABO의 넓이를 구하려고 한다. 다음 물음에 답하시오. (단, O는 원점)

(1) 일차함수 $y=-\dfrac{3}{4}x+3$의 그래프를 다음 좌표평면 위에 그리시오.

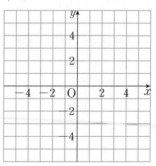

(2) △ABO의 넓이를 구하시오.

답

01 다음 직선을 그래프로 하는 일차함수의 식을 구하시오.

(1) 기울기가 $\dfrac{1}{2}$, y절편이 -2인 직선

답 _____

(2) 기울기가 -1이고, 점 $(0, 3)$을 지나는 직선

답 _____

(3) x의 값이 4만큼 증가할 때 y의 값은 2만큼 감소하고, y절편이 8인 직선

답 _____

02 다음 직선을 그래프로 하는 일차함수의 식을 구하시오.

(1) 기울기가 $-\dfrac{2}{5}$이고, 점 $(5, -1)$을 지나는 직선

답 _____

(2) x의 값이 2만큼 증가할 때 y의 값은 1만큼 증가하고, 점 $(-4, 2)$를 지나는 직선

답 _____

(3) 일차함수 $y = -3x + 1$의 그래프와 평행하고, 점 $(1, 3)$을 지나는 직선

답 _____

03 다음 두 점을 지나는 직선을 그래프로 하는 일차함수의 식을 구하시오.

(1) $(-2, 3)$, $(2, 1)$ 답 _____

(2) $(-2, -5)$, $(3, 5)$ 답 _____

(3) $(-4, -8)$, $(-2, -9)$ 답 _____

04 다음 직선을 그래프로 하는 일차함수의 식을 구하시오.

(1) x절편이 4, y절편이 -5인 직선

답 _____

(2) x절편이 -2, y절편이 -4인 직선

답 _____

(3) x절편이 3, y절편이 2인 직선

답 _____

05 오른쪽 그림과 같은 일차함수의 그래프가 점 $(-2, a)$를 지날 때, a의 값을 구하시오.

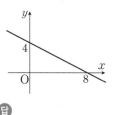

답 _____

바른답·알찬풀이 92쪽

01 50 ℃의 물이 들어 있는 주전자를 실온에 두었더니 2분마다 물의 온도가 6 ℃씩 내려갔다고 한다. 주전자를 실온에 둔 지 x분 후의 물의 온도를 y ℃라 할 때, 다음 물음에 답하시오.

(1) x와 y 사이의 관계식을 구하시오.

답 _____

(2) 물의 온도가 17 ℃가 되는 것은 주전자를 실온에 둔 지 몇 분 후인지 구하시오.

답 _____

02 길이가 24 cm인 초에 불을 붙이면 3분마다 1 cm씩 초가 짧아진다고 한다. 초에 불을 붙인 지 x분 후에 남은 초의 길이를 y cm라 할 때, 다음 물음에 답하시오.

(1) x와 y 사이의 관계식을 구하시오.

답 _____

(2) 남은 초의 길이가 14 cm가 되는 것은 불을 붙인 지 몇 분 후인지 구하시오.

답 _____

03 시속 75 km로 달리는 자동차를 타고 560 km의 거리를 가려고 한다. 출발한 지 x시간 후에 남은 거리를 y km라 할 때, 다음 물음에 답하시오.

(1) x와 y 사이의 관계식을 구하시오.

답 _____

(2) 출발한 지 6시간 후에 남은 거리를 구하시오.

답 _____

04 오른쪽 그림과 같은 △ABC에서 $\overline{BC}=8$ cm이고 △ABC의 넓이는 20 cm²이다. $\overline{BC}$ 위의 점 P에 대하여 $\overline{CP}=x$ cm일 때의 △ABP의 넓이를 y cm²라 할 때, 다음 물음에 답하시오.

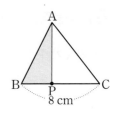

(1) x와 y 사이의 관계식을 구하시오.

답 _____

(2) $\overline{CP}=4$ cm일 때, △ABP의 넓이를 구하시오.

답 _____

(3) △ABP의 넓이가 5 cm²가 되는 것은 $\overline{CP}$의 길이가 몇 cm일 때인지 구하시오.

답 _____

05 800 MiB의 파일을 내려받기 시작한 지 x분 후에 남은 파일의 양을 y MiB라 할 때, 오른쪽 그래프는 x와 y 사이의 관계를 나타낸 것이다. 다음 물음에 답하시오.

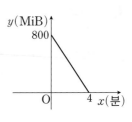

(1) x와 y 사이의 관계식을 구하시오.

답 _____

(2) 파일을 내려받기 시작한 지 3분 후에 남은 파일의 양을 구하시오.

답 _____

01 다음 **보기**의 일차함수 중 그 그래프가 제3사분면을 지나지 <u>않는</u> 것을 모두 고른 것은?

┤ 보기 ├
ㄱ. $y=x+3$ ㄴ. $y=x-3$
ㄷ. $y=-x+3$ ㄹ. $y=-x-3$

① ㄱ   ② ㄷ   ③ ㄱ, ㄴ
④ ㄴ, ㄹ   ⑤ ㄷ, ㄹ

02 오른쪽 그림과 같은 직선을 그래프로 하는 일차함수의 식은?

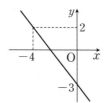

① $y=\dfrac{5}{4}x-3$

② $y=\dfrac{5}{4}x+2$

③ $y=-\dfrac{5}{4}x-3$

④ $y=-\dfrac{5}{4}x+2$

⑤ $y=-\dfrac{5}{4}x+3$

03 두 점 $(-4, 15)$, $(8, 6)$을 지나는 일차함수의 그래프의 x절편을 구하시오.

04 x절편이 -6이고, y절편이 -3인 일차함수의 그래프가 점 $(m, -4)$를 지날 때, m의 값을 구하시오.

05 소리의 속력은 기온이 0 ℃일 때 초속 331 m이고, 기온이 5 ℃ 오를 때마다 초속 3 m씩 증가한다고 한다. 기온이 25 ℃일 때, 소리의 속력을 구하시오.

06 휘발유 1 L로 12 km를 달릴 수 있는 자동차에 30 L의 휘발유를 채우고 출발하였다. 자동차가 240 km를 달린 후에 남아 있는 휘발유의 양은 몇 L인지 구하시오.
(단, 휘발유의 양은 일정한 비율로 소모된다.)

07 다음 그림과 같은 직사각형 ABCD에서 점 P가 점 B를 출발하여 $\overline{BC}$를 따라 점 C까지 매초 5 cm씩 움직인다. 점 P가 점 B를 출발한 지 x초 후의 사각형 APCD의 넓이를 y cm²라 할 때, x와 y 사이의 관계식을 구하시오.

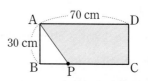

07 일차함수와 일차방정식의 관계

▶ 바른답·알찬풀이 93쪽

❶ 일차함수와 일차방정식

01 일차함수와 일차방정식의 관계

(1) 미지수가 2개인 일차방정식의 그래프: 미지수가 2개인 일차방정식의 해인 순서쌍 (x, y)를 좌표평면 위에 나타낸 것

(2) 일차함수와 일차방정식의 관계

미지수가 2개인 일차방정식 $ax+by+c=0$ (a, b, c는 수, $a\neq0, b\neq0$)의 그래프는 일차함수 $y=-\dfrac{a}{b}x-\dfrac{c}{b}$의 그래프와 같다.

일차방정식 $ax+by+c=0$ ($a\neq0, b\neq0$)	$\xrightarrow[\text{이항하여 정리한다.}]{y\text{에 대하여 푼다.}}$	일차함수 $y=-\dfrac{a}{b}x-\dfrac{c}{b}$

02 일차방정식 $x=p$, $y=q$의 그래프

(1) 일차방정식 $x=p$, $y=q$의 그래프

  ① 일차방정식 $x=p$ (p는 수, $p\neq0$)의 그래프

  점 $(p, 0)$을 지나고 **❶**축에 평행한 직선

  ↑ x축에 수직인 직선

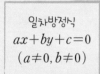

  ② 일차방정식 $y=q$ (q는 수, $q\neq0$)의 그래프

  점 $(0, q)$를 지나고 **❷**축에 평행한 직선

  ↑ y축에 수직인 직선

참고 일차방정식 $x=0$의 그래프 ➡ y축
     일차방정식 $y=0$의 그래프 ➡ **❸** 축

(2) 직선의 방정식

미지수 x, y의 값의 범위가 수 전체일 때, 일차방정식

$ax+by+c=0$ (a, b, c는 수, $a\neq0$ 또는 $b\neq0$)

의 해는 무수히 많고, 이것을 좌표평면 위에 나타내면 직선이 된다. 이때 이 일차방정식을 **❹** 의 방정식이라 한다.

❷ 연립일차방정식의 해와 그래프

01 일차방정식의 그래프와 연립방정식 (1)

두 일차방정식 $ax+by+c=0, a'x+b'y+c'=0$의 그래프의

❺ 의 좌표는 연립방정식 $\begin{cases} ax+by+c=0 \\ a'x+b'y+c'=0 \end{cases}$ 의 해와 같다.

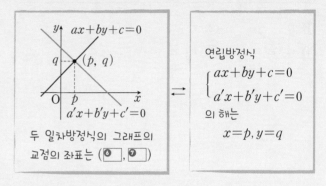

연립방정식 $\begin{cases} ax+by+c=0 \\ a'x+b'y+c'=0 \end{cases}$ 의 해는 $x=p, y=q$

두 일차방정식의 그래프의 교점의 좌표는 (**❻**, **❼**)

02 일차방정식의 그래프와 연립방정식 (2)

연립방정식 $\begin{cases} ax+by+c=0 \\ a'x+b'y+c'=0 \end{cases}$ 의 해의 개수는 두 일차방정식 $ax+by+c=0, a'x+b'y+c'=0$의 그래프의 교점의 개수와 같다.

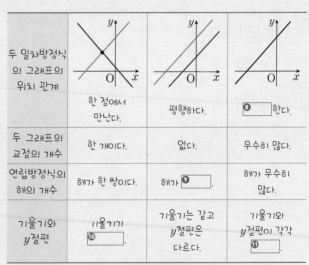

두 일차방정식의 그래프의 위치 관계	한 점에서 만난다.	평행하다.	**❽** 한다.
두 그래프의 교점의 개수	한 개이다.	없다.	무수히 많다.
연립방정식의 해의 개수	해가 한 쌍이다.	해가 **❾**	해가 무수히 많다.
기울기와 y절편	기울기가 **❿**	기울기는 같고 y절편은 다르다.	기울기와 y절편이 각각 **⓫**

참고 연립방정식 $\begin{cases} ax+by+c=0 \\ a'x+b'y+c'=0 \end{cases}$ 에서

① 해가 한 쌍이다. ➡ $\dfrac{a}{a'}\neq\dfrac{b}{b'}$

② 해가 없다. ➡ $\dfrac{a}{a'}=\dfrac{b}{b'}\neq\dfrac{c}{c'}$

③ 해가 무수히 많다. ➡ $\dfrac{a}{a'}=\dfrac{b}{b'}=\dfrac{c}{c'}$

01 다음 조건을 만족하는 일차방정식 $2x-y+1=0$의 그래프를 좌표평면 위에 그리시오.

(1) x의 값이 $-2, -1, 0, 1$일 때

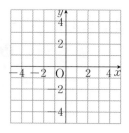

(2) x, y의 값의 범위가 수 전체일 때

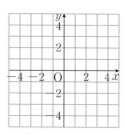

02 다음 중 일차방정식 $x-3y+1=0$의 그래프 위의 점인 것은 ○표, 그래프 위의 점이 아닌 것은 ×표를 하시오.

(1) $(-1, 0)$ (　　　)

(2) $(1, 2)$ (　　　)

(3) $(2, 5)$ (　　　)

(4) $(8, 3)$ (　　　)

03 다음 일차방정식을 일차함수 $y=ax+b$의 꼴로 나타내시오. (단, a, b는 수)

(1) $2x+y-4=0$ 답 _____

(2) $x-2y+4=0$ 답 _____

(3) $3x+2y-6=0$ 답 _____

(4) $x+4y-3=0$ 답 _____

04 다음 보기의 일차방정식 중 그 그래프가 오른쪽 위로 향하는 것을 모두 고르시오.

| 보기 |

ㄱ. $2x+y-6=0$

ㄴ. $x-4y-1=0$

ㄷ. $-5x+2y+8=0$

ㄹ. $-\dfrac{1}{2}x-y+1=0$

답 _____

05 일차방정식 $3x-y-2=0$의 그래프의 기울기를 a, y절편을 b라 할 때, $a+b$의 값을 구하시오.

답 _____

바른답·알찬풀이 94쪽

01 다음 ☐ 안에 알맞은 것을 써넣고, 주어진 일차방정식의 그래프를 좌표평면 위에 그리시오.

(1) $x=3$

⇨ 점 ($\boxed{}$, 0)을 지나고 $\boxed{}$축에 평행한 직선이다.

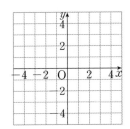

(2) $y=-2$

⇨ 점 (0, $\boxed{}$)를 지나고 $\boxed{}$축에 평행한 직선이다.

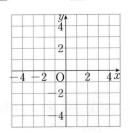

02 다음 직선을 그래프로 하는 일차방정식을 구하시오.

(1) 점 $(5, 0)$을 지나고 y축에 평행한 직선

답 _____

(2) 점 $(0, -6)$을 지나고 x축에 평행한 직선

답 _____

(3) 점 $(-2, 4)$를 지나고 y축에 수직인 직선

답 _____

(4) 점 $(7,\ -1)$을 지나고 x축에 수직인 직선

답 _____

03 다음 직선을 그래프로 하는 일차방정식을 구하시오.

(1) 두 점 $(6, -1)$, $(6, 5)$를 지나는 직선

답 _____

(2) 두 점 $(-5, 2)$, $(0, 2)$를 지나는 직선

답 _____

04 다음 그림과 같은 직선의 방정식을 구하시오.

(1)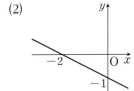

답 _____

(2)

답 _____

05 아래 보기의 방정식 중 그 그래프가 다음에 해당하는 것을 모두 고르시오.

┤ 보기 ├
ㄱ. $x=5$ ㄴ. $3x=-2y$
ㄷ. $x-1=0$ ㄹ. $y-3=0$

(1) x축에 평행한 직선의 방정식

답 _____

(2) y축에 평행한 직선의 방정식

답 _____

01 다음 **보기**의 일차방정식 중 그 그래프가 일차함수 $y=-\dfrac{4}{3}x+2$의 그래프와 일치하는 것을 모두 고른 것은?

┌ 보기 ├─
ㄱ. $4x+3y=6$

ㄴ. $\dfrac{1}{3}x+\dfrac{1}{4}y-\dfrac{1}{2}=0$

ㄷ. $0.3x-0.4=-0.2y$

ㄹ. $6x+8y-4=0$

① ㄱ 　　② ㄱ, ㄴ 　　③ ㄴ, ㄷ
④ ㄴ, ㄹ 　　⑤ ㄱ, ㄷ, ㄹ

02 일차방정식 $ax+by-3=0$의 그래프의 기울기가 -3, y절편이 $\dfrac{3}{2}$일 때, 수 a, b에 대하여 $a+b$의 값을 구하시오.

03 다음 중 일차방정식 $3x-2y+6=0$의 그래프에 대한 설명으로 옳지 <u>않은</u> 것은?

① 기울기는 $\dfrac{3}{2}$이다.

② x절편은 -2이다.

③ y절편은 3이다.

④ 제2사분면을 지나지 않는다.

⑤ 점 $(-4, -3)$을 지난다.

04 일차방정식 $ax+by+6=0$의 그래프가 오른쪽 그림과 같을 때, 수 a, b의 값을 각각 구하시오.

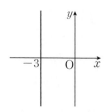

05 직선 $y=2x-10$ 위의 점 $(a, -12)$를 지나고 y축에 평행한 직선의 방정식을 구하시오.

06 두 점 $(-5, 2a-1)$, $(3, 5-a)$를 지나고 x축에 평행한 직선의 방정식은?

① $x=1$ 　　② $x=2$ 　　③ $y=2$
④ $y=3$ 　　⑤ $x-y=3$

07 네 일차방정식 $x=2$, $3x-15=0$, $3y=-3$, $2y-4=0$의 그래프로 둘러싸인 도형의 넓이를 구하시오.

01 두 일차방정식 $ax+by+c=0, a'x+b'y+c'=0$의 그래프가 다음 그림과 같을 때, 연립방정식 $\begin{cases} ax+by+c=0 \\ a'x+b'y+c'=0 \end{cases}$ 의 해를 구하시오.

(1)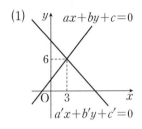

답 _____

(2)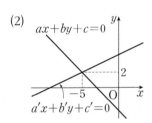

답 _____

02 다음 연립방정식의 각 일차방정식의 그래프를 좌표평면 위에 그리고, 그 그래프를 이용하여 연립방정식의 해를 구하시오.

(1) $\begin{cases} x+y=5 \\ 2x-y=-2 \end{cases}$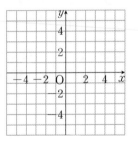

답 _____

(2) $\begin{cases} x-y=1 \\ x+2y=10 \end{cases}$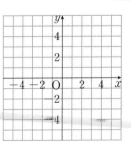

답 _____

03 다음 두 일차방정식의 그래프의 교점의 좌표를 구하시오.

(1) $x+2y-1=0, x-2y+5=0$

답 _____

(2) $x+y-2=0, 2x+y-1=0$

답 _____

(3) $x-3y-3=0, 2x-y+4=0$

답 _____

04 주어진 연립방정식의 각 일차방정식의 그래프가 다음 그림과 같을 때, 수 a의 값을 구하시오.

(1) $\begin{cases} ax-y-3=0 \\ x+4y+3=0 \end{cases}$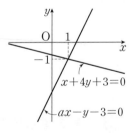

답 _____

(2) $\begin{cases} 2x+ay+6=0 \\ 2x-y-2=0 \end{cases}$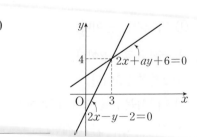

답 _____

01 다음 연립방정식의 각 일차방정식의 그래프를 완성하고, 그 그래프를 이용하여 연립방정식의 해의 개수를 구하시오.

(1) $\begin{cases} x+y-3=0 \\ x-y+1=0 \end{cases}$

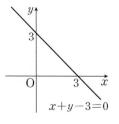

답 _____

(2) $\begin{cases} 2x+y-2=0 \\ 2x+y+3=0 \end{cases}$

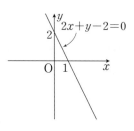

답 _____

(3) $\begin{cases} 2x-y=-1 \\ 2x-y+1=0 \end{cases}$

답 _____

(4) $\begin{cases} 3x-2y+4=0 \\ -3x+2y=-2 \end{cases}$

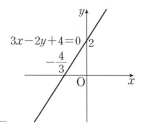

답 _____

02 아래 보기의 연립방정식 중 다음에 해당하는 것을 모두 고르시오.

┤ 보기 ├

ㄱ. $\begin{cases} x-y=0 \\ x+y=0 \end{cases}$　　ㄴ. $\begin{cases} x+3y=1 \\ 2x+6y=2 \end{cases}$

ㄷ. $\begin{cases} 3x-y=-1 \\ 9x-3y=3 \end{cases}$　　ㄹ. $\begin{cases} 2x-3y=4 \\ -4x-6y=8 \end{cases}$

(1) 해가 한 쌍인 연립방정식　　답 _____

(2) 해가 없는 연립방정식　　답 _____

(3) 해가 무수히 많은 연립방정식　　답 _____

03 연립방정식 $\begin{cases} ax-2y=2 \\ -3x+6y=b \end{cases}$ 의 해가 다음과 같을 때, 수 a, b의 조건을 각각 구하시오.

(1) 해가 한 쌍이다.　　답 _____

(2) 해가 없다.　　답 _____

(3) 해가 무수히 많다.　　답 _____

01 연립방정식 $\begin{cases} x+y=a \\ 2x-y=b \end{cases}$ 의
각 일차방정식의 그래프가 오른쪽
그림과 같을 때, 수 a, b에 대하여
$a+b$의 값은?

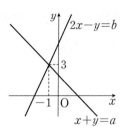

① -3 ② -2

③ $\dfrac{1}{2}$ ④ 1

⑤ 2

02 두 일차방정식 $3x+2y=4$, $5x-2y=12$의 그래프의 교점을 지나고 직선 $3x-y=6$에 평행한 직선의 방정식을 $y=ax+b$의 꼴로 나타내시오. (단, a, b는 수)

03 두 일차방정식 $3x+5y+15=0$, $2x-y-a=0$의 그래프가 x축 위에서 만날 때, 수 a의 값을 구하시오.

04 세 직선 $2x+y=9$, $4x-y=3$, $ax+2y=12$가 한 점에서 만나도록 하는 수 a의 값은?

① 1 ② 2 ③ 3

④ 4 ⑤ 5

05 연립방정식 $\begin{cases} 2x-3y=1 \\ (a-1)x+6y=-3 \end{cases}$ 의 해가 없을 때, 수 a의 값을 구하시오.

06 연립방정식 $\begin{cases} y=3x+b \\ y=ax-2 \end{cases}$ 의 해가 무수히 많을 때, 수 a, b에 대하여 $a+b$의 값은?

① 1 ② 2 ③ 3

④ 4 ⑤ 5

07 두 직선 $5x-y=1$, $ax+4y=-1$의 교점이 1개 존재하도록 하는 수 a의 조건을 구하시오.

08 다음 세 직선으로 둘러싸인 도형의 넓이는?

$$2x-y-1=0, \quad x+y-5=0, \quad x=0$$

① 6 ② $\dfrac{27}{4}$ ③ $\dfrac{15}{2}$

④ $\dfrac{33}{4}$ ⑤ 9

익힘교재편 중등 수학 2(상)

Contact Mirae-N
www.mirae-n.com
(우)06532 서울시 서초구 신반포로 321
1800-8890

미래엔 교과서 연계 도서

교과서 예습 복습과 학교 시험 대비까지
한 권으로 완성하는 자율학습서와 실전 유형서

미래엔 교과서 자습서

[2022 개정]
국어 (신유식) 1-1, 1-2*
(민병곤) 1-1, 1-2*
영어 1
수학 1
사회 ①, ②*
역사 ①, ②*
도덕 ①, ②*
과학 1
기술·가정 ①, ②*
생활 일본어, 생활 중국어, 한문

*2025년 상반기 출간 예정

[2015 개정]
국어 2-1, 2-2, 3-1, 3-2
영어 2, 3
수학 2, 3
사회 ①, ②
역사 ①, ②
도덕 ①, ②
과학 2, 3
기술·가정 ①, ②
한문

미래엔 교과서 평가 문제집

[2022 개정]
국어 (신유식) 1-1, 1-2*
(민병곤) 1-1, 1-2*
영어 1-1, 1-2*
사회 ①, ②*
역사 ①, ②*
도덕 ①, ②*
과학 1

*2025년 상반기 출간 예정

[2015 개정]
국어 2-1, 2-2, 3-1, 3-2
영어 2-1, 2-2, 3-1, 3-2
사회 ①, ②
역사 ①, ②
도덕 ①, ②
과학 2, 3

예비 고1을 위한 고등 도서

비주얼 개념서
룩

이미지 연상으로 필수 개념을 쉽게 익히는
비주얼 개념서

국어   문법
영어   분석독해

문학 입문서
손쉬운

작품 이해에서 문제 해결까지
손쉬운 비법을 담은 문학 입문서

현대 문학, 고전 문학

필수 기본서
엔픽

복잡한 개념은 쉽고, 핵심 문제는 완벽하게!
사회·과학 내신의 필수 개념서

사회   통합사회1, 통합사회2*, 한국사1, 한국사2*
과학   통합과학1, 통합과학2

*2025년 상반기 출간 예정

수학 개념을 쉽게 이해하는 방법?
개념수다로 시작하자!

수학의 진짜 실력자가 되는 비결 -
나에게 딱 맞는 개념서를 술술 읽으며 시작하자!

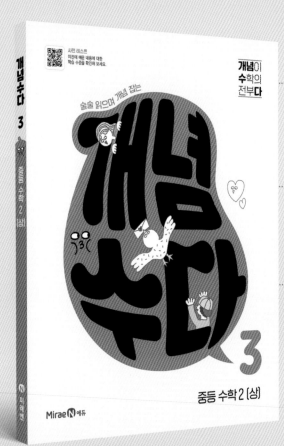

개념 이해
친구와 수다 떨듯 쉽고 재미있게,
베테랑 선생님의 동영상 강의로 완벽하게

개념 확인·정리
깔끔하게 구조화된 문제로 개념을 확인하고,
개념 전체의 흐름을 한 번에 정리

개념 끝장
온라인을 통해 개개인별 성취도 분석과
틀린 문항에 대한 맞춤 클리닉 제공

| 추천 대상 |
• 중등 수학 과정을 예습하고 싶은 초등 5~6학년
• 중등 수학을 어려워하는 중학생

수학은 순서를 따라 학습해야 효과적이므로,
초등 수학부터 꼼꼼하게 공부해 보자.

개념이 수학의 전부다
수학 개념을 제대로 공부하는 EASY 개념서

개념수다 시리즈

0_초등 핵심 개념
3_중등 수학 2(상), 4_중등 수학 2(하)
5_중등 수학 3(상), 6_중등 수학 3(하)

초등 핵심 개념
한 권으로 빠르게 정리!

올리드

1 쉽고 체계적인 개념 설명

교과서 필수 개념을 세분화하여 구성한 도식화, 도표화한 개념 정리를 통해 쉽게 개념을 이해하고 수학의 원리를 익힙니다.

2 개념 1쪽, 문제 1쪽의 2쪽 개념 학습

교과서 개념을 학습한 후 문제를 풀며 부족한 개념을 확인하고 문제를 해결하는 데 필요한 개념과 전략을 바로 익힙니다.

3 완벽한 문제 해결력 신장

유형에 대한 반복 학습과 시험에 꼭 나오는 적중 문제, 출제율이 높은 서술형 문제를 공략하며 시험에 완벽하게 대비합니다.

MiraeN에듀

신뢰받는 미래엔

미래엔은 "Better Content, Better Life" 미션 실행을 위해 탄탄한 콘텐츠의 교과서와 참고서를 발간합니다.

소통하는 미래엔

도서의 [도서 오류] [정답 및 해설] [도서 내용 문의] 등은 홈페이지를 통해서 확인이 가능합니다.

Contact Mirae-N

www.mirae-n.com

(우)06532 서울시 서초구 신반포로 321

1800-8890

바른답·
알찬풀이

개념교재편과 익힘교재편의
정답 및 풀이를 제공합니다.

개념 잡고 성적 올리는 필수 개념서

올리드

중등 수학 2(상)

올리드 100점 전략 개념을 꽉! 문제를 싹! 시험을 확! 오답을 꼭! 잡아라

Mirae N 에듀

올리드 100점 전략

바른답·알찬풀이

중등 수학 2(상)

01 유리수와 순환소수

❶ 유리수의 소수 표현

개념 01 유리수와 소수

개념 확인하기 8쪽

1 답 (1) 무 (2) 유 (3) 유 (4) 무 (5) 무 (6) 유

대표문제 9쪽

01 답 (1) $3, \dfrac{10}{5}$ (2) -8 (3) $-8, 0, 3, \dfrac{10}{5}$

(4) $0.7, -\dfrac{1}{5}, -3.45$

(5) $-8, 0.7, 0, 3, \dfrac{10}{5}, -\dfrac{1}{5}, -3.45$

(1), (3) $\dfrac{10}{5}=2$이므로 양의 정수(자연수)이다.

02 답 ③

$\dfrac{12}{4}(=3)$, 0은 정수이므로 정수가 아닌 유리수는 $\dfrac{3}{8}$, 0.12, -2.67의 3개이다.

03 답 (1) 1.25, 유한소수 (2) 0.125, 유한소수

(3) 0.444⋯, 무한소수 (4) 0.727272⋯, 무한소수

(5) 0.58333⋯, 무한소수 (6) 0.08, 유한소수

(1) $\dfrac{5}{4}=5\div4=1.25$

(2) $\dfrac{1}{8}=1\div8=0.125$

(3) $\dfrac{4}{9}=4\div9=0.444\cdots$

(4) $\dfrac{8}{11}=8\div11=0.727272\cdots$

(5) $\dfrac{7}{12}=7\div12=0.58333\cdots$

(6) $\dfrac{2}{25}=2\div25=0.08$

04 답 ㄴ, ㄷ

ㄱ. $3=\dfrac{3}{1}=\dfrac{6}{2}=\cdots$이므로 3은 유리수이다.

ㄷ. $\dfrac{3}{4}=3\div4=0.75$이므로 유한소수이다.

ㄹ. $\dfrac{7}{16}=7\div16=0.4375$이므로 유한소수이다.

이상에서 옳은 것은 ㄴ, ㄷ이다.

개념 02 순환소수

개념 확인하기 10쪽

1 답 (1) 21, $0.\dot{2}\dot{1}$ (2) 5, $1.\dot{5}$ (3) 348, $2.\dot{3}4\dot{8}$ (4) 10, $3.5\dot{1}\dot{0}$

대표문제 11쪽

01 답 ㄴ, ㅁ

ㄱ. 0.030303⋯ ⇨ 03

ㄷ. 2.72777⋯ ⇨ 7

ㄹ. 8.494949⋯ ⇨ 49

이상에서 순환소수와 순환마디가 바르게 연결된 것은 ㄴ, ㅁ이다.

02 답 (1) $3.\dot{2}\dot{8}$ (2) $-0.7\dot{6}\dot{9}$ (3) $1.9\dot{4}\dot{5}$ (4) $4.52\dot{6}$

03 답 (1) 3 (2) $2.\dot{3}$

(1) $\dfrac{7}{3}=7\div3=2.333\cdots$이므로 순환마디는 3이다.

(2) 2.333⋯을 점을 찍어 간단히 나타내면 $2.\dot{3}$이다.

04 답 (1) $0.\dot{5}$ (2) $0.\dot{3}\dot{6}$ (3) $2.8\dot{3}$ (4) $0.\dot{4}\dot{2}$

(1) $\dfrac{5}{9}=5\div9=0.555\cdots=0.\dot{5}$

(2) $\dfrac{4}{11}=4\div11=0.363636\cdots=0.\dot{3}\dot{6}$

(3) $\dfrac{17}{6}=17\div6=2.8333\cdots=2.8\dot{3}$

(4) $\dfrac{14}{33}=14\div33=0.424242\cdots=0.\dot{4}\dot{2}$

05 답 (1) 2개 (2) 1

(1) $2.\dot{1}\dot{4}$에서 순환마디를 이루는 숫자의 개수는 1, 4의 2개이다.

(2) $15=2\times7+1$이므로 소수점 아래 15번째 자리의 숫자는 순환마디의 첫 번째 숫자인 1이다.

> **이것만은 꼭!**
> 소수점 아래 첫 번째 자리부터 순환하는 순환소수의 소수점 아래 n번째 자리의 숫자는 다음과 같다.
> $n\div$(순환마디를 이루는 숫자의 개수)의 나머지가 r일 때,
> ① $r\neq0$이면 ⇨ 순환마디의 r번째 숫자
> ② $r=0$이면 ⇨ 순환마디의 마지막 숫자

06 답 3

$1.\dot{8}3\dot{5}$의 순환마디를 이루는 숫자의 개수는 8, 3, 5의 3개이다. 이때 $23=3\times7+2$이므로 소수점 아래 23번째 자리의 숫자는 순환마디의 2번째 숫자인 3이다.

01 ①, ⑤   02 $\dfrac{2}{3}$, $\dfrac{9}{11}$ 03 ④   04 ③, ④   05 7

05-1 8

01   ③ $\dfrac{14}{7}=2$ ④ $\dfrac{8}{2}=4$

따라서 정수가 아닌 유리수는 ①, ⑤이다.

02   $\dfrac{2}{3}=2\div3=0.666\cdots$ (무한소수)

$\dfrac{15}{6}=15\div6=2.5$ (유한소수)

$\dfrac{18}{12}=18\div12=1.5$ (유한소수)

$\dfrac{9}{11}=9\div11=0.818181\cdots$ (무한소수)

$\dfrac{12}{15}=12\div15=0.8$ (유한소수)

따라서 무한소수가 되는 것은 $\dfrac{2}{3}$, $\dfrac{9}{11}$이다.

03   주어진 분수를 소수로 나타내어 순환마디와 순환마디를 이루는 숫자의 개수를 각각 구하면 다음과 같다.

① $\dfrac{2}{9}=2\div9=0.222\cdots \Rightarrow 2 \Rightarrow 1$개

② $\dfrac{11}{6}=11\div6=1.8333\cdots \Rightarrow 3 \Rightarrow 1$개

③ $\dfrac{8}{11}=8\div11=0.727272\cdots \Rightarrow 72 \Rightarrow 2$개

④ $\dfrac{5}{37}=5\div37=0.135135135\cdots \Rightarrow 135 \Rightarrow 3$개

⑤ $\dfrac{17}{15}=17\div15=1.1333\cdots \Rightarrow 3 \Rightarrow 1$개

따라서 순환마디를 이루는 숫자의 개수가 가장 많은 것은 ④이다.

04   ③ $0.4737373\cdots=0.4\dot{7}\dot{3}$ ④ $2.412412412\cdots=2.\dot{4}1\dot{2}$

따라서 순환소수의 표현이 옳지 않은 것은 ③, ④이다.

05   $\dfrac{4}{7}=0.571428571428571428\cdots=0.\dot{5}7142\dot{8}$이므로 순환마디를 이루는 숫자의 개수는 6개이다.

이때 $20=6\times3+2$이므로 소수점 아래 20번째 자리의 숫자는 순환마디의 2번째 숫자인 7이다.

05-1 $\dfrac{7}{22}=0.3181818\cdots=0.3\dot{1}\dot{8}$로 소수점 아래 첫 번째 자리의 숫자는 3이고 순환마디를 이루는 숫자의 개수는 2개이므로 소수점 아래 45번째 자리의 숫자는 순환마디가 시작된 후 $45-1=44$(번째) 자리의 숫자와 같다.

이때 $44=2\times22$이므로 소수점 아래 45번째 자리의 숫자는 순환마디의 마지막 숫자인 8이다.

---

② 유리수의 분수 표현

개념 03   유한소수, 순환소수로 나타낼 수 있는 분수

1   답 (1) 5^3, 5^3, 875, 0.875   (2) 2, 2, 6, 0.06

(1) $\dfrac{7}{8}=\dfrac{7}{2^3}=\dfrac{7\times\boxed{5^3}}{2^3\times\boxed{5^3}}=\dfrac{\boxed{875}}{1000}=\boxed{0.875}$

(2) $\dfrac{3}{50}=\dfrac{3}{2\times5^2}=\dfrac{3\times\boxed{2}}{2\times5^2\times\boxed{2}}=\dfrac{\boxed{6}}{100}=\boxed{0.06}$

01   답 (1) 0.75   (2) 0.375   (3) 0.16   (4) 0.35

(1) $\dfrac{3}{4}=\dfrac{3}{2^2}=\dfrac{3\times5^2}{2^2\times5^2}=\dfrac{75}{100}=0.75$

(2) $\dfrac{3}{8}=\dfrac{3}{2^3}=\dfrac{3\times5^3}{2^3\times5^3}=\dfrac{375}{1000}=0.375$

(3) $\dfrac{12}{75}=\dfrac{4}{25}=\dfrac{4}{5^2}=\dfrac{4\times2^2}{5^2\times2^2}$

     $=\dfrac{16}{100}=0.16$

(4) $\dfrac{56}{160}=\dfrac{7}{20}=\dfrac{7}{2^2\times5}=\dfrac{7\times5}{2^2\times5\times5}$

     $=\dfrac{35}{100}=0.35$

02   답 (1) ㄱ, ㄷ, ㄹ, ㅂ   (2) ㄴ, ㅁ

ㄷ. $\dfrac{5}{8}=\dfrac{5}{2^3}$ ㄹ. $\dfrac{3}{60}=\dfrac{1}{20}=\dfrac{1}{2^2\times5}$

ㅁ. $\dfrac{7}{84}=\dfrac{1}{12}=\dfrac{1}{2^2\times3}$ ㅂ. $\dfrac{21}{112}=\dfrac{3}{16}=\dfrac{3}{2^4}$

(1) 유한소수로 나타낼 수 있는 것은 기약분수로 나타냈을 때 분모의 소인수가 2 또는 5뿐인 ㄱ, ㄷ, ㄹ, ㅂ이다.

(2) 유한소수로 나타낼 수 없는 것은 기약분수로 나타냈을 때 분모에 2 또는 5 이외의 소인수가 있는 ㄴ, ㅁ이다.

03   답 ①, ④

① $\dfrac{15}{2\times5^2}=\dfrac{3}{2\times5}$ ② $\dfrac{6}{2\times3^2\times5}=\dfrac{1}{3\times5}$

③ $\dfrac{4}{28}=\dfrac{1}{7}$ ④ $\dfrac{14}{2^2\times5\times7}=\dfrac{1}{2\times5}$

⑤ $\dfrac{30}{72}=\dfrac{5}{12}=\dfrac{5}{2^2\times3}$

따라서 유한소수로 나타낼 수 있는 것은 기약분수로 나타냈을 때 분모의 소인수가 2 또는 5뿐인 ①, ④이다.

04 답 (1) 3 (2) 7 (3) 11 (4) 21

(1) $\dfrac{a}{2\times3}$에서 분모의 소인수가 2 또는 5뿐이어야 하므로
 a는 3의 배수이고 이 중 가장 작은 자연수는 3이다.

(2) $\dfrac{3\times a}{2\times5^2\times7}$에서 분모의 소인수가 2 또는 5뿐이어야 하므로
 a는 7의 배수이고 이 중 가장 작은 자연수는 7이다.

(3) $\dfrac{4}{5\times11}\times a$에서 분모의 소인수가 2 또는 5뿐이어야 하므로
 a는 11의 배수이고 이 중 가장 작은 자연수는 11이다.

(4) $\dfrac{16}{2\times3\times5\times7}\times a=\dfrac{8}{3\times5\times7}\times a$에서 분모의 소인수가 2
 또는 5뿐이어야 하므로 a는 $3\times7=21$의 배수이고 이 중
 가장 작은 자연수는 21이다.

05 답 ①

$\dfrac{42}{180}=\dfrac{7}{30}=\dfrac{7}{2\times3\times5}$이므로 $\dfrac{42}{180}\times a$가 유한소수가 되려
면 a는 3의 배수이어야 한다.
따라서 a의 값이 될 수 없는 것은 ①이다.

06 답 ④

$\dfrac{3}{2^2\times x}$이 순환소수가 되려면 기약분수로 나타냈을 때, 분모
에 2 또는 5 이외의 소인수가 있어야 한다.

① $\dfrac{3}{2^2\times2}=\dfrac{3}{2^3}$

② $\dfrac{3}{2^2\times5}$

③ $\dfrac{3}{2^2\times6}=\dfrac{1}{2^2\times2}=\dfrac{1}{2^3}$

④ $\dfrac{3}{2^2\times9}=\dfrac{1}{2^2\times3}$

⑤ $\dfrac{3}{2^2\times15}=\dfrac{1}{2^2\times5}$

따라서 x의 값이 될 수 있는 것은 ④이다.

개념 04 순환소수를 분수로 나타내기

개념 확인하기 15쪽

1 답 (1) 100, 99, $\dfrac{53}{99}$ (2) 100, 10, 90, 15

(1) $x=0.535353\cdots$이라 하면
$$\boxed{100}\,x=53.535353\cdots$$
$$-)\qquad x=\ 0.535353\cdots$$
$$\boxed{99}\,x=53\qquad \therefore x=\boxed{\dfrac{53}{99}}$$

---

(2) $x=0.8666\cdots$이라 하면
$$\boxed{100}\,x=86.666\cdots$$
$$-)\ \boxed{10}\,x=\ 8.666\cdots$$
$$\boxed{90}\,x=78\qquad \therefore x=\dfrac{78}{90}=\boxed{\dfrac{13}{15}}$$

> **이런 풀이 어때요?**
> 공식을 이용하면
> (1) $0.\dot{5}\dot{3}=\dfrac{53}{99}$ (2) $0.8\dot{6}=\dfrac{86-8}{90}=\dfrac{78}{90}=\dfrac{13}{15}$

대표문제 16쪽

01 답 (1) ㄴ (2) ㄹ (3) ㄷ (4) ㅁ (5) ㅂ (6) ㄱ

(1) $100x=124.242424\cdots$, $x=1.242424\cdots$이므로
 $100x-x=123$
 따라서 가장 편리한 식은 ㄴ이다.

(2) $1000x=365.365365365\cdots$, $x=0.365365365\cdots$이므로
 $1000x-x=365$
 따라서 가장 편리한 식은 ㄹ이다.

(3) $100x=45.555\cdots$, $10x=4.555\cdots$이므로
 $100x-10x=41$
 따라서 가장 편리한 식은 ㄷ이다.

(4) $1000x=132.323232\cdots$, $10x=1.323232\cdots$이므로
 $1000x-10x=131$
 따라서 가장 편리한 식은 ㅁ이다.

(5) $1000x=273.333\cdots$, $100x=27.333\cdots$이므로
 $1000x-100x=246$
 따라서 가장 편리한 식은 ㅂ이다.

(6) $10x=16.666\cdots$, $x=1.666\cdots$이므로 $10x-x=15$
 따라서 가장 편리한 식은 ㄱ이다.

02 답 (1) $\dfrac{8}{9}$ (2) $\dfrac{31}{99}$ (3) $\dfrac{151}{90}$ (4) $\dfrac{2056}{495}$

(1) $x=0.888\cdots$이라 하면
$$10x=8.888\cdots$$
$$-)\quad x=0.888\cdots$$
$$9x=8$$
$$\therefore x=\dfrac{8}{9}$$

(2) $x=0.313131\cdots$이라 하면
$$100x=31.313131\cdots$$
$$-)\quad x=\ 0.313131\cdots$$
$$99x=31$$
$$\therefore x=\dfrac{31}{99}$$

(3) $x=1.6777\cdots$이라 하면

$$\begin{array}{r} 100x=167.777\cdots \\ -)\quad 10x=16.777\cdots \\ \hline 90x=151 \end{array}$$

$$\therefore x=\frac{151}{90}$$

(4) $x=4.1535353\cdots$이라 하면

$$\begin{array}{r} 1000x=4153.535353\cdots \\ -)\quad 10x=41.535353\cdots \\ \hline 990x=4112 \end{array}$$

$$\therefore x=\frac{4112}{990}=\frac{2056}{495}$$

03 답 (1) $1,\ 90,\ \dfrac{13}{90}$ (2) $10,\ 90,\ \dfrac{97}{90}$ (3) $12,\ 990,\ \dfrac{613}{495}$

(1) $0.1\dot{4}=\dfrac{14-\boxed{1}}{\boxed{90}}=\boxed{\dfrac{13}{90}}$

(2) $1.0\dot{7}=\dfrac{107-\boxed{10}}{\boxed{90}}=\boxed{\dfrac{97}{90}}$

(3) $1.2\dot{3}\dot{8}=\dfrac{1238-\boxed{12}}{990}=\dfrac{1226}{990}=\boxed{\dfrac{613}{495}}$

04 답 (1) $\dfrac{14}{9}$ (2) $\dfrac{1436}{999}$ (3) $\dfrac{7}{12}$ (4) $\dfrac{163}{45}$

(1) $1.\dot{5}=\dfrac{15-1}{9}=\dfrac{14}{9}$

(2) $1.\dot{4}3\dot{7}=\dfrac{1437-1}{999}=\dfrac{1436}{999}$

(3) $0.58\dot{3}=\dfrac{583-58}{900}=\dfrac{525}{900}=\dfrac{7}{12}$

(4) $3.6\dot{2}=\dfrac{362-36}{90}=\dfrac{326}{90}=\dfrac{163}{45}$

05 답 (1) ○   (2) ×   (3) ×

(1) 유한소수는 분수로 나타낼 수 있으므로 유리수이다.

(2) $\dfrac{1}{3}=0.333\cdots$에서 $\dfrac{1}{3}$은 유리수이지만 유한소수로 나타낼 수 없다.

(3) 순환소수가 아닌 무한소수는 유리수가 아니다.

(소단원) **핵심문제**

17~18쪽

01 $a=2,\ b=100,\ c=0.22$		**02** ①, ④	**03** ②
04 ②	**05** ㄴ, ㄷ	**06** ④	**07** ③, ⑤ **08** 99
08-1 84			

---

01 $\dfrac{11}{50}=\dfrac{11}{2\times 5^2}=\dfrac{11\times 2}{2\times 5^2\times 2}$

$\phantom{\dfrac{11}{50}}=\dfrac{22}{100}=0.22$

$\therefore a=2,\ b=100,\ c=0.22$

02 ① $\dfrac{8}{20}=\dfrac{2}{5}$

② $\dfrac{10}{48}=\dfrac{5}{24}=\dfrac{5}{2^3\times 3}$

③ $\dfrac{5}{72}=\dfrac{5}{2^3\times 3^2}$

④ $\dfrac{27}{2^2\times 3^2}=\dfrac{3}{2^2}$

⑤ $\dfrac{35}{2^2\times 5\times 7^2}=\dfrac{1}{2^2\times 7}$

따라서 유한소수로 나타낼 수 있는 것은 ①, ④이다.

03 $\dfrac{3}{2\times 5^2\times x}$이 순환소수가 되려면 기약분수의 분모에 2 또는 5 이외의 소인수가 있어야 한다.

이때 x는 한 자리 자연수이므로 7, 9의 2개이다.

04 $x=0.21555\cdots$라 하면

$$\begin{array}{r} \boxed{1000}\,x=215.555\cdots \\ -)\quad \boxed{100}\,x=21.555\cdots \\ \hline \boxed{900}\,x=\boxed{194} \end{array}$$

$$\therefore x=\dfrac{194}{900}=\boxed{\dfrac{97}{450}}$$

따라서 옳지 않은 것은 ②이다.

05 ㄱ. $10x=34.444\cdots,\ x=3.444\cdots$이므로

$10x-x=31$

ㄴ. $100x=152.222\cdots,\ 10x=15.222\cdots$이므로

$100x-10x=137$

ㄷ. $1000x=407.407407407\cdots,\ x=0.407407407\cdots$이므로

$1000x-x=407$

ㄹ. $1000x=2019.999\cdots,\ 100x=201.999\cdots$이므로

$1000x-100x=1818$

이상에서 가장 편리한 식으로 바르게 연결한 것은 ㄴ, ㄷ이다.

06 ① $7.\dot{3}=\dfrac{73-7}{9}=\dfrac{66}{9}=\dfrac{22}{3}$

② $0.1\dot{8}=\dfrac{18-1}{90}=\dfrac{17}{90}$

③ $2.9\dot{1}=\dfrac{291-29}{90}=\dfrac{262}{90}=\dfrac{131}{45}$

④ $1.0\dot{3}\dot{4}=\dfrac{1034-10}{990}=\dfrac{1024}{990}=\dfrac{512}{495}$

⑤ $3.\dot{5}4\dot{5}=\dfrac{3545-3}{999}=\dfrac{3542}{999}$

따라서 옳지 않은 것은 ④이다.

07 ① 순환소수가 아닌 무한소수는 분수로 나타낼 수 없다.

② 소수는 유한소수와 무한소수로 나눌 수 있다.

④ 정수가 아닌 유리수는 유한소수 또는 순환소수로 나타낼 수 있다.

따라서 옳은 것은 ③, ⑤이다.

08 $\dfrac{3}{22}=\dfrac{3}{2\times11}$, $\dfrac{7}{45}=\dfrac{7}{3^2\times5}$이므로 두 분수에 각각 A를 곱하여 모두 유한소수로 나타낼 수 있으려면 A는 11과 9의 공배수, 즉 $11\times9=99$의 배수이어야 한다.

따라서 A의 값이 될 수 있는 가장 작은 자연수는 99이다.

08-1 $\dfrac{1}{30}=\dfrac{1}{2\times3\times5}$, $\dfrac{2}{70}=\dfrac{1}{35}=\dfrac{1}{5\times7}$이므로 두 분수에 각각 A를 곱하여 모두 유한소수로 나타낼 수 있으려면 A는 3과 7의 공배수, 즉 $3\times7=21$의 배수이어야 한다.

따라서 A의 값이 될 수 있는 가장 큰 두 자리 자연수는 $21\times4=84$이다.

중단원 마무리문제   **19~21쪽**

01 ④	**02** ④	**03** ㄱ, ㄹ	**04** -1	**05** 113
06 ②	**07** ②	**08** 23	**09** 21	**10** 7
11 ④	**12** ⑤	**13** ④	**14** $\dfrac{4}{11}$	**15** ③
16 ⑤	**17** ②	**18** 18	**19** ①,④	

01 ④ $\pi=3.141592\cdots$는 분수 $\dfrac{a}{b}$ (a, b는 정수, $b\ne0$)의 꼴로 나타낼 수 없으므로 유리수가 아니다.

02 주어진 분수를 소수로 나타내어 순환마디를 구하면 다음과 같다.

① $\dfrac{1}{6}=1\div6=0.1666\cdots\Rightarrow6$

② $\dfrac{5}{12}=5\div12=0.41666\cdots\Rightarrow6$

③ $\dfrac{4}{15}=4\div15=0.2666\cdots\Rightarrow6$

④ $\dfrac{13}{30}=13\div30=0.4333\cdots\Rightarrow3$

⑤ $\dfrac{19}{60}=19\div60=0.31666\cdots\Rightarrow6$

따라서 순환마디가 나머지 넷과 다른 하나는 ④이다.

03 ㄴ. $0.4132132132\cdots=0.4\dot{1}3\dot{2}$ ㄷ. $2.512512512\cdots=2.\dot{5}1\dot{2}$

이상에서 순환소수의 표현이 옳은 것은 ㄱ, ㄹ이다.

04 $\dfrac{14}{55}=14\div55=0.2545454\cdots=0.2\dot{5}\dot{4}$ ⋯ ㉮

이므로 소수점 아래 3번째 자리의 숫자는 4이다.

$\therefore a=4$ ⋯ ㉯

또, $0.2\dot{5}\dot{4}$는 소수점 아래 둘째 자리에서 순환마디가 시작되고 순환마디를 이루는 숫자의 개수는 2개이므로 소수점 아래 34번째 자리의 숫자는 순환마디가 시작된 후 $34-1=33$(번째) 자리의 숫자와 같다. 이때 $33=2\times16+1$이므로 소수점 아래 34번째 자리의 숫자는 순환마디의 첫 번째 숫자인 5이다.

$\therefore b=5$ ⋯ ㉰

$\therefore a-b=4-5=-1$ ⋯ ㉱

단계	채점 기준	배점 비율
㉮	주어진 분수를 소수로 나타내기	30 %
㉯	a의 값 구하기	30 %
㉰	b의 값 구하기	30 %
㉱	$a-b$의 값 구하기	10 %

05 **전략** 주어진 분수를 소수로 나타내어 x_1, x_2, x_3, $\cdots$, x_{25}의 값을 구한다.

$\dfrac{7}{13}=7\div13=0.538461538461538461\cdots=0.\dot{5}3846\dot{1}$이므로 순환마디를 이루는 숫자의 개수는 5, 3, 8, 4, 6, 1의 6개이다.

이때 $25=6\times4+1$이므로 소수점 아래 25번째 자리까지 순환마디가 4번 반복되고 소수점 아래 25번째 자리의 숫자는 순환마디의 첫 번째 숫자인 5이다.

$\therefore x_1+x_2+x_3+\cdots+x_{25}=4\times(5+3+8+4+6+1)+5$

$\qquad\qquad\qquad\qquad\qquad\quad=4\times27+5=113$

06 $\dfrac{7}{40}=\dfrac{7}{2^3\times5}=\dfrac{7\times\boxed{5^2}}{2^3\times5\times5^{\boxed{2}}}=\dfrac{\boxed{175}}{10^{\boxed{3}}}=\boxed{0.175}$

따라서 옳지 않은 것은 ②이다.

07 ① $\dfrac{6}{28}=\dfrac{3}{14}=\dfrac{3}{2\times7}$ ② $\dfrac{42}{5^2\times3\times7}=\dfrac{2}{5^2}$

③ $\dfrac{132}{3\times7\times11}=\dfrac{4}{7}$ ④ $\dfrac{12}{2^3\times3^2\times5}=\dfrac{1}{2\times3\times5}$

⑤ $\dfrac{4}{360}=\dfrac{1}{90}=\dfrac{1}{2\times3^2\times5}$

따라서 유한소수로 나타낼 수 있는 것은 ②이다.

08 $\dfrac{x}{90}=\dfrac{x}{2\times3^2\times5}$가 유한소수가 되려면 x는 9의 배수이어야 한다. 이때 x는 $10<x<20$인 자연수이므로 $x=18$ ⋯ ㉮

따라서 $\dfrac{18}{90}=\dfrac{1}{5}$이므로 $y=5$ ⋯ ㉯

$\therefore x+y=18+5=23$ ⋯ ㉰

단계	채점 기준	배점 비율
㉮	x의 값 구하기	50 %
㉯	y의 값 구하기	40 %
㉰	$x+y$의 값 구하기	10 %

09 $\dfrac{3}{70}=\dfrac{3}{2\times5\times7}$, $\dfrac{17}{102}=\dfrac{1}{6}=\dfrac{1}{2\times3}$이므로 두 분수에 각각 A를 곱하여 모두 유한소수로 나타낼 수 있으려면 A는 7과 3의 공배수, 즉 $7\times3=21$의 배수이어야 한다.

따라서 A의 값이 될 수 있는 가장 작은 자연수는 21이다.

[이것만은 꼭!]
분모의 소인수 중 2 또는 5 이외의 소인수의 배수를 곱하여 분모의 소인수에 2 또는 5만 남도록 한다.

10 $\dfrac{12}{5\times a}=\dfrac{2^2\times3}{5\times a}$이 순환소수가 되려면 기약분수의 분모에 2 또는 5 이외의 소인수가 있어야 한다.

따라서 a의 값이 될 수 있는 가장 작은 자연수는 7이다.

11 $x=1.5\dot{2}\dot{1}$에서 $x=1.5212121\cdots$이므로
$1000x=1521.212121\cdots$, $10x=15.212121\cdots$
$\therefore 1000x-10x=1506$
따라서 가장 편리한 식은 ④이다.

12 ① $0.5\dot{6}=\dfrac{56-5}{90}=\dfrac{51}{90}=\dfrac{17}{30}$

② $0.\dot{2}\dot{3}=\dfrac{23}{99}$

③ $1.\dot{4}\dot{5}=\dfrac{145-1}{99}=\dfrac{144}{99}=\dfrac{16}{11}$

④ $0.3\dot{7}\dot{6}=\dfrac{376-3}{990}=\dfrac{373}{990}$

⑤ $1.\dot{2}3\dot{4}=\dfrac{1234-1}{999}=\dfrac{1233}{999}=\dfrac{137}{111}$

따라서 옳은 것은 ⑤이다.

13 ① 무한소수이다.

② $2.14333\cdots=2.14\dot{3}$

③ 순환마디는 3이다.

④ $2.14\dot{3}=\dfrac{2143-214}{900}=\dfrac{1929}{900}=\dfrac{643}{300}$

⑤ 분수로 나타낼 때 가장 편리한 식은 $1000x-100x$이다.
따라서 옳은 것은 ④이다.

14 $\dfrac{7}{11}=7\div11=0.636363\cdots=0.\dot{6}\dot{3}$
$\therefore a=6,\ b=3$
$0.\dot{b}\dot{a}=0.\dot{3}\dot{6}$이므로 순환소수 $0.\dot{b}\dot{a}$를 기약분수로 나타내면
$0.\dot{3}\dot{6}=\dfrac{36}{99}=\dfrac{4}{11}$

15 $0.\dot{4}=\dfrac{4}{9}$이므로 $a=\dfrac{9}{4}$

$0.38\dot{8}=\dfrac{38-3}{90}=\dfrac{35}{90}=\dfrac{7}{18}$이므로 $b=\dfrac{18}{7}$

$\therefore ab=\dfrac{9}{4}\times\dfrac{18}{7}=\dfrac{81}{14}$

16 $0.\dot{1}2\dot{4}=\dfrac{124}{999}=\dfrac{1}{999}\times124$

$\therefore A=\dfrac{1}{999}=0.\dot{0}0\dot{1}$

17 **[전략]** 먼저 주어진 식의 괄호 안을 순환소수로 나타내어 본다.

$\dfrac{5}{2}\left(\dfrac{1}{10}+\dfrac{1}{100}+\dfrac{1}{1000}+\cdots\right)$

$=\dfrac{5}{2}(0.1+0.01+0.001+\cdots)$

$=\dfrac{5}{2}\times0.111\cdots=\dfrac{5}{2}\times0.\dot{1}$

$=\dfrac{5}{2}\times\dfrac{1}{9}=\dfrac{5}{18}=5\div18=0.2777\cdots=0.2\dot{7}$

18 자연수 a에 0.5를 곱한 결과가 a에 $0.\dot{5}$를 곱한 결과보다 1만큼 작으므로
$a\times0.5=a\times0.\dot{5}-1$ ⋯ ㉮

$\dfrac{1}{2}a=\dfrac{5}{9}a-1$

$9a=10a-18$ $\therefore a=18$ ⋯ ㉯

단계	채점 기준	배점 비율
㉮	주어진 조건을 a에 대한 식으로 나타내기	50 %
㉯	a의 값 구하기	50 %

19 ② 무한소수 중 순환소수는 유리수이다.
③ 모든 유리수는 분수로 나타낼 수 있다.
⑤ 모든 유한소수는 유리수이다.
따라서 옳은 것은 ①, ④이다.

[창의·융합 문제] ^{21쪽}

수직선 위에 두 수 0과 1을 각각 나타내는 두 점 사이를 15등분하였으므로 14개의 점에 대응하는 유리수는 각각

$\dfrac{1}{15},\ \dfrac{2}{15},\ \dfrac{3}{15},\ \cdots,\ \dfrac{14}{15}$이다. ⋯ ❶

$15=3\times5$이므로 $\dfrac{a}{15}$가 유한소수가 되려면 a는 $1\leq a\leq14$인 3의 배수이어야 한다. ⋯ ❷

따라서 유한소수로 나타낼 수 있는 수는

$\dfrac{3}{15}=\dfrac{1}{5},\ \dfrac{6}{15}=\dfrac{2}{5},\ \dfrac{9}{15}=\dfrac{3}{5},\ \dfrac{12}{15}=\dfrac{4}{5}$이다. ⋯ ❸

답 $\dfrac{1}{5},\ \dfrac{2}{5},\ \dfrac{3}{5},\ \dfrac{4}{5}$

교과서 속 **서술형문제**

1 ❶ 주어진 분수가 유한소수가 되도록 하는 조건은?

주어진 분수를 기약분수로 나타냈을 때, 분모의 소인수가 $\boxed{2}$ 또는 $\boxed{5}$뿐이면 유한소수로 나타낼 수 있다.

❷ 주어진 분수를 기약분수로 나타내면?

$$\frac{15}{2^3 \times 3^2} = \frac{\boxed{5}}{2^{\boxed{3}} \times 3} \qquad \cdots ㉮$$

❸ (❷에서 구한 기약분수)$\times a$가 유한소수가 되도록 하는 a의 값의 조건은?

$\dfrac{5}{2^3 \times 3} \times a$가 유한소수가 되려면 a는 $\boxed{3}$의 배수이어야 한다. $\qquad \cdots ㉯$

❹ a의 값이 될 수 있는 가장 작은 두 자리 자연수는?

a의 값이 될 수 있는 가장 작은 두 자리 자연수는 $\boxed{12}$이다. $\qquad \cdots ㉰$

단계	채점 기준	배점 비율
㉮	주어진 분수를 기약분수로 나타내기	30 %
㉯	유한소수가 되도록 하는 a의 값의 조건 구하기	40 %
㉰	a의 값이 될 수 있는 가장 작은 두 자리 자연수 구하기	30 %

2 ❶ 주어진 분수가 유한소수가 되도록 하는 조건은?

주어진 분수를 기약분수로 나타냈을 때, 분모의 소인수가 2 또는 5뿐이면 유한소수로 나타낼 수 있다.

❷ 주어진 분수를 기약분수로 나타내면?

$$\frac{4}{112} = \frac{1}{28} \qquad \cdots ㉮$$

❸ (❷에서 구한 기약분수)$\times a$가 유한소수가 되도록 하는 a의 값의 조건은?

$\dfrac{1}{28} \times a = \dfrac{1}{2^2 \times 7} \times a$가 유한소수가 되려면 a는 7의 배수이어야 한다. $\qquad \cdots ㉯$

❹ a의 값이 될 수 있는 가장 큰 두 자리 자연수는?

a의 값은 7, 14, 21, 28, $\cdots$, 98, 105, $\cdots$이므로 a의 값이 될 수 있는 가장 큰 두 자리 자연수는 98이다. $\qquad \cdots ㉰$

단계	채점 기준	배점 비율
㉮	주어진 분수를 기약분수로 나타내기	30 %
㉯	유한소수가 되도록 하는 a의 값의 조건 구하기	40 %
㉰	a의 값이 될 수 있는 가장 큰 두 자리 자연수 구하기	30 %

3 $\dfrac{91}{140} = \dfrac{13}{20} = \dfrac{13}{2^2 \times 5} = \dfrac{13 \times 5}{2^2 \times 5 \times 5} = \dfrac{65}{10^2}$ $\cdots ㉮$

따라서 $a+n$의 값 중 가장 작은 값은 $a=65$, $n=2$일 때이므로 $65+2=67$ $\qquad \cdots ㉯$

답 67

단계	채점 기준	배점 비율
㉮	분모가 10의 거듭제곱의 꼴인 분수로 나타내기	60 %
㉯	$a+n$의 값 중 가장 작은 값 구하기	40 %

4 $2.2\dot{7} = \dfrac{227 - 22}{90} = \dfrac{205}{90}$이므로

$a = 205$ $\qquad \cdots ㉮$

$\dfrac{205}{90} = \dfrac{41}{18}$이므로 $b = 18$ $\qquad \cdots ㉯$

$\therefore a + b = 205 + 18 = 223$ $\qquad \cdots ㉰$

답 223

단계	채점 기준	배점 비율
㉮	a의 값 구하기	40 %
㉯	b의 값 구하기	40 %
㉰	$a+b$의 값 구하기	20 %

5 $\dfrac{1}{6} < 0.\dot{x} < \dfrac{4}{5}$에서 $\dfrac{1}{6} < \dfrac{x}{9} < \dfrac{4}{5}$이므로

$\dfrac{15}{90} < \dfrac{10x}{90} < \dfrac{72}{90}$, $15 < 10x < 72$

즉, 조건을 만족하는 한 자리 자연수 x는

2, 3, 4, 5, 6, 7이므로 $\qquad \cdots ㉮$

$a = 7$, $b = 2$ $\qquad \cdots ㉯$

$\therefore a - b = 7 - 2 = 5$ $\qquad \cdots ㉰$

답 5

단계	채점 기준	배점 비율
㉮	주어진 조건을 만족하는 x의 값 구하기	40 %
㉯	a, b의 값 각각 구하기	40 %
㉰	$a-b$의 값 구하기	20 %

6 민주는 분모를 바르게 보았으므로

$1.\dot{3}\dot{8} = \dfrac{138 - 1}{99} = \dfrac{137}{99}$에서 처음의 기약분수의 분모는 99이다. $\qquad \cdots ㉮$

진혁이는 분자를 바르게 보았으므로

$3.2\dot{7} = \dfrac{327 - 32}{90} = \dfrac{295}{90} = \dfrac{59}{18}$에서 처음의 기약분수의 분자는 59이다. $\qquad \cdots ㉯$

따라서 처음의 기약분수는 $\dfrac{59}{99}$이고, 이를 순환소수로 나타내면 $\dfrac{59}{99} = 59 \div 99 = 0.595959\cdots = 0.\dot{5}\dot{9}$ $\qquad \cdots ㉰$

답 $0.\dot{5}\dot{9}$

단계	채점 기준	배점 비율
㉮	처음의 기약분수의 분모 구하기	40 %
㉯	처음의 기약분수의 분자 구하기	40 %
㉰	처음의 기약분수를 순환소수로 나타내기	20 %

02 단항식의 계산

❶ 지수법칙

개념 05 지수법칙 (1)

개념 확인하기 ────────────────── 26쪽

1 답 $(1) 2^9$ $(2) x^4$ $(3) -1$

2 답 $(1) 5^{16}$ $(2) a^{15}$ $(3) y^{18}$

대표문제 27쪽

01 답 $(1) 3^{13}$ $(2) x^{10}$ $(3) x^6 y^5$ $(4) a^7 b^{10}$

$(1) 3^5 \times 3 \times 3^7 = 3^{5+1+7} = 3^{13}$

$(2) x^6 \times x^3 \times x = x^{6+3+1} = x^{10}$

$(3) x^2 \times y^4 \times x^4 \times y = x^2 \times x^4 \times y^4 \times y = x^{2+4} \times y^{4+1} = x^6 y^5$

$(4) a^5 \times b^4 \times a^2 \times b^6 = a^5 \times a^2 \times b^4 \times b^6 = a^{5+2} \times b^{4+6} = a^7 b^{10}$

02 답 $(1) 2$ $(2) 3$

$(1) a^5 \times a^{\square} = a^{5+\square}$이므로

$5 + \square = 7$ ∴ $\square = 2$

$(2) 7^{\square} \times 7 \times 7^6 = 7^{\square+1+6} = 7^{\square+7}$이므로

$\square + 7 = 10$ ∴ $\square = 3$

03 답 ④

$2 \times 2^2 \times 2^x = 2^{3+x}$, $128 = 2^7$이므로 $2^{3+x} = 2^7$

즉, $3 + x = 7$ ∴ $x = 4$

04 답 $(1) 2^{11}$ $(2) a^{24}$ $(3) 5^{18}$

$(1) (2^3)^2 \times 2^5 = 2^6 \times 2^5 = 2^{6+5} = 2^{11}$

$(2) a^4 \times (a^5)^4 = a^4 \times a^{20} = a^{4+20} = a^{24}$

$(3) (5^4)^2 \times (5^2)^5 = 5^8 \times 5^{10} = 5^{8+10} = 5^{18}$

05 답 $(1) x^{10} y^4$ $(2) x^{18} y^3$ $(3) a^{11} b^{15}$

$(1) x \times (y^2)^2 \times (x^3)^3 = x \times y^4 \times x^9 = x^{1+9} \times y^4 = x^{10} y^4$

$(2) (x^4)^3 \times y^2 \times (x^2)^3 \times y = x^{12} \times y^2 \times x^6 \times y$
$= x^{12+6} \times y^{2+1} = x^{18} y^3$

$(3) a^3 \times (b^6)^2 \times (a^2)^4 \times b^3 = a^3 \times b^{12} \times a^8 \times b^3$
$= a^{3+8} \times b^{12+3} = a^{11} b^{15}$

06 답 $(1) 6$ $(2) 5$

$(1) (x^3)^{\square} = x^{3 \times \square}$이므로

$3 \times \square = 18$ ∴ $\square = 6$

$(2) (5^2)^3 \times 5^4 = 5^6 \times 5^4 = 5^{6+4} = 5^{10}$, $(5^{\square})^2 = 5^{\square \times 2}$

이므로 $5^{10} = 5^{\square \times 2}$

즉, $10 = \square \times 2$ ∴ $\square = 5$

07 답 3

$3^a \times 27^3 = 3^a \times (3^3)^3 = 3^a \times 3^9 = 3^{a+9}$, $9^6 = (3^2)^6 = 3^{12}$

이므로 $3^{a+9} = 3^{12}$

즉, $a + 9 = 12$ ∴ $a = 3$

개념 06 지수법칙 (2)

개념 확인하기 ────────────────── 28쪽

1 답 $(1) 2^3$ $(2) 1$ $(3) \dfrac{1}{a}$ $(4) 4a^2$ $(5) a^8 b^4$ $(6) \dfrac{y^3}{x^6}$

대표문제 29쪽

01 답 $(1) 3^3$ $(2) \dfrac{1}{x^2}$ $(3) 1$ $(4) x^2$

$(1) 3^{11} \div (3^4)^2 = 3^{11} \div 3^8 = 3^{11-8} = 3^3$

$(2) (x^2)^3 \div x^8 = x^6 \div x^8 = \dfrac{1}{x^{8-6}} = \dfrac{1}{x^2}$

$(3) b^3 \div b^2 \div b = b^{3-2} \div b = b \div b = 1$

$(4) (x^2)^6 \div x \div (x^3)^3 = x^{12} \div x \div x^9 = x^{12-1} \div x^9$
$= x^{11} \div x^9 = x^{11-9} = x^2$

02 답 $(1) 6$ $(2) 7$ $(3) 4$

$(1) 5^{\square} \div 5^2 = 5^{\square-2}$이므로

$\square - 2 = 4$ ∴ $\square = 6$

$(2) a^6 \div a^{\square} = \dfrac{1}{a^{\square-6}}$이므로

$\square - 6 = 1$ ∴ $\square = 7$

$(3) x^5 \div x^{\square} \div x = x^{5-\square} \div x$이므로

$x^{5-\square} \div x = 1$에서

$5 - \square = 1$ ∴ $\square = 4$

03 답 ⑤

① $a^4 \div a^6 = \dfrac{1}{a^{6-4}} = \dfrac{1}{a^2}$

② $a \div a^3 = \dfrac{1}{a^{3-1}} = \dfrac{1}{a^2}$

③ $a^{10} \div a^7 \div a^3 = a^{10-7} \div a^3 = a^3 \div a^3 = 1$

④ $(a^3)^4 \div (a^2)^2 \div a^5 = a^{12} \div a^4 \div a^5 = a^{12-4} \div a^5$
$= a^8 \div a^5 = a^{8-5} = a^3$

⑤ $a^3 \div (a^2 \div a) = a^3 \div a^{2-1} = a^3 \div a$
$= a^{3-1} = a^2$

따라서 계산 결과가 a^2인 것은 ⑤이다.

04 답 (1) $9x^6$ (2) $a^8b^{20}c^4$ (3) $-\dfrac{32}{x^{15}}$ (4) $\dfrac{25a^6}{b^8}$

(1) $(-3x^3)^2=(-3)^2\times(x^3)^2=9x^6$

(2) $(a^2b^5c)^4=(a^2)^4\times(b^5)^4\times c^4=a^8b^{20}c^4$

(3) $\left(-\dfrac{2}{x^3}\right)^5=(-1)^5\times\dfrac{2^5}{(x^3)^5}=-\dfrac{32}{x^{15}}$

(4) $\left(\dfrac{5a^3}{b^4}\right)^2=\dfrac{(5a^3)^2}{(b^4)^2}=\dfrac{25a^6}{b^8}$

05 답 (1) 2 (2) 4 (3) 5

(1) $(7x^\square)^2=7^2\times x^{\square\times2}$이므로

$\square\times2=4$ ∴ $\square=2$

(2) $(-a^\square b^2)^3=(-1)^3\times a^{\square\times3}\times b^6$이므로

$\square\times3=12$ ∴ $\square=4$

(3) $\left(\dfrac{y^4}{x^3}\right)^\square=\dfrac{y^{4\times\square}}{x^{3\times\square}}$이므로

$4\times\square=20,\ 3\times\square=15$ ∴ $\square=5$

06 답 39

$\left(-\dfrac{2y}{x^a}\right)^b=(-1)^b\times\dfrac{2^b y^b}{x^{ab}}$이므로 $y^b=y^5$에서 $b=5$

$(-1)^5\times2^5=-c$에서 $c=32$

$x^{ab}=x^{5a}=x^{10}$에서 $5a=10$ ∴ $a=2$

∴ $a+b+c=2+5+32=39$

소단원 핵심문제 30~31쪽

01 ④	02 ④	03 ③	04 ③	05 ②
06 12	07 18	08 6	08-1 ④	

01 ④ $(5x^3)^2=5^2\times(x^3)^2=25x^6$

02 $AB=3^x\times3^y=3^{x+y}=3^4=81$

03 $27^5=(3^3)^5=3^{15}=(3^5)^3=A^3$

04 $2^3\times(2^\square)^4\div2^2=2^3\times2^{4\times\square}\div2^2=2^{3+4\times\square-2}$이므로

$3+4\times\square-2=13,\ 4\times\square=12$ ∴ $\square=3$

05 $(3x^a)^b=3^b x^{ab}$이므로

$3^b=81=3^4$ ∴ $b=4$

$ab=4a=12$ ∴ $a=3$

∴ $a-b=3-4=-1$

06 $(x^2)^a\div x^5=x^{2a}\div x^5=x^{2a-5}$이므로

$2a-5=5,\ 2a=10$ ∴ $a=5$

$\left(\dfrac{x^b}{y^3}\right)^3=\dfrac{x^{3b}}{y^9}$이므로

$3b=6,\ 9=c$ ∴ $b=2,\ c=9$

∴ $a-b+c=5-2+9=12$

07 $2^4+2^4+2^4+2^4=4\times2^4=2^2\times2^4=2^{2+4}=2^6$이므로 $a=6$

$2^4\times2^4\times2^4=2^{4+4+4}=2^{12}$이므로 $b=12$

∴ $a+b=6+12=18$

08 $4^3\times5^5=(2^2)^3\times5^5=2^6\times5^5=2\times2^5\times5^5$

$=2\times(2\times5)^5=2\times10^5$

따라서 $4^3\times5^5$은 6자리 자연수이므로 $n=6$

> **이것만은 꼭!**
> 자연수 A가 몇 자리 자연수인지 구하는 방법은 다음과 같다.
> ❶ $A=a\times10^n$의 꼴로 나타낸다. (단, a, n은 자연수)
> ⇨ $10^n=(2\times5)^n=2^n\times5^n$이므로 A의 소인수 중 2와 5의 지수가 같아지도록 변형한다. ◄── 2와 5의 지수 중 작은 쪽의 지수에 맞춘다.
> ❷ A의 자릿수는 (a의 자릿수)$+n$이다.

08-1 $2^9\times3^2\times5^7=2^2\times2^7\times3^2\times5^7=2^2\times3^2\times(2\times5)^7$

$=36\times10^7$

따라서 $2^9\times3^2\times5^7$은 9자리 자연수이다.

② 단항식의 곱셈과 나눗셈

개념 07 단항식의 곱셈과 나눗셈

개념 확인하기 32쪽

1 답 (1) $21xy$ (2) $-12x^2$ (3) $6a^3b$

(1) $7x\times3y=(7\times3)\times x\times y=21xy$

(2) $3x\times(-4x)=\{3\times(-4)\}\times(x\times x)=-12x^2$

(3) $2a^2\times3ab=(2\times3)\times(a^2\times a)\times b=6a^3b$

2 답 (1) $4a^2$ (2) $-7a$ (3) $8a^2$

(1) $12a^4\div3a^2=\dfrac{12a^4}{3a^2}=4a^2$

(2) $14a^5\div(-2a^4)=\dfrac{14a^5}{-2a^4}=-7a$

(3) $4a^3\div\dfrac{1}{2}a=4a^3\div\dfrac{a}{2}=4a^3\times\dfrac{2}{a}=8a^2$

대표문제 33쪽

01 답 (1) $7x^7$ (2) $12x^3y$ (3) $-32b^9$ (4) $-25a^5b^4$

(1) $(-x^2)^3\times(-7x)=(-x^6)\times(-7x)=7x^7$

(2) $(-2x)^2\times3xy=4x^2\times3xy=12x^3y$

(3) $(2b)^3\times b^4\times(-4b^2)=8b^3\times b^4\times(-4b^2)=-32b^9$

(4) $(-b)^3\times(5a^2)^2\times ab=(-b^3)\times25a^4\times ab=-25a^5b^4$

02 답 $(1) -\dfrac{2}{3}x^4y^2$ $(2)\,a^3b^7$ $(3)\,4x^3y^9$ $(4)\,\dfrac{a^6b^5}{8}$

$(2)\,8a^3b\times\left(\dfrac{b^2}{2}\right)^3=8a^3b\times\dfrac{b^6}{8}=a^3b^7$

$(3)\,y^4\times\left(-\dfrac{2}{3}xy^2\right)^2\times9xy=y^4\times\dfrac{4}{9}x^2y^4\times9xy=4x^3y^9$

$(4)\,\dfrac{8a^2}{b^3}\times\left(-\dfrac{ab}{4}\right)^3\times(-ab^5)$

$\qquad=\dfrac{8a^2}{b^3}\times\left(-\dfrac{a^3b^3}{64}\right)\times(-ab^5)=\dfrac{a^6b^5}{8}$

03 답 $30a^3b^2$

$(\text{넓이})=\dfrac{1}{2}\times10a^2b\times6ab=30a^3b^2$

04 답 $(1)\,ab^3$ $(2)\,2x^2$ $(3)\,2$ $(4)\,\dfrac{1}{xy^3}$

$(1)\,(-ab^2)^2\div ab=a^2b^4\div ab=\dfrac{a^2b^4}{ab}=ab^3$

$(2)\,(-16x^5y^6)\div(-2xy^2)^3=(-16x^5y^6)\div(-8x^3y^6)$

$\qquad\qquad=\dfrac{-16x^5y^6}{-8x^3y^6}=2x^2$

$(3)\,12a^3\div2a^2\div3a=12a^3\times\dfrac{1}{2a^2}\times\dfrac{1}{3a}=2$

$(4)\,4x^2y^5\div(-2y)^2\div(xy^2)^3=4x^2y^5\div4y^2\div x^3y^6$

$\qquad\qquad=4x^2y^5\times\dfrac{1}{4y^2}\times\dfrac{1}{x^3y^6}$

$\qquad\qquad=\dfrac{1}{xy^3}$

05 답 $(1)\,20x^4$ $(2)-\dfrac{x^2y^9}{2}$ $(3)-\dfrac{1}{6}$ $(4)\,\dfrac{x^6}{6y^4}$

$(1)\,5x^6\div\left(-\dfrac{1}{2}x\right)^2=5x^6\div\dfrac{x^2}{4}=5x^6\times\dfrac{4}{x^2}=20x^4$

$(2)\,(xy^2)^4\div\left(-\dfrac{2x^2}{y}\right)=x^4y^8\times\left(-\dfrac{y}{2x^2}\right)=-\dfrac{x^2y^9}{2}$

$(3)\,3a^3\div\left(-\dfrac{9}{2}a\right)\div4a^2=3a^3\times\left(-\dfrac{2}{9a}\right)\times\dfrac{1}{4a^2}=-\dfrac{1}{6}$

$(4)\,\left(-\dfrac{x}{y}\right)^3\div\left(-\dfrac{2}{3}xy^3\right)\div\left(\dfrac{3}{x^2y}\right)^2$

$\qquad=\left(-\dfrac{x^3}{y^3}\right)\div\left(-\dfrac{2xy^3}{3}\right)\div\dfrac{9}{x^4y^2}$

$\qquad=\left(-\dfrac{x^3}{y^3}\right)\times\left(-\dfrac{3}{2xy^3}\right)\times\dfrac{x^4y^2}{9}=\dfrac{x^6}{6y^4}$

06 답 $(1)\,4x^3$ $(2)\,2a^4b^2$

$(1)\,4x^2\times\boxed{}=16x^5$에서

$\qquad\boxed{}=16x^5\div4x^2=\dfrac{16x^5}{4x^2}=4x^3$

$(2)\,10a^6b^3\div\boxed{}=5a^2b$에서

$\qquad\boxed{}=10a^6b^3\div5a^2b=\dfrac{10a^6b^3}{5a^2b}=2a^4b^2$

개념 확인하기 ·· **34**쪽

1 답 $(1)\,3xy^2,\ 3,\ xy^2,\ 8x^2y$ $(2)\,4y^2,\ 4y^2,\ 4,\ y^2,\ 3x^2y$

대표문제 **35**쪽

01 답 $(1)-4xy^2$ $(2)\,\dfrac{a^2}{6}$ $(3)\,xy$

$(1)\,12x^2y\div6x\times(-2y)=12x^2y\times\dfrac{1}{6x}\times(-2y)$

$\qquad\qquad=-4xy^2$

$(2)\,ab^2\times\dfrac{5}{2}ab\div15b^3=ab^2\times\dfrac{5}{2}ab\times\dfrac{1}{15b^3}=\dfrac{a^2}{6}$

$(3)\,\left(-\dfrac{x^2}{8}\right)\div\dfrac{3xy^2}{4}\times(-6y^3)=\left(-\dfrac{x^2}{8}\right)\times\dfrac{4}{3xy^2}\times(-6y^3)$

$\qquad\qquad=xy$

02 답 $(1)\,12x^5$ $(2)\,48a^3b^3$ $(3)-2x^2y^6$

$(1)\,(-3x^2)^2\times4x^2\div3x=9x^4\times4x^2\times\dfrac{1}{3x}=12x^5$

$(2)\,a^2b\times(-2ab)^4\div\dfrac{1}{3}a^3b^2=a^2b\times16a^4b^4\times\dfrac{3}{a^3b^2}$

$\qquad\qquad=48a^3b^3$

$(3)\,(-xy^3)^3\div\dfrac{x^3}{2y}\times\left(-\dfrac{x}{y^2}\right)^2=(-x^3y^9)\div\dfrac{x^3}{2y}\times\dfrac{x^2}{y^4}$

$\qquad\qquad=(-x^3y^9)\times\dfrac{2y}{x^3}\times\dfrac{x^2}{y^4}$

$\qquad\qquad=-2x^2y^6$

03 답 ㄱ, ㄴ

ㄷ. $(a\div b)\times c=\dfrac{a}{b}\times c=\dfrac{ac}{b}$

ㄹ. $a\div(b\div c)=a\div\dfrac{b}{c}=a\times\dfrac{c}{b}=\dfrac{ac}{b}$

이상에서 옳은 것은 ㄱ, ㄴ이다.

04 답 $-a^3b^5$

$(\text{나})=(ab^2)^4\times\left(-\dfrac{a^3}{b}\right)^3\div(-a^5)^2$

$\qquad=a^4b^8\times\left(-\dfrac{a^9}{b^3}\right)\div a^{10}=a^4b^8\times\left(-\dfrac{a^9}{b^3}\right)\times\dfrac{1}{a^{10}}$

$\qquad=-a^3b^5$

05 답 8

$\left(-\dfrac{15}{2}x^3y^2\right)\times\dfrac{6}{5}x^2y\div(-3xy^2)$

$\qquad=\left(-\dfrac{15}{2}x^3y^2\right)\times\dfrac{6}{5}x^2y\times\left(-\dfrac{1}{3xy^2}\right)=3x^4y$

따라서 $a=3$, $b=4$, $c=1$이므로

$a+b+c=3+4+1=8$

06 답 (1) $8a$ (2) $4x^3y^2$ (3) $\dfrac{2}{3}xy^5$

(1) $(-2a^2)\times(-12a)\div\boxed{}=3a^2$에서

$\boxed{}=(-2a^2)\times(-12a)\div 3a^2$

$\phantom{\boxed{}}=(-2a^2)\times(-12a)\times\dfrac{1}{3a^2}$

$\phantom{\boxed{}}=8a$

(2) $6xy^4\div\boxed{}\times(-2xy)^3=-12xy^5$에서

$\boxed{}=6xy^4\times(-2xy)^3\div(-12xy^5)$

$\phantom{\boxed{}}=6xy^4\times(-8x^3y^3)\times\left(-\dfrac{1}{12xy^5}\right)$

$\phantom{\boxed{}}=4x^3y^2$

(3) $\boxed{}\times\left(-\dfrac{2}{3}x^2y^2\right)^3\div\left(\dfrac{1}{3}xy^3\right)^3=-\dfrac{16}{3}x^4y^2$에서

$\boxed{}=\left(-\dfrac{16}{3}x^4y^2\right)\times\left(\dfrac{1}{3}xy^3\right)^3\div\left(-\dfrac{2}{3}x^2y^2\right)^3$

$\phantom{\boxed{}}=\left(-\dfrac{16}{3}x^4y^2\right)\times\dfrac{x^3y^9}{27}\div\left(-\dfrac{8}{27}x^6y^6\right)$

$\phantom{\boxed{}}=\left(-\dfrac{16}{3}x^4y^2\right)\times\dfrac{x^3y^9}{27}\times\left(-\dfrac{27}{8x^6y^6}\right)$

$\phantom{\boxed{}}=\dfrac{2}{3}xy^5$

소단원 핵심문제 36쪽

01 ④	02 ⑤	03 $4x^3y^2$	04 $\dfrac{7}{5}x$	04-1 $2a^4b^{10}$

01 ④ $20x^5y^3\div 5x^2y\div 2xy=20x^5y^3\times\dfrac{1}{5x^2y}\times\dfrac{1}{2xy}=2x^2y$

02 $(-3x^2y^a)^3\div\dfrac{3}{2}x^by^5=(-27x^6y^{3a})\times\dfrac{2}{3x^by^5}$

$\phantom{(-3x^2y^a)^3\div\dfrac{3}{2}x^by^5}=-18x^{6-b}y^{3a-5}$

따라서 $-18=-c,\ 6-b=2,\ 3a-5=1$이므로

$a=2,\ b=4,\ c=18$

$\therefore a+b+c=2+4+18=24$

03 $(-2x^2y)^3\div\boxed{}\times\left(-\dfrac{1}{2}xy\right)=x^4y^2$에서

$\boxed{}=(-2x^2y)^3\times\left(-\dfrac{1}{2}xy\right)\div x^4y^2$

$\phantom{\boxed{}}=(-8x^6y^3)\times\left(-\dfrac{1}{2}xy\right)\times\dfrac{1}{x^4y^2}$

$\phantom{\boxed{}}=4x^3y^2$

04 어떤 단항식을 $\boxed{}$라 하면

$\boxed{}\times 5x^2y=35x^5y^2$

$\therefore \boxed{}=35x^5y^2\div 5x^2y=\dfrac{35x^5y^2}{5x^2y}=7x^3y$

따라서 바르게 계산하면

$7x^3y\div 5x^2y=\dfrac{7x^3y}{5x^2y}=\dfrac{7}{5}x$

04-1 어떤 단항식을 $\boxed{}$라 하면

$\boxed{}\div\left(-\dfrac{b^3}{2a}\right)=8a^6b^4$

$\therefore \boxed{}=8a^6b^4\times\left(-\dfrac{b^3}{2a}\right)=-4a^5b^7$

따라서 바르게 계산하면

$-4a^5b^7\times\left(-\dfrac{b^3}{2a}\right)=2a^4b^{10}$

중단원 마무리문제 37~39쪽

01 ④	02 ②	03 ③	04 2	05 17
06 -18	07 ③	08 ②	09 9배	10 ⑤
11 ④	12 $3x^2y^4$	13 $36y^5$	14 ①, ③	15 ③
16 ④	17 $144x^2y$	18 $16x^4y^4$		

01 ① $a^2\times a^3=a^{2+3}=a^5$

② $a^8\div a^4=a^{8-4}=a^4$

③ $(a^3)^4\div a^4=a^{12}\div a^4=a^{12-4}=a^8$

⑤ $\left(\dfrac{b^3}{a^2}\right)^3=\dfrac{(b^3)^3}{(a^2)^3}=\dfrac{b^9}{a^6}$

따라서 옳은 것은 ④이다.

02 ① $a^\square\times a^5=a^{\square+5}$이므로 $\square+5=8$ $\therefore \square=3$

② $(a^\square)^5=a^{\square\times5}$이므로 $\square\times5=10$ $\therefore \square=2$

③ $a^\square\div a^4=1$이므로 $\square=4$

④ $(ab^2)^3=a^3b^6$이므로 $\square=6$

⑤ $(a^3)^2\times a^\square=a^6\times a^\square=a^{6+\square}$이므로

$6+\square=9$ $\therefore \square=3$

따라서 $\square$ 안에 알맞은 수가 가장 작은 것은 ②이다.

03 $(-1)^n\times(-1)^{n+2}\times(-1)^{2n}=(-1)^{n+n+2+2n}$

$\phantom{(-1)^n\times(-1)^{n+2}\times(-1)^{2n}}=(-1)^{4n+2}=1$

> **이것만은 꼭!**
> $(-1)^n=\begin{cases} 1\ (n\text{이 짝수}) \\ -1\ (n\text{이 홀수}) \end{cases}$

04 $10\times20\times30=(2\times5)\times(2^2\times5)\times(2\times3\times5)$

$=2^4\times3\times5^3$

따라서 $a=4,\ b=1,\ c=3$이므로

$a+b-c=4+1-3=2$

05
$$(x^2)^a \times (y^3)^3 \times x \times y^4 = x^{2a} \times y^9 \times x \times y^4$$
$$= x^{2a+1}y^{13} \qquad \cdots \text{㉮}$$
따라서 $2a+1=9$, $13=b$이므로
$$a=4, \ b=13 \qquad \cdots \text{㉯}$$
$$\therefore a+b=4+13=17 \qquad \cdots \text{㉰}$$

단계	채점 기준	배점 비율
㉮	주어진 식의 좌변을 간단히 하기	40 %
㉯	a, b의 값 각각 구하기	40 %
㉰	$a+b$의 값 구하기	20 %

06 $(4x^3)^2=16x^6$이므로 $a=6$
$$\left(\frac{x^5}{y^a}\right)^4 = \left(\frac{x^5}{y^6}\right)^4 = \frac{x^{20}}{y^{24}} \text{이므로} \ b=24$$
$$\therefore a-b=6-24=-18$$

07 $8^3(4^2+4^2+4^2+4^2) = (2^3)^3 \times (4 \times 4^2) = 2^9 \times 4^3$
$$= 2^9 \times (2^2)^3 = 2^9 \times 2^6 = 2^{15}$$
$$\therefore a=15$$

08 $75=3 \times 5^2$이므로
$$75^2 = (3 \times 5^2)^2 = 3^2 \times 5^4 = 3^2 \times (5^2)^2 = AB^2$$

09 1번, 2번, 3번, $\cdots$ 접은 종이의 두께는 3, 3^2, 3^3, $\cdots$
이므로 8번 접은 종이의 두께는 3^8이고, 6번 접은 종이의 두께
는 3^6이다.
따라서 8번 접은 종이의 두께는 6번 접은 종이의 두께의
$3^8 \div 3^6 = 3^2 = 9(\text{배})$이다.

10 ① $3x^2 \times 5x^5 = 15x^7$
② $3x^2y \times (-2xy^2)^3 = 3x^2y \times (-8x^3y^6) = -24x^5y^7$
③ $\frac{3}{2}x^2y^4 \times \left(-\frac{4}{3}xy^3\right) = -2x^3y^7$
④ $3x^3y^5 \div \frac{3}{2}x^3y^4 = 3x^3y^5 \times \frac{2}{3x^3y^4} = 2y$
⑤ $(-4x^2y^3)^2 \div \left(-\frac{8}{5}x^4y\right) = 16x^4y^6 \times \left(-\frac{5}{8x^4y}\right) = -10y^5$
따라서 옳은 것은 ⑤이다.

11 $(-x^{\text{㉮}}y)^3 \div (-4xy^{\text{㉯}})^2 = -\frac{x^{3 \times \text{㉮}}y^3}{16x^2y^{2 \times \text{㉯}}}$
즉, $-\frac{x^{3 \times \text{㉮}}y^3}{16x^2y^{2 \times \text{㉯}}} = -\frac{x^4}{16y^3}$이므로
$x^{3 \times \text{㉮}} \div x^2 = x^4$에서 $3 \times \boxed{\text{㉮}} - 2 = 4$
$$\therefore \boxed{\text{㉮}} = 2$$
$y^3 \div y^{2 \times \text{㉯}} = \frac{1}{y^3}$에서 $2 \times \boxed{\text{㉯}} - 3 = 3$
$$\therefore \boxed{\text{㉯}} = 3$$
따라서 ㉮, ㉯에 알맞은 자연수의 합은
$$2+3=5$$

12 상자의 밑넓이는
$$3x \times 2y = 6xy$$
상자의 높이를 $\boxed{}$라 하면
$$6xy \times \boxed{} = 18x^3y^5$$
$$\therefore \boxed{} = 18x^3y^5 \div 6xy = \frac{18x^3y^5}{6xy} = 3x^2y^4$$

13 어떤 식을 $\boxed{}$라 하면
$$(-12xy^3) \div \boxed{} = 4x^2y \qquad \cdots \text{㉮}$$
$$\therefore \boxed{} = (-12xy^3) \div 4x^2y = \frac{-12xy^3}{4x^2y} = -\frac{3y^2}{x} \qquad \cdots \text{㉯}$$
따라서 바르게 계산하면
$$(-12xy^3) \times \left(-\frac{3y^2}{x}\right) = 36y^5 \qquad \cdots \text{㉰}$$

단계	채점 기준	배점 비율
㉮	잘못 계산한 식 세우기	20 %
㉯	어떤 식 구하기	40 %
㉰	바르게 계산한 식 구하기	40 %

14 ① $x \times y \div z = x \times y \times \frac{1}{z} = \frac{xy}{z}$
③ $x \div (y \times z) = x \div yz = \frac{x}{yz}$
따라서 옳지 않은 것은 ①, ③이다.

15 $2x^2y^3 \div 6x^8y^4 \times (-3x^4y)^2 = 2x^2y^3 \times \frac{1}{6x^8y^4} \times 9x^8y^2$
$$= 3x^2y$$
따라서 $A=3$, $B=2$, $C=1$이므로
$$ABC = 3 \times 2 \times 1 = 6$$

16 $\left(\frac{1}{xy^3}\right)^2 \times (5x^4y^3)^2 \div \boxed{} = \frac{5x^6}{y}$에서
$$\boxed{} = \left(\frac{1}{xy^3}\right)^2 \times (5x^4y^3)^2 \div \frac{5x^6}{y}$$
$$= \frac{1}{x^2y^6} \times 25x^8y^6 \times \frac{y}{5x^6} = 5y$$

17 $A = 12x^4y \div (-3x^3y) \times (2x^2y)^2$
$$= 12x^4y \times \left(-\frac{1}{3x^3y}\right) \times 4x^4y^2 = -16x^5y^2 \qquad \cdots \text{㉮}$$
$B = \frac{2}{3}xy^3 \times \left(-\frac{1}{2}x^2y\right)^3 \div \frac{3}{4}x^4y^5$
$$= \frac{2}{3}xy^3 \times \left(-\frac{1}{8}x^6y^3\right) \times \frac{4}{3x^4y^5} = -\frac{x^3y}{9} \qquad \cdots \text{㉯}$$
$$\therefore A \div B = (-16x^5y^2) \div \left(-\frac{x^3y}{9}\right)$$
$$= (-16x^5y^2) \times \left(-\frac{9}{x^3y}\right) = 144x^2y \qquad \cdots \text{㉰}$$

단계	채점 기준	배점 비율
㉮	A를 간단히 하기	40 %
㉯	B를 간단히 하기	40 %
㉰	$A \div B$를 간단히 하기	20 %

18 전략 먼저 A, B에 알맞은 식을 구한 다음 C에 알맞은 식을 구한다.

$12x^3y^4=(-3xy^2)\times A$에서

$A=12x^3y^4\div(-3xy^2)=12x^3y^4\times\left(-\dfrac{1}{3xy^2}\right)=-4x^2y^2$

$-\dfrac{2}{3}x^5y^7=12x^3y^4\times B$에서

$B=\left(-\dfrac{2}{3}x^5y^7\right)\div12x^3y^4=\left(-\dfrac{2}{3}x^5y^7\right)\times\dfrac{1}{12x^3y^4}=-\dfrac{x^2y^3}{18}$

$B=A\times C$에서 $-\dfrac{x^2y^3}{18}=(-4x^2y^2)\times C$이므로

$C=\left(-\dfrac{x^2y^3}{18}\right)\div(-4x^2y^2)=\left(-\dfrac{x^2y^3}{18}\right)\times\left(-\dfrac{1}{4x^2y^2}\right)=\dfrac{y}{72}$

$\therefore B\times A\div C=\left(-\dfrac{x^2y^3}{18}\right)\times(-4x^2y^2)\div\dfrac{y}{72}$

$=\left(-\dfrac{x^2y^3}{18}\right)\times(-4x^2y^2)\times\dfrac{72}{y}=16x^4y^4$

이런 풀이 어때요?

$B=A\times C$에서 $C=\dfrac{B}{A}$이므로

$B\times A\div C=B\times A\div\dfrac{B}{A}=B\times A\times\dfrac{A}{B}=A^2$

$A=-4x^2y^2$이므로 $A^2=(-4x^2y^2)^2=16x^4y^4$

🔍 창의·융합 문제
39쪽

큰 정삼각형 모양의 천을 자를 때, [1단계], [2단계], [3단계], $\cdots$ 에서 남은 천 조각의 개수를 각각 구하면 다음과 같다.

단계	1단계	2단계	3단계	$\cdots$
남은 천 조각의 개수	3개	$3^{\boxed{2}}$개	$3^{\boxed{3}}$개	$\cdots$

… ❶

한 단계가 증가할 때마다 남은 천 조각의 개수는 전 단계의 천 조각의 개수의 3배이다. 즉, [4단계]에서 남은 천 조각의 개수는 3^4개, [5단계]에서 남은 천 조각의 개수는 3^5개이다. … ❷

[5단계]에서 남은 천 조각의 개수는 [2단계]에서 남은 천 조각의 개수의 $3^5\div3^2=3^3=27$(배)이다. … ❸

답 27배

📘 교과서 속 서술형 문제
40~41쪽

1 ❶ 20을 소인수분해하면?

$20=2^{\boxed{2}}\times5$

❷ $20^3\times5^4$을 소인수분해하면?

$20^3\times5^4=(2^{\boxed{2}}\times5)^3\times5^4=2^6\times5^3\times5^4$

$=2^{\boxed{6}}\times5^{\boxed{7}}$ … ㉮

❸ ❷에서 소인수분해한 것을 $a\times10^b$의 꼴로 나타내어 a, b의 값을 각각 구하면?

$2^{\boxed{6}}\times5^{\boxed{7}}=\boxed{5}\times(2^6\times5^6)=5\times(2\times5)^6=\boxed{5}\times10^{\boxed{6}}$

$\therefore a=\boxed{5}$, $b=\boxed{6}$ … ㉯

❹ $20^3\times5^4$은 몇 자리 자연수인가?

$20^3\times5^4=\boxed{5}\times10^{\boxed{6}}$이므로

$20^3\times5^4$은 $\boxed{7}$자리 자연수이다. … ㉰

단계	채점 기준	배점 비율
㉮	주어진 수를 소인수분해하기	30 %
㉯	a, b의 값 각각 구하기	50 %
㉰	몇 자리 자연수인지 구하기	20 %

2 ❶ 8을 소인수분해하면?

$8=2^3$

❷ $(2^2)^2\times(5^3)^3\times8^3$을 소인수분해하면?

$(2^2)^2\times(5^3)^3\times8^3=(2^2)^2\times(5^3)^3\times(2^3)^3$

$=2^4\times5^9\times2^9$

$=2^{13}\times5^9$ … ㉮

❸ ❷에서 소인수분해한 것을 $a\times10^b$의 꼴로 나타내어 a, b의 값을 각각 구하면?

$2^{13}\times5^9=2^4\times(2^9\times5^9)$

$=2^4\times(2\times5)^9=16\times10^9$

$\therefore a=16$, $b=9$ … ㉯

❹ $(2^2)^2\times(5^3)^3\times8^3$은 몇 자리 자연수인가?

$(2^2)^2\times(5^3)^3\times8^3=16\times10^9$이므로

$(2^2)^2\times(5^3)^3\times8^3$은 11자리 자연수이다. … ㉰

단계	채점 기준	배점 비율
㉮	주어진 수를 소인수분해하기	30 %
㉯	a, b의 값 각각 구하기	50 %
㉰	몇 자리 자연수인지 구하기	20 %

3 $A=5^{x+1}=5^x\times5$에서 $5^x=\dfrac{A}{5}$이므로 … ㉮

$125^x=(5^3)^x=5^{3x}=(5^x)^3$

$=\left(\dfrac{A}{5}\right)^3=\dfrac{A^3}{125}$ … ㉯

$\therefore k=\dfrac{1}{125}$ … ㉰

답 $\dfrac{1}{125}$

단계	채점 기준	배점 비율
㉮	5^x을 A를 사용하여 나타내기	40 %
㉯	125^x을 A를 사용하여 나타내기	40 %
㉰	k의 값 구하기	20 %

4

$$(-a^3b^4)^3 \div \left(-\frac{1}{2}a^5b^3\right)^2 \times \frac{a^3}{b^5} = (-a^9b^{12}) \div \frac{1}{4}a^{10}b^6 \times \frac{a^3}{b^5}$$

$$= (-a^9b^{12}) \times \frac{4}{a^{10}b^6} \times \frac{a^3}{b^5}$$

$$= -4a^2b \qquad \cdots \text{㉮}$$

$a=-2$, $b=3$을 $-4a^2b$에 대입하면

$$-4 \times (-2)^2 \times 3 = -4 \times 4 \times 3 = -48 \qquad \cdots \text{㉯}$$

답 -48

단계	채점 기준	배점 비율
㉮	주어진 식을 간단히 하기	70 %
㉯	식의 값 구하기	30 %

5 원뿔의 밑넓이는

$$\pi \times (4ab)^2 = 16\pi a^2b^2 \qquad \cdots \text{㉮}$$

원뿔의 높이를 $\boxed{}$ 라 하면

$$\frac{1}{3} \times 16\pi a^2b^2 \times \boxed{} = 48\pi a^3b^2 \qquad \cdots \text{㉯}$$

$$\therefore \boxed{} = 48\pi a^3b^2 \div \frac{16}{3}\pi a^2b^2$$

$$= 48\pi a^3b^2 \times \frac{3}{16\pi a^2b^2}$$

$$= 9a \qquad \cdots \text{㉰}$$

답 $9a$

단계	채점 기준	배점 비율
㉮	원뿔의 밑넓이 구하기	30 %
㉯	원뿔의 부피 구하는 식 세우기	20 %
㉰	원뿔의 높이 구하기	50 %

6 $a \diamond b = a^2b$이므로 $4x^2y \diamond A = (4x^2y)^2 \times A$

즉, $(4x^2y)^2 \times A = 16x^8y^3$이므로

$$A = 16x^8y^3 \div (4x^2y)^2 = 16x^8y^3 \div 16x^4y^2$$

$$= \frac{16x^8y^3}{16x^4y^2} = x^4y \qquad \cdots \text{㉮}$$

$a \blacktriangle b = ab^2$이므로 $B \blacktriangle (-2x) = B \times (-2x)^2$

즉, $B \times (-2x)^2 = 12x^3y^2$이므로

$$B = 12x^3y^2 \div (-2x)^2 = 12x^3y^2 \div 4x^2$$

$$= \frac{12x^3y^2}{4x^2} = 3xy^2 \qquad \cdots \text{㉯}$$

$$\therefore \frac{A}{B} = \frac{x^4y}{3xy^2} = \frac{x^3}{3y} \qquad \cdots \text{㉰}$$

답 $\dfrac{x^3}{3y}$

단계	채점 기준	배점 비율
㉮	식 A 구하기	40 %
㉯	식 B 구하기	40 %
㉰	$\dfrac{A}{B}$를 간단히 하기	20 %

---

03 다항식의 계산

❶ 다항식의 덧셈과 뺄셈

개념 09 다항식의 덧셈과 뺄셈

개념 확인하기 ···································· 44쪽

1 **답** (1) $6b$, $4a$, 5, 9 (2) $3b$, $7b$, -2, 10

대표문제 45쪽

01 **답** (1) $x-2y$ (2) $4a+5b-5$
(3) $17x-19y$ (4) $2x-14y+9$

(1) $(-x+3y)+(2x-5y) = -x+3y+2x-5y$
$= x-2y$

(2) $(a+9b-6)+(3a-4b+1)$
$= a+9b-6+3a-4b+1$
$= 4a+5b-5$

(3) $3(5x-4y)-(-2x+7y)$
$= 15x-12y+2x-7y$
$= 17x-19y$

(4) $(4x-8y+5)-2(x+3y-2)$
$= 4x-8y+5-2x-6y+4$
$= 2x-14y+9$

02 **답** (1) 4, 3, 17, 23 (2) $\dfrac{7a+7b}{6}$ (3) $-\dfrac{1}{20}a+\dfrac{7}{3}b$

(2) $\dfrac{3a-b}{2} - \dfrac{a-5b}{3} = \dfrac{3(3a-b)-2(a-5b)}{6}$

$$= \frac{9a-3b-2a+10b}{6}$$

$$= \frac{7a+7b}{6}$$

(3) $\left(\dfrac{1}{5}a+b\right) - \left(\dfrac{1}{4}a - \dfrac{4}{3}b\right) = \dfrac{1}{5}a+b-\dfrac{1}{4}a+\dfrac{4}{3}b$

$$= \frac{4}{20}a - \frac{5}{20}a + \frac{3}{3}b + \frac{4}{3}b$$

$$= -\frac{1}{20}a + \frac{7}{3}b$$

03 **답** $\dfrac{4}{3}$

$\left(\dfrac{1}{3}x - \dfrac{3}{2}y\right) - \left(\dfrac{5}{6}x + \dfrac{1}{3}y\right) = \dfrac{1}{3}x - \dfrac{3}{2}y - \dfrac{5}{6}x - \dfrac{1}{3}y$

$$= -\frac{1}{2}x - \frac{11}{6}y$$

따라서 $a=-\dfrac{1}{2}$, $b=-\dfrac{11}{6}$이므로

$$a-b = \left(-\frac{1}{2}\right) - \left(-\frac{11}{6}\right) = \frac{4}{3}$$

04 답 $x-4y+5$

$2x+3y-1+\boxed{}=3x-y+4$에서

$\boxed{}=(3x-y+4)-(2x+3y-1)$

$\phantom{\boxed{}}=3x-y+4-2x-3y+1$

$\phantom{\boxed{}}=x-4y+5$

05 답 (1) $-4x+9y$ (2) $7x-4y$

(1) $-x+8y-\{4x-(x+y)\}=-x+8y-(4x-x-y)$

$\phantom{(1)-x+8y-\{4x-(x+y)\}}=-x+8y-(3x-y)$

$\phantom{(1)-x+8y-\{4x-(x+y)\}}=-x+8y-3x+y$

$\phantom{(1)-x+8y-\{4x-(x+y)\}}=-4x+9y$

(2) $3x-[2y+\{y-(4x-y)\}]=3x-\{2y+(y-4x+y)\}$

$\phantom{(2)3x-[2y+\{y-(4x-y)\}]}=3x-(2y+2y-4x)$

$\phantom{(2)3x-[2y+\{y-(4x-y)\}]}=3x-(4y-4x)$

$\phantom{(2)3x-[2y+\{y-(4x-y)\}]}=3x-4y+4x$

$\phantom{(2)3x-[2y+\{y-(4x-y)\}]}=7x-4y$

06 답 ④

$a-5b-[-2a+b+\{6-(2a-b)\}-7]$

$=a-5b-\{-2a+b+(6-2a+b)-7\}$

$=a-5b-(-4a+2b-1)$

$=a-5b+4a-2b+1$

$=5a-7b+1$

개념 **10** 이차식의 덧셈과 뺄셈

개념 확인하기 ····················· 46쪽

1 답 (1) × (2) ○ (3) ×

(3) $3a^2+2a-3a^2=2a$이므로 a에 대한 일차식이다.

2 답 (1) 4, 3, 7, 4 (2) 5, 2, 1, -2, 2, 3

대표문제 47쪽

01 답 (1) $2a^2+2a+4$ (2) $-3x^2+5x-7$

 (3) $4y^2+3y-9$ (4) a^2+2a+4

(1) $(-a^2+2a-1)+(3a^2+5)=-a^2+2a-1+3a^2+5$

$=2a^2+2a+4$

(2) $(x^2-3x+5)+4(-x^2+2x-3)$

$=x^2-3x+5-4x^2+8x-12=-3x^2+5x-7$

(3) $(3y^2-y)-(-y^2-4y+9)=3y^2-y+y^2+4y-9$

$=4y^2+3y-9$

---

(4) $(-5a^2+4a-3)-(-6a^2+2a-7)$

$=-5a^2+4a-3+6a^2-2a+7$

$=a^2+2a+4$

02 답 (1) $-3a^2-3a-\dfrac{1}{2}$ (2) $\dfrac{x^2-6x-5}{10}$

(1) $\left(-a^2-\dfrac{5}{2}a-\dfrac{2}{3}\right)+\left(-2a^2-\dfrac{1}{2}a+\dfrac{1}{6}\right)$

$=-a^2-\dfrac{5}{2}a-\dfrac{2}{3}-2a^2-\dfrac{1}{2}a+\dfrac{1}{6}$

$=-3a^2-3a-\dfrac{1}{2}$

(2) $\dfrac{x^2-4x-1}{2}-\dfrac{2x^2-7x}{5}$

$=\dfrac{5(x^2-4x-1)-2(2x^2-7x)}{10}$

$=\dfrac{5x^2-20x-5-4x^2+14x}{10}$

$=\dfrac{x^2-6x-5}{10}$

03 답 -6

$4(2x^2-x+1)-3(x^2-3x+5)$

$=8x^2-4x+4-3x^2+9x-15$

$=5x^2+5x-11$

따라서 x^2의 계수는 5, 상수항은 -11이므로 구하는 합은

$5+(-11)=-6$

04 답 $-2x^2+2x-4$

$4x^2-x+1+A=2x^2+x-3$에서

$A=(2x^2+x-3)-(4x^2-x+1)$

$=2x^2+x-3-4x^2+x-1$

$=-2x^2+2x-4$

05 답 (1) $-3a^2+4a+2$ (2) $5x^2+12x-19$

(1) $2a^2-\{5a^2+3a-(7a+2)\}$

$=2a^2-(5a^2+3a-7a-2)$

$=2a^2-(5a^2-4a-2)$

$=2a^2-5a^2+4a+2$

$=-3a^2+4a+2$

(2) $5-[-3\{2x^2-4(2-x)\}+x^2]$

$=5-\{-3(2x^2-8+4x)+x^2\}$

$=5-(-6x^2+24-12x+x^2)$

$=5-(-5x^2-12x+24)$

$=5+5x^2+12x-24$

$=5x^2+12x-19$

06 **답** ④

$3x+1-[2x^2-x-\{3x-(x^2-x+2)\}]$
$=3x+1-\{2x^2-x-(3x-x^2+x-2)\}$
$=3x+1-\{2x^2-x-(-x^2+4x-2)\}$
$=3x+1-(2x^2-x+x^2-4x+2)$
$=3x+1-(3x^2-5x+2)$
$=3x+1-3x^2+5x-2$
$=-3x^2+8x-1$
따라서 $a=-3$, $b=8$, $c=-1$이므로
$abc=(-3)\times 8\times(-1)=24$

소단원 **핵심문제** 48쪽

01 ㄴ, ㄷ   **02** ③
03 (1) $-5x+23y$ (2) $-7a^2+13a+3$
04 $8a-3b-3$ **04-1** $x+13y-12$

01 ㄱ. $2(x+y)-(3x-2y+5)=2x+2y-3x+2y-5$
$\qquad\qquad\qquad\qquad\qquad\qquad =-x+4y-5$
ㄴ. $3(x^2-2x+1)+2(-x^2+x+4)$
$\quad =3x^2-6x+3-2x^2+2x+8$
$\quad =x^2-4x+11$
ㄷ. $\dfrac{2x^2-x+1}{3}-\dfrac{-x^2+2x-3}{2}$

$\quad =\dfrac{2(2x^2-x+1)-3(-x^2+2x-3)}{6}$

$\quad =\dfrac{4x^2-2x+2+3x^2-6x+9}{6}$

$\quad =\dfrac{7x^2-8x+11}{6}$

이상에서 옳은 것은 ㄴ, ㄷ이다.

02 $\boxed{}-2(x^2+3x-1)=-x^2+x+4$에서
$\boxed{}=(-x^2+x+4)+2(x^2+3x-1)$
$\qquad =-x^2+x+4+2x^2+6x-2$
$\qquad =x^2+7x+2$

03 (1) $5x-[3y-2\{x+y-3(2x-4y)\}]$
$=5x-\{3y-2(x+y-6x+12y)\}$
$=5x-\{3y-2(-5x+13y)\}$
$=5x-(3y+10x-26y)$
$=5x-(10x-23y)$
$=5x-10x+23y$
$=-5x+23y$

(2) $2a^2-[-\{5a-4(a^2-2a)\}+5a^2-3]$
$=2a^2-\{-(5a-4a^2+8a)+5a^2-3\}$
$=2a^2-\{-(-4a^2+13a)+5a^2-3\}$
$=2a^2-(4a^2-13a+5a^2-3)$
$=2a^2-(9a^2-13a-3)=2a^2-9a^2+13a+3$
$=-7a^2+13a+3$

04 어떤 다항식을 $\boxed{}$라 하면
$6a-5b+1-\boxed{}=4a-7b+5$
$\therefore \boxed{}=(6a-5b+1)-(4a-7b+5)$
$\qquad\quad =2a+2b-4$
따라서 바르게 계산하면
$(6a-5b+1)+(2a+2b-4)=8a-3b-3$

04-1 어떤 다항식을 $\boxed{}$라 하면
$\boxed{}-(2x+4y-3)=-3x+5y-6$
$\therefore \boxed{}=(-3x+5y-6)+(2x+4y-3)$
$\qquad\quad =-x+9y-9$
따라서 바르게 계산하면
$(-x+9y-9)+(2x+4y-3)=x+13y-12$

❷ 단항식과 다항식의 곱셈과 나눗셈

개념 **11** 단항식과 다항식의 곱셈과 나눗셈

개념 확인하기 49쪽

1 **답** (1) $3x$, x, $3x^2+3x$ (2) $3x$, $3x$, $3x$, $3x+y$

대표문제 50쪽

01 **답** (1) $15x^2+6xy$ (2) $2x-3x^2$ (3) $2xy-10y^2$
$\quad$ (4) $-8x^2y+4xy^2-12xy$ (5) $-4a^2-3ab+2a$

02 **답** (1) $6x^2-4xy-3y^2$ (2) $2xy$
(1) $2x(3x-5y)-3y(y-2x)=6x^2-10xy-3y^2+6xy$
$\qquad\qquad\qquad\qquad\qquad\qquad =6x^2-4xy-3y^2$
(2) $6x\left(\dfrac{1}{3}x-\dfrac{1}{2}y\right)-4x\left(\dfrac{1}{2}x-\dfrac{5}{4}y\right)=2x^2-3xy-2x^2+5xy$
$\qquad\qquad\qquad\qquad\qquad\qquad\qquad =2xy$

03 **답** ④
$-2x(3x-2y+1)=-6x^2+4xy-2x$
따라서 xy의 계수는 4이다.

개념교재편

04 📝 (1) $-\dfrac{1}{3}a+1$ (2) $-3x^2-4y$ (3) $-6ab+4b$

        (4) $-\dfrac{3}{2}x+y-\dfrac{1}{2}$

(1) $(-2ab+6b)\div 6b=\dfrac{-2ab+6b}{6b}$

                 $=-\dfrac{1}{3}a+1$

(2) $(9x^2y+12y^2)\div(-3y)=\dfrac{9x^2y+12y^2}{-3y}$

                          $=-3x^2-4y$

(3) $(3ab^2-2b^2)\div\left(-\dfrac{b}{2}\right)=(3ab^2-2b^2)\times\left(-\dfrac{2}{b}\right)$

                         $=-6ab+4b$

(4) $(6x^2y-4xy^2+2xy)\div(-4xy)$

      $=\dfrac{6x^2y-4xy^2+2xy}{-4xy}$

      $=-\dfrac{3}{2}x+y-\dfrac{1}{2}$

05 📝 (1) $2x^2-5x-\dfrac{11}{3}$ (2) $2a-6b$

(1) $(6x^3-9x^2+x)\div 3x+(4x^2+8x)\div(-2x)$

    $=\dfrac{6x^3-9x^2+x}{3x}+\dfrac{4x^2+8x}{-2x}$

    $=2x^2-3x+\dfrac{1}{3}-2x-4$

    $=2x^2-5x-\dfrac{11}{3}$

(2) $\dfrac{4ab-5b^2}{b}-\dfrac{2a^3+a^2b}{a^2}=4a-5b-(2a+b)$

                        $=4a-5b-2a-b$

                        $=2a-6b$

06 📝 $-x^2+3x-6$

$(-2y)\times\boxed{}=2x^2y-6xy+12y$ 에서

$\boxed{}=(2x^2y-6xy+12y)\div(-2y)$

      $=\dfrac{2x^2y-6xy+12y}{-2y}$

      $=-x^2+3x-6$

개념 **12** 다항식의 혼합 계산

개념 확인하기 51쪽

1 📝 (1) x, $2y$, $2x$, $3x^2$, xy, $7xy$ (2) $3x$, $3y$, $3x$, $2x$, $5x$

대표문제   52쪽

01 📝 (1) $10x^2-4x$ (2) $7ab$ (3) $2a^2-9ab$ (4) $-3x^2$

(1) $\left(-3x^2+\dfrac{6}{5}x\right)\div 3x\times(-10x)$

   $=\left(-3x^2+\dfrac{6}{5}x\right)\times\dfrac{1}{3x}\times(-10x)$

   $=10x^2-4x$

(2) $2a\left(2a+\dfrac{5}{2}b\right)-(4a^3b-2a^2b^2)\div ab$

   $=2a\left(2a+\dfrac{5}{2}b\right)-\dfrac{4a^3b-2a^2b^2}{ab}$

   $=(4a^2+5ab)-(4a^2-2ab)=7ab$

(3) $(a^2b-2ab^2)\times 8a^2b\div(-2ab)^2-5ab$

   $=(a^2b-2ab^2)\times 8a^2b\div 4a^2b^2-5ab$

   $=(a^2b-2ab^2)\times 8a^2b\times\dfrac{1}{4a^2b^2}-5ab$

   $=(2a^2-4ab)-5ab=2a^2-9ab$

(4) $xy\left(\dfrac{y}{x}-\dfrac{x}{y}\right)-\dfrac{2x^3y+xy^3}{xy}=(y^2-x^2)-(2x^2+y^2)$

                               $=-3x^2$

02 📝 14

$(9x^2+18x^2y^2)\div 9x^2+3y(-8x-5y)$

$=\dfrac{9x^2+18x^2y^2}{9x^2}+3y(-8x-5y)$

$=1+2y^2-24xy-15y^2$

$=-13y^2-24xy+1$

따라서 $a=-13$, $b=1$이므로

$b-a=1-(-13)=14$

03 📝 $2a-3b+1$

$3b(a-1)-\{(4a^2b+2ab)\div(-2ab)+3ab\}$

$=3b(a-1)-\left(\dfrac{4a^2b+2ab}{-2ab}+3ab\right)$

$=3b(a-1)-(-2a-1+3ab)$

$=3ab-3b+2a+1-3ab$

$=2a-3b+1$

04 📝 $8x^3y+2x^2y^2$

(사다리꼴의 넓이)$=\dfrac{1}{2}\times\{(5x-y)+(-x+2y)\}\times 4x^2y$

                 $=\dfrac{1}{2}\times(4x+y)\times 4x^2y$

                 $=8x^3y+2x^2y^2$

05 📝 $2a-b$

(밑넓이)$=2a\times 3ab=6a^2b$이므로

직육면체의 높이를 $\boxed{}$라 하면

$6a^2b\times\boxed{}=12a^3b-6a^2b^2$

$\therefore \boxed{}=(12a^3b-6a^2b^2)\div 6a^2b=2a-b$

06 **답** (1) $3y-2$ (2) $y+3$

(1) $2x-y=2(2y-1)-y=4y-2-y=3y-2$

(2) $-x+3y+2=-(2y-1)+3y+2$
$\qquad =-2y+1+3y+2=y+3$

07 **답** $-2x+y$

$A+B=(x-y)+(-3x+2y)=-2x+y$

소단원 **핵심문제** 　　　　53~54쪽

01 ③　　02 ④　　03 ⑤
04 $-9a^3b^2+6ab^2-15ab$　　05 $-x-4$
06 a^2b-2ab^2　　07 $2xy+5$　08 2　　08-1 25

01 $-5x(x^2-2x+3)=-5x^3+10x^2-15x$

따라서 $a=-5$, $b=10$, $c=-15$이므로

$a+b-c=-5+10-(-15)=20$

02 $(4a^2b-8ab^2+ab)\div\dfrac{4}{5}ab=(4a^2b-8ab^2+ab)\times\dfrac{5}{4ab}$
$\qquad\qquad\qquad\qquad\qquad =5a-10b+\dfrac{5}{4}$

03 ① $-a(2a-b)=-2a^2+ab$

② $x^2-x(2x-1)=x^2-2x^2+x=-x^2+x$

③ $2(x^2+xy)\div x=(2x^2+2xy)\div x=2x+2y$

④ $(6a^2-3a)\div\dfrac{2}{3}a=(6a^2-3a)\times\dfrac{3}{2a}=9a-\dfrac{9}{2}$

⑤ $(-x^3y+2xy^2)\div\left(-\dfrac{1}{5}xy\right)$
$\qquad =(-x^3y+2xy^2)\times\left(-\dfrac{5}{xy}\right)=5x^2-10y$

따라서 옳은 것은 ⑤이다.

04 $\boxed{}\div\left(-\dfrac{3}{2}ab\right)=6a^2b-4b+10$에서

$\boxed{}=(6a^2b-4b+10)\times\left(-\dfrac{3}{2}ab\right)$
$\qquad =-9a^3b^2+6ab^2-15ab$

05 $\{4x(x-5)-x(7x-8)\}\div 3x$
$\quad =(4x^2-20x-7x^2+8x)\div 3x$
$\quad =(-3x^2-12x)\div 3x$
$\quad =\dfrac{-3x^2-12x}{3x}=-x-4$

06 (색칠한 부분의 넓이)$=(3a-b)\times 2ab-a^2\times 5b$
$\qquad\qquad\qquad\qquad =6a^2b-2ab^2-5a^2b$
$\qquad\qquad\qquad\qquad =a^2b-2ab^2$

07 $A=(x^4-x^3y+5x^2)\div x^2$
$\quad =\dfrac{x^4-x^3y+5x^2}{x^2}=x^2-xy+5$

$B=x(x-3y)=x^2-3xy$

$\therefore A-B=(x^2-xy+5)-(x^2-3xy)$
$\qquad\qquad =2xy+5$

08 $2(2x-y)-(4y^2-6xy)\div 2y$
$\quad =2(2x-y)-\dfrac{4y^2-6xy}{2y}$
$\quad =4x-2y-(2y-3x)$
$\quad =4x-2y-2y+3x=7x-4y$
$\quad =7\times 2-4\times 3=14-12=2$

08-1 $\dfrac{1}{2}x(6x-2y)+(9x^3y-3x^2y^2)\div 3xy$
$\quad =\dfrac{1}{2}x(6x-2y)+\dfrac{9x^3y-3x^2y^2}{3xy}$
$\quad =3x^2-xy+3x^2-xy=6x^2-2xy$
$\quad =6\times(-2)^2-2\times(-2)\times\dfrac{1}{4}$
$\quad =24+1=25$

중단원 **마무리문제** 　　　　55~57쪽

01 ⑤　　02 ④　　03 ①　　04 $-a+4b$
05 -64　06 9　　07 $-11a^2+5a-8$　08 ⑤
09 5, 10　10 16　　11 $-12a^2+9ab$　12 ②
13 (1) xy^2 (2) -18　14 $8x-y^2$ 15 $-\dfrac{3}{2}y^2+6xy$
16 $8\pi a^4b^2+20\pi b^2$　17 $4x-8y$
18 $4x^2-4xy$

01 $2(5x-4y+6)-(-2x+3y+7)$
$\quad =10x-8y+12+2x-3y-7=12x-11y+5$

따라서 x의 계수는 12, 상수항은 5이므로 구하는 합은
$12+5=17$

02 $\left(\dfrac{1}{3}a-\dfrac{3}{2}b+1\right)+\left(\dfrac{1}{6}a+\dfrac{3}{4}b-2\right)$
$\quad =\dfrac{1}{3}a+\dfrac{1}{6}a-\dfrac{3}{2}b+\dfrac{3}{4}b+1-2$
$\quad =\dfrac{2}{6}a+\dfrac{1}{6}a-\dfrac{6}{4}b+\dfrac{3}{4}b+1-2$
$\quad =\dfrac{1}{2}a-\dfrac{3}{4}b-1$

03 $4x+7y+\boxed{}=-x+5y$에서

$\boxed{}=(-x+5y)-(4x+7y)$
$\qquad =-x+5y-4x-7y=-5x-2y$

04 $5b-2a-\{3a-(4a+b)+2b\}$
$=5b-2a-(3a-4a-b+2b)$
$=5b-2a-(-a+b)$
$=5b-2a+a-b=-a+4b$

05 $(3x^2+x+5)-2\left(\dfrac{5}{2}x^2-\dfrac{7}{2}x+\dfrac{1}{2}\right)$
$=3x^2+x+5-5x^2+7x-1$
$=-2x^2+8x+4$
따라서 $a=-2, b=8, c=4$이므로
$abc=(-2)\times8\times4=-64$

06 $(ax^2+4x-1)-(2x^2-3x+4)$
$=ax^2+4x-1-2x^2+3x-4=(a-2)x^2+7x-5$ $\cdots$ ㉮
따라서 $a-2=7$이므로 $a=9$ $\cdots$ ㉯

단계	채점 기준	배점 비율
㉮	주어진 식 간단히 하기	50 %
㉯	a의 값 구하기	50 %

07 어떤 다항식을 $\boxed{}$ 라 하면
$\boxed{}+(3a^2-a+5)=-5a^2+3a+2$
$\therefore \boxed{}=(-5a^2+3a+2)-(3a^2-a+5)$
$=-5a^2+3a+2-3a^2+a-5$
$=-8a^2+4a-3$
따라서 바르게 계산하면
$(-8a^2+4a-3)-(3a^2-a+5)$
$=-8a^2+4a-3-3a^2+a-5$
$=-11a^2+5a-8$

08 ⑤ $(-4x^2+2x)\div\left(-\dfrac{x}{2}\right)=(-4x^2+2x)\times\left(-\dfrac{2}{x}\right)$
$=8x-4$
따라서 옳지 않은 것은 ⑤이다.

09 $3x(x+4y+4)-2x(-x+y-1)$
$=3x^2+12xy+12x+2x^2-2xy+2x$
$=5x^2+10xy+14x$
따라서 x^2의 계수는 5, xy의 계수는 10이다.

10 $\dfrac{9xy-12x^2}{-3x}-\dfrac{16y^2-20xy}{4y}=(-3y+4x)-(4y-5x)$
$=9x-7y$
따라서 $a=9, b=-7$이므로
$a-b=9-(-7)=16$

11 $A\div(-3a)=4a-3b$
$\therefore A=(4a-3b)\times(-3a)$
$=-12a^2+9ab$

12 $-5x(2x+7y)+\dfrac{x^2y-4x^2y^2+3xy^2}{xy}$
$=-10x^2-35xy+x-4xy+3y$
$=-10x^2-39xy+x+3y$
ㄴ. xy의 계수는 -39이다.
ㄷ. x의 계수는 1이다.
이상에서 옳은 것은 ㄱ, ㄹ이다.

13 (1) $2xy(-3x+2y)-(2x^3y^2-x^2y^3)\div\left(-\dfrac{1}{3}xy\right)$
$=2xy(-3x+2y)-(2x^3y^2-x^2y^3)\times\left(-\dfrac{3}{xy}\right)$
$=-6x^2y+4xy^2+6x^2y-3xy^2$
$=xy^2$ $\cdots$ ㉮
(2) $x=-2, y=3$을 xy^2에 대입하면
$xy^2=(-2)\times3^2=-18$ $\cdots$ ㉯

단계		채점 기준	배점 비율
(1)	㉮	주어진 식 간단히 하기	60 %
(2)	㉯	식의 값 구하기	40 %

14 삼각형의 높이를 $\boxed{}$ 라 하면
$\dfrac{1}{2}\times8xy\times\boxed{}=32x^2y-4xy^3$
$\therefore \boxed{}=(32x^2y-4xy^3)\div4xy$
$=\dfrac{32x^2y-4xy^3}{4xy}=8x-y^2$

15 전략 색칠한 부분의 넓이는 직사각형의 넓이에서 세 직각삼각형의 넓이의 합을 뺀 것과 같다.
(색칠한 부분의 넓이)
$=($직사각형의 넓이$)$
$-\{($①의 넓이$)+($②의 넓이$)$
$+($③의 넓이$)\}$
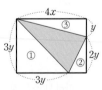
$=4x\times3y$
$-\left\{\dfrac{1}{2}\times3y\times3y+\dfrac{1}{2}\times(4x-3y)\times2y+\dfrac{1}{2}\times4x\times y\right\}$
$=12xy-\left(\dfrac{9}{2}y^2+4xy-3y^2+2xy\right)$
$=12xy-\left(\dfrac{3}{2}y^2+6xy\right)=-\dfrac{3}{2}y^2+6xy$

16 원기둥의 밑면의 반지름의 길이가 $2a^2b$이므로
(밑넓이)$=\pi\times(2a^2b)^2=4\pi a^4b^2$ $\cdots$ ㉮
원기둥의 부피가 $20\pi a^2b^3$이므로 높이를 $\boxed{}$ 라 하면
$4\pi a^4b^2\times\boxed{}=20\pi a^2b^3$
$\therefore \boxed{}=20\pi a^2b^3\div4\pi a^4b^2=\dfrac{20\pi a^2b^3}{4\pi a^4b^2}=\dfrac{5b}{a^2}$ $\cdots$ ㉯
따라서 원기둥의 겉넓이는
$2\times4\pi a^4b^2+2\pi\times2a^2b\times\dfrac{5b}{a^2}=8\pi a^4b^2+20\pi b^2$ $\cdots$ ㉰

단계	채점 기준	배점 비율
㉮	원기둥의 밑넓이 구하기	20 %
㉯	원기둥의 높이 구하기	40 %
㉰	원기둥의 겉넓이 구하기	40 %

(참고) 밑면의 반지름의 길이가 r, 높이가 h인 원기둥에서
① (부피)$=$(밑넓이)$\times$(높이)$=\pi r^2 h$
② (겉넓이)$=2\times$(밑넓이)$+$(옆넓이)$=2\pi r^2+2\pi rh$

17 $3(A-2B)-(A-4B)=3A-6B-A+4B$
$$=2A-2B$$
$$=2(4x-3y)-2(2x+y)$$
$$=8x-6y-4x-2y$$
$$=4x-8y$$

18 $(-1, 4x) \odot (8xy, x+y)=(-1)\times 8xy+4x(x+y)$
$$=-8xy+4x^2+4xy=4x^2-4xy$$

창의·융합 문제 57쪽

미래가 주문한 떡은 한 변의 길이가 a cm인 정사각형을 밑면으로 하고 높이가 5 cm인 직육면체이므로 주문한 떡의 부피는
$$a\times a\times 5=5a^2(\text{cm}^3) \qquad \cdots \text{❶}$$
집으로 배달된 떡은 밑면의 가로의 길이가 $(a+3)$ cm, 세로의 길이가 a cm이고 높이가 5 cm인 직육면체이므로 배달된 떡의 부피는
$$(a+3)\times a\times 5=5a^2+15a(\text{cm}^3) \qquad \cdots \text{❷}$$
$(5a^2+15a)-5a^2=15a(\text{cm}^3)$이므로 집으로 배달된 떡의 부피는 미래가 주문한 떡의 부피보다 $15a$ cm^{3}만큼 더 크다. $\qquad \cdots \text{❸}$

답 $15a$ cm^3

교과서 속 서술형 문제 58~59쪽

1 ❶ 어떤 다항식을 A라 할 때, 잘못 계산한 결과를 이용하여 식을 세우면?
어떤 다항식을 A라 하면 다항식 A를 $3xy^2$으로 나누어서 $4x^3y^5-\dfrac{1}{3}xy^4$이 되었으므로
$$A\div \boxed{3xy^2}=4x^3y^5-\frac{1}{3}xy^4 \qquad \cdots \text{㉮}$$

❷ 어떤 다항식 A를 구하면?
$A\div \boxed{3xy^2}=4x^3y^5-\dfrac{1}{3}xy^4$에서
$$A=\left(4x^3y^5-\frac{1}{3}xy^4\right)\times \boxed{3xy^2}$$
$$=4x^3y^5\times \boxed{3xy^2}-\frac{1}{3}xy^4\times \boxed{3xy^2}$$
$$=\boxed{12x^4y^7-x^2y^6} \qquad \cdots \text{㉯}$$

❸ 바르게 계산한 식을 구하면?
어떤 다항식이 $\boxed{12x^4y^7-x^2y^6}$이므로 바르게 계산하면
$$\left(\boxed{12x^4y^7-x^2y^6}\right)\times 3xy^2$$
$$=\boxed{12x^4y^7}\times 3xy^2-\boxed{x^2y^6}\times 3xy^2$$
$$=\boxed{36x^5y^9-3x^3y^8} \qquad \cdots \text{㉰}$$

단계	채점 기준	배점 비율
㉮	잘못 계산한 결과를 이용하여 식 세우기	30 %
㉯	어떤 다항식 구하기	40 %
㉰	바르게 계산한 식 구하기	30 %

2 ❶ 어떤 다항식을 A라 할 때, 잘못 계산한 결과를 이용하여 식을 세우면?
어떤 다항식을 A라 하면 다항식 A에 $-xy^2$을 곱해서 $5x^3y^5-3x^2y^4$이 되었으므로
$$A\times (-xy^2)=5x^3y^5-3x^2y^4 \qquad \cdots \text{㉮}$$

❷ 어떤 다항식 A를 구하면?
$A\times (-xy^2)=5x^3y^5-3x^2y^4$에서
$$A=(5x^3y^5-3x^2y^4)\div (-xy^2)$$
$$=\frac{5x^3y^5-3x^2y^4}{-xy^2}$$
$$=-5x^2y^3+3xy^2 \qquad \cdots \text{㉯}$$

❸ 바르게 계산한 식을 구하면?
어떤 다항식이 $-5x^2y^3+3xy^2$이므로 바르게 계산하면
$$(-5x^2y^3+3xy^2)\div (-xy^2)$$
$$=\frac{-5x^2y^3+3xy^2}{-xy^2}$$
$$=5xy-3 \qquad \cdots \text{㉰}$$

단계	채점 기준	배점 비율
㉮	잘못 계산한 결과를 이용하여 식 세우기	30 %
㉯	어떤 다항식 구하기	40 %
㉰	바르게 계산한 식 구하기	30 %

3 $x-\dfrac{3x-y+1}{2}-\dfrac{x-3y}{6}$
$$=\frac{6x-3(3x-y+1)-(x-3y)}{6}$$
$$=\frac{6x-9x+3y-3-x+3y}{6}$$
$$=\frac{-4x+6y-3}{6}$$
$$=-\frac{2}{3}x+y-\frac{1}{2} \qquad \cdots \text{㉮}$$
따라서 $a=-\dfrac{2}{3}$, $b=1$, $c=-\dfrac{1}{2}$이므로 $\qquad \cdots \text{㉯}$
$$a+b-c=-\frac{2}{3}+1-\left(-\frac{1}{2}\right)=\frac{5}{6} \qquad \cdots \text{㉰}$$

답 $\dfrac{5}{6}$

단계	채점 기준	배점 비율
㉮	주어진 식 간단히 하기	60 %
㉯	a, b, c의 값 각각 구하기	20 %
㉰	$a+b-c$의 값 구하기	20 %

4 $(4x^2-3x-1)+A=x^2+2x+6$이므로

$A=(x^2+2x+6)-(4x^2-3x-1)$

　　$=-3x^2+5x+7$ … ㉮

$(-2x^2+x-5)-B=-3x+1$이므로

$B=(-2x^2+x-5)-(-3x+1)$

　　$=-2x^2+4x-6$ … ㉯

$\therefore A+B=(-3x^2+5x+7)+(-2x^2+4x-6)$

　　　　　$=-5x^2+9x+1$ … ㉰

답 $-5x^2+9x+1$

단계	채점 기준	배점 비율
㉮	다항식 A 구하기	40 %
㉯	다항식 B 구하기	40 %
㉰	$A+B$ 간단히 하기	20 %

5 $-x(5x+y)+2y(-3x+4y)$

$=-5x^2-xy-6xy+8y^2$

$=-5x^2-7xy+8y^2$ … ㉮

따라서 $a=-5, b=-7, c=8$이므로 … ㉯

$a-b+c=-5-(-7)+8=10$ … ㉰

답 10

단계	채점 기준	배점 비율
㉮	주어진 식 간단히 하기	60 %
㉯	a, b, c의 값 각각 구하기	20 %
㉰	$a-b+c$의 값 구하기	20 %

6 $2x(-3x+5y)+\boxed{}\times\left(-\dfrac{1}{2}x\right)=3x^2-2xy$에서

$\boxed{}\times\left(-\dfrac{1}{2}x\right)=(3x^2-2xy)-2x(-3x+5y)$

　　　　　　　$=3x^2-2xy+6x^2-10xy$

　　　　　　　$=9x^2-12xy$ … ㉮

$\therefore \boxed{}=(9x^2-12xy)\div\left(-\dfrac{1}{2}x\right)$

　　　$=(9x^2-12xy)\times\left(-\dfrac{2}{x}\right)$

　　　$=-18x+24y$ … ㉯

답 $-18x+24y$

단계	채점 기준	배점 비율
㉮	$\boxed{}\times\left(-\dfrac{1}{2}x\right)$ 구하기	50 %
㉯	$\boxed{}$ 안에 알맞은 식 구하기	50 %

04 일차부등식

❶ 부등식의 해와 그 성질

개념 13 부등식과 그 해

개념 확인하기 ·· 62쪽

1 **답** ㄴ, ㄹ

2 **답** (1) $x<5$ (2) $x\geq-2$ (3) $x\leq-4$ (4) $x>8$

대표문제 63쪽

01 **답** (1) $x+7\leq-6$ (2) $2x+4\geq25$ (3) $3a-2<4a$

02 **답** (1) $x-2<10$ (2) $500x\leq3500$ (3) $x+15\geq30$

03 **답** ④

가로의 길이가 x cm, 세로의 길이가 3 cm인 직사각형의 둘레의 길이는 $2(x+3)$ cm이므로

$2(x+3)\leq11$

04 **답** ㄴ, ㄷ

$x=-1$일 때,

ㄱ. $-1+5>6$ 　$\therefore 4>6$ (거짓)

ㄴ. $2\times(-1)+1\leq2$ 　$\therefore -1\leq2$ (참)

ㄷ. $-3\times(-1)\geq2-(-1)$ 　$\therefore 3\geq3$ (참)

ㄹ. $-1-3<-4$ 　$\therefore -4<-4$ (거짓)

이상에서 $x=-1$일 때 참이 되는 부등식은 ㄴ, ㄷ이다.

이것만은 꼭!
부등식에서 좌변의 값과 우변의 값의 대소 관계가
① 주어진 부등호의 방향과 같으면 ⇨ 참인 부등식
② 주어진 부등호의 방향과 다르면 ⇨ 거짓인 부등식

05 **답** (1) 3 (2) 1, 2, 3 (3) 1, 2 (4) 해가 없다.

(1) $x=1$일 때, $1-1\geq2$ 　$\therefore 0\geq2$ (거짓)

　　$x=2$일 때, $2-1\geq2$ 　$\therefore 1\geq2$ (거짓)

　　$x=3$일 때, $3-1\geq2$ 　$\therefore 2\geq2$ (참)

　　따라서 주어진 부등식의 해는 3이다.

(2) $x=1$일 때, $-1+2\leq4$ 　$\therefore 1\leq4$ (참)

　　$x=2$일 때, $-2+2\leq4$ 　$\therefore 0\leq4$ (참)

　　$x=3$일 때, $-3+2\leq4$ 　$\therefore -1\leq4$ (참)

　　따라서 주어진 부등식의 해는 1, 2, 3이다.

(3) $x=1$일 때, $3 \times 1 < 3 + 2 \times 1$ $\therefore 3 < 5$ (참)

$x=2$일 때, $3 \times 2 < 3 + 2 \times 2$ $\therefore 6 < 7$ (참)

$x=3$일 때, $3 \times 3 < 3 + 2 \times 3$ $\therefore 9 < 9$ (거짓)

따라서 주어진 부등식의 해는 1, 2이다.

(4) $x=1$일 때, $1 - 4 \times 1 > 5$ $\therefore -3 > 5$ (거짓)

$x=2$일 때, $1 - 4 \times 2 > 5$ $\therefore -7 > 5$ (거짓)

$x=3$일 때, $1 - 4 \times 3 > 5$ $\therefore -11 > 5$ (거짓)

따라서 주어진 부등식은 해가 없다.

06 답 ④, ⑤

① $x=-2$일 때, $-2 + 4 \leq 2 \times (-2) + 3$

$\therefore 2 \leq -1$ (거짓)

② $x=-1$일 때, $-1 + 4 \leq 2 \times (-1) + 3$

$\therefore 3 \leq 1$ (거짓)

③ $x=0$일 때, $0 + 4 \leq 2 \times 0 + 3$ $\therefore 4 \leq 3$ (거짓)

④ $x=1$일 때, $1 + 4 \leq 2 \times 1 + 3$ $\therefore 5 \leq 5$ (참)

⑤ $x=2$일 때, $2 + 4 \leq 2 \times 2 + 3$ $\therefore 6 \leq 7$ (참)

따라서 주어진 부등식의 해는 ④, ⑤이다.

개념 14 부등식의 성질

개념 확인하기 64쪽

1 답 (1) $\geq$ (2) $\geq$ (3) $\geq$ (4) $\leq$

대표문제 65쪽

01 답 (1) $>$ (2) $<$ (3) $>$ (4) $<$

$a > b$에서

(1) $2a > 2b$ $\therefore 2a + 3 > 2b + 3$

(2) $-3a < -3b$ $\therefore -3a + 4 < -3b + 4$

(3) $\dfrac{a}{4} > \dfrac{b}{4}$ $\therefore \dfrac{a}{4} - 1 > \dfrac{b}{4} - 1$

(4) $-a < -b$, $5 - a < 5 - b$ $\therefore \dfrac{5-a}{6} < \dfrac{5-b}{6}$

02 답 (1) $<$ (2) $\geq$ (3) $\geq$ (4) $<$

(1) $a - 2 < b - 2$에서 $a - 2 + 2 < b - 2 + 2$ $\therefore a < b$

(2) $-3a \leq -3b$에서 $\dfrac{-3a}{-3} \geq \dfrac{-3b}{-3}$ $\therefore a \geq b$

(3) $\dfrac{a}{6} \geq \dfrac{b}{6}$에서 $\dfrac{a}{6} \times 6 \geq \dfrac{b}{6} \times 6$ $\therefore a \geq b$

(4) $5 - \dfrac{2}{3}a > 5 - \dfrac{2}{3}b$에서 $5 - \dfrac{2}{3}a - 5 > 5 - \dfrac{2}{3}b - 5$

$-\dfrac{2}{3}a > -\dfrac{2}{3}b$, $-\dfrac{2}{3}a \times \left(-\dfrac{3}{2}\right) < -\dfrac{2}{3}b \times \left(-\dfrac{3}{2}\right)$

$\therefore a < b$

03 답 ⑤

④ $a < b$에서 $-a > -b$ $\therefore 1 - a > 1 - b$

⑤ $a < b$에서 $2a < 2b$, $2a + 1 < 2b + 1$

$\therefore -\dfrac{2a+1}{5} > -\dfrac{2b+1}{5}$

따라서 옳지 않은 것은 ⑤이다.

04 답 (1) $x + 6 > 10$ (2) $-3x + 4 < -8$ (3) $\dfrac{1}{4}x - 5 > -4$

(1) $x > 4$에서 $x + 6 > 10$

(2) $x > 4$에서 $-3x < -12$ $\therefore -3x + 4 < -8$

(3) $x > 4$에서 $\dfrac{1}{4}x > 1$ $\therefore \dfrac{1}{4}x - 5 > -4$

05 답 (1) -12, 4, -13, 3 (2) $-16 < 3x + 2 \leq 8$

(3) $1 \leq -\dfrac{x}{2} + 2 < 5$

(2) $-6 < x \leq 2$의 각 변에 3을 곱하면 $-18 < 3x \leq 6$

$-18 < 3x \leq 6$의 각 변에 2를 더하면 $-16 < 3x + 2 \leq 8$

(3) $-6 < x \leq 2$의 각 변을 -2로 나누면 $-1 \leq -\dfrac{x}{2} < 3$

$-1 \leq -\dfrac{x}{2} < 3$의 각 변에 2를 더하면 $1 \leq -\dfrac{x}{2} + 2 < 5$

06 답 ③, ④

$2 \leq x < 4$의 각 변에 -1을 곱하면 $-4 < -x \leq -2$

$-4 < -x \leq -2$의 각 변에 3을 더하면 $-1 < 3 - x \leq 1$

따라서 $3 - x$의 값이 될 수 있는 것은 ③, ④이다.

소단원 핵심문제 66쪽

01 ㄱ, ㄴ	02 ⑤	03 ④	04 $M=4$, $m=-31$
04-1 7			

01 ㄷ. (시간) $= \dfrac{(거리)}{(속력)}$ 이므로 $\dfrac{200}{x} < 3$

02 ⑤ $x=1$일 때, $5 \times 1 \geq 3 \times 1 + 4$ $\therefore 5 \geq 7$ (거짓)

03 $-2a \leq -2b$에서 $a \geq b$

① $\dfrac{a}{3} \geq \dfrac{b}{3}$

② $-a \leq -b$ $\therefore -a + 6 \leq -b + 6$

③ $4a \geq 4b$ $\therefore 4a - 1 \geq 4b - 1$

④ $-5a \le -5b$ $\therefore 2-5a \le 2-5b$

⑤ $-\dfrac{1}{2}a \le -\dfrac{1}{2}b$ $\therefore 7-\dfrac{1}{2}a \le 7-\dfrac{1}{2}b$

따라서 옳지 않은 것은 ④이다.

04 $A=4(3x-2)=12x-8$

$-2<x\le1$의 각 변에 12를 곱하면 $-24<12x\le12$

$-24<12x\le12$의 각 변에서 8을 빼면 $-32<12x-8\le4$

$\therefore -32<A\le4$

$\therefore M=4,\ m=-31$

04-1 $A=\dfrac{1}{3}(9-2x)=3-\dfrac{2}{3}x$

$-3\le x<3$의 각 변에 $-\dfrac{2}{3}$를 곱하면 $-2<-\dfrac{2}{3}x\le2$

$-2<-\dfrac{2}{3}x\le2$의 각 변에 3을 더하면 $1<3-\dfrac{2}{3}x\le5$

따라서 $M=5,\ m=2$이므로 $M+m=5+2=7$

❷ 일차부등식의 풀이

개념 **15** 일차부등식과 그 풀이

개념 확인하기 ··· **67**쪽

1 답 (1) 1 (2) -5 (3) 6 (4) -2

(1) $x-2<-1$의 양변에 2를 더하면

$x-2+2<-1+2$ $\therefore x<1$

(2) $x+3>-2$의 양변에서 3을 빼면

$x+3-3>-2-3$ $\therefore x>-5$

(3) $\dfrac{x}{3}\le2$의 양변에 3을 곱하면

$\dfrac{x}{3}\times3\le2\times3$ $\therefore x\le6$

(4) $-2x\le4$의 양변을 -2로 나누면

$\dfrac{-2x}{-2}\ge\dfrac{4}{-2}$ $\therefore x\ge-2$

대표문제 ·· **68**쪽

01 답 ㄱ, ㄷ, ㄹ

ㄱ. $3x-2>5$에서 $3x-7>0$ ⇨ 일차부등식이다.

ㄴ. $x+6\le x$에서 $6\le0$ ⇨ 일차부등식이 아니다.

ㄷ. $2x+1\ge-2x-3$에서 $4x+4\ge0$ ⇨ 일차부등식이다.

ㄹ. $x^2+4x<7+x^2$에서 $4x-7<0$ ⇨ 일차부등식이다.

이상에서 일차부등식인 것은 ㄱ, ㄷ, ㄹ이다.

02 답 ②

$ax-1<2x+3$에서 $ax-1-2x-3<0$

$\therefore (a-2)x-4<0$

이 부등식이 x에 대한 일차부등식이 되려면

$a-2\ne0$ $\therefore a\ne2$

03 답 (1) $x\le-2$ (2) $x\ge1$ (3) $x>-5$

(1) $4x+1\le-7$에서 $4x\le-7-1$

$4x\le-8$ $\therefore x\le-2$

(2) $-2x\ge3-5x$에서 $-2x+5x\ge3$

$3x\ge3$ $\therefore x\ge1$

(3) $5x+9>2x-6$에서 $5x-2x>-6-9$

$3x>-15$ $\therefore x>-5$

04 답 (1)

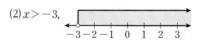

참고 부등식의 해가 $x<a$ 또는 $x>a$인 경우에는 a에 대응하는 점을 ○으로 나타내고, 해가 $x\le a$ 또는 $x\ge a$인 경우에는 a에 대응하는 점을 ●으로 나타낸다.

05 답 (1) $x\ge-2$,

(2) $x>-3$,

(3) $x<1$,

(1) $6x\ge x-10$에서 $6x-x\ge-10$

$5x\ge-10$ $\therefore x\ge-2$

(2) $-5x-9<-2x$에서 $-5x+2x<9$

$-3x<9$ $\therefore x>-3$

(3) $2x+1>4x-1$에서 $2x-4x>-1-1$

$-2x>-2$ $\therefore x<1$

06 답 ③

주어진 수직선에서 $x\le-1$

① $2x\le x+1$에서 $2x-x\le1$ $\therefore x\le1$

② $-3x+4<-7x$에서 $-3x+7x<-4$

$4x<-4$ $\therefore x<-1$

③ $4x+6\le2$에서 $4x\le2-6$

$4x\le-4$ $\therefore x\le-1$

④ $1+x\ge-x-1$에서 $x+x\ge-1-1$

$2x\ge-2$ $\therefore x\ge-1$

⑤ $9-3x\ge x+5$에서 $-3x-x\ge5-9$

$-4x\ge-4$ $\therefore x\le1$

따라서 해를 수직선 위에 나타냈을 때, 주어진 그림과 같은 것은 ③이다.

07 답 11

$2x+3<a$에서 $2x<a-3$ $\qquad$ $\therefore x<\dfrac{a-3}{2}$

이 부등식의 해가 $x<4$이므로

$\dfrac{a-3}{2}=4$, $a-3=8$ $\qquad$ $\therefore a=11$

개념 16 복잡한 일차부등식의 풀이

개념 확인하기 ·· 69쪽

1 답 (1) 10, 9, 5x, $x\le-3$ (2) 6, 4, 5x, $x\ge2$

대표문제 70쪽

01 답 (1) $x>-4$ (2) $x\ge9$ (3) $x\le4$ (4) $x>1$

(1) $2(x-3)<5x+6$에서
$2x-6<5x+6$, $-3x<12$ $\qquad$ $\therefore x>-4$

(2) $1-3x\ge-2(2x-5)$에서
$1-3x\ge-4x+10$ $\qquad$ $\therefore x\ge9$

(3) $5(x-1)\le3(x+1)$에서
$5x-5\le3x+3$, $2x\le8$ $\qquad$ $\therefore x\le4$

(4) $3(4-x)<4(x+2)-3$에서
$12-3x<4x+8-3$, $-7x<-7$ $\qquad$ $\therefore x>1$

02 답 (1) $x<4$ (2) $x\ge8$ (3) $x\ge-7$ (4) $x<-1$

(1) $0.3x-1<0.2$의 양변에 10을 곱하면
$3x-10<2$, $3x<12$ $\qquad$ $\therefore x<4$

(2) $0.4x\ge0.2x+1.6$의 양변에 10을 곱하면
$4x\ge2x+16$, $2x\ge16$ $\qquad$ $\therefore x\ge8$

(3) $0.5x+1.8\ge0.2x-0.3$의 양변에 10을 곱하면
$5x+18\ge2x-3$, $3x\ge-21$ $\qquad$ $\therefore x\ge-7$

(4) $0.8-x>0.2(x+10)$의 양변에 10을 곱하면
$8-10x>2(x+10)$, $8-10x>2x+20$
$-12x>12$ $\qquad$ $\therefore x<-1$

03 답 (1) $x<-6$ (2) $x<-1$ (3) $x\ge-10$

(1) $\dfrac{2}{3}x-\dfrac{1}{2}>\dfrac{3}{4}x$의 양변에 분모의 최소공배수 12를 곱하면
$8x-6>9x$, $-x>6$ $\qquad$ $\therefore x<-6$

(2) $\dfrac{x+3}{2}<\dfrac{x+6}{5}$의 양변에 분모의 최소공배수 10을 곱하면
$5(x+3)<2(x+6)$, $5x+15<2x+12$
$3x<-3$ $\qquad$ $\therefore x<-1$

(3) $\dfrac{2}{5}x\le\dfrac{4}{3}(x+7)$의 양변에 분모의 최소공배수 15를 곱하면
$6x\le20(x+7)$, $6x\le20x+140$
$-14x\le140$ $\qquad$ $\therefore x\ge-10$

04 답 (1) $x>6$ (2) $x\le-4$

(1) $\dfrac{x-2}{5}<0.3x-1$에서 $\dfrac{x-2}{5}<\dfrac{3}{10}x-1$이므로 양변에 분모의 최소공배수 10을 곱하면
$2(x-2)<3x-10$, $2x-4<3x-10$
$-x<-6$ $\qquad$ $\therefore x>6$

(2) $\dfrac{1}{4}x-5\ge1.5x$에서 $\dfrac{1}{4}x-5\ge\dfrac{3}{2}x$이므로 양변에 분모의 최소공배수 4를 곱하면
$x-20\ge6x$, $-5x\ge20$ $\qquad$ $\therefore x\le-4$

05 답 9개

$0.7x-1<0.4(x+5)$의 양변에 10을 곱하면
$7x-10<4(x+5)$, $7x-10<4x+20$
$3x<30$ $\qquad$ $\therefore x<10$
따라서 주어진 일차부등식을 만족하는 자연수 x는
$1, 2, 3, \cdots, 9$의 9개이다.

소단원 핵심문제 71쪽

01 ①, ⑤ 02 6 03 ①, ④ 04 -12 04-1 $-\dfrac{7}{2}$

01 ① $7<4$에서 $3<0$ ⇨ 일차부등식이 아니다.

② $5x-3>4$에서 $5x-7>0$
⇨ 일차부등식이다.

③ $3x^2+4x<3x^2$에서 $4x<0$
⇨ 일차부등식이다.

④ $2x\ge3(x+1)$에서 $-x-3\ge0$
⇨ 일차부등식이다.

⑤ $x^2+2\le-x$에서 $x^2+x+2\le0$
⇨ 일차부등식이 아니다.

따라서 일차부등식이 아닌 것은 ①, ⑤이다.

02 $7x-6<24-x$에서
$8x<30$ $\qquad$ $\therefore x<\dfrac{15}{4}$

따라서 주어진 일차부등식을 만족하는 자연수 x의 값은 1, 2, 3이므로 구하는 합은
$1+2+3=6$

03 ① $2x+4>x+1$에서 $x>-3$

② $3(x+1)>2x-2$에서
$3x+3>2x-2$ $\qquad$ $\therefore x>-5$

③ $0.1x-0.3>0.6+0.4x$의 양변에 10을 곱하면

　$x-3>6+4x$, $-3x>9$　∴ $x<-3$

④ $\dfrac{x+6}{2}>-0.5x$의 양변에 2를 곱하면

　$x+6>-x$, $2x>-6$　∴ $x>-3$

⑤ $\dfrac{1}{4}x+3>-\dfrac{1}{2}x$의 양변에 분모의 최소공배수 4를 곱하면

　$x+12>-2x$, $3x>-12$　∴ $x>-4$

따라서 해가 $x>-3$인 것은 ①, ④이다.

04 $0.2(x+8)<4$의 양변에 10을 곱하면

　$2(x+8)<40$, $2x<24$　∴ $x<12$

　$3x+a<2x$에서 $x<-a$

　따라서 $-a=12$이므로 $a=-12$

04-1 $\dfrac{x}{3}\geq\dfrac{2x+3}{4}-1$의 양변에 분모의 최소공배수 12를 곱하면

　$4x\geq3(2x+3)-12$, $4x\geq6x-3$

　$-2x\geq-3$　∴ $x\leq\dfrac{3}{2}$

　$-(x+5)\leq a-2x$에서

　$-x-5\leq a-2x$　∴ $x\leq a+5$

　따라서 $a+5=\dfrac{3}{2}$이므로 $a=-\dfrac{7}{2}$

❸ 일차부등식의 활용

개념 **17** 일차부등식의 활용 (1)

개념 확인하기 ·································· 72쪽

1　답 $x+1$, $x+(x+1)$, 7, 7, 7, 8

> **이것만은 꼭!**
> 수에 대한 문제는 주어진 조건에 따라 수를 다음과 같이 놓으면 편리하다.
> ① 연속하는 세 자연수(정수) ⇨ $x-1$, x, $x+1$
> ② 연속하는 세 짝수(홀수) ⇨ $x-2$, x, $x+2$
> ③ 차가 a인 두 수 ⇨ $x-a$, x 또는 x, $x+a$

 대표문제 ·································· 73쪽

01　답 (1)

	자	지우개
개수(개)	x	$10-x$
가격(원)	$300x$	$200(10-x)$

(2) $300x+200(10-x)<2500$　(3) 4개

(3) $300x+200(10-x)<2500$에서

　$300x+2000-200x<2500$

　$100x<500$　∴ $x<5$

따라서 자를 최대 4개까지 살 수 있다.

02　답 (1) $400+200x\leq3000$　(2) 13개

(1) 망고를 x개 담는다고 하면 $3\,\text{kg}=3000\,\text{g}$이므로

　$400+200x\leq3000$

(2) $400+200x\leq3000$에서

　$200x\leq2600$　∴ $x\leq13$

따라서 망고를 최대 13개까지 담을 수 있다.

> 주의 부등식을 세울 때, 무게의 단위를 반드시 통일해야 한다.

03　답 (1) $2\{(x+5)+x\}\geq22$　(2) 3 cm

(1) 직사각형의 세로의 길이가 $x\,\text{cm}$이므로

　가로의 길이는 $(x+5)\,\text{cm}$이다.

　∴ $2\{(x+5)+x\}\geq22$

(2) $2\{(x+5)+x\}\geq22$에서 $2(2x+5)\geq22$

　$4x+10\geq22$, $4x\geq12$　∴ $x\geq3$

따라서 직사각형의 세로의 길이는 3 cm 이상이어야 한다.

> **이것만은 꼭!**
> 다음은 도형에 대한 문제에서 이용되는 공식이다.
> ① (직사각형의 둘레의 길이)
> 　$=2\times\{($가로의 길이$)+($세로의 길이$)\}$
> ② (삼각형의 넓이)$=\dfrac{1}{2}\times($밑변의 길이$)\times($높이$)$
> ③ (직사각형의 넓이)$=($가로의 길이$)\times($세로의 길이$)$
> ④ (사다리꼴의 넓이)
> 　$=\dfrac{1}{2}\times\{($윗변의 길이$)+($아랫변의 길이$)\}\times($높이$)$

04　답 (1) $600x>500x+1500$　(2) 16권

(2) $600x>500x+1500$에서

　$100x>1500$　∴ $x>15$

따라서 공책을 16권 이상 사는 경우에 할인매장에 가는 것이 유리하다.

05　답 (1)

	진우	채아
현재 예금액(원)	15000	20000
x개월 후의 예금액(원)	$15000+1500x$	$20000+1000x$

(2) $15000+1500x>20000+1000x$　(3) 11개월

(3) $15000+1500x>20000+1000x$에서

　$500x>5000$　∴ $x>10$

따라서 11개월 후부터 진우의 예금액이 채아의 예금액보다 많아진다.

대표문제

75쪽

01 ⬛ (1)

	자전거를 탈 때	걸을 때	전체
거리	x km	$(10-x)$ km	
속력	시속 10 km	시속 2 km	
시간	$\dfrac{x}{10}$ 시간	$\dfrac{10-x}{2}$ 시간	4시간 이내

(2) $\dfrac{x}{10}+\dfrac{10-x}{2}\le 4$ (3) $\dfrac{5}{2}$ km

(3) $\dfrac{x}{10}+\dfrac{10-x}{2}\le 4$에서 $x+5(10-x)\le 40$

$-4x\le -10$ ∴ $x\ge \dfrac{5}{2}$

따라서 자전거를 타고 이동한 거리는 최소 $\dfrac{5}{2}$ km이다.

02 ⬛ (1) $\dfrac{x}{3}+\dfrac{1}{3}+\dfrac{x}{3}\le 1$ (2) 1 km

(2) $\dfrac{x}{3}+\dfrac{1}{3}+\dfrac{x}{3}\le 1$에서 $x+1+x\le 3$ ∴ $x\le 1$

따라서 역에서 1 km 이내에 있는 상점을 이용할 수 있다.

03 ⬛ (1)

	10 %의 소금물	15 %의 소금물	13 %의 소금물
소금물의 양(g)	200	x	$200+x$
소금의 양(g)	$\dfrac{10}{100}\times 200$	$\dfrac{15}{100}x$	$\dfrac{13}{100}(200+x)$

(2) $\dfrac{10}{100}\times 200+\dfrac{15}{100}x\ge \dfrac{13}{100}(200+x)$ (3) 300 g

(1) 10 %의 소금물 200 g에 들어 있는 소금의 양은

$\left(\dfrac{10}{100}\times 200\right)$ g

15 %의 소금물 x g에 들어 있는 소금의 양은 $\dfrac{15}{100}x$ g

한편, 13 %의 소금물의 양은 $(200+x)$ g이고 여기에 들어 있는 소금의 양은 $\dfrac{13}{100}(200+x)$ g이다.

(3) $\dfrac{10}{100}\times 200+\dfrac{15}{100}x\ge \dfrac{13}{100}(200+x)$에서

$2000+15x\ge 2600+13x$ ∴ $x\ge 300$

따라서 15 %의 소금물을 300 g 이상 섞어야 한다.

04 ⬛ (1) $\dfrac{12}{100}\times 300\le \dfrac{10}{100}(300+x)$ (2) 60 g

(1) 12 %의 소금물 300 g에 들어 있는 소금의 양은

$\left(\dfrac{12}{100}\times 300\right)$ g

여기에 물을 x g 더 넣으면 소금물의 양은 $(300+x)$ g이 므로 10 %의 소금물 $(300+x)$ g에 들어 있는 소금의 양 은 $\dfrac{10}{100}(300+x)$ g이다.

이때 물을 더 넣어 10 % 이하의 소금물을 만들려고 하므로

$\dfrac{12}{100}\times 300\le \dfrac{10}{100}(300+x)$이다.

(2) $\dfrac{12}{100}\times 300\le \dfrac{10}{100}(300+x)$에서

$3600\le 3000+10x$

∴ $x\ge 60$

따라서 더 넣어야 하는 물의 양은 최소 60 g이다.

소단원 핵심문제

76쪽

| **01** 15 | **02** 55회 | **03** 2분 | **04** 17명 | **04-1** 16곡 |

01 작은 수는 $x-7$이므로

$x+(x-7)<25,\ 2x<32$

∴ $x<16$

따라서 x의 값이 될 수 있는 가장 큰 정수는 15이다.

02 세 번째 기록을 x회라 하면

$\dfrac{52+43+x}{3}\ge 50,\ 95+x\ge 150$

∴ $x\ge 55$

따라서 세 번째 기록은 55회 이상이어야 한다.

03 x분 동안 달린다고 하면 두 사람 사이의 거리가 1.8 km, 즉 1800 m 이상이 되어야 하므로

$400x+500x\ge 1800,\ 900x\ge 1800$ ∴ $x\ge 2$

따라서 최소 2분을 달려야 한다.

주의 부등식을 세울 때, 거리의 단위를 반드시 통일해야 한다.

04 x명이 입장한다고 하면

(x명의 입장료) > (20명의 단체 입장권 가격)에서

$2000x>1600\times 20,\ 2000x>32000$

∴ $x>16$

따라서 17명 이상이면 20명의 단체 입장권을 사는 것이 유리하다.

04-1 한 달 동안 노래를 x곡 내려받는다고 하면

(회원일 때 드는 비용) < (비회원일 때 드는 비용)에서

$3000+400x<600x,\ -200x<-3000$

∴ $x>15$

따라서 한 달 동안 노래를 16곡 이상 내려받을 경우에 회원으로 가입하는 것이 유리하다.

01 ①, ⑤	**02** ③	**03** ④	**04** ④	**05** 21
06 $a \neq 7$	**07** ④	**08** -8	**09** ④	**10** ⑤
11 3개	**12** -1	**13** ④	**14** $11 < a \leq 14$	
15 12장	**16** 5 cm	**17** 백화점, 도서관, 수영장		
18 50 g				

01 ②, ④ 등식   ③ 다항식

02 ③ $6x \leq 7000$

03 $2x+1=5$에서 $2x=4$ ∴ $x=2$

④ $\frac{1}{2} \times 2 + 3 \geq -2$이므로 $4 \geq -2$ (참)

04 ①, ②, ③, ⑤ >   ④ <

05 $-5 < x \leq 2$의 각 변에 -3을 곱하면 $-6 \leq -3x < 15$

$-6 \leq -3x < 15$의 각 변에 7을 더하면 $1 \leq 7-3x < 22$

∴ $1 \leq A < 22$ ··· ㉮

따라서 $a=1$, $b=22$이므로 $b-a=22-1=21$ ··· ㉯

단계	채점 기준	배점 비율
㉮	A의 값의 범위 구하기	70 %
㉯	$b-a$의 값 구하기	30 %

06 $4x-6 \leq ax+2-3x$에서 $4x-6-ax-2+3x \leq 0$

∴ $(7-a)x-8 \leq 0$

이 부등식이 x에 대한 일차부등식이 되려면

$7-a \neq 0$ ∴ $a \neq 7$

07 $ax+2 > 8-ax$에서 $2ax > 6$

이때 $2a < 0$이므로 양변을 $2a$로 나누면

$x < \frac{6}{2a}$ ∴ $x < \frac{3}{a}$

08 $3x-4 \geq a-x$에서 $4x \geq a+4$ ∴ $x \geq \frac{a+4}{4}$

따라서 $\frac{a+4}{4} = -1$이므로 $a+4 = -4$ ∴ $a = -8$

09 $x-2(x+2) \geq 3(4-x)$에서 $x-2x-4 \geq 12-3x$

$2x \geq 16$ ∴ $x \geq 8$

10 ① $3x-4 > 8$에서 $3x > 12$ ∴ $x > 4$

② $8-x < 2(x-2)$에서 $8-x < 2x-4$

$-3x < -12$ ∴ $x > 4$

③ $x+0.6 > 1+0.9x$의 양변에 10을 곱하면

$10x+6 > 10+9x$ ∴ $x > 4$

④ $\frac{x+2}{3} < \frac{3}{4}x-1$의 양변에 분모의 최소공배수 12를 곱하면

$4(x+2) < 9x-12$, $-5x < -20$ ∴ $x > 4$

⑤ $\frac{x+6}{10} - 0.2 > \frac{x}{5}$의 양변에 10을 곱하면

$x+6-2 > 2x$, $-x > -4$ ∴ $x < 4$

따라서 해가 나머지 넷과 다른 하나는 ⑤이다.

11 $1+0.4x < \frac{1}{5}(x+9)$의 양변에 5를 곱하면

$5+2x < x+9$ ∴ $x < 4$

따라서 부등식을 만족하는 자연수 x는 1, 2, 3의 3개이다.

12 $3(x+1) \leq x+a$에서 $3x+3 \leq x+a$

$2x \leq a-3$ ∴ $x \leq \frac{a-3}{2}$ ··· ㉮

$\frac{x-2}{4} \geq \frac{1+2x}{3}$의 양변에 분모의 최소공배수 12를 곱하면

$3(x-2) \geq 4(1+2x)$, $3x-6 \geq 4+8x$

$-5x \geq 10$ ∴ $x \leq -2$ ··· ㉯

두 일차부등식의 해가 서로 같으므로

$\frac{a-3}{2} = -2$, $a-3 = -4$ ∴ $a = -1$ ··· ㉰

단계	채점 기준	배점 비율
㉮	일차부등식 $3(x+1) \leq x+a$ 풀기	40 %
㉯	일차부등식 $\frac{x-2}{4} \geq \frac{1+2x}{3}$ 풀기	40 %
㉰	a의 값 구하기	20 %

13 $3(x+1)+2 > 6x+a$에서 $3x+3+2 > 6x+a$

$-3x > a-5$ ∴ $x < -\frac{a-5}{3}$

이 부등식을 만족하는 자연수 x의 값이 존재하지 않으려면 오른쪽 그림과 같아야 하므로

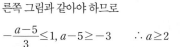

$-\frac{a-5}{3} \leq 1$, $a-5 \geq -3$ ∴ $a \geq 2$

참고 일차부등식 $x < k$를 만족하는 자연수 x의 값이 존재하지 않으려면 $k \leq 1$이어야 한다.

14 전략 일차부등식을 푼 다음 수직선을 이용하여 조건을 만족하는 a의 값의 범위를 구한다.

$3x+2 < a$에서 $3x < a-2$ ∴ $x < \frac{a-2}{3}$

이 부등식을 만족하는 자연수 x가 1, 2, 3의 3개이려면 오른쪽 그림과 같아야 하므로

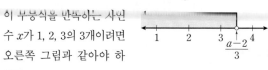

$3 < \frac{a-2}{3} \leq 4$, $9 < a-2 \leq 12$ ∴ $11 < a \leq 14$

15 사진을 x장 인화한다고 하면

$4000+400(x-4)\leq600x$, $4000+400x-1600\leq600x$

$-200x\leq-2400$ ∴ $x\geq12$

따라서 사진을 12장 이상 인화해야 한다.

16 아랫변의 길이를 $x\,\mathrm{cm}$라 하면

$\dfrac{1}{2}\times(3+x)\times8\geq32$, $12+4x\geq32$

$4x\geq20$ ∴ $x\geq5$

따라서 아랫변의 길이는 $5\,\mathrm{cm}$ 이상이어야 한다.

17 집에서 $x\,\mathrm{km}$ 떨어진 장소까지 산책을 한다고 하면

$\dfrac{x}{2}+\dfrac{1}{2}+\dfrac{x}{3}\leq3$, $3x+3+2x\leq18$

$5x\leq15$ ∴ $x\leq3$

따라서 3시간 이내에 산책을 마칠 수 있는 장소는 집으로부터의 거리가 $3\,\mathrm{km}$ 이하인 백화점, 도서관, 수영장이다.

18 물을 $x\,\mathrm{g}$ 증발시킨다고 하면 물을 증발시킨 후의 설탕물의 양은 $(200-x)\,\mathrm{g}$이므로

$\dfrac{9}{100}\times200\geq\dfrac{12}{100}(200-x)$

$1800\geq12(200-x)$, $1800\geq2400-12x$

$12x\geq600$ ∴ $x\geq50$

따라서 물을 $50\,\mathrm{g}$ 이상 증발시켜야 한다.

(참고) 설탕물을 증발시키면 설탕물의 양은 줄어들고, 설탕의 양은 변하지 않는다.

💡 창의·융합 문제
79쪽

수아가 주문한 피자 한 판의 가격을 x원이라 하면

회원카드를 제시할 경우의 전체 가격은

$\left(1-\dfrac{40}{100}\right)\times(x+6000)$원

할인쿠폰을 사용할 경우의 전체 가격은

$(x+6000)-8000$(원) ··· ❶

회원카드를 제시하는 것이 할인쿠폰을 사용하여 할인받는 것보다 유리해야 하므로

$\left(1-\dfrac{40}{100}\right)\times(x+6000)<(x+6000)-8000$ ··· ❷

$6(x+6000)<10x-20000$

$-4x<-56000$ ∴ $x>14000$

따라서 피자 한 판의 가격이 14000원을 초과해야 하므로 수아가 주문해야 하는 피자는 고르곤졸라피자이다. ··· ❸

🅐 고르곤졸라피자

---

1 ❶ 일차부등식 $ax-6\leq4(x-3)$을 간단히 하면?

$ax-6\leq4(x-3)$에서 $ax-6\leq4x-12$

$(\boxed{a-4})x\leq-6$ ······ ㉠ ··· ㉮

❷ 일차부등식 $ax-6\leq4(x-3)$의 해를 a에 대한 식으로 나타내면?

이 부등식의 해가 $x\geq\boxed{2}$이므로 $a-4\boxed{<}0$이어야 한다.

따라서 ㉠의 양변을 $a-4$로 나누면

$x\boxed{\geq}\dfrac{-6}{a-4}$ ··· ㉯

❸ a의 값을 구하면?

$\dfrac{-6}{a-4}=\boxed{2}$이므로

$a-4=\boxed{-3}$ ∴ $a=\boxed{1}$ ··· ㉰

단계	채점 기준	배점 비율
㉮	주어진 일차부등식 간단히 하기	20 %
㉯	일차부등식의 해를 a에 대한 식으로 나타내기	40 %
㉰	a의 값 구하기	40 %

2 ❶ 일차부등식 $3-ax>\dfrac{1}{2}(2x+12)$를 간단히 하면?

$3-ax>\dfrac{1}{2}(2x+12)$에서 $3-ax>x+6$

$(-a-1)x>3$ ······ ㉠ ··· ㉮

❷ 일차부등식 $3-ax>\dfrac{1}{2}(2x+12)$의 해를 a에 대한 식으로 나타내면?

이 부등식의 해가 $x<-3$이므로 $-a-1<0$이어야 한다.

따라서 ㉠의 양변을 $-a-1$로 나누면

$x<\dfrac{3}{-a-1}$ ··· ㉯

❸ a의 값을 구하면?

$\dfrac{3}{-a-1}=-3$이므로

$-a-1=-1$ ∴ $a=0$ ··· ㉰

단계	채점 기준	배점 비율
㉮	주어진 일차부등식 간단히 하기	20 %
㉯	일차부등식의 해를 a에 대한 식으로 나타내기	40 %
㉰	a의 값 구하기	40 %

3 $-1\leq x<2$의 각 변에 -5를 곱하면

$-10<-5x\leq5$

$-10<-5x\leq5$의 각 변에 10을 더하면

$0<10-5x\leq15$ ··· ㉮

따라서 구하는 정수는 1, 2, 3, ···, 15의 15개이다. ··· ㉯

🅐 15개

단계	채점 기준	배점 비율
㉮	$10-5x$의 값의 범위 구하기	60 %
㉯	$10-5x$의 값이 될 수 있는 정수의 개수 구하기	40 %

4 $-0.2x+2<0.1x+2.9$의 양변에 10을 곱하면

$-2x+20<x+29$

$-3x<9$ $\quad\therefore x>-3$

이 부등식을 만족하는 x의 값 중 가장 작은 정수는 -2이므로

$a=-2$ $\qquad\qquad\qquad\qquad$ ⋯ ㉮

$\dfrac{x+4}{3}-\dfrac{1}{2}x>1$의 양변에 분모의 최소공배수 6을 곱하면

$2(x+4)-3x>6$

$-x>-2$ $\quad\therefore x<2$

이 부등식을 만족하는 x의 값 중 가장 큰 정수는 1이므로

$b=1$ $\qquad\qquad\qquad\qquad$ ⋯ ㉯

$\therefore a+b=(-2)+1=-1$ $\qquad$ ⋯ ㉰

답 -1

단계	채점 기준	배점 비율
㉮	a의 값 구하기	40 %
㉯	b의 값 구하기	40 %
㉰	$a+b$의 값 구하기	20 %

5 가상 현실 게임을 x명이 이용한다고 하면

(x명의 이용료) > (25명의 단체 이용권 가격)에서

$3000x>2400\times25$ $\qquad\qquad$ ⋯ ㉮

$3000x>60000$ $\quad\therefore x>20$ $\qquad$ ⋯ ㉯

따라서 21명 이상이면 25명의 단체 이용권을 사는 것이 유리하다. $\qquad\qquad\qquad\qquad$ ⋯ ㉰

답 21명

단계	채점 기준	배점 비율
㉮	일차부등식 세우기	40 %
㉯	일차부등식 풀기	40 %
㉰	몇 명 이상이면 25명의 단체 이용권을 사는 것이 유리한지 구하기	20 %

6 올라간 거리를 x km라 하면

$\dfrac{x}{3}+\dfrac{x+2}{4}\leq4$ $\qquad\qquad\qquad$ ⋯ ㉮

$4x+3(x+2)\leq48,\ 7x+6\leq48$

$7x\leq42$ $\quad\therefore x\leq6$ $\qquad\qquad$ ⋯ ㉯

따라서 올라갈 수 있는 거리는 최대 6 km이다 $\quad$ ⋯ ㉰

답 6 km

단계	채점 기준	배점 비율
㉮	일차부등식 세우기	50 %
㉯	일차부등식 풀기	30 %
㉰	올라갈 수 있는 거리는 최대 몇 km인지 구하기	20 %

05 연립일차방정식

❶ 미지수가 2개인 연립일차방정식

개념 19 미지수가 2개인 일차방정식

개념 확인하기 ⋯⋯⋯⋯⋯⋯⋯⋯⋯⋯ 84쪽

1 **답** ㄴ, ㄹ, ㅁ

ㄱ. 미지수가 2개인 일차식이므로 일차방정식이 아니다.

ㄷ. 미지수가 x의 1개뿐이다.

ㅂ. y^2이 있으므로 일차방정식이 아니다.

이상에서 미지수가 2개인 일차방정식은 ㄴ, ㄹ, ㅁ이다.

2 **답** (1)

x	13	10	7	4	1	-2	⋯
y	1	2	3	4	5	6	⋯

(2) $(13,1),\ (10,2),\ (7,3),\ (4,4),\ (1,5)$

대표문제 85쪽

01 **답** 2개

ㄱ. x^2이 있으므로 일차방정식이 아니다.

ㄴ. 미지수가 2개인 일차식이므로 일차방정식이 아니다.

ㄹ. $2x+y=y+1$을 정리하면 $2x-1=0$이므로 미지수가 x의 1개뿐이다.

ㅂ. $x,\ y$가 분모에 있으므로 일차방정식이 아니다.

이상에서 미지수가 2개인 일차방정식은 ㄷ, ㅁ의 2개이다.

02 **답** (1) $6x+5y=95$ (2) $2x+4y=54$

(3) $1200x+700y=8600$

03 **답** ④

$x=1,\ y=-2$를 각 일차방정식에 대입하면

① $1-3\times(-2)=7\neq6$ $\qquad$ ② $1+(-2)-3=-4\neq0$

③ $2\times1+3\times(-2)=-4\neq0$ ④ $3\times1+(-2)-1=0$

⑤ $5\times1-(-2)=7\neq4$

따라서 $x,\ y$의 순서쌍 $(1,\ -2)$를 해로 갖는 것은 ④이다.

04 **답** ②

각 순서쌍을 $2x-y=3$에 대입하면

① $2\times2-1=3$ $\qquad\qquad$ ② $2\times3-4=2\neq3$

③ $2\times4-5=3$ $\qquad\qquad$ ④ $2\times5-7=3$

⑤ $2\times6-9=3$

따라서 일차방정식 $2x-y=3$의 해가 아닌 것은 ②이다.

05 답 (1) $(16, 1)$, $(12, 2)$, $(8, 3)$, $(4, 4)$ (2) $(1, 6)$, $(3, 3)$

(1) $y=1, 2, 3, \cdots$을 $x+4y=20$에 대입하여 x의 값을 구하면 다음 표와 같다.

x	16	12	8	4	0	$\cdots$
y	1	2	3	4	5	$\cdots$

이때 x, y는 자연수이므로 구하는 해는
$(16, 1)$, $(12, 2)$, $(8, 3)$, $(4, 4)$

(2) $x=1, 2, 3, \cdots$을 $3x+2y=15$에 대입하여 y의 값을 구하면 다음 표와 같다.

x	1	2	3	4	5	$\cdots$
y	6	$\frac{9}{2}$	3	$\frac{3}{2}$	0	$\cdots$

이때 x, y는 자연수이므로 구하는 해는
$(1, 6)$, $(3, 3)$

06 답 -1

$x=5, y=1$을 $2x-ay=11$에 대입하면
$10-a=11$
$\therefore a=-1$

07 답 -1

$x=-2, y=k$를 $4x+y=-9$에 대입하면
$-8+k=-9$
$\therefore k=-1$

개념 확인하기 86쪽

1 답 (1)⊙

x	1	2	3	4	5	$\cdots$
y	3	2	1	0	-1	$\cdots$

ⓛ

x	1	2	3	4	5	$\cdots$
y	5	3	1	-1	-3	$\cdots$

(2) $(3, 1)$

대표문제 87쪽

01 답 (1) $\begin{cases} 3x+2y=33 \\ y=x+9 \end{cases}$ (2) $\begin{cases} \dfrac{x+y}{2}=40 \\ x=y+2 \end{cases}$

(1) 총 33점을 득점하였으므로 $3x+2y=33$
2점 슛이 3점 슛보다 9개 더 많으므로 $y=x+9$
따라서 연립방정식으로 나타내면
$$\begin{cases} 3x+2y=33 \\ y=x+9 \end{cases}$$

(2) 선화와 현지의 몸무게의 평균이 40 kg이므로
$$\frac{x+y}{2}=40$$
선화의 몸무게가 현지의 몸무게보다 2 kg 더 나가므로
$x=y+2$
따라서 연립방정식으로 나타내면
$$\begin{cases} \dfrac{x+y}{2}=40 \\ x=y+2 \end{cases}$$

02 답 (1) $(5, 2)$ (2) $(3, 3)$ (3) $(2, 5)$

(1) x, y가 자연수일 때,
$x+y=7$의 해는
$(1, 6)$, $(2, 5)$, $(3, 4)$, $(4, 3)$, $(5, 2)$, $(6, 1)$
$x+3y=11$의 해는
$(8, 1)$, $(5, 2)$, $(2, 3)$
따라서 주어진 연립방정식의 해는 $(5, 2)$이다.

(2) x, y가 자연수일 때,
$2x+y=9$의 해는
$(1, 7)$, $(2, 5)$, $(3, 3)$, $(4, 1)$
$5x-y=12$의 해는
$(3, 3)$, $(4, 8)$, $(5, 13)$, $\cdots$
따라서 주어진 연립방정식의 해는 $(3, 3)$이다.

(3) x, y가 자연수일 때,
$x+3y=17$의 해는
$(14, 1)$, $(11, 2)$, $(8, 3)$, $(5, 4)$, $(2, 5)$
$3x-y=1$의 해는
$(1, 2)$, $(2, 5)$, $(3, 8)$, $\cdots$
따라서 주어진 연립방정식의 해는 $(2, 5)$이다.

03 답 ⑤

$x=-2, y=5$를 각 연립방정식에 대입하면

① $\begin{cases} x-y=-7 \\ 2x+3y=4 \end{cases}$ ⇒ $\begin{cases} -2-5=-7 \\ 2\times(-2)+3\times5=11\neq4 \end{cases}$

② $\begin{cases} x+2y=1 \\ -2x+y=9 \end{cases}$ ⇒ $\begin{cases} -2+2\times5=8\neq1 \\ -2\times(-2)+5=9 \end{cases}$

③ $\begin{cases} x+y=3 \\ 5x-2y=0 \end{cases}$ ⇒ $\begin{cases} -2+5=3 \\ 5\times(-2)-2\times5=-20\neq0 \end{cases}$

④ $\begin{cases} x+4y=18 \\ 6x+2y=2 \end{cases}$ ⇒ $\begin{cases} -2+4\times5=18 \\ 6\times(-2)+2\times5=-2\neq2 \end{cases}$

⑤ $\begin{cases} 4x+y=-3 \\ -3x+2y=16 \end{cases}$ ⇒ $\begin{cases} 4\times(-2)+5=-3 \\ -3\times(-2)+2\times5=16 \end{cases}$

따라서 x, y의 순서쌍 $(-2, 5)$를 해로 갖는 것은 ⑤이다.

04 답 $a=1$, $b=-2$

$x=3$, $y=1$을 $ax+y=4$에 대입하면

$3a+1=4$, $3a=3$ $\therefore a=1$

$x=3$, $y=1$을 $3x+by=7$에 대입하면

$9+b=7$ $\therefore b=-2$

05 답 -15

$x=k$, $y=-1$을 $3x+2y=7$에 대입하면

$3k-2=7$, $3k=9$ $\therefore k=3$

$x=3$, $y=-1$을 $x-ay=-2$에 대입하면

$3+a=-2$ $\therefore a=-5$

$\therefore ak=(-5)\times 3=-15$

소단원 **핵심문제**   **88쪽**

| 01 ③, ④ | 02 ② | 03 ③, ⑤ | 04 3 | 04-1 -2 |

01 ① 미지수가 2개인 일차식이므로 일차방정식이 아니다.

② x^2, y^2이 있으므로 일차방정식이 아니다.

④ $3x-y=y-4$를 정리하면 $3x-2y+4=0$이므로 미지수가 2개인 일차방정식이다.

⑤ x, y가 분모에 있으므로 일차방정식이 아니다.

따라서 미지수가 2개인 일차방정식은 ③, ④이다.

02 x, y가 자연수일 때, $2x+5y=22$의 해는 $(1, 4)$, $(6, 2)$의 2개이다.

03 $x=2$, $y=3$을 각 연립방정식에 대입하여 두 일차방정식을 동시에 만족하는 것을 찾으면

③ $\begin{cases} 2-3=-1 \\ 2\times 2-3=1 \end{cases}$

⑤ $\begin{cases} 2-3\times 3=-7 \\ 2\times 2+3=7 \end{cases}$

04 $x=k$, $y=3k$를 $x+y=-4$에 대입하면

$k+3k=-4$, $4k=-4$ $\therefore k=-1$

즉, 연립방정식의 해가 $x=-1$, $y=-3$이므로

이것을 $4x-3y=1+a$에 대입하면

$-4+9=1+a$, $5=1+a$ $\therefore a=4$

$\therefore a+k=4+(-1)=3$

04-1 $x=2k$, $y=-k$를 $-2x+y=6$에 대입하면

$-4k+k=6$, $-3k=6$ $\therefore k=-2$

즉, 연립방정식의 해가 $x=-4$, $y=-2$이므로

이것을 $x+ay=4$에 대입하면

$-4-2a=4$, $-2a=8$ $\therefore a=-4$

$\therefore a-k=-4-(-2)=-2$

② 연립일차방정식의 풀이

개념 **21** 연립방정식의 풀이; 대입법

개념 **확인하기** ·········· **89쪽**

1 답 (1) $x=3$, $y=-1$ (2) $x=5$, $y=2$

(3) $x=8$, $y=5$ (4) $x=3$, $y=3$

(1) $\begin{cases} y=x-4 & \cdots ㉠ \\ x+2y=1 & \cdots ㉡ \end{cases}$

㉠을 ㉡에 대입하면

$x+2(x-4)=1$, $3x=9$ $\therefore x=3$

$x=3$을 ㉠에 대입하면 $y=3-4=-1$

(3) $\begin{cases} x=y+3 & \cdots ㉠ \\ x=3y-7 & \cdots ㉡ \end{cases}$

㉠을 ㉡에 대입하면

$y+3=3y-7$, $-2y=-10$ $\therefore y=5$

$y=5$를 ㉠에 대입하면 $x=5+3=8$

대표문제   **90쪽**

01 답 $2y$, $2y$, 7, -14, -2, -2, -2, 1

02 답 (1) $x=-1$, $y=-4$ (2) $x=20$, $y=-4$

(3) $x=3$, $y=-1$ (4) $x=-3$, $y=-7$

(1) $\begin{cases} 2x+y=-6 & \cdots ㉠ \\ 3x-y=1 & \cdots ㉡ \end{cases}$

㉠을 y에 대하여 풀면

$y=-2x-6$ $\cdots ㉢$

㉢을 ㉡에 대입하면

$3x-(-2x-6)=1$, $5x=-5$ $\therefore x=-1$

$x=-1$을 ㉢에 대입하면 $y=2-6=-4$

(2) $\begin{cases} x+3y=8 & \cdots ㉠ \\ 2x+9y=4 & \cdots ㉡ \end{cases}$

㉠을 x에 대하여 풀면

$x=-3y+8$ $\cdots ㉢$

㉢을 ㉡에 대입하면

$2(-3y+8)+9y=4$, $3y=-12$ $\therefore y=-4$

$y=-4$를 ㉢에 대입하면 $x=12+8=20$

(3) $\begin{cases} 2x+3y=3 & \cdots ㉠ \\ 3x-y=10 & \cdots ㉡ \end{cases}$

㉡을 y에 대하여 풀면

$y=3x-10$ $\cdots ㉢$

㉢을 ㉠에 대입하면

$2x+3(3x-10)=3$, $11x=33$ $\therefore x=3$

$x=3$을 ㉢에 대입하면 $y=9-10=-1$

$(4)\begin{cases}2x-y=1 & \cdots\ \bigcirc \\ 3x-2y=5 & \cdots\ \bigcirc\!\!\!\bigcirc\end{cases}$

$\bigcirc$을 y에 대하여 풀면

$y=2x-1$ $\cdots\ \bigcirc\!\!\!\bigcirc$

$\bigcirc\!\!\!\bigcirc$을 $\bigcirc\!\!\!\bigcirc$에 대입하면

$3x-2(2x-1)=5,\ -x=3$ $\quad\therefore x=-3$

$x=-3$을 $\bigcirc\!\!\!\bigcirc$에 대입하면 $y=-6-1=-7$

03 답 1

$\begin{cases}2x-3y=7 & \cdots\ \bigcirc \\ x=y+2 & \cdots\ \bigcirc\!\!\!\bigcirc\end{cases}$

$\bigcirc\!\!\!\bigcirc$을 $\bigcirc$에 대입하면

$2(y+2)-3y=7,\ -y=3$ $\quad\therefore y=-3$

$y=-3$을 $\bigcirc\!\!\!\bigcirc$에 대입하면 $x=-3+2=-1$

따라서 $a=-1,\ b=-3$이므로

$\dfrac{1}{3}ab=\dfrac{1}{3}\times(-1)\times(-3)=1$

04 답 (1) $x=2y$ (2) $x=4,\ y=2$ (3) 2

(2) $x=2y$를 $2x-y=6$에 대입하면

$4y-y=6,\ 3y=6$ $\quad\therefore y=2$

$y=2$를 $x=2y$에 대입하면 $x=4$

(3) $x=4,\ y=2$를 $8x-6y=k+18$에 대입하면

$32-12=k+18$ $\quad\therefore k=2$

05 답 7

$\begin{cases}x-y=-3 & \cdots\ \bigcirc \\ 2x+ay=-15 & \cdots\ \bigcirc\!\!\!\bigcirc\end{cases}$

위의 연립방정식을 만족하는 x와 y의 값의 비가 $4:1$이므로

$x:y=4:1$

$\therefore x=4y$ $\cdots\ \bigcirc\!\!\!\bigcirc$

$\bigcirc\!\!\!\bigcirc$을 $\bigcirc$에 대입하면

$4y-y=-3,\ 3y=-3$ $\quad\therefore y=-1$

$y=-1$을 $\bigcirc\!\!\!\bigcirc$에 대입하면 $x=-4$

따라서 $x=-4,\ y=-1$을 $\bigcirc\!\!\!\bigcirc$에 대입하면

$-8-a=-15$ $\quad\therefore a=7$

개념 22 연립방정식의 풀이; 가감법

개념 확인하기 91쪽

1 답 (1) $x=1,\ y=-4$ (2) $x=2,\ y=1$

$(1)\begin{cases}x-y=5 & \cdots\ \bigcirc \\ x+y=-3 & \cdots\ \bigcirc\!\!\!\bigcirc\end{cases}$

y를 없애기 위하여 $\bigcirc+\bigcirc\!\!\!\bigcirc$을 하면

$\begin{array}{r}x-y=5 \\ +)\ \underline{x+y=-3} \\ 2x\quad\ =2\end{array}$ $\quad\therefore x=1$

$x=1$을 $\bigcirc\!\!\!\bigcirc$에 대입하면

$1+y=-3$ $\quad\therefore y=-4$

$(2)\begin{cases}x+y=3 & \cdots\ \bigcirc \\ x-3y=-1 & \cdots\ \bigcirc\!\!\!\bigcirc\end{cases}$

x를 없애기 위하여 $\bigcirc-\bigcirc\!\!\!\bigcirc$을 하면

$\begin{array}{r}x+\ y=3 \\ -)\ \underline{x-3y=-1} \\ 4y=4\end{array}$ $\quad\therefore y=1$

$y=1$을 $\bigcirc$에 대입하면

$x+1=3$ $\quad\therefore x=2$

---

01 답 $2,\ 4,\ 14,\ 4,\ 14,\ -3,\ -3,\ -3,\ 5$

02 답 (1) $x=1,\ y=2$ (2) $x=3,\ y=5$

(3) $x=-3,\ y=-7$ (4) $x=4,\ y=-3$

$(1)\begin{cases}2x+3y=8 & \cdots\ \bigcirc \\ x-2y=-3 & \cdots\ \bigcirc\!\!\!\bigcirc\end{cases}$

$\bigcirc-\bigcirc\!\!\!\bigcirc\times2$를 하면 $7y=14$ $\quad\therefore y=2$

$y=2$를 $\bigcirc\!\!\!\bigcirc$에 대입하면 $x-4=-3$ $\quad\therefore x=1$

$(2)\begin{cases}3x+y=14 & \cdots\ \bigcirc \\ x+2y=13 & \cdots\ \bigcirc\!\!\!\bigcirc\end{cases}$

$\bigcirc\times2-\bigcirc\!\!\!\bigcirc$을 하면 $5x=15$ $\quad\therefore x=3$

$x=3$을 $\bigcirc$에 대입하면 $9+y=14$ $\quad\therefore y=5$

$(3)\begin{cases}5x-3y=6 & \cdots\ \bigcirc \\ 3x-y=-2 & \cdots\ \bigcirc\!\!\!\bigcirc\end{cases}$

$\bigcirc-\bigcirc\!\!\!\bigcirc\times3$을 하면 $-4x=12$ $\quad\therefore x=-3$

$x=-3$을 $\bigcirc\!\!\!\bigcirc$에 대입하면

$-9-y=-2$ $\quad\therefore y=-7$

$(4)\begin{cases}2x+5y=-7 & \cdots\ \bigcirc \\ -x-4y=8 & \cdots\ \bigcirc\!\!\!\bigcirc\end{cases}$

$\bigcirc+\bigcirc\!\!\!\bigcirc\times2$를 하면 $-3y=9$ $\quad\therefore y=-3$

$y=-3$을 $\bigcirc\!\!\!\bigcirc$에 대입하면

$-x+12=8$ $\quad\therefore x=4$

03 답 (1) 17 (2) $x=1,\ y=1$

(1) $\bigcirc+\bigcirc\!\!\!\bigcirc\times3$을 하면 $17x=17$ $\quad\therefore a=17$

(2) $17x=17$에서 $x=1$

$x=1$을 $\bigcirc$에 대입하면

$2+3y=5,\ 3y=3$ $\quad\therefore y=1$

04 답 $a=2, b=2$

$x=2, y=-1$을 주어진 연립방정식에 대입하면

$$\begin{cases} 2a+b=6 \\ 2b-a=2 \end{cases} \Rightarrow \begin{cases} 2a+b=6 & \cdots \text{㉠} \\ -a+2b=2 & \cdots \text{㉡} \end{cases}$$

㉠+㉡×2를 하면

$5b=10$ ∴ $b=2$

$b=2$를 ㉡에 대입하면

$-a+4=2$ ∴ $a=2$

05 답 ③

$x=-3, y=-2$를 주어진 연립방정식에 대입하면

$$\begin{cases} -3a-2b=-7 \\ -3b+2a=-4 \end{cases} \Rightarrow \begin{cases} -3a-2b=-7 & \cdots \text{㉠} \\ 2a-3b=-4 & \cdots \text{㉡} \end{cases}$$

㉠×2+㉡×3을 하면

$-13b=-26$ ∴ $b=2$

$b=2$를 ㉡에 대입하면

$2a-6=-4, 2a=2$ ∴ $a=1$

개념 23 여러 가지 연립방정식의 풀이

대표문제

94~95쪽

01 답 (1) $x=-3, y=5$ (2) $x=3, y=-1$ (3) $x=4, y=1$

(1) 주어진 연립방정식을 괄호를 풀어 정리하면

$$\begin{cases} x+y=2 \\ 2(x+1)+y=1 \end{cases} \Rightarrow \begin{cases} x+y=2 & \cdots \text{㉠} \\ 2x+y=-1 & \cdots \text{㉡} \end{cases}$$

㉠-㉡을 하면 $-x=3$ ∴ $x=-3$

$x=-3$을 ㉠에 대입하면

$-3+y=2$ ∴ $y=5$

(2) 주어진 연립방정식을 괄호를 풀어 정리하면

$$\begin{cases} 2(x-y)=3-5y \\ 3x-4(x+2y)=5 \end{cases} \Rightarrow \begin{cases} 2x+3y=3 & \cdots \text{㉠} \\ -x-8y=5 & \cdots \text{㉡} \end{cases}$$

㉠+㉡×2를 하면

$-13y=13$ ∴ $y=-1$

$y=-1$을 ㉡에 대입하면

$-x+8=5$ ∴ $x=3$

(3) 주어진 연립방정식을 괄호를 풀어 정리하면

$$\begin{cases} 3(x-y)-2y=7 \\ 4x=3(4-y)+7 \end{cases} \Rightarrow \begin{cases} 3x-5y=7 & \cdots \text{㉠} \\ 4x+3y=19 & \cdots \text{㉡} \end{cases}$$

㉠×4-㉡×3을 하면

$-29y=-29$ ∴ $y=1$

$y=1$을 ㉠에 대입하면

$3x-5=7$ ∴ $x=4$

02 답 2

주어진 연립방정식을 괄호를 풀어 정리하면

$$\begin{cases} 5x-4y=9 \\ 3(x+3)=4(x-2y) \end{cases} \Rightarrow \begin{cases} 5x-4y=9 & \cdots \text{㉠} \\ x-8y=9 & \cdots \text{㉡} \end{cases}$$

㉠×2-㉡을 하면 $9x=9$ ∴ $x=1$

$x=1$을 ㉡에 대입하면

$1-8y=9, -8y=8$ ∴ $y=-1$

따라서 $a=1, b=-1$이므로

$a-b=1-(-1)=2$

03 답 (1) $x=2, y=1$ (2) $x=8, y=-1$ (3) $x=2, y=3$

(1)
$$\begin{cases} 0.2x+0.1y=0.5 & \cdots \text{㉠} \\ 0.5x-0.3y=0.7 & \cdots \text{㉡} \end{cases}$$

㉠, ㉡의 양변에 각각 10을 곱하면

$$\begin{cases} 2x+y=5 & \cdots \text{㉢} \\ 5x-3y=7 & \cdots \text{㉣} \end{cases}$$

㉢×3+㉣을 하면 $11x=22$ ∴ $x=2$

$x=2$를 ㉢에 대입하면

$4+y=5$ ∴ $y=1$

(2)
$$\begin{cases} 0.1x-0.2y=1 & \cdots \text{㉠} \\ 0.4x+0.7y=2.5 & \cdots \text{㉡} \end{cases}$$

㉠, ㉡의 양변에 각각 10을 곱하면

$$\begin{cases} x-2y=10 & \cdots \text{㉢} \\ 4x+7y=25 & \cdots \text{㉣} \end{cases}$$

㉢×4-㉣을 하면 $-15y=15$ ∴ $y=-1$

$y=-1$을 ㉢에 대입하면 $x+2=10$ ∴ $x=8$

(3)
$$\begin{cases} 0.1x-0.4y=-1 & \cdots \text{㉠} \\ 0.1x+0.3y=1.1 & \cdots \text{㉡} \end{cases}$$

㉠, ㉡의 양변에 각각 10을 곱하면

$$\begin{cases} x-4y=-10 & \cdots \text{㉢} \\ x+3y=11 & \cdots \text{㉣} \end{cases}$$

㉢-㉣을 하면 $-7y=-21$ ∴ $y=3$

$y=3$을 ㉣에 대입하면

$x+9=11$ ∴ $x=2$

04 답 (1) $x=12, y=-3$ (2) $x=2, y=-1$ (3) $x=1, y=1$

(1)
$$\begin{cases} \dfrac{x}{2}+\dfrac{y}{3}=5 & \cdots \text{㉠} \\ \dfrac{x}{6}+\dfrac{y}{3}=1 & \cdots \text{㉡} \end{cases}$$

㉠, ㉡의 양변에 각각 6을 곱하면

$$\begin{cases} 3x+2y=30 & \cdots \text{㉢} \\ x+2y=6 & \cdots \text{㉣} \end{cases}$$

㉢-㉣을 하면 $2x=24$ ∴ $x=12$

$x=12$를 ㉣에 대입하면 $12+2y=6$ ∴ $y=-3$

(2)
$$\begin{cases} \dfrac{x}{4}+\dfrac{y}{6}=\dfrac{1}{3} & \cdots \text{㉠} \\ \dfrac{x}{5}-\dfrac{y}{10}=\dfrac{1}{2} & \cdots \text{㉡} \end{cases}$$

$\bigcirc \times 12$, $\bigcirc \times 10$을 하면

$\begin{cases} 3x+2y=4 & \cdots \bigcirc\!\!\!\!\!\!\!\!\!\!\:\text{ㄷ} \\ 2x-y=5 & \cdots \text{ㄹ} \end{cases}$

$\text{ㄷ}+\text{ㄹ}\times 2$를 하면 $7x=14$ $\quad \therefore x=2$

$x=2$를 ㄹ에 대입하면 $4-y=5$ $\quad \therefore y=-1$

(3) $\begin{cases} \dfrac{x}{2}-\dfrac{y}{3}=\dfrac{1}{6} & \cdots \bigcirc \\ \dfrac{x}{3}-\dfrac{y}{4}=\dfrac{1}{12} & \cdots \bigcirc\!\!\!\!\!\!\:\text{ㄴ} \end{cases}$

$\bigcirc \times 6$, $\text{ㄴ} \times 12$를 하면

$\begin{cases} 3x-2y=1 & \cdots \text{ㄷ} \\ 4x-3y=1 & \cdots \text{ㄹ} \end{cases}$

$\text{ㄷ}\times 3-\text{ㄹ}\times 2$를 하면 $x=1$

$x=1$을 ㄷ에 대입하면 $3-2y=1$ $\quad \therefore y=1$

05 답 $x=\dfrac{3}{5}$

$\begin{cases} \dfrac{x}{3}-\dfrac{y}{2}=\dfrac{1}{6} & \cdots \bigcirc \\ 0.4x-0.3y=1.1 & \cdots \bigcirc\!\!\!\!\!\!\:\text{ㄴ} \end{cases}$

$\bigcirc \times 6$, $\text{ㄴ} \times 10$을 하면

$\begin{cases} 2x-3y=1 & \cdots \text{ㄷ} \\ 4x-3y=11 & \cdots \text{ㄹ} \end{cases}$

$\text{ㄷ}-\text{ㄹ}$을 하면 $-2x=-10$ $\quad \therefore x=5$

$x=5$를 ㄷ에 대입하면 $10-3y=1$ $\quad \therefore y=3$

따라서 $p=5$, $q=3$을 $px=q$에 대입하면

$5x=3$ $\quad \therefore x=\dfrac{3}{5}$

06 답 (1) $x=2$, $y=1$ (2) $x=4$, $y=3$ (3) $x=3$, $y=6$

(1) $2x+y=3x-y=5$에서

$\begin{cases} 2x+y=5 & \cdots \bigcirc \\ 3x-y=5 & \cdots \bigcirc\!\!\!\!\!\!\:\text{ㄴ} \end{cases}$

$\bigcirc+\text{ㄴ}$을 하면 $5x=10$ $\quad \therefore x=2$

$x=2$를 $\bigcirc$에 대입하면 $4+y=5$ $\quad \therefore y=1$

(2) $3x-3y+3=x+2=2x-y+1$에서

$\begin{cases} 3x-3y+3=2x-y+1 \\ x+2=2x-y+1 \end{cases}$

$\Rightarrow \begin{cases} x-2y=-2 & \cdots \bigcirc \\ x-y=1 & \cdots \bigcirc\!\!\!\!\!\!\:\text{ㄴ} \end{cases}$

$\bigcirc-\text{ㄴ}$을 하면 $-y=-3$ $\quad \therefore y=3$

$y=3$을 ㄴ에 대입하면 $x-3=1$ $\quad \therefore x=4$

(3) $\dfrac{x+2y}{5}=\dfrac{4x-y}{2}=3$에서

$\begin{cases} \dfrac{x+2y}{5}=3 \\ \dfrac{4x-y}{2}=3 \end{cases} \Rightarrow \begin{cases} x+2y=15 & \cdots \bigcirc \\ 4x-y=6 & \cdots \bigcirc\!\!\!\!\!\!\:\text{ㄴ} \end{cases}$

$\bigcirc+\text{ㄴ}\times 2$를 하면 $9x=27$ $\quad \therefore x=3$

$x=3$을 ㄴ에 대입하면 $12-y=6$ $\quad \therefore y=6$

07 답 (1) 2, 6, 해가 무수히 많다. (2) 2, -6, 해가 없다.

(1) $\begin{cases} 2x+y=3 & \cdots \bigcirc \\ 4x+2y=6 & \cdots \bigcirc\!\!\!\!\!\!\:\text{ㄴ} \end{cases} \xrightarrow{\bigcirc \times 2} \begin{cases} 4x+\boxed{2}\,y=\boxed{6} \\ 4x+2y=6 \end{cases}$

따라서 x, y의 계수와 상수항이 각각 같으므로 해가 무수히 많다.

(2) $\begin{cases} -x+2y=3 & \cdots \bigcirc \\ 2x-4y=6 & \cdots \bigcirc\!\!\!\!\!\!\:\text{ㄴ} \end{cases} \xrightarrow{\bigcirc \times (-2)} \begin{cases} \boxed{2}\,x-4y=\boxed{-6} \\ 2x-4y=6 \end{cases}$

따라서 x, y의 계수는 각각 같고, 상수항은 다르므로 해가 없다.

08 답 (1) 해가 없다. (2) 해가 무수히 많다.

(1) $\begin{cases} -8x+2y=9 & \cdots \bigcirc \\ 4x-y=3 & \cdots \bigcirc\!\!\!\!\!\!\:\text{ㄴ} \end{cases} \xrightarrow{\text{ㄴ} \times (-2)} \begin{cases} -8x+2y=9 \\ -8x+2y=-6 \end{cases}$

따라서 x, y의 계수는 각각 같고, 상수항은 다르므로 해가 없다.

(2) $\begin{cases} -9x+6y=12 & \cdots \bigcirc \\ 3x-2y=-4 & \cdots \bigcirc\!\!\!\!\!\!\:\text{ㄴ} \end{cases} \xrightarrow{\text{ㄴ} \times (-3)} \begin{cases} -9x+6y=12 \\ -9x+6y=12 \end{cases}$

따라서 x, y의 계수와 상수항이 각각 같으므로 해가 무수히 많다.

이런 풀이 어때요?

(2) $\begin{cases} -9x+6y=12 & \cdots \bigcirc \\ 3x-2y=-4 & \cdots \bigcirc\!\!\!\!\!\!\:\text{ㄴ} \end{cases} \xrightarrow{\bigcirc \times \left(-\frac{1}{3}\right)} \begin{cases} 3x-2y=-4 \\ 3x-2y=-4 \end{cases}$

09 답 ③

① $\begin{cases} 2x+y=6 & \cdots \bigcirc \\ 4x+2y=2 & \cdots \bigcirc\!\!\!\!\!\!\:\text{ㄴ} \end{cases} \xrightarrow{\bigcirc \times 2} \begin{cases} 4x+2y=12 \\ 4x+2y=2 \end{cases}$

따라서 x, y의 계수는 각각 같고, 상수항은 다르므로 해가 없다.

② $\begin{cases} x+y=5 & \cdots \bigcirc \\ x-y=3 & \cdots \bigcirc\!\!\!\!\!\!\:\text{ㄴ} \end{cases}$

$\bigcirc+\text{ㄴ}$을 하면 $2x=8$ $\quad \therefore x=4$

$x=4$를 $\bigcirc$에 대입하면 $4+y=5$ $\quad \therefore y=1$

따라서 해는 $x=4$, $y=1$이다.

③ $\begin{cases} 3x-9y=-6 & \cdots \bigcirc \\ -x+3y=2 & \cdots \bigcirc\!\!\!\!\!\!\:\text{ㄴ} \end{cases} \xrightarrow{\text{ㄴ} \times (-3)} \begin{cases} 3x-9y=-6 \\ 3x-9y=-6 \end{cases}$

따라서 x, y의 계수와 상수항이 각각 같으므로 해가 무수히 많다.

④ $\begin{cases} 3y=2x-4 & \cdots \bigcirc \\ 6y=4x+8 & \cdots \bigcirc\!\!\!\!\!\!\:\text{ㄴ} \end{cases} \xrightarrow{\bigcirc \times 2} \begin{cases} 6y=4x-8 \\ 6y=4x+8 \end{cases}$

따라서 x, y의 계수는 각각 같고, 상수항은 다르므로 해가 없다.

⑤ $\begin{cases} x+2y=3 & \cdots ㉠ \\ 3x+2y=0 & \cdots ㉡ \end{cases}$

㉠－㉡을 하면 $-2x=3$ $\therefore x=-\dfrac{3}{2}$

$x=-\dfrac{3}{2}$을 ㉠에 대입하면

$-\dfrac{3}{2}+2y=3,\ 2y=\dfrac{9}{2}$ $\therefore y=\dfrac{9}{4}$

따라서 해는 $x=-\dfrac{3}{2},\ y=\dfrac{9}{4}$이다.

따라서 해가 무수히 많은 것은 ⑤이다.

10 답 $a=5,\ b=-2$

$\begin{cases} -x+ay=-2 & \cdots ㉠ \\ bx+10y=-4 & \cdots ㉡ \end{cases} \xrightarrow{㉠\times2} \begin{cases} -2x+2ay=-4 & \cdots ㉢ \\ bx+10y=-4 & \cdots ㉡ \end{cases}$

이 연립방정식의 해가 무수히 많으므로 ㉢과 ㉡이 일치한다.

따라서 $-2=b,\ 2a=10$이므로

$a=5,\ b=-2$

이런 풀이 어때요?

해가 무수히 많으므로 $\dfrac{-1}{b}=\dfrac{a}{10}=\dfrac{-2}{-4}$

$\dfrac{-1}{b}=\dfrac{-2}{-4}$에서 $b=-2$

$\dfrac{a}{10}=\dfrac{-2}{-4}$에서 $a=5$

11 답 ⑤

① $\begin{cases} 2x+3y=7 & \cdots ㉠ \\ 5x+6y=10 & \cdots ㉡ \end{cases}$

㉠$\times2$－㉡을 하면 $-x=4$ $\therefore x=-4$

$x=-4$를 ㉠에 대입하면 $-8+3y=7$ $\therefore y=5$

따라서 해는 $x=-4,\ y=5$이다.

② $\begin{cases} -x+y=-3 & \cdots ㉠ \\ x-y=3 & \cdots ㉡ \end{cases} \xrightarrow{㉠\times(-1)} \begin{cases} x-y=3 \\ x-y=3 \end{cases}$

따라서 $x,\ y$의 계수와 상수항이 각각 같으므로 해가 무수히 많다.

③ $\begin{cases} 2x+y=1 & \cdots ㉠ \\ 4x+2y=2 & \cdots ㉡ \end{cases} \xrightarrow{㉠\times2} \begin{cases} 4x+2y=2 \\ 4x+2y=2 \end{cases}$

따라서 $x,\ y$의 계수와 상수항이 각각 같으므로 해가 무수히 많다.

④ $\begin{cases} 3x-y=2 & \cdots ㉠ \\ x-y=-2 & \cdots ㉡ \end{cases}$

㉠－㉡을 하면 $2x=4$ $\therefore x=2$

$x=2$를 ㉡에 대입하면 $2-y=-2$ $\therefore y=4$

따라서 해는 $x=2,\ y=4$이다.

⑤ $\begin{cases} 3x-2y=1 & \cdots ㉠ \\ 6x-4y=3 & \cdots ㉡ \end{cases} \xrightarrow{㉠\times2} \begin{cases} 6x-4y=2 \\ 6x-4y=3 \end{cases}$

따라서 $x,\ y$의 계수는 각각 같고, 상수항은 다르므로 해가 없다.

따라서 해가 없는 것은 ⑤이다.

12 답 ③

$\begin{cases} 3x+ay=4 & \cdots ㉠ \\ 9x-6y=b & \cdots ㉡ \end{cases} \xrightarrow{㉠\times3} \begin{cases} 9x+3ay=12 & \cdots ㉢ \\ 9x-6y=b & \cdots ㉡ \end{cases}$

이 연립방정식의 해가 없으려면 ㉢, ㉡에서 $x,\ y$의 계수는 각각 같고, 상수항은 달라야 한다.

즉, $3a=-6,\ 12\neq b$이므로 $a=-2,\ b\neq12$

이런 풀이 어때요?

해가 없으므로 $\dfrac{3}{9}=\dfrac{a}{-6}\neq\dfrac{4}{b}$

$\dfrac{3}{9}=\dfrac{a}{-6}$에서 $a=-2$

$\dfrac{3}{9}\neq\dfrac{4}{b}$에서 $b\neq12$

소단원 핵심문제

96~97쪽

01 11	02 ②	03 −1	04 4	05 ①
06 −8	07 −4	08 ①	09 4	09-1 2

01 $\begin{cases} y=-2x+1 & \cdots ㉠ \\ 5x+2y=6 & \cdots ㉡ \end{cases}$

㉠을 ㉡에 대입하면

$5x+2(-2x+1)=6,\ x+2=6$ $\therefore x=4$

$x=4$를 ㉠에 대입하면 $y=-8+1=-7$

따라서 $a=4,\ b=-7$이므로

$a-b=4-(-7)=11$

02 x를 없애기 위하여 x의 계수의 절댓값을 같게 한 후 계수의 부호가 같으므로 변끼리 빼면 된다.

즉, ㉠$\times3$－㉡$\times2$를 하면 $-19y=-19$

03 $\begin{cases} x+2y=7 & \cdots ㉠ \\ 3x-4y=1 & \cdots ㉡ \end{cases}$

㉠$\times2$＋㉡을 하면 $5x=15$ $\therefore x=3$

$x=3$을 ㉠에 대입하면

$3+2y=7,\ 2y=4$ $\therefore y=2$

$\therefore 6\left(\dfrac{1}{x}+\dfrac{1}{y}\right)-xy=6\left(\dfrac{1}{3}+\dfrac{1}{2}\right)-3\times2$

$=6\times\dfrac{5}{6}-6=-1$

04 주어진 연립방정식의 해는 세 일차방정식을 모두 만족하므로

연립방정식 $\begin{cases} x+2y=7 & \cdots \text{㉠} \\ 2x-5y=-4 & \cdots \text{㉡} \end{cases}$ 의 해와 같다.

㉠$\times 2-$㉡을 하면 $9y=18$ $\therefore y=2$

$y=2$를 ㉠에 대입하면 $x+4=7$ $\therefore x=3$

$x=3,\ y=2$를 $3x-ay=1$에 대입하면

$9-2a=1,\ -2a=-8$ $\therefore a=4$

05 $\begin{cases} 5(x-y)-4x=15 \\ (4x+y):(x-5y)=6:5 \end{cases}$

$\Rightarrow \begin{cases} 5(x-y)-4x=15 & \cdots \text{㉠} \\ 5(4x+y)=6(x-5y) & \cdots \text{㉡} \end{cases}$

㉠, ㉡을 각각 괄호를 풀어 정리하면

$\begin{cases} x-5y=15 & \cdots \text{㉢} \\ 14x+35y=0 & \cdots \text{㉣} \end{cases}$

㉢$\times 7+$㉣을 하면 $21x=105$ $\therefore x=5$

$x=5$를 ㉢에 대입하면 $5-5y=15$ $\therefore y=-2$

따라서 $a=5,\ b=-2$이므로 $ab=5\times(-2)=-10$

06 $\begin{cases} \dfrac{x}{4}-\dfrac{y}{3}=-\dfrac{5}{3} & \cdots \text{㉠} \\ 0.3x-0.2y=-1.6 & \cdots \text{㉡} \end{cases}$

㉠$\times 12$, ㉡$\times 10$을 하면

$\begin{cases} 3x-4y=-20 & \cdots \text{㉢} \\ 3x-2y=-16 & \cdots \text{㉣} \end{cases}$

㉢$-$㉣을 하면 $-2y=-4$ $\therefore y=2$

$y=2$를 ㉢에 대입하면

$3x-8=-20,\ 3x=-12$ $\therefore x=-4$

따라서 $a=-4,\ b=2$이므로 $ab=(-4)\times 2=-8$

07 $3x+2y-7=5x-3y=4(x-y)$에서

$\begin{cases} 3x+2y-7=5x-3y \\ 5x-3y=4(x-y) \end{cases} \Rightarrow \begin{cases} -2x+5y=7 & \cdots \text{㉠} \\ x+y=0 & \cdots \text{㉡} \end{cases}$

㉠$+$㉡$\times 2$를 하면 $7y=7$ $\therefore y=1$

$y=1$을 ㉡에 대입하면 $x+1=0$ $\therefore x=-1$

따라서 $x=-1,\ y=1$을 $kx-y=3$에 대입하면

$-k-1=3$ $\therefore k=-4$

08 $\begin{cases} 4x-6y=10 & \cdots \text{㉠} \\ -2x+3y=a & \cdots \text{㉡} \end{cases} \xrightarrow{\text{㉡}\times(-2)} \begin{cases} 4x-6y=10 \\ 4x-6y=-2a \end{cases}$

이 연립방정식의 해가 없으므로 $x,\ y$의 계수는 각각 같고, 상수항은 다르다.

즉, $-2a\neq 10$이므로 $a\neq -5$

따라서 수 a의 값이 될 수 없는 것은 ①이다.

09 $\begin{cases} x-2y=a & \cdots \text{㉠} \\ 2x-y=-4 & \cdots \text{㉡} \end{cases},\ \begin{cases} x-y=-1 & \cdots \text{㉢} \\ -x+by=9 & \cdots \text{㉣} \end{cases}$

두 연립방정식의 해가 서로 같으므로 그 해는 일차방정식 ㉡, ㉢을 연립하여 구한 해와 같다.

㉡$-$㉢을 하면 $x=-3$

$x=-3$을 ㉢에 대입하면 $-3-y=-1$ $\therefore y=-2$

따라서 $x=-3,\ y=-2$를 ㉠, ㉣에 각각 대입하면

$-3+4=a$ $\therefore a=1$

$3-2b=9,\ -2b=6$ $\therefore b=-3$

$\therefore a-b=1-(-3)=4$

09-1 $\begin{cases} 3x+2y=-6 & \cdots \text{㉠} \\ ax-3y=7 & \cdots \text{㉡} \end{cases},\ \begin{cases} -2x+by=2 & \cdots \text{㉢} \\ x+3y=5 & \cdots \text{㉣} \end{cases}$

두 연립방정식의 해가 서로 같으므로 그 해는 일차방정식 ㉠, ㉣을 연립하여 구한 해와 같다.

㉠$-$㉣$\times 3$을 하면 $-7y=-21$ $\therefore y=3$

$y=3$을 ㉣에 대입하면 $x+9=5$ $\therefore x=-4$

따라서 $x=-4,\ y=3$을 ㉡, ㉢에 각각 대입하면

$-4a-9=7,\ -4a=16$ $\therefore a=-4$

$8+3b=2,\ 3b=-6$ $\therefore b=-2$

$\therefore b-a=-2-(-4)=2$

❸ 연립일차방정식의 활용

개념 24 연립방정식의 활용

대표문제

99~101쪽

01 답 (1)

	어른	청소년
사람 수(명)	x	y
입장료(원)	$3000x$	$2000y$

(2) $\begin{cases} x+y=7 \\ 3000x+2000y=19000 \end{cases}$

(3) 어른: 5명, 청소년: 2명

(3) $\begin{cases} x+y=7 \\ 3000x+2000y=19000 \end{cases} \Rightarrow \begin{cases} x+y=7 & \cdots \text{㉠} \\ 3x+2y=19 & \cdots \text{㉡} \end{cases}$

㉠$\times 3-$㉡을 하면 $y=2$

$y=2$를 ㉠에 대입하면 $x+2=7$ $\therefore x=5$

따라서 입장한 어른은 5명, 청소년은 2명이다.

02 답 (1) $\begin{cases} x+y=21 \\ 2x+4y=70 \end{cases}$ (2) 닭: 7마리, 토끼: 14마리

(2) $\begin{cases} x+y=21 & \cdots \text{㉠} \\ 2x+4y=70 & \cdots \text{㉡} \end{cases}$

㉠$\times 2-$㉡을 하면 $-2y=-28$ $\therefore y=14$

$y=14$를 ㉠에 대입하면 $x+14=21$ $\therefore x=7$

따라서 닭은 7마리, 토끼는 14마리이다.

03 답 (1) $\begin{cases} x+y=6 \\ 10y+x=(10x+y)+18 \end{cases}$ (2) 24

(1) 처음 수는 $10x+y$, 바꾼 수는 $10y+x$이므로 연립방정식을 세우면

$$\begin{cases} x+y=6 \\ 10y+x=(10x+y)+18 \end{cases}$$

(2) $\begin{cases} x+y=6 \\ 10y+x=(10x+y)+18 \end{cases}$

$\Rightarrow \begin{cases} x+y=6 & \cdots ㉠ \\ 9x-9y=-18 & \cdots ㉡ \end{cases}$

㉠$\times 9+$㉡을 하면 $18x=36$ ∴ $x=2$

$x=2$를 ㉠에 대입하면 $2+y=6$ ∴ $y=4$

따라서 처음 수는 24이다.

04 답 (1) $\begin{cases} x+y=17 \\ x+5=2(y+5) \end{cases}$ (2) 형: 13세, 동생: 4세

(1) 5년 후 형의 나이는 $(x+5)$세, 동생의 나이는 $(y+5)$세이므로 연립방정식을 세우면

$$\begin{cases} x+y=17 \\ x+5=2(y+5) \end{cases}$$

(2) $\begin{cases} x+y=17 \\ x+5=2(y+5) \end{cases} \Rightarrow \begin{cases} x+y=17 & \cdots ㉠ \\ x-2y=5 & \cdots ㉡ \end{cases}$

㉠$-$㉡을 하면 $3y=12$ ∴ $y=4$

$y=4$를 ㉠에 대입하면 $x+4=17$ ∴ $x=13$

따라서 현재 형의 나이는 13세, 동생의 나이는 4세이다.

05 답 36세

현재 이모의 나이를 x세, 지원이의 나이를 y세라 하면

$\begin{cases} x=3y \\ x-6=5(y-6) \end{cases} \Rightarrow \begin{cases} x=3y & \cdots ㉠ \\ x-5y=-24 & \cdots ㉡ \end{cases}$

㉠을 ㉡에 대입하면

$3y-5y=-24$, $-2y=-24$ ∴ $y=12$

$y=12$를 ㉠에 대입하면 $x=36$

따라서 현재 이모의 나이는 36세이다.

06 답 (1) $\begin{cases} 2(x+y)=58 \\ x=y+5 \end{cases}$ (2) 17 cm

(2) $\begin{cases} 2(x+y)=58 \\ x=y+5 \end{cases} \Rightarrow \begin{cases} 2x+2y=58 & \cdots ㉠ \\ x=y+5 & \cdots ㉡ \end{cases}$

㉡을 ㉠에 대입하면

$2(y+5)+2y=58$, $4y=48$ ∴ $y=12$

$y=12$를 ㉡에 대입하면 $x=12+5=17$

따라서 직사각형의 가로의 길이는 17 cm이다.

07 답 5 cm

윗변의 길이를 x cm, 아랫변의 길이를 y cm라 하면

$\begin{cases} x=y-4 \\ \frac{1}{2}\times(x+y)\times 8=56 \end{cases} \Rightarrow \begin{cases} x=y-4 & \cdots ㉠ \\ 4x+4y=56 & \cdots ㉡ \end{cases}$

㉠을 ㉡에 대입하면

$4(y-4)+4y=56$, $8y-16=56$

$8y=72$ ∴ $y=9$

$y=9$를 ㉠에 대입하면 $x=9-4=5$

따라서 윗변의 길이는 5 cm이다.

08 답 (1) $\begin{cases} x+y=250 \\ \frac{5}{100}x-\frac{10}{100}y=-7 \end{cases}$ (2) $x=120, y=130$

(3) 126명

(1) 올해 입학한 남학생은 $\frac{5}{100}x$명 증가하였고, 여학생은 $\frac{10}{100}y$명 감소하였으므로 연립방정식을 세우면

$$\begin{cases} x+y=250 \\ \frac{5}{100}x-\frac{10}{100}y=-7 \end{cases}$$

(2) $\begin{cases} x+y=250 \\ \frac{5}{100}x-\frac{10}{100}y=-7 \end{cases} \Rightarrow \begin{cases} x+y=250 & \cdots ㉠ \\ 5x-10y=-700 & \cdots ㉡ \end{cases}$

㉠$\times 10+$㉡을 하면 $15x=1800$ ∴ $x=120$

$x=120$을 ㉠에 대입하면 $120+y=250$ ∴ $y=130$

(3) 올해 입학한 남학생 수는

$120+\frac{5}{100}\times 120=120+6=126$(명)

09 답 A 제품: 312개, B 제품: 204개

지난달 A 제품의 생산량을 x개, B 제품의 생산량을 y개라 하면

$\begin{cases} x+y=500 \\ \frac{4}{100}x+\frac{2}{100}y=16 \end{cases} \Rightarrow \begin{cases} x+y=500 & \cdots ㉠ \\ 4x+2y=1600 & \cdots ㉡ \end{cases}$

㉠$\times 2-$㉡을 하면 $-2x=-600$ ∴ $x=300$

$x=300$을 ㉠에 대입하면 $300+y=500$ ∴ $y=200$

따라서 이번 달 A 제품의 생산량은

$300+300\times\frac{4}{100}=300+12=312$(개)

B 제품의 생산량은

$200+200\times\frac{2}{100}=200+4=204$(개)

10 답 (1) $\begin{cases} 6x+6y=1 \\ 2x+12y=1 \end{cases}$ (2) $x=\frac{1}{10}, y=\frac{1}{15}$ (3) 10일

(1) 전체 일의 양을 1로 놓고, 연립방정식을 세우면

$$\begin{cases} 6x+6y=1 \\ 2x+12y=1 \end{cases}$$

(2) $\begin{cases} 6x+6y=1 & \cdots ㉠ \\ 2x+12y=1 & \cdots ㉡ \end{cases}$

㉠$\times 2-$㉡을 하면 $10x=1$ ∴ $x=\frac{1}{10}$

$x=\frac{1}{10}$을 ㉠에 대입하면

$\frac{6}{10}+6y=1$, $6y=\frac{4}{10}$ ∴ $y=\frac{1}{15}$

(3) 이 일을 형돈이가 혼자서 하면 끝내는 데 10일이 걸린다.

11 답 6시간

물탱크에 물을 가득 채웠을 때의 물의 양을 1로 놓고, A, B 두 호스로 1시간 동안 채울 수 있는 물의 양을 각각 x, y라 하면

$$\begin{cases} 3x+6y=1 & \cdots \text{㉠} \\ 2x+8y=1 & \cdots \text{㉡} \end{cases}$$

㉠×2－㉡×3을 하면 $-12y=-1$ $\therefore y=\dfrac{1}{12}$

$y=\dfrac{1}{12}$을 ㉠에 대입하면 $3x+\dfrac{6}{12}=1$, $3x=\dfrac{1}{2}$ $\therefore x=\dfrac{1}{6}$

따라서 A 호스만으로 물탱크에 물을 가득 채우는 데 걸리는 시간은 6시간이다.

12 답 (1)

	걸어갈 때	달려갈 때	전체
거리	x km	y km	8 km
속력	시속 3 km	시속 6 km	
시간	$\dfrac{x}{3}$시간	$\dfrac{y}{6}$시간	2시간

(2) $\begin{cases} x+y=8 \\ \dfrac{x}{3}+\dfrac{y}{6}=2 \end{cases}$ (3) 4 km

(3) $\begin{cases} x+y=8 \\ \dfrac{x}{3}+\dfrac{y}{6}=2 \end{cases} \Rightarrow \begin{cases} x+y=8 & \cdots \text{㉠} \\ 2x+y=12 & \cdots \text{㉡} \end{cases}$

㉠－㉡을 하면 $-x=-4$ $\therefore x=4$

$x=4$를 ㉠에 대입하면 $4+y=8$ $\therefore y=4$

따라서 수현이가 걸은 거리는 4 km이다.

13 답 3분

형과 동생이 만날 때까지 동생이 걸은 시간을 x분, 형이 달린 시간을 y분이라 하면

(동생이 걸은 거리)＝(형이 달린 거리)이므로

$50x=200y$

(동생이 걸은 시간)＝(형이 달린 시간)＋9이므로

$x=y+9$

$\begin{cases} 50x=200y \\ x=y+9 \end{cases} \Rightarrow \begin{cases} x=4y & \cdots \text{㉠} \\ x=y+9 & \cdots \text{㉡} \end{cases}$

㉠을 ㉡에 대입하면 $4y=y+9$, $3y=9$ $\therefore y=3$

$y=3$을 ㉠에 대입하면 $x=12$

따라서 형이 집에서 출발한 지 3분 후에 동생과 만난다.

14 답 (1)

	5 %의 소금물	9 %의 소금물	8 %의 소금물
소금물의 양 (g)	x	y	600
소금의 양 (g)	$\dfrac{5}{100}x$	$\dfrac{9}{100}y$	$\dfrac{8}{100}\times 600$

(2) $\begin{cases} x+y=600 \\ \dfrac{5}{100}x+\dfrac{9}{100}y=\dfrac{8}{100}\times 600 \end{cases}$

(3) 5 %의 소금물: 150 g, 9 %의 소금물: 450 g

(3) $\begin{cases} x+y=600 \\ \dfrac{5}{100}x+\dfrac{9}{100}y=\dfrac{8}{100}\times 600 \end{cases} \Rightarrow \begin{cases} x+y=600 & \cdots \text{㉠} \\ 5x+9y=4800 & \cdots \text{㉡} \end{cases}$

㉠×5－㉡을 하면 $-4y=-1800$ $\therefore y=450$

$y=450$을 ㉠에 대입하면 $x+450=600$ $\therefore x=150$

따라서 5 %의 소금물은 150 g, 9 %의 소금물은 450 g이다.

15 답 600 g

8 %의 설탕물의 양을 x g, 9 %의 설탕물의 양을 y g이라 하면

$\begin{cases} x+200=y \\ \dfrac{8}{100}x+\dfrac{12}{100}\times 200=\dfrac{9}{100}y \end{cases} \Rightarrow \begin{cases} x-y=-200 & \cdots \text{㉠} \\ 8x-9y=-2400 & \cdots \text{㉡} \end{cases}$

㉠×8－㉡을 하면 $y=800$

$y=800$을 ㉠에 대입하면 $x-800=-200$ $\therefore x=600$

따라서 8 %의 설탕물을 600 g 섞어야 한다.

16 답 100 g

16 %의 소금물의 양을 x g, 더 넣어야 하는 소금의 양을 y g이라 하면

$\begin{cases} x+y=600 \\ \dfrac{16}{100}x+y=\dfrac{30}{100}\times 600 \end{cases} \Rightarrow \begin{cases} x+y=600 & \cdots \text{㉠} \\ 4x+25y=4500 & \cdots \text{㉡} \end{cases}$

㉠×4－㉡을 하면 $-21y=-2100$ $\therefore y=100$

$y=100$을 ㉠에 대입하면 $x+100=600$ $\therefore x=500$

따라서 소금을 100 g 더 넣어야 한다.

소단원 **핵심문제** 102쪽

01 ③ 02 ② 03 14 % 04 6 km 04-1 1시간

01 처음 수의 십의 자리의 숫자를 x, 일의 자리의 숫자를 y라 하면

$\begin{cases} x+y=9 \\ 10y+x=2(10x+y)-9 \end{cases} \Rightarrow \begin{cases} x+y=9 & \cdots \text{㉠} \\ 19x-8y=9 & \cdots \text{㉡} \end{cases}$

㉠×8＋㉡을 하면 $27x=81$ $\therefore x=3$

$x=3$을 ㉠에 대입하면 $3+y=9$ $\therefore y=6$

따라서 처음 수는 36이다.

02 긴 끈의 길이를 x cm, 짧은 끈의 길이를 y cm라 하면

$\begin{cases} x+y=300 & \cdots \text{㉠} \\ x=2y-60 & \cdots \text{㉡} \end{cases}$

㉡을 ㉠에 대입하면 $2y-60+y=300$

$3y=360$ $\therefore y=120$

$y=120$을 ㉡에 대입하면 $x=2\times 120-60=180$

따라서 긴 끈의 길이는 180 cm이다.

03 소금물 A의 농도를 x %, 소금물 B의 농도를 y %라 하면

$$\begin{cases} \dfrac{x}{100}\times300+\dfrac{y}{100}\times200=\dfrac{10}{100}\times500 \\ \dfrac{x}{100}\times200+\dfrac{y}{100}\times300=\dfrac{8}{100}\times500 \end{cases}$$

$$\Rightarrow \begin{cases} 3x+2y=50 & \cdots ㉠ \\ 2x+3y=40 & \cdots ㉡ \end{cases}$$

㉠$\times2-$㉡$\times3$을 하면 $-5y=-20$ $\quad \therefore y=4$

$y=4$를 ㉠에 대입하면

$3x+8=50,\ 3x=42$ $\quad \therefore x=14$

따라서 소금물 A의 농도는 14 %이다.

04 지안이가 걸은 거리를 x km, 지윤이가 달린 거리를 y km라 하면

$$\begin{cases} x+y=16 \\ \dfrac{x}{3}=\dfrac{y}{5} \end{cases} \Rightarrow \begin{cases} x+y=16 & \cdots ㉠ \\ 5x-3y=0 & \cdots ㉡ \end{cases}$$

㉠$\times3+$㉡을 하면 $8x=48$ $\quad \therefore x=6$

$x=6$을 ㉠에 대입하면

$6+y=16$ $\quad \therefore y=10$

따라서 지안이가 걸은 거리는 6 km이다.

04-1 주영이가 달린 거리를 x km, 슬비가 달린 거리를 y km라 하면

$$\begin{cases} x+y=18 \\ \dfrac{x}{8}=\dfrac{y}{10} \end{cases} \Rightarrow \begin{cases} x+y=18 & \cdots ㉠ \\ 5x-4y=0 & \cdots ㉡ \end{cases}$$

㉠$\times5-$㉡을 하면 $9y=90$ $\quad \therefore y=10$

$y=10$을 ㉠에 대입하면

$x+10=18$ $\quad \therefore x=8$

따라서 주영이가 달린 거리는 8 km이므로 두 사람이 만날 때까지 걸린 시간은 $\dfrac{8}{8}=1$(시간)이다.

참고 두 사람이 동시에 출발하여 만났으므로 주영이가 달린 시간과 슬비가 달린 시간은 같다.

따라서 슬비가 달린 거리는 10 km이므로 두 사람이 만날 때까지 걸린 시간은 $\dfrac{10}{10}=1$(시간)이다.

중단원 마무리문제 103~105쪽

01 ②	**02** 6	**03** -5	**04** ③ **05** ④
06 ④	**07** $x=\dfrac{11}{5},\ y=-\dfrac{2}{5}$	**08** 3	**09** ①
10 0	**11** ①	**12** ②	**13** ③ **14** 4명
15 9회	**16** 10시간	**17** ④	**18** 300 g

01 ㄴ. y^2이 있으므로 일차방정식이 아니다.

ㄷ. $x-3y=4+x$를 정리하면 $3y+4=0$이므로 미지수가 y의 1개뿐이다.

ㅁ. x가 분모에 있으므로 일차방정식이 아니다.

ㅂ. 미지수가 2개인 일차식이므로 일차방정식이 아니다.

이상에서 미지수가 2개인 일차방정식은 ㄱ, ㄹ이다.

02 $x+2y=9$의 해를 $x,\ y$의 순서쌍으로 나타내면

$(1,4),\ (3,3),\ (5,2),\ (7,1)$이므로 $a=4$

$2x+3y=11$의 해를 $x,\ y$의 순서쌍으로 나타내면

$(1,3),\ (4,1)$이므로 $b=2$

$\therefore a+b=4+2=6$

03 $x=a,\ y=a+1$을 $2x+5y=4a-10$에 대입하면

$2a+5(a+1)=4a-10,\ 2a+5a+5=4a-10$

$3a=-15$ $\quad \therefore a=-5$

04 $x=2,\ y=-1$을 각 연립방정식에 대입하면

① $\begin{cases} 4x+y=7 \\ x-2y=-4 \end{cases} \Rightarrow \begin{cases} 4\times2+(-1)=7 \\ 2-2\times(-1)=4\neq-4 \end{cases}$

② $\begin{cases} 3x+y=5 \\ x+2y=4 \end{cases} \Rightarrow \begin{cases} 3\times2+(-1)=5 \\ 2+2\times(-1)=0\neq4 \end{cases}$

③ $\begin{cases} 3x+y=5 \\ 2x+y=3 \end{cases} \Rightarrow \begin{cases} 3\times2+(-1)=5 \\ 2\times2+(-1)=3 \end{cases}$

④ $\begin{cases} 3x-y=7 \\ 2x+3y=6 \end{cases} \Rightarrow \begin{cases} 3\times2-(-1)=7 \\ 2\times2+3\times(-1)=1\neq6 \end{cases}$

⑤ $\begin{cases} 3x-y=7 \\ 2x-3y=1 \end{cases} \Rightarrow \begin{cases} 3\times2-(-1)=7 \\ 2\times2-3\times(-1)=7\neq1 \end{cases}$

따라서 $x,\ y$의 순서쌍 $(2,-1)$을 해로 갖는 것은 ③이다.

05 $\begin{cases} 5x+y=2 & \cdots ㉠ \\ 3x-my=14 & \cdots ㉡ \end{cases}$

$x=2,\ y=n$을 ㉠에 대입하면

$10+n=2$ $\quad \therefore n=-8$

$x=2,\ y=-8$을 ㉡에 대입하면

$6+8m=14$ $\quad \therefore m=1$

$\therefore 8m+\dfrac{8}{n}=8\times1+\dfrac{8}{-8}=8-1=7$

06 $\begin{cases} 3x-4y=-1 & \cdots ㉠ \\ -4x+5y=-2 & \cdots ㉡ \end{cases}$

㉠$\times4+$㉡$\times3$을 하면 $-y=-10$ $\quad \therefore y=10$

$y=10$을 ㉠에 대입하면

$3x-40=-1,\ 3x=39$ $\quad \therefore x=13$

$\therefore x-y=13-10=3$

07 연립방정식 $\begin{cases} ax-by=3 \\ bx+ay=4 \end{cases}$ 에서 a와 b를 서로 바꾸면

$\begin{cases} bx-ay=3 \\ ax+by=4 \end{cases}$ ······ ㉮

$x=2$, $y=1$을 위의 연립방정식에 대입하면

$\begin{cases} 2b-a=3 \\ 2a+b=4 \end{cases}$ ⇨ $\begin{cases} -a+2b=3 & \cdots ㉠ \\ 2a+b=4 & \cdots ㉡ \end{cases}$

㉠×2+㉡을 하면 $5b=10$ ∴ $b=2$

$b=2$를 ㉠에 대입하면

$-a+4=3$ ∴ $a=1$ ······ ㉯

$a=1$, $b=2$를 처음의 연립방정식에 대입하면

$\begin{cases} x-2y=3 & \cdots ㉢ \\ 2x+y=4 & \cdots ㉣ \end{cases}$

㉢×2-㉣을 하면 $-5y=2$ ∴ $y=-\dfrac{2}{5}$

$y=-\dfrac{2}{5}$를 ㉢에 대입하면

$x+\dfrac{4}{5}=3$ ∴ $x=\dfrac{11}{5}$ ······ ㉰

단계	채점 기준	배점 비율
㉮	a와 b를 서로 바꾼 연립방정식 세우기	20 %
㉯	a, b의 값 각각 구하기	40 %
㉰	처음의 연립방정식 풀기	40 %

08 $\begin{cases} \dfrac{x}{4}-\dfrac{y}{2}=\dfrac{5}{4} & \cdots ㉠ \\ 3x-2y=a & \cdots ㉡ \end{cases}$ $\xrightarrow{㉠×4}$ $\begin{cases} x-2y=5 & \cdots ㉢ \\ 3x-2y=a & \cdots ㉡ \end{cases}$

위의 연립방정식을 만족하는 y의 값이 x의 값의 3배이므로

$y=3x$ ······ ㉣

㉣을 ㉢에 대입하면

$x-6x=5$, $-5x=5$ ∴ $x=-1$

$x=-1$을 ㉣에 대입하면 $y=-3$

따라서 $x=-1$, $y=-3$을 ㉡에 대입하면

$-3+6=a$ ∴ $a=3$

09 $\begin{cases} \dfrac{x+1}{5}-\dfrac{y}{2}=\dfrac{11}{5} & \cdots ㉠ \\ 1.1x+0.5y=0.6 & \cdots ㉡ \end{cases}$

㉠×10, ㉡×10을 하면

$\begin{cases} 2(x+1)-5y=22 \\ 11x+5y=6 \end{cases}$ ⇨ $\begin{cases} 2x-5y=20 & \cdots ㉢ \\ 11x+5y=6 & \cdots ㉣ \end{cases}$

㉢+㉣을 하면 $13x=26$ ∴ $x=2$

$x=2$를 ㉢에 대입하면

$4-5y=20$, $-5y=16$

∴ $y=-\dfrac{16}{5}$

$x=2$, $y=-\dfrac{16}{5}$을 $3x+5y=a$에 대입하면

$6-16=a$ ∴ $a=-10$

10 $x+2y+2=-4x+3y-5=4x+4y+1$에서

$\begin{cases} x+2y+2=-4x+3y-5 \\ -4x+3y-5=4x+4y+1 \end{cases}$

⇨ $\begin{cases} 5x-y=-7 & \cdots ㉠ \\ -8x-y=6 & \cdots ㉡ \end{cases}$ ······ ㉮

㉠-㉡을 하면 $13x=-13$ ∴ $x=-1$

$x=-1$을 ㉠에 대입하면

$-5-y=-7$ ∴ $y=2$ ······ ㉯

따라서 $a=-1$, $b=2$이므로

$2a+b=2\times(-1)+2=0$ ······ ㉰

단계	채점 기준	배점 비율
㉮	연립방정식 세우기	30 %
㉯	연립방정식 풀기	50 %
㉰	$2a+b$의 값 구하기	20 %

11 $\begin{cases} 2x+(a-5)y=-6 & \cdots ㉠ \\ bx-4y=-3 & \cdots ㉡ \end{cases}$ $\xrightarrow{㉡×2}$ $\begin{cases} 2x+(a-5)y=-6 \\ 2bx-8y=-6 \end{cases}$

이 연립방정식의 해가 무수히 많으므로 x, y의 계수와 상수항이 각각 같다.

즉, $2=2b$, $a-5=-8$이므로

$a=-3$, $b=1$

∴ $a+b=-3+1=-2$

12 $\begin{cases} 3x-2y=2 & \cdots ㉠ \\ 9x-ay=b & \cdots ㉡ \end{cases}$ $\xrightarrow{㉠×3}$ $\begin{cases} 9x-6y=6 \\ 9x-ay=b \end{cases}$

이 연립방정식의 해가 없으므로 x, y의 계수는 각각 같고, 상수항은 다르다.

∴ $a=6$, $b\neq6$

13 큰 수를 x, 작은 수를 y라 하면

$\begin{cases} x-y=17 \\ 3y-x=15 \end{cases}$ ⇨ $\begin{cases} x-y=17 & \cdots ㉠ \\ -x+3y=15 & \cdots ㉡ \end{cases}$

㉠+㉡을 하면 $2y=32$ ∴ $y=16$

$y=16$을 ㉠에 대입하면 $x-16=17$ ∴ $x=33$

따라서 두 수는 각각 33, 16이므로 구하는 합은

$33+16=49$

14 지혜네 가족 중 대인은 x명, 소인은 y명이라 하면

$\begin{cases} x+y=6 \\ 12000x+5000y=44000 \end{cases}$

⇨ $\begin{cases} x+y=6 & \cdots ㉠ \\ 12x+5y=44 & \cdots ㉡ \end{cases}$

㉠×5-㉡을 하면 $-7x=-14$ ∴ $x=2$

$x=2$를 ㉠에 대입하면 $2+y=6$ ∴ $x=4$

따라서 지혜네 가족 중 소인은 4명이다.

15 B가 이긴 횟수를 x회, 진 횟수를 y회라 하면

A가 이긴 횟수는 y회, 진 횟수는 x회이므로

$\begin{cases} 3y-2x=18 \\ 3x-2y=3 \end{cases}$

$\Rightarrow \begin{cases} -2x+3y=18 & \cdots \text{㉠} \\ 3x-2y=3 & \cdots \text{㉡} \end{cases}$ ⋯ ㉮

㉠$\times3$+㉡$\times2$를 하면

$5y=60$ ∴ $y=12$

$y=12$를 ㉡에 대입하면

$3x-24=3$ ∴ $x=9$ ⋯ ㉯

따라서 B가 이긴 횟수는 9회이다. ⋯ ㉰

단계	채점 기준	배점 비율
㉮	연립방정식 세우기	40 %
㉯	연립방정식 풀기	40 %
㉰	B가 이긴 횟수 구하기	20 %

16 물탱크에 물을 가득 채웠을 때의 물의 양을 1로 놓고, A, B 호스로 1시간 동안 넣을 수 있는 물의 양을 각각 x, y라 하면

$\begin{cases} 4x+9y=1 & \cdots \text{㉠} \\ 15y=1 & \cdots \text{㉡} \end{cases}$

㉡을 y에 대하여 풀면 $y=\dfrac{1}{15}$

$y=\dfrac{1}{15}$을 ㉠에 대입하면

$4x+\dfrac{9}{15}=1$, $4x=\dfrac{6}{15}$ ∴ $x=\dfrac{1}{10}$

따라서 A 호스로만 물탱크에 물을 가득 채우는 데 10시간이 걸린다.

17 전략 정지한 물에서의 배의 속력을 시속 x km, 강물의 속력을 시속 y km라 하고 연립방정식을 세운다.

정지한 물에서의 배의 속력을 시속 x km, 강물의 속력을 시속 y km라 하면 배가 강을 거슬러 올라갈 때의 속력은 시속 $(x-y)$ km, 내려올 때의 속력은 시속 $(x+y)$ km이므로

$\begin{cases} 5(x-y)=15 \\ 3(x+y)=15 \end{cases} \Rightarrow \begin{cases} x-y=3 & \cdots \text{㉠} \\ x+y=5 & \cdots \text{㉡} \end{cases}$

㉠+㉡을 하면

$2x=8$ ∴ $x=4$

$x=4$를 ㉡에 대입하면

$4+y=5$ ∴ $y=1$

따라서 정지한 물에서의 배의 속력은 시속 4 km이다.

이것만은 꼭!

배를 타고 흐르는 강물 위를 갈 때,

① (강을 거슬러 올라갈 때의 배의 속력)
= (정지한 물에서의 배의 속력) − (강물의 속력)

② (강을 따라 내려올 때의 배의 속력)
= (정지한 물에서의 배의 속력) + (강물의 속력)

18 3 %의 소금물의 양을 x g, 7 %의 소금물의 양을 y g이라 하면

$\begin{cases} x+y=400 \\ \dfrac{3}{100}x+\dfrac{7}{100}y=\dfrac{6}{100}\times400 \end{cases}$

$\Rightarrow \begin{cases} x+y=400 & \cdots \text{㉠} \\ 3x+7y=2400 & \cdots \text{㉡} \end{cases}$

㉠$\times3$−㉡을 하면

$-4y=-1200$ ∴ $y=300$

$y=300$을 ㉠에 대입하면

$x+300=400$ ∴ $x=100$

따라서 7 %의 소금물을 300 g 섞어야 한다.

✦ 창의·융합 문제 105쪽

A 부분에 세운 블록은 1초에 3개씩 넘어지므로 1개 넘어지는 데 걸리는 시간은 $\dfrac{1}{3}$초이고, B 부분에 세운 블록은 1초에 4개씩 넘어지므로 1개 넘어지는 데 걸리는 시간은 $\dfrac{1}{4}$초이다. ⋯ ❶

$\begin{cases} x+y=32 \\ \dfrac{x}{3}+\dfrac{y}{4}=9 \end{cases}$ ⋯ ❷

$\begin{cases} x+y=32 \\ \dfrac{x}{3}+\dfrac{y}{4}=9 \end{cases} \Rightarrow \begin{cases} x+y=32 & \cdots \text{㉠} \\ 4x+3y=108 & \cdots \text{㉡} \end{cases}$

㉠$\times4$−㉡을 하면 $y=20$

$y=20$을 ㉠에 대입하면

$x+20=32$ ∴ $x=12$

따라서 A 부분에는 12개, B 부분에는 20개의 블록을 세우면 된다. ⋯ ❸

답 A 부분: 12개, B 부분: 20개

교과서 속 서술형 문제 106~107쪽

1 ❶ b의 값은?

처음의 연립방정식에서 민지가 바르게 본 일차방정식은 $\boxed{3x-by=6}$이므로

$x=6$, $y=6$을 $\boxed{3x-by=6}$에 대입하면

10 $6b$ 6, $6b$ 12 ∴ $b=\boxed{2}$ ㉮

❷ a의 값은?

처음의 연립방정식에서 윤아가 바르게 본 일차방정식은 $\boxed{ax+2y=10}$이므로

$x=2$, $y=4$를 $\boxed{ax+2y=10}$에 대입하면

$2a+8=10$, $2a=2$ ∴ $a=\boxed{1}$ ㉯

❸ a, b의 값을 이용하여 처음의 연립방정식을 세우면?

$$\begin{cases} \boxed{x}+2y=10 & \cdots \text{㉠} \\ 3x-\boxed{2y}=6 & \cdots \text{㉡} \end{cases} \quad \cdots \text{㉰}$$

❹ 처음의 연립방정식을 풀면?

㉠+㉡을 하면 $\boxed{4}\,x=16$ $\quad \therefore x=\boxed{4}$

$x=\boxed{4}$를 ㉠에 대입하면

$\boxed{4}+2y=10$ $\quad \therefore y=\boxed{3}$ $\quad \cdots \text{㉰}$

단계	채점 기준	배점 비율
㉮	b의 값 구하기	30 %
㉯	a의 값 구하기	30 %
㉰	처음의 연립방정식 세우기	10 %
㉱	처음의 연립방정식 풀기	30 %

2 **❶** b의 값은?

처음의 연립방정식에서 정우가 바르게 본 일차방정식은
$x+by=2$이므로

$x=8$, $y=2$를 $x+by=2$에 대입하면

$8+2b=2$, $2b=-6$ $\quad \therefore b=-3$ $\quad \cdots \text{㉮}$

❷ a의 값은?

처음의 연립방정식에서 준희가 바르게 본 일차방정식은
$ax-4y=1$이므로

$x=3$, $y=2$를 $ax-4y=1$에 대입하면

$3a-8=1$, $3a=9$ $\quad \therefore a=3$ $\quad \cdots \text{㉯}$

❸ a, b의 값을 이용하여 처음의 연립방정식을 세우면?

$$\begin{cases} 3x-4y=1 & \cdots \text{㉠} \\ x-3y=2 & \cdots \text{㉡} \end{cases} \quad \cdots \text{㉰}$$

❹ 처음의 연립방정식을 풀면?

㉠$-$㉡$\times 3$을 하면 $5y=-5$ $\quad \therefore y=-1$

$y=-1$을 ㉡에 대입하면

$x+3=2$ $\quad \therefore x=-1$ $\quad \cdots \text{㉱}$

단계	채점 기준	배점 비율
㉮	b의 값 구하기	30 %
㉯	a의 값 구하기	30 %
㉰	처음의 연립방정식 세우기	10 %
㉱	처음의 연립방정식 풀기	30 %

3 $x=-1$, $y=2$를 주어진 연립방정식에 대입하면

$$\begin{cases} -a+2b=-3 \\ -b-2a=4 \end{cases} \Rightarrow \begin{cases} -a+2b=-3 & \cdots \text{㉠} \\ -2a-b=4 & \cdots \text{㉡} \end{cases} \quad \cdots \text{㉮}$$

㉠$+$㉡$\times 2$를 하면 $-5a=5$ $\quad \therefore a=-1$

$a=-1$을 ㉠에 대입하면

$1+2b=-3$ $\quad \therefore b=-2$ $\quad \cdots \text{㉯}$

$\therefore ab=(-1)\times(-2)=2$ $\quad \cdots \text{㉰}$

目 2

단계	채점 기준	배점 비율
㉮	a, b에 대한 연립방정식 세우기	30 %
㉯	a, b의 값 각각 구하기	50 %
㉰	ab의 값 구하기	20 %

4 $$\begin{cases} \dfrac{x}{4}-\dfrac{y}{4}=-1 \\ 2x-3y=-11+a \end{cases} \Rightarrow \begin{cases} x-y=-4 & \cdots \text{㉠} \\ 2x-3y=-11+a & \cdots \text{㉡} \end{cases} \quad \cdots \text{㉮}$$

x와 y의 값의 합이 8이므로 $x+y=8$ $\quad \cdots \text{㉢}$

㉠$+$㉢을 하면 $2x=4$ $\quad \therefore x=2$

$x=2$를 ㉢에 대입하면 $2+y=8$ $\quad \therefore y=6$ $\quad \cdots \text{㉯}$

따라서 $x=2$, $y=6$을 ㉡에 대입하면

$4-18=-11+a$ $\quad \therefore a=-3$ $\quad \cdots \text{㉰}$

目 -3

단계	채점 기준	배점 비율
㉮	주어진 조건을 이용하여 일차방정식 세우기	20 %
㉯	x, y의 값 각각 구하기	50 %
㉰	a의 값 구하기	30 %

5 공책의 수를 x권, 학생 수를 y명이라 하면

$$\begin{cases} x=8y+20 & \cdots \text{㉠} \\ x=9y-8 & \cdots \text{㉡} \end{cases} \quad \cdots \text{㉮}$$

㉡을 ㉠에 대입하면 $9y-8=8y+20$ $\quad \therefore y=28$

$y=28$을 ㉠에 대입하면 $x=8\times 28+20=244$ $\quad \cdots \text{㉯}$

따라서 공책은 모두 244권이다. $\quad \cdots \text{㉰}$

目 244권

단계	채점 기준	배점 비율
㉮	연립방정식 세우기	40 %
㉯	연립방정식 풀기	40 %
㉰	공책의 수 구하기	20 %

6 A 코스를 x km, B 코스를 y km라 하면

$$\begin{cases} y=x+4 \\ \dfrac{x}{3}+\dfrac{y}{5}=4 \end{cases} \Rightarrow \begin{cases} y=x+4 & \cdots \text{㉠} \\ 5x+3y=60 & \cdots \text{㉡} \end{cases} \quad \cdots \text{㉮}$$

㉠을 ㉡에 대입하면

$5x+3(x+4)=60$, $8x=48$ $\quad \therefore x=6$

$x=6$을 ㉠에 대입하면 $y=6+4=10$ $\quad \cdots \text{㉯}$

따라서 B 코스는 10 km이다. $\quad \cdots \text{㉰}$

目 10 km

단계	채점 기준	배점 비율
㉮	연립방정식 세우기	40 %
㉯	연립방정식 풀기	40 %
㉰	B 코스는 몇 km인지 구하기	20 %

06 일차함수와 그 그래프

❶ 함수

개념 25 함수의 뜻

개념 확인하기 110쪽

1 답 (1) 풀이 참조, ○ (2) 풀이 참조, ×

(1)
x(개)	1	2	3	4	…
y(원)	100	200	300	400	…

x의 값이 정해짐에 따라 y의 값이 오직 하나씩 정해지므로 y는 x의 함수이다.

(2)
x	1	2	3	4	…
y	1, 2, …	2, 4, …	3, 6, …	4, 8, …	…

x의 값이 정해짐에 따라 y의 값이 오직 하나씩 정해지지 않으므로 y는 x의 함수가 아니다.

대표문제 111쪽

01 답 (1) 풀이 참조 (2) 함수이다.

(1)
x(cm)	1	2	3	4	…
y(개)	12	6	4	3	…

(2) x의 값이 정해짐에 따라 y의 값이 오직 하나씩 정해지므로 y는 x의 함수이다.

02 답 (1) 풀이 참조 (2) $y=50x$ (3) 함수이다.

(1)
x(분)	1	2	3	4	…
y(m)	50	100	150	200	…

(3) x의 값이 정해짐에 따라 y의 값이 오직 하나씩 정해지므로 y는 x의 함수이다.

03 답 (1) 풀이 참조 (2) $y=\dfrac{24}{x}$ (3) 함수이다.

(1)
x(cm)	1	2	3	4	…
y(cm)	24	12	8	6	…

(3) x의 값이 정해짐에 따라 y의 값이 오직 하나씩 정해지므로 y는 x의 함수이다.

04 답 (1) 풀이 참조 (2) $y=14+x$ (3) 함수이다.

(1)
x(년)	1	2	3	4	…
y(세)	15	16	17	18	…

(3) x의 값이 정해짐에 따라 y의 값이 오직 하나씩 정해지므로 y는 x의 함수이다.

05 답 (1) ○ (2) ○ (3) × (4) ○

(3)
x	1	2	3	4	…
y	없다.	없다.	2	2	…

$x=1$, 2일 때, y의 값이 없으므로 y는 x의 함수가 아니다.

06 답 ㄱ, ㄴ

ㄷ. y는 자연수 x를 2로 나눈 나머지이므로 $x=1$, 2, 3, …일 때, y의 값을 구하여 표로 나타내면 다음과 같다.

x	1	2	3	4	…
y	1	0	1	0	…

따라서 x의 값이 정해짐에 따라 y의 값이 오직 하나씩 정해지므로 y는 x의 함수이다.

ㄹ. x와 y 사이의 관계식을 구하면 $y=3x$

따라서 x의 값이 정해짐에 따라 y의 값이 오직 하나씩 정해지므로 y는 x의 함수이다.

이상에서 y가 x의 함수가 아닌 것은 ㄱ, ㄴ이다.

개념 26 함숫값

개념 확인하기 112쪽

1 답 (1) 4, 12 (2) -2, -6

2 답 (1) 3, 2 (2) -6, -1

대표문제 113쪽

01 답 (1) 18 (2) -3 (3) 10

(1) $f(3)=6\times3=18$

(2) $f(3)=-\dfrac{9}{3}=-3$

(3) $f(3)=4\times3-2=10$

02 답 (1) $\dfrac{3}{2}$ (2) -1

(1) $f(-2)=-\dfrac{1}{4}\times(-2)+1=\dfrac{3}{2}$

(2) $f(8)=-\dfrac{1}{4}\times8+1=-1$

03 답 (1) $f(-1)=3$, $f(2)=-6$ (2) -3

(1) $f(-1)=-3\times(-1)=3$

$f(2)=-3\times2=-6$

(2) $f(-1)+f(2)=3+(-6)=-3$

04 답 -5

$f(4)=-\dfrac{24}{4}=-6$

$f(-6)=-\dfrac{24}{-6}=4$

$f(8)=-\dfrac{24}{8}=-3$

$\therefore f(4)+f(-6)+f(8)=-6+4+(-3)=-5$

05 답 (1) a, a, 5 (2) $-\dfrac{3}{2}$ (3) 2

(2) $f(a)=-6\times a$이므로 $-6\times a=9$ $\therefore a=-\dfrac{3}{2}$

(3) $f(a)=\dfrac{8}{a}$이므로 $\dfrac{8}{a}=4$, $4a=8$ $\therefore a=2$

06 답 (1) 3, 3, 2 (2) -3 (3) 10

(2) $f(-4)=a\times(-4)$이므로 $a\times(-4)=12$ $\therefore a=-3$

(3) $f(2)=\dfrac{a}{2}$이므로 $\dfrac{a}{2}=5$ $\therefore a=10$

07 답 (1) $-\dfrac{1}{2}$ (2) -3

(1) $f(-2)=a\times(-2)$이므로 $a\times(-2)=1$ $\therefore a=-\dfrac{1}{2}$

(2) $f(x)=-\dfrac{1}{2}x$이므로 $f(6)=-\dfrac{1}{2}\times6=-3$

소단원 **핵심문제** **114쪽**

01 (1) $y=\dfrac{30}{x}$ (2) 함수이다. 02 ④, ⑤ 03 15

04 $-\dfrac{3}{2}$ 05 -16 05-1 13

01 (1) $x=1$, 2, 3, $\cdots$일 때, y의 값을 구하여 표로 나타내면 다음과 같다.

x(명)	1	2	3	4	5	$\cdots$
y(L)	30	15	10	$\dfrac{15}{2}$	6	$\cdots$

따라서 $xy=30$이므로 $y=\dfrac{30}{x}$

(2) x의 값이 정해짐에 따라 y의 값이 오직 하나씩 정해지므로 y는 x의 함수이다.

02 ① $x=2$일 때, $y=1$, 3, 5, 7, $\cdots$로 y의 값이 하나로 정해지지 않으므로 y는 x의 함수가 아니다.

②, ③ x의 값이 정해짐에 따라 y의 값이 오직 하나씩 정해지지 않으므로 y는 x의 함수가 아니다.

④ $y=10-x$이므로 y는 x의 함수이다.

⑤ $y=3x$이므로 y는 x의 함수이다.

따라서 y가 x의 함수인 것은 ④, ⑤이다.

---

03 $f(2)=5\times2-3=7$

$f(-1)=5\times(-1)-3=-8$

$\therefore f(2)-f(-1)=7-(-8)=15$

04 $f(a)=-\dfrac{6}{a}$이므로 $-\dfrac{6}{a}=-2$ $\therefore a=3$

$f(12)=-\dfrac{6}{12}=-\dfrac{1}{2}$ $\therefore b=-\dfrac{1}{2}$

$\therefore ab=3\times\left(-\dfrac{1}{2}\right)=-\dfrac{3}{2}$

05 $f(2)=m\times2$이므로 $m\times2=-8$ $\therefore m=-4$

즉, $f(x)=-4x$이므로

$f(-3)=-4\times(-3)=12$ $\therefore n=12$

$\therefore m-n=-4-12=-16$

05-1 $f(2)=\dfrac{a}{2}$이므로 $\dfrac{a}{2}=7$ $\therefore a=14$

즉, $f(x)=\dfrac{14}{x}$이므로

$f(b)=\dfrac{14}{b}$, $\dfrac{14}{b}=-14$ $\therefore b=-1$

$\therefore a+b=14+(-1)=13$

---

❷ 일차함수와 그 그래프

개념 **27** 일차함수의 뜻

개념 **확인하기** **115쪽**

1 답 (1) ○ (2) × (3) × (4) ○ (5) × (6) ○

(2) $y=5$에서 x항이 없으므로 y는 x에 대한 일차함수가 아니다.

(3) $xy=2$, 즉 $y=\dfrac{2}{x}$에서 x가 분모에 있으므로 y는 x에 대한 일차함수가 아니다.

(5) $y=(x$에 대한 이차식)의 꼴이므로 y는 x에 대한 일차함수가 아니다.

대표문제 **116쪽**

01 답 ㄱ, ㅁ

ㄴ. x가 분모에 있으므로 y는 x에 대한 일차함수가 아니다.

ㄷ. $y=2(x-1)-2x$, 즉 $y=-2$에서 x항이 없으므로 y는 x에 대한 일차함수가 아니다.

ㄹ. $y=x(x+4)$, 즉 $y=x^2+4x$는 $y=(x$에 대한 이차식)의 꼴이므로 y는 x에 대한 일차함수가 아니다.

ㅂ. $y=-(x-6)+x$, 즉 $y=6$에서 x항이 없으므로 y는 x에 대한 일차함수가 아니다.

이상에서 y가 x에 대한 일차함수인 것은 ㄱ, ㅁ이다.

02 답 (1) $x-5$, 일차함수이다. (2) πx^2, 일차함수가 아니다.

(3) $\dfrac{2}{x}$, 일차함수가 아니다. (4) $5x$, 일차함수이다.

03 답 풀이 참조, (1), (2), (4)

(1) $y=24-x$, 일차함수이다.

(2) $y=2\pi x$, 일차함수이다.

(3) $y=\dfrac{6}{x}$, 일차함수가 아니다.

(4) $y=3000-200x$, 일차함수이다.

04 답 (1) $\dfrac{1}{2}$ (2) 3 (3) 6

(1) $f(2)=2a+5$이므로 $2a+5=6$, $2a=1$ $\therefore a=\dfrac{1}{2}$

(2) $f(-4)=\dfrac{1}{2}\times(-4)+5=3$

(3) $f(b)=\dfrac{1}{2}b+5$이므로 $\dfrac{1}{2}b+5=8$, $\dfrac{1}{2}b=3$ $\therefore b=6$

05 답 15

$f(2)=-2\times2+k$이므로 $-2\times2+k=7$ $\therefore k=11$

따라서 $f(x)=-2x+11$이므로

$f(-2)=-2\times(-2)+11=15$

개념 28 일차함수 $y=ax+b$의 그래프

개념 확인하기 ···································· 117쪽

1 답 (1) 7 (2) $\dfrac{1}{2}$ (3) -5

대표문제

118쪽

01 답

02 답

---

03 답 (1) $y=5x+2$ (2) $y=-x+3$ (3) $y=\dfrac{3}{2}x-1$

04 답 (1) $y=4x-2$ (2) $y=-3x-1$ (3) $y=\dfrac{3}{5}x+2$

(1) $y=4x-7+5$ $\therefore y=4x-2$

(2) $y=-3x+1-2$ $\therefore y=-3x-1$

(3) $y=\dfrac{3}{5}x+5-3$ $\therefore y=\dfrac{3}{5}x+2$

05 답 ③

$y=-2x$의 그래프를 y축의 방향으로 $-\dfrac{1}{2}$만큼 평행이동하면 ③ $y=-2x-\dfrac{1}{2}$의 그래프와 겹쳐진다.

06 답 ④

$y=\dfrac{1}{2}x$의 그래프를 y축의 방향으로 m만큼 평행이동한 그래프의 식은 $y=\dfrac{1}{2}x+m$

이 식에 $x=6$, $y=1$을 대입하면

$1=\dfrac{1}{2}\times6+m$, $1=3+m$ $\therefore m=-2$

소단원 핵심문제

119쪽

| 01 ①, ③ | 02 ⑤ | 03 22 | 04 ①, ③ | 05 $-\dfrac{5}{3}$ |

05-1 -7

01 ① $xy=4$, 즉 $y=\dfrac{4}{x}$에서 x가 분모에 있으므로 y는 x에 대한 일차함수가 아니다.

③ $y=(x$에 대한 이차식)의 꼴이므로 y는 x에 대한 일차함수가 아니다.

④ $y=\dfrac{4-x}{3}$, 즉 $y=-\dfrac{1}{3}x+\dfrac{4}{3}$이므로 y는 x에 대한 일차함수이다.

⑤ $y=x(1-x)+x^2$, 즉 $y=x$이므로 y는 x에 대한 일차함수이다.

따라서 y가 x에 대한 일차함수가 아닌 것은 ①, ③이다.

02 ⑤ $y=-3x+4$에 $x=-2$, $y=2$를 대입하면

$2\neq-3\times(-2)+4$

03 $y=4x-a$에 $x=-2$, $y=-1$을 대입하면

$-1=4\times(-2)-a$, $-8-a=-1$ $\therefore a=-7$

$y=4x+7$에 $x=2$, $y=b$를 대입하면

$b=4\times2+7=15$

$\therefore b-a=15-(-7)=22$

04 ② $y=-5x$의 그래프를 y축의 방향으로 3만큼 평행이동하면 $y=-5x+3$의 그래프와 겹쳐진다.

④ $y=-6(x-1)+x$에서 $y=-5x+6$

즉, $y=-5x$의 그래프를 y축의 방향으로 6만큼 평행이동

하면 $y=-6(x-1)+x$의 그래프와 겹쳐진다.

⑤ $y=5(1-x)$에서 $y=-5x+5$

즉, $y=-5x$의 그래프를 y축의 방향으로 5만큼 평행이동

하면 $y=5(1-x)$의 그래프와 겹쳐진다.

따라서 $y=-5x$의 그래프를 평행이동한 그래프와 겹쳐지지

않는 것은 ①, ③이다.

05 $y=ax-2$의 그래프를 y축의 방향으로 6만큼 평행이동한 그

래프의 식은 $y=ax-2+6$, 즉 $y=ax+4$

이 식에 $x=3$, $y=-1$을 대입하면

$-1=3a+4$, $3a=-5$ ∴ $a=-\dfrac{5}{3}$

05-1 $y=-5x+k$의 그래프를 y축의 방향으로 3만큼 평행이동

한 그래프의 식은 $y=-5x+k+3$

이 식에 $x=2$, $y=2k$를 대입하면

$2k=-5\times2+k+3$, $2k=k-7$ ∴ $k=-7$

❸ 일차함수의 그래프의 성질

개념 **29** 일차함수의 그래프의 절편과 기울기

개념 확인하기 ·································· 120쪽

1 **답** (1) x절편: 3, y절편: 2   (2) x절편: -4, y절편: 2

       (3) x절편: -1, y절편: -2

2 **답** (1) 3   (2) -4 (3) $-\dfrac{5}{2}$

대표문제 121쪽

01 **답** (1) x절편: 1, y절편: -1 (2) x절편: $\dfrac{1}{3}$, y절편: 1

       (3) x절편: -6, y절편: 3   (4) x절편: $-\dfrac{3}{4}$, y절편: $-\dfrac{3}{2}$

(1) $y=x-1$에서

$y=0$일 때, $0=x-1$ ∴ $x=1$

$x=0$일 때, $y=-1$

따라서 x절편은 1, y절편은 -1이다.

(2) $y=-3x+1$에서

$y=0$일 때, $0=-3x+1$ ∴ $x=\dfrac{1}{3}$

$x=0$일 때, $y=1$

따라서 x절편은 $\dfrac{1}{3}$, y절편은 1이다.

(3) $y=\dfrac{1}{2}x+3$에서

$y=0$일 때, $0=\dfrac{1}{2}x+3$ ∴ $x=-6$

$x=0$일 때, $y=3$

따라서 x절편은 -6, y절편은 3이다.

(4) $y=-2x-\dfrac{3}{2}$에서

$y=0$일 때, $0=-2x-\dfrac{3}{2}$ ∴ $x=-\dfrac{3}{4}$

$x=0$일 때, $y=-\dfrac{3}{2}$

따라서 x절편은 $-\dfrac{3}{4}$, y절편은 $-\dfrac{3}{2}$이다.

02 **답** ④

각 일차함수의 그래프의 x절편을 구하면 다음과 같다.

① $0=-2x+6$, $2x=6$ ∴ $x=3$

② $0=\dfrac{2}{3}x-2$, $\dfrac{2}{3}x=2$ ∴ $x=3$

③ $0=\dfrac{7}{9}x-\dfrac{7}{3}$, $\dfrac{7}{9}x=\dfrac{7}{3}$ ∴ $x=3$

④ $0=3x+3$, $3x=-3$ ∴ $x=-1$

⑤ $0=-4x+12$, $4x=12$ ∴ $x=3$

따라서 x절편이 나머지 넷과 다른 하나는 ④이다.

03 **답** -10

$y=5x+k$의 그래프의 x절편이 2이므로 $x=2$, $y=0$을 대입

하면

$0=5\times2+k$ ∴ $k=-10$

$y=5x-10$에서 $x=0$일 때, $y=-10$

따라서 y절편은 -10이다.

04 **답** (1) -3 (2) 4

(1) 기울기가 -1이므로 $\dfrac{(y의\ 값의\ 증가량)}{3}=-1$

    ∴ (y의 값의 증가량)$=-3$

(2) 기울기가 $\dfrac{2}{3}$이므로 $\dfrac{(y의\ 값의\ 증가량)}{4-(-2)}=\dfrac{2}{3}$에서

    $\dfrac{(y의\ 값의\ 증가량)}{6}=\dfrac{2}{3}$ ∴ (y의 값의 증가량)$=4$

05 **답** (1) 4, 1, 3   (2) 2   (3) $-\dfrac{2}{3}$

(2) (기울기)$=\dfrac{-6-(-2)}{1-3}=\dfrac{-4}{-2}=2$

(3) (기울기)$=\dfrac{-1-1}{3-0}=-\dfrac{2}{3}$

06 **답** 16

(기울기)$=\dfrac{k-4}{3-(-1)}=3$이므로 $k-4=12$

∴ $k=16$

개념 30 일차함수의 그래프의 성질(1)

개념 확인하기 ·· 122쪽

1 답 (1) ○ (2) × (3) ×

대표문제 123쪽

01 답 (1) ㄱ, ㄹ, ㅁ (2) ㄴ, ㄷ, ㅂ (3) ㄱ, ㄹ, ㅁ
　　(4) ㄴ, ㄹ, ㅂ (5) ㄱ, ㄷ

(1) 기울기가 양수인 것이므로 ㄱ, ㄹ, ㅁ이다.

(2) 기울기가 음수인 것이므로 ㄴ, ㄷ, ㅂ이다.

(3) 기울기가 양수인 것이므로 ㄱ, ㄹ, ㅁ이다.

(4) y절편이 양수인 것이므로 ㄴ, ㄹ, ㅂ이다.

(5) y절편이 음수인 것이므로 ㄱ, ㄷ이다.

02 답 ⑤

⑤ $y=-\dfrac{2}{3}x+2$의 그래프는 $y=-\dfrac{2}{3}x$의 그래프를 y축의 방향으로 2만큼 평행이동한 것이다.

03 답 (1) $a>0, b>0$ (2) $a<0, b>0$
　　(3) $a<0, b<0$ (4) $a>0, b<0$

(1) 오른쪽 위로 향하는 직선이므로 $a>0$
　　y축과 양의 부분에서 만나므로 $b>0$

(2) 오른쪽 아래로 향하는 직선이므로 $a<0$
　　y축과 양의 부분에서 만나므로 $b>0$

(3) 오른쪽 아래로 향하는 직선이므로 $a<0$
　　y축과 음의 부분에서 만나므로 $b<0$

(4) 오른쪽 위로 향하는 직선이므로 $a>0$
　　y축과 음의 부분에서 만나므로 $b<0$

04 답 ③

오른쪽 위로 향하는 직선이므로 (기울기)>0

즉, $-a>0$이므로 $a<0$

또, y축과 음의 부분에서 만나므로 (y절편)<0

즉, $-b<0$이므로 $b>0$

개념 31 일차함수의 그래프의 성질(2)

개념 확인하기 ·· 124쪽

1 답 (1) ㅂ (2) ㄹ (3) ㄱ (4) ㅁ

대표문제 125쪽

01 답 (1) ㄴ과 ㅁ, ㄷ과 ㅂ (2) ㄱ과 ㄹ

ㄹ. $y=4(x-1)$에서 $y=4x-4$

ㅁ. $y=2\left(x+\dfrac{3}{4}\right)$에서 $y=2x+\dfrac{3}{2}$

ㅂ. $y=5\left(x-\dfrac{2}{5}\right)$에서 $y=5x-2$

(1) 기울기가 같고 y절편이 다른 것을 찾으면 ㄴ과 ㅁ, ㄷ과 ㅂ이다.

(2) 기울기가 같고 y절편도 같은 것을 찾으면 ㄱ과 ㄹ이다.

02 답 ③

주어진 그래프가 두 점 $(-3, 0)$, $(0, 1)$을 지나므로 기울기는 $\dfrac{1-0}{0-(-3)}=\dfrac{1}{3}$이고, y절편은 1이다.

따라서 주어진 그래프와 평행하려면 기울기가 같고 y절편이 달라야 하므로 평행한 것은 ③이다.

참고 ④ $y=\dfrac{1}{3}x+1$의 그래프는 주어진 그래프와 기울기가 같고 y절편도 같으므로 일치한다. 기울기만 보고 평행하다고 생각하지 않도록 주의한다.

03 답 (1) $-\dfrac{2}{3}$ (2) 2

두 그래프가 서로 평행하려면 기울기가 같고 y절편이 달라야 하므로

(1) $\dfrac{2}{3}=-a$　　∴ $a=-\dfrac{2}{3}$

(2) $a=6-2a, 3a=6$　　∴ $a=2$

04 답 (1) -3 (2) -2

(2) 두 그래프가 일치하려면 기울기가 같고 y절편도 같아야 하므로
　　$4=-2a$　　∴ $a=-2$

05 답 (1) $a=-2, b\neq-11$ (2) $a=-2, b=-11$

(1) 두 그래프가 서로 평행하려면 기울기가 같고 y절편이 달라야 하므로
　　$a=-2, 5\neq3a-b$　　∴ $a=-2, b\neq-11$

(2) 두 그래프가 일치하려면 기울기가 같고 y절편도 같아야 하므로
　　$a=-2, b=-11$

06 답 $-\dfrac{1}{2}$

주어진 그래프가 두 점 $(6, 0)$, $(0, 3)$을 지나므로 기울기는 $\dfrac{3-0}{0-6}=-\dfrac{1}{2}$

따라서 $y=mx+2$의 그래프가 주어진 그래프와 평행하려면 기울기가 같고 y절편이 달라야 하므로 $m=-\dfrac{1}{2}$

| 01 ⑤ | 02 -6 | 03 -9 | 04 ③, ⑤ | 05 ⑤ |
| 06 ④ | 07 6 | 08 ③ | 08-1 $a>0, b<0$ | |

01 $y=\frac{1}{2}x-2$에서

$y=0$일 때, $0=\frac{1}{2}x-2$, $x=4$

$x=0$일 때, $y=-2$

즉, x절편은 4, y절편은 -2이므로 $a=4$, $b=-2$

$\therefore a+b=4+(-2)=2$

02 (기울기)$=\frac{-9}{6}=-\frac{3}{2}$이므로 $\frac{a}{4}=-\frac{3}{2}$　　$\therefore a=-6$

03 직선이 두 점 $(2, -1)$, $(3, 1)$을 지나므로

(기울기)$=\frac{1-(-1)}{3-2}=2$

직선이 두 점 $(3, 1)$, $(-2, k)$를 지나므로

(기울기)$=\frac{k-1}{-2-3}=\frac{k-1}{-5}$

이때 세 점이 한 직선 위에 있으므로

$2=\frac{k-1}{-5}$, $k-1=-10$　　$\therefore k=-9$

04 ① 점 $(0, b)$를 지난다.

② 기울기는 a이고, x절편은 $-\frac{b}{a}$, y절편은 b이다.

④ $a<0$일 때, x의 값이 증가하면 y의 값은 감소한다.

05 $y=ax+2$의 그래프가 $y=\frac{2}{3}x-4$의 그래프와 평행하므로

$a=\frac{2}{3}$

$y=ax+2$, 즉 $y=\frac{2}{3}x+2$의 그래프가 점 $(b, -2)$를 지나므로

$-2=\frac{2}{3}b+2$, $-\frac{2}{3}b=4$　　$\therefore b=-6$

$\therefore a-b=\frac{2}{3}-(-6)=\frac{20}{3}$

06 그래프 m이 두 점 $(0, 6)$, $(4, 0)$을 지나므로

(기울기)$=\frac{0-6}{4-0}=-\frac{3}{2}$

점 A의 좌표를 $(a, 0)$이라 하면 두 점 $(a, 0)$, $(0, -4)$를 지나는 그래프 l의 기울기도 $-\frac{3}{2}$이어야 하므로

$\frac{-4-0}{0-a}=-\frac{3}{2}$, $\frac{4}{a}=-\frac{3}{2}$이므로 $a=-\frac{8}{3}$　　$\therefore A\left(-\frac{8}{3}, 0\right)$

07 $y=ax+7$의 그래프를 y축의 방향으로 -4만큼 평행이동한 그래프의 식은 $y=ax+7-4$　　$\therefore y=ax+3$

이 그래프가 $y=2x+b$의 그래프와 일치하므로

$a=2$, $b=3$　　$\therefore ab=2\times3=6$

08 $b<0$이므로 $-b>0$

즉, $y=-bx+a$의 그래프에서 (기울기)>0, (y절편)<0

따라서 $y=-bx+a$의 그래프로 알맞은 것은 ③이다.

08-1 $y=abx-b$의 그래프는 오른쪽 아래로 향하는 직선이므로 (기울기)<0, 즉 $ab<0$

y축과 양의 부분에서 만나므로 (y절편)>0, 즉 $-b>0$

$\therefore a>0$, $b<0$

④ 일차함수의 그래프와 활용

개념 **32** 일차함수의 그래프 그리기

대표문제　　　　　　　129쪽

01 탭 (1) 풀이 참조　(2) 풀이 참조

(1) $y=-x+3$에서

$x=0$일 때, $y=3$

$x=1$일 때, $y=2$

따라서 그래프는 오른쪽 그림과 같이 두 점 $(0, 3)$, $(1, 2)$를 연결한 직선이다.

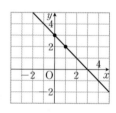

(2) $y=\frac{1}{2}x-2$에서

$x=-2$일 때, $y=-3$

$x=2$일 때, $y=-1$

따라서 그래프는 오른쪽 그림과 같이 두 점 $(-2, -3)$, $(2, -1)$을 연결한 직선이다.

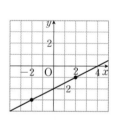

02 탭 (1) 풀이 참조　(2) 풀이 참조

(1) $y=2x-6$에서

$y=0$일 때, $x=3$

$x=0$일 때, $y=-6$

따라서 그래프는 오른쪽 그림과 같이 x절편은 3, y절편은 -6인 직선이다.

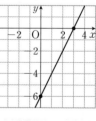

(2) $y=-\frac{1}{3}x+2$에서

$y=0$일 때, $x=6$

$x=0$일 때, $y=2$

따라서 그래프는 오른쪽 그림과 같이 x절편은 6, y절편은 2인 직선이다.

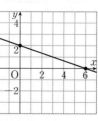

03 답 (1) 풀이 참조 (2) 풀이 참조

(1) $y=-2x-4$에서 기울기가 -2, y절편이 -4이므로 점 $(0,-4)$와 점 $(0,-4)$에서 x의 값이 1만큼 증가할 때 y의 값이 2만큼 감소한 점 $(1,-6)$을 지난다. 따라서 그래프는 오른쪽 그림과 같다.

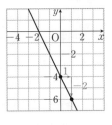

(2) $y=\dfrac{3}{4}x-3$에서 기울기가 $\dfrac{3}{4}$, y절편이 -3이므로 점 $(0,-3)$과 점 $(0,-3)$에서 x의 값이 4만큼 증가할 때 y의 값이 3만큼 증가한 점 $(4,0)$을 지난다. 따라서 그래프는 오른쪽 그림과 같다.

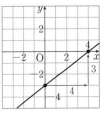

04 답 ②

$y=\dfrac{4}{5}x+4$에서

$y=0$일 때, $0=\dfrac{4}{5}x+4$ $\therefore x=-5$

$x=0$일 때, $y=4$

따라서 $y=\dfrac{4}{5}x+4$의 그래프의 x절편은 -5, y절편은 4이므로 그 그래프는 ②이다.

05 답 12

$y=-\dfrac{2}{3}x+4$에서

$y=0$일 때, $0=-\dfrac{2}{3}x+4$ $\therefore x=6$

$x=0$일 때, $y=4$

즉, $y=-\dfrac{2}{3}x+4$의 그래프의 x절편은 6, y절편은 4이므로

$A(6,0)$, $B(0,4)$

따라서 $\overline{OA}=6$, $\overline{OB}=4$이므로 $\triangle ABO=\dfrac{1}{2}\times 6\times 4=12$

개념 **33** 일차함수의 식 구하기

대표문제 131~132쪽

01 답 (1) $y=4x+1$ (2) $y=3x-\dfrac{2}{3}$ (3) $y=\dfrac{1}{2}x-5$

(2) 점 $\left(0,-\dfrac{2}{3}\right)$를 지나므로 y절편은 $-\dfrac{2}{3}$이다.

따라서 구하는 일차함수의 식은 $y=3x-\dfrac{2}{3}$

(3) 기울기는 $\dfrac{3}{6}=\dfrac{1}{2}$이고 y절편은 -5이므로 구하는 일차함수의 식은 $y=\dfrac{1}{2}x-5$

02 답 (1) $y=-\dfrac{2}{5}x-4$ (2) $y=2x+3$

(1) 기울기는 $-\dfrac{2}{5}$이고 y절편은 -4이므로 구하는 일차함수의 식은 $y=-\dfrac{2}{5}x-4$

(2) 기울기는 2이고 점 $(0,3)$을 지나므로 y절편은 3이다. 따라서 구하는 일차함수의 식은 $y=2x+3$

03 답 (1) $y=2x+1$ (2) $y=-\dfrac{1}{3}x+3$

(1) 기울기는 $\dfrac{2}{1}=2$이고 y절편은 1이므로 구하는 일차함수의 식은 $y=2x+1$

(2) 기울기는 $\dfrac{-2}{6}=-\dfrac{1}{3}$이고 y절편은 3이므로 구하는 일차함수의 식은 $y=-\dfrac{1}{3}x+3$

04 답 -3, 6, 3, $-3x+3$

05 답 (1) $y=\dfrac{1}{3}x+5$ (2) $y=-2x-1$ (3) $y=-\dfrac{2}{3}x+3$

(1) 기울기가 $\dfrac{1}{3}$이므로 구하는 일차함수의 식을 $y=\dfrac{1}{3}x+b$라 하자.

이 그래프가 점 $(-3,4)$를 지나므로

$4=\dfrac{1}{3}\times(-3)+b$

$\therefore b=5$

따라서 구하는 일차함수의 식은 $y=\dfrac{1}{3}x+5$

(2) 기울기가 $\dfrac{-4}{2}=-2$이므로 구하는 일차함수의 식을 $y=-2x+b$라 하자.

이 그래프가 점 $(1,-3)$을 지나므로

$-3=-2\times 1+b$

$\therefore b=-1$

따라서 구하는 일차함수의 식은 $y=-2x-1$

(3) $y=-\dfrac{2}{3}x+5$의 그래프와 평행하므로 구하는 일차함수의 식을 $y=-\dfrac{2}{3}x+b$라 하자.

이 그래프가 점 $(6,-1)$을 지나므로

$-1=-\dfrac{2}{3}\times 6+b$

$\therefore b=3$

따라서 구하는 일차함수의 식은 $y=-\dfrac{2}{3}x+3$

06 답 $y=\dfrac{3}{4}x+7$

두 점 $(0, -3)$, $(4, 0)$을 지나므로 $(기울기)=\dfrac{0-(-3)}{4-0}=\dfrac{3}{4}$

구하는 일차함수의 식을 $y=\dfrac{3}{4}x+b$라 하자.

이 그래프가 점 $(-4, 4)$를 지나므로

$4=\dfrac{3}{4}\times(-4)+b$ $\quad\therefore b=7$

따라서 구하는 일차함수의 식은 $y=\dfrac{3}{4}x+7$

07 답 $1, -3, -3, -3, 5, -3x+5$

08 답 $(1)\ y=2x+4$ $\quad(2)\ y=-x-1$

(1) $(기울기)=\dfrac{6-2}{1-(-1)}=\dfrac{4}{2}=2$이므로 구하는 일차함수의

식을 $y=2x+b$라 하자.

이 그래프가 점 $(1, 6)$을 지나므로

$6=2\times1+b$ $\quad\therefore b=4$

따라서 구하는 일차함수의 식은 $y=2x+4$

(2) $(기울기)=\dfrac{-3-1}{2-(-2)}=\dfrac{-4}{4}=-1$이므로 구하는 일차

함수의 식을 $y=-x+b$라 하자.

이 그래프가 점 $(2, -3)$을 지나므로

$-3=-2+b$ $\quad\therefore b=-1$

따라서 구하는 일차함수의 식은 $y=-x-1$

09 답 $y=-2x+5$

두 점 $(1, 3)$, $(2, 1)$을 지나므로 $(기울기)=\dfrac{1-3}{2-1}=-2$

구하는 일차함수의 식을 $y=-2x+b$라 하자.

이 그래프가 점 $(1, 3)$을 지나므로

$3=-2\times1+b$ $\quad\therefore b=5$

따라서 구하는 일차함수의 식은 $y=-2x+5$

10 답 $-3, -3, \dfrac{3}{7}, \dfrac{3}{7}x-3$

11 답 $(1)\ y=\dfrac{3}{2}x+3$ $\quad(2)\ y=-\dfrac{2}{5}x-2$

(1) x절편이 -2, y절편이 3이므로 그래프는 두 점 $(-2, 0)$, $(0, 3)$을 지난다.

$(기울기)=\dfrac{3-0}{0-(-2)}=\dfrac{3}{2}$이고, y절편이 3이므로 구하는

일차함수의 식은 $y=\dfrac{3}{2}x+3$

(2) x절편이 -5, y절편이 -2이므로 그래프는 두 점 $(-5, 0)$, $(0, -2)$를 지난다.

$(기울기)=\dfrac{-2-0}{0-(-5)}=-\dfrac{2}{5}$이고, y절편이 -2이므로

구하는 일차함수의 식은 $y=-\dfrac{2}{5}x-2$

12 답 $y=\dfrac{2}{3}x-4$

x절편이 6, y절편이 -4이므로 그래프는 두 점 $(6, 0)$, $(0, -4)$를 지난다.

$(기울기)=\dfrac{-4-0}{0-6}=\dfrac{2}{3}$이고, y절편이 -4이므로 구하는 일

차함수의 식은 $y=\dfrac{2}{3}x-4$

개념 **34** 일차함수의 활용

개념 확인하기 133쪽

1 답

x(초)	0	1	2	3	4	5	...
y(m)	50	48	46	44	42	40	...

$y=50-2x$

대표문제 134쪽

01 답 (1) 풀이 참조 $\quad(2)\ y=8+3x$ $\quad(3)$ 9분

(1)
x(분)	0	1	2	3	4	...
y(℃)	8	11	14	17	20	...

(2) 처음 물의 온도는 $8\ ℃$이고, 1분마다 물의 온도가 $3\ ℃$씩

올라가므로 x와 y 사이의 관계식은 $y=8+3x$

(3) $y=8+3x$에 $y=35$를 대입하면

$35=8+3x$, $3x=27$ $\quad\therefore x=9$

따라서 물의 온도가 $35\ ℃$가 되는 것은 냄비를 가열한 지

9분 후이다.

02 답 $(1)\ y=20-\dfrac{1}{5}x$ $\quad(2)$ 14 cm $\quad(3)$ 50분

(1) 처음 초의 길이는 20 cm이고, 100분 후에 초가 다 타므로

1분마다 $\dfrac{1}{5}$ cm씩 초의 길이가 줄어든다.

따라서 x와 y 사이의 관계식은 $y=20-\dfrac{1}{5}x$

(2) $y=20-\dfrac{1}{5}x$에 $x=30$을 대입하면

$y=20-\dfrac{1}{5}\times30=14$

따라서 30분 후에 남은 초의 길이는 14 cm이다.

(3) $y=20-\dfrac{1}{5}x$에 $y=10$을 대입하면

$10=20-\dfrac{1}{5}x$, $\dfrac{1}{5}x=10$ $\quad\therefore x=50$

따라서 남은 초의 길이가 10 cm가 되는 것은 불을 붙인 지

50분 후이다.

03 답 $y=40-2x$, 16 L

처음 물통에 들어 있는 물의 양은 40 L이고, 2분마다 4 L씩 물이 흘러나가므로 1분마다 2 L씩 물이 흘러나간다.

따라서 x와 y 사이의 관계식은 $y=40-2x$

즉, $y=40-2x$에 $x=12$를 대입하면

$y=40-2\times12=16$

따라서 12분 후에 물통에 남아 있는 물의 양은 16 L이다.

04 답 (1) 풀이 참조 (2) $y=420-80x$ (3) 100 km (4) 5시간

(1)

x(시간)	0	1	2	3	4	…
y(km)	420	340	260	180	100	…

(2) 시속 80 km로 달리는 자동차가 x시간 동안 간 거리는 $80x$ km이다.

따라서 x와 y 사이의 관계식은 $y=420-80x$

(3) $y=420-80x$에 $x=4$를 대입하면

$y=420-80\times4=100$

따라서 4시간 후에 남은 거리는 100 km이다.

(4) $y=420-80x$에 $y=20$을 대입하면

$20=420-80x$, $80x=400$

$\therefore x=5$

따라서 남은 거리가 20 km가 되는 것은 출발한 지 5시간 후이다.

소단원 핵심문제 **135~136쪽**

01 제1, 2, 4사분면	02 $\dfrac{15}{2}$	03 $y=\dfrac{1}{2}x+2$
04 $y=3x-1$	05 ㄱ, ㄴ, ㄹ	06 ②
07 14 cm	08 초속 349 m	
09 (1) $y=45x$ (2) 180 cm²		09-1 3초

01 $y=-\dfrac{2}{3}x+2$의 그래프의 x절편은 3, y절편은 2이다.

따라서 그래프는 오른쪽 그림과 같으므로 제1, 2, 4사분면을 지난다.

02 $y=-x-3$의 그래프의 x절편은 -3, y절편은 -3이다.

또, $y=\dfrac{3}{2}x-3$의 그래프의 x절편은 2, y절편은 -3이다.

따라서 두 일차함수의 그래프는 오른쪽 그림과 같으므로 구하는 넓이는

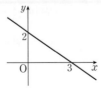

$\dfrac{1}{2}\times5\times3=\dfrac{15}{2}$

---

03 $y=\dfrac{1}{2}x+8$의 그래프와 평행하므로 일차함수의 식을

$y=\dfrac{1}{2}x+b$라 하자.

$y=-\dfrac{1}{2}x-2$의 그래프의 x절편이 -4이므로

$y=\dfrac{1}{2}x+b$의 그래프의 x절편도 -4이다.

$y=\dfrac{1}{2}x+b$에 $x=-4$, $y=0$을 대입하면

$0=\dfrac{1}{2}\times(-4)+b$ $\therefore b=2$

따라서 구하는 일차함수의 식은 $y=\dfrac{1}{2}x+2$

> **이것만은 꼭!**
> 두 일차함수의 그래프가
> • x축 위에서 만난다. ⇨ x절편이 같다.
> • y축 위에서 만난다. ⇨ y절편이 같다.

04 두 점 $(-1, -4)$, $(2, 5)$를 지나므로

$(기울기)=\dfrac{5-(-4)}{2-(-1)}=\dfrac{9}{3}=3$

구하는 일차함수의 식을 $y=3x+b$라 하자.

이 그래프가 점 $(2, 5)$를 지나므로

$5=3\times2+b$ $\therefore b=-1$

따라서 구하는 일차함수의 식은 $y=3x-1$

05 $(기울기)=\dfrac{7-(-5)}{1-(-2)}=\dfrac{12}{3}=4$이므로

구하는 일차함수의 식을 $y=4x+b$라 하자.

이 그래프가 점 $(1, 7)$을 지나므로

$7=4\times1+b$ $\therefore b=3$

$\therefore y=4x+3$

ㄴ. $y=4x+3$에 $x=2$, $y=11$을 대입하면 $11=4\times2+3$

따라서 그래프는 점 $(2, 11)$을 지난다.

ㄷ. $y=4x+3$에서 $y=0$일 때, $0=4x+3$ $\therefore x=-\dfrac{3}{4}$

따라서 x축과 만나는 점의 x좌표는 $-\dfrac{3}{4}$이다.

ㄹ. $y=4x+5$의 그래프와 기울기가 같고, y절편이 다르므로 평행하다.

이상에서 옳은 것은 ㄱ, ㄴ, ㄹ이다.

06 x절편이 -3, y절편이 6이므로 그래프는 두 점 $(-3, 0)$, $(0, 6)$을 지난다.

$(기울기)=\dfrac{6-0}{0-(-3)}=\dfrac{6}{3}=2$이고, y절편이 6이므로 일차함수의 식은 $y=2x+6$

② $y=2x+6$에 $x=-1$, $y=3$을 대입하면

$3\ne2\times(-1)+6$

07 $20\,g$인 추를 달면 용수철의 길이가 $15-10=5\,(cm)$만큼 늘어나므로 $1\,g$인 추를 달면 용수철의 길이는 $\dfrac{5}{20}=\dfrac{1}{4}\,(cm)$만큼 늘어난다.

무게가 $x\,g$인 추를 달았을 때의 용수철의 길이를 $y\,cm$라 하면 x와 y 사이의 관계식은 $y=10+\dfrac{1}{4}x$

이 식에 $x=16$을 대입하면 $y=10+\dfrac{1}{4}\times16=14$

따라서 $16\,g$인 추를 달았을 때의 용수철의 길이는 $14\,cm$이다.

08 기온이 $0\,℃$일 때 소리의 속력은 초속 $331\,m$이고, 기온이 $1\,℃$ 오를 때마다 소리의 속력은 초속 $0.6\,m$씩 증가한다.

기온이 $x\,℃$일 때의 소리의 속력을 초속 $y\,m$라 하면 x와 y 사이의 관계식은 $y=331+0.6x$

이 식에 $x=30$을 대입하면 $y=331+0.6\times30=349$

따라서 기온이 $30\,℃$일 때의 소리의 속력은 초속 $349\,m$이다.

09 (1) 점 P는 1초에 $5\,cm$씩 움직이므로 x초 후의 $\overline{\mathrm{BP}}$의 길이는 $5x\,cm$이다.

즉, x와 y 사이의 관계식은

$y=\dfrac{1}{2}\times5x\times18=45x$ $\therefore y=45x$

(2) $y=45x$에 $x=4$를 대입하면 $y=45\times4=180$

따라서 4초 후의 $\triangle\mathrm{ABP}$의 넓이는 $180\,cm^2$이다.

09-1 $y=45x$에 $y=135$를 대입하면

$135=45x$ $\therefore x=3$

따라서 $\triangle\mathrm{ABP}$의 넓이가 $135\,cm^2$가 되는 것은 점 P가 점 B를 출발한 지 3초 후이다.

중단원 마무리 문제   137~139쪽

01 ②	**02** ㄷ, ㅂ	**03** ③	**04** ④	**05** -12
06 ②	**07** 9	**08** ②	**09** ④	**10** $\dfrac{4}{3}$
11 $y=2x+\dfrac{1}{3}$		**12** -3	**13** $\dfrac{1}{3}\le a\le3$	
14 ①	**15** ②	**16** 15초		

01 ② $x=5$일 때, $y=1,\,3$으로 y의 값이 하나로 정해지지 않으므로 y는 x의 함수가 아니다.

02 ㄱ. x항이 없으므로 y는 x에 대한 일차함수가 아니다.

ㄴ, ㅁ. $y=(x$에 대한 이차식)의 꼴이므로 y는 x에 대한 일차함수가 아니다.

ㄹ. x가 분모에 있으므로 y는 x에 대한 일차함수가 아니다.

이상에서 y가 x에 대한 일차함수인 것은 ㄷ, ㅂ이다.

03 $f(-1)=2\times(-1)+k$이므로

$2\times(-1)+k=0$ $\therefore k=2$

즉, $f(x)=2x+2$이므로

$f(1)=2\times1+2=4,\ f(3)=2\times3+2=8$

$\therefore f(1)+f(3)=4+8=12$

04 $y=x+a$의 그래프를 y축의 방향으로 3만큼 평행이동한 그래프의 식은 $y=x+a+3$

이 그래프가 점 $(-1,\,4)$를 지나므로

$4=-1+a+3$ $\therefore a=2$

즉, 주어진 일차함수의 그래프를 평행이동한 그래프의 식은 $y=x+5$이고, 이 그래프가 점 $(3,\,k)$를 지나므로

$k=3+5=8$

$\therefore a+k=2+8=10$

05 $y=-2x+m$의 그래프가 $y=-\dfrac{1}{3}x-2$의 그래프와 x축 위에서 만나므로 두 그래프의 x절편이 같다.

$y=-\dfrac{1}{3}x-2$에서 $y=0$일 때,

$0=-\dfrac{1}{3}x-2$ $\therefore x=-6$

즉, $y=-\dfrac{1}{3}x-2$의 그래프의 x절편이 -6이다.   … ㉮

이때 $y=-2x+m$의 그래프의 x절편도 -6이므로

$y=-2x+m$에서 $y=0$일 때,

$0=-2\times(-6)+m$

$\therefore m=-12$ … ㉯

단계	채점 기준	배점 비율
㉮	$y=-\dfrac{1}{3}x-2$의 그래프의 x절편 구하기	40 %
㉯	m의 값 구하기	60 %

06 $y=ax+b$의 그래프에서 (기울기)>0, (y절편)>0이므로 $a>0,\ b>0$

따라서 $y=bx-a$의 그래프에서

(기울기)$=b>0$, (y절편)$=-a<0$

따라서 $y=bx-a$의 그래프로 알맞은 것은 ②이다.

07 일차함수 $y=-2x+a$의 그래프를 y축의 방향으로 -2만큼 평행이동한 그래프의 식은 $y=-2x+a-2$

이 그래프가 $y=2bx+8$의 그래프와 일치하므로

$-2=2b,\ a-2=8$ $\therefore a=10,\ b=-1$

$\therefore a+b=10+(-1)=9$

08 ② $y=-\dfrac{3}{4}x-6$에서 $y=0$일 때,

$0=-\dfrac{3}{4}x-6$ $\therefore x=-8$

즉, x절편은 -8이다.

④ $y=-\dfrac{3}{4}x-6$의 그래프는 오른
쪽 그림과 같으므로 제2, 3, 4사
분면을 지난다.
따라서 옳지 않은 것은 ②이다.

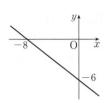

09 주어진 일차함수의 그래프를 각각 그려 보면 다음 그림과 같다.

①   ②   ③

④   ⑤

따라서 제2사분면을 지나지 않는 것은 ④이다.

10 $y=ax+8$의 그래프의 y절편은 8이므로
$B(0, 8)$　∴ $\overline{OB}=8$
$\triangle AOB=24$이므로 $\dfrac{1}{2}\times\overline{OA}\times\overline{OB}=24$
$\dfrac{1}{2}\times\overline{OA}\times 8=24$　∴ $\overline{OA}=6$
이때 $a>0$이므로 $y=ax+8$의 그래프의 x절편은 -6이다.
$y=ax+8$에서 $y=0$일 때,
$0=-6a+8$　∴ $a=\dfrac{4}{3}$

11 두 점 $(-2, -3)$, $(2, 5)$를 지나므로
$(기울기)=\dfrac{5-(-3)}{2-(-2)}=\dfrac{8}{4}=2$
따라서 구하는 일차함수의 그래프의 기울기는 2이다. … ㉮
또, 점 $\left(0, \dfrac{1}{3}\right)$을 지나므로 y절편은 $\dfrac{1}{3}$이다. … ㉯
따라서 구하는 일차함수의 식은 $y=2x+\dfrac{1}{3}$ … ㉰

단계	채점 기준	배점 비율
㉮	구하는 일차함수의 그래프의 기울기 구하기	40 %
㉯	구하는 일차함수의 그래프의 y절편 구하기	30 %
㉰	일차함수의 식 구하기	30 %

12 주어진 그래프는 두 점 $(-3, 0)$, $(0, 2)$를 지나므로
$(기울기)=\dfrac{2-0}{0-(-3)}=\dfrac{2}{3}$
일차함수의 식을 $y=\dfrac{2}{3}x+b$라 하면 이 그래프가 점 $(3, 1)$을
지나므로 $1=\dfrac{2}{3}\times 3+b$　∴ $b=-1$

따라서 $y=\dfrac{2}{3}x-1$에 $x=k$, $y=-3$을 대입하면
$-3=\dfrac{2}{3}k-1$, $-\dfrac{2}{3}k=2$
∴ $k=-3$

13 $y=ax+1$의 그래프가
점 A를 지날 때 a의 값이 최대이
고, 점 B를 지날 때 a의 값이 최소
가 된다.

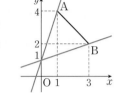

(i) 점 $A(1, 4)$를 지날 때,
$4=a\times 1+1$　∴ $a=3$
(ii) 점 $B(3, 2)$를 지날 때,
$2=a\times 3+1$, $3a=1$　∴ $a=\dfrac{1}{3}$
따라서 $y=ax+1$의 그래프가 선분 AB와 만나기 위한 수 a
의 값의 범위는 $\dfrac{1}{3}\le a\le 3$

14 그래프가 두 점 $(0, 15)$, $(20, 25)$를 지나므로
$(기울기)=\dfrac{25-15}{20-0}=\dfrac{10}{20}=\dfrac{1}{2}$이고, y절편은 15이다.
따라서 x와 y 사이의 관계식은 $y=\dfrac{1}{2}x+15$
이 식에 $x=50$을 대입하면 $y=\dfrac{1}{2}\times 50+15=40$
따라서 열을 가한 지 50분 후 이 액체의 온도는 40 ℃이다.

15 물이 5분 동안 $30-20=10$(L)만큼 채워졌으므로 1분에
$\dfrac{10}{5}=2$(L)씩 채워진다.
따라서 물을 채우기 시작한 지 x분 후의 수족관의 물의 양을
y L라 하면 x와 y 사이의 관계식은
$y=20+2x$
이 식에 $y=100$을 대입하면
$100=20+2x$, $2x=80$　∴ $x=40$
따라서 물을 가득 채우는 데 걸리는 시간은 40분이다.

16 전략 점 P가 점 B를 출발한 지 x초 후의 $\triangle ABP$와 $\triangle CPD$의 넓
이의 합을 y cm²라 하고 x와 y 사이의 관계식을 구한다.
점 P가 점 B를 출발한 지 x초 후의 $\triangle ABP$와 $\triangle CPD$의 넓이
의 합을 y cm²라 하면 $\overline{BP}=\dfrac{2}{5}x$ cm이므로 x와 y 사이의 관
계식은
$y=\dfrac{1}{2}\times\dfrac{2}{5}x\times 4+\dfrac{1}{2}\times\left(9-\dfrac{2}{5}x\right)\times 6$
∴ $y=-\dfrac{2}{5}x+27$
이 식에 $y=21$을 대입하면
$21=-\dfrac{2}{5}x+27$　∴ $x=15$
따라서 $\triangle ABP$와 $\triangle CPD$의 넓이의 합이 21 cm²가 되는 것
은 점 P가 점 B를 출발한 지 15초 후이다.

$y=\dfrac{1}{5}x-1$에서 $y=0$일 때, $0=\dfrac{1}{5}x-1$ $\therefore x=5$

$x=0$일 때, $y=-1$

즉, x절편은 5, y절편은 -1이다. ··· ❶

$y=-2x+10$에서 $y=0$일 때, $0=-2x+10$ $\therefore x=5$

$x=0$일 때, $y=10$

즉, x절편은 5, y절편은 10이다. ··· ❷

따라서 삼각주의 넓이는 오른쪽 그림과 같이 밑변의 길이가 11, 높이가 5인 삼각형의 넓이와 같으므로

$\dfrac{1}{2}\times11\times5=\dfrac{55}{2}$ ··· ❸

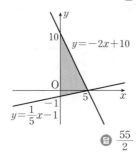

답 $\dfrac{55}{2}$

교과서 속 서술형 문제 140~141쪽

1 ❶ 일차함수 $y=2x+k$의 그래프를 y축의 방향으로 -3만큼 평행이동한 그래프의 식은?

$y=2x+\boxed{k-3}$ ··· ㉮

❷ 수 k의 값은?

평행이동한 그래프가 점 $(2, 7)$을 지나므로

$y=2x+\boxed{k-3}$에 $x=2$, $y=\boxed{7}$을 대입하면

$\boxed{7}=2\times2+\boxed{k-3}$ $\therefore k=\boxed{6}$ ··· ㉯

❸ 평행이동한 그래프의 식은?

$y=2x+\boxed{k-3}$에서 $k=\boxed{6}$이므로

$y=2x+\boxed{3}$ ··· ㉰

❹ 평행이동한 그래프의 x절편은?

$y=2x+\boxed{3}$에서 $y=\boxed{0}$일 때,

$\boxed{0}=2x+\boxed{3}$ $\therefore x=\boxed{-\dfrac{3}{2}}$

따라서 평행이동한 그래프의 x절편은 $\boxed{-\dfrac{3}{2}}$이다. ··· ㉱

단계	채점 기준	배점 비율
㉮	평행이동한 그래프의 식을 k를 이용하여 나타내기	30 %
㉯	k의 값 구하기	30 %
㉰	평행이동한 그래프의 식 구하기	10 %
㉱	평행이동한 그래프의 x절편 구하기	30 %

2 ❶ 일차함수 $y=-5x+7$의 그래프를 y축의 방향으로 k만큼 평행이동한 그래프의 식은?

$y=-5x+7+k$ ··· ㉮

❷ 수 k의 값은?

평행이동한 그래프의 x절편이 1이므로

$y=-5x+7+k$에 $x=1$, $y=0$을 대입하면

$0=-5\times1+7+k$

$\therefore k=-2$ ··· ㉯

❸ 평행이동한 그래프의 식은?

$y=-5x+7+k$에서 $k=-2$이므로

$y=-5x+5$ ··· ㉰

❹ 평행이동한 그래프의 y절편은?

$y=-5x+5$에서 $x=0$일 때, $y=5$

따라서 평행이동한 그래프의 y절편은 5이다. ··· ㉱

단계	채점 기준	배점 비율
㉮	평행이동한 그래프의 식을 k를 이용하여 나타내기	30 %
㉯	k의 값 구하기	30 %
㉰	평행이동한 그래프의 식 구하기	10 %
㉱	평행이동한 그래프의 y절편 구하기	30 %

3 직선이 두 점 $(-1, -12)$, $(1, 2)$를 지나므로

$(\text{기울기})=\dfrac{2-(-12)}{1-(-1)}=\dfrac{14}{2}=7$ ··· ㉮

직선이 두 점 $(1, 2)$, $(2, m)$을 지나므로

$(\text{기울기})=\dfrac{m-2}{2-1}=m-2$ ··· ㉯

이때 세 점이 한 직선 위에 있으므로

$m-2=7$ $\therefore m=9$ ··· ㉰

답 9

단계	채점 기준	배점 비율
㉮	두 점 $(-1, -12)$, $(1, 2)$를 지나는 직선의 기울기 구하기	40 %
㉯	두 점 $(1, 2)$, $(2, m)$을 지나는 직선의 기울기 구하기	40 %
㉰	m의 값 구하기	20 %

4 주어진 그래프가 두 점 $(-4, 3)$, $(1, -12)$를 지나므로

$(\text{기울기})=\dfrac{-12-3}{1-(-4)}=\dfrac{-15}{5}=-3$ ··· ㉮

일차함수의 식을 $y=-3x+b$라 하면 이 그래프가 점 $(-4, 3)$을 지나므로

$3=-3\times(-4)+b$ $\therefore b=-9$

즉, 일차함수의 식은 $y=-3x-9$ ··· ㉯

$y=-3x-9$에서 $y=0$일 때,

$0=-3x-9$ $\therefore x=-3$

따라서 x절편은 -3이다. ··· ㉰

답 -3

단계	채점 기준	배점 비율
㉮	그래프의 기울기 구하기	30 %
㉯	일차함수의 식 구하기	30 %
㉰	그래프의 x절편 구하기	40 %

5 일차함수 $y=\dfrac{1}{2}x-1$의 그래프와 x축 위에서 만나므로 x절편은 2이다. ··· ㉮

일차함수 $y=-x-4$의 그래프와 y축 위에서 만나므로 y절편은 -4이다. ··· ㉯

즉, 두 점 $(2, 0)$, $(0, -4)$를 지나므로

$(기울기)=\dfrac{-4-0}{0-2}=2$ ··· ㉰

따라서 구하는 일차함수의 식은 $y=2x-4$ ··· ㉱

답 $y=2x-4$

단계	채점 기준	배점 비율
㉮	구하는 일차함수의 그래프의 x절편 구하기	20 %
㉯	구하는 일차함수의 그래프의 y절편 구하기	20 %
㉰	구하는 일차함수의 그래프의 기울기 구하기	30 %
㉱	일차함수의 식 구하기	30 %

6 점 P가 점 A를 출발한 지 x초 후의 사다리꼴 ABCP의 넓이를 y cm²라 하자. ··· ㉮

이때 점 P는 초속 3 cm로 움직이므로 점 A를 출발한 지 x초 후의 $\overline{AP}$의 길이는 $3x$ cm이다. ··· ㉯

따라서 x와 y 사이의 관계식은

$y=\dfrac{1}{2}\times(3x+21)\times16$

$\therefore y=24x+168$ ··· ㉰

이 식에 $y=264$를 대입하면

$264=24x+168$ $\therefore x=4$

따라서 사다리꼴 ABCP의 넓이가 264 cm²가 되는 것은 점 P가 점 A를 출발한 지 4초 후이다. ··· ㉱

답 4초

단계	채점 기준	배점 비율
㉮	변수 x, y 정하기	20 %
㉯	x초 후의 $\overline{AP}$의 길이 구하기	20 %
㉰	x와 y 사이의 관계식 구하기	30 %
㉱	사다리꼴 ABCP의 넓이가 264 cm²가 되는 것은 몇 초 후인지 구하기	30 %

참고 (사다리꼴의 넓이)

$=\dfrac{1}{2}\times\{(윗변의\ 길이)+(아랫변의\ 길이)\}\times(높이)$

---

07 일차함수와 일차방정식의 관계

❶ 일차함수와 일차방정식

개념 35 일차함수와 일차방정식의 관계

개념 확인하기 ————————— 144쪽

1 답 (1) ㉡ (2) ㉠ (3) ㉢

대표문제 145쪽

01 답 (1) $-5, -4, -3, -2$ (2)

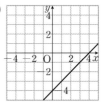

02 답 (1) 3 (2) -1

(1) $x=1, y=2$를 $x+y=a$에 대입하면

$1+2=a$ $\therefore a=3$

(2) $x=5, y=3$을 $2x+ay=7$에 대입하면

$10+3a=7, 3a=-3$ $\therefore a=-1$

03 답 (1) $y=-\dfrac{3}{2}x-3$, 풀이 참조 (2) $y=\dfrac{1}{2}x+2$, 풀이 참조

(1) $3x+2y+6=0$에서

$2y=-3x-6$

$\therefore y=-\dfrac{3}{2}x-3$

따라서 그래프는 오른쪽 그림과 같다.

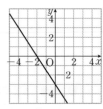

(2) $x-2y+4=0$에서

$-2y=-x-4$

$\therefore y=\dfrac{1}{2}x+2$

따라서 그래프는 오른쪽 그림과 같다.

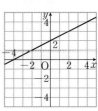

04 답 (1) 기울기: 1, x절편: -6, y절편: 6

(2) 기울기: $-\dfrac{1}{4}$, x절편: 5, y절편: $\dfrac{5}{4}$

(3) 기울기: $-\dfrac{4}{3}$, x절편: $\dfrac{1}{2}$, y절편: $\dfrac{2}{3}$

(1) $x-y+6=0$에서 $y=x+6$

(2) $x+4y-5=0$에서 $y=-\dfrac{1}{4}x+\dfrac{5}{4}$

(3) $-4x-3y+2=0$에서 $y=-\dfrac{4}{3}x+\dfrac{2}{3}$

개념 36 일차방정식 $x=p$, $y=q$의 그래프

개념 확인하기 146쪽

1 답 (1) 2, y (2) -4, x

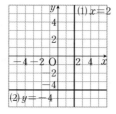

대표문제 147쪽

01 답 (1) $x+3=0$

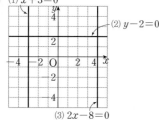

(1) $x+3=0$에서 $x=-3$

(2) $y-2=0$에서 $y=2$

(3) $2x-8=0$에서 $x=4$

02 답 (1) $x=4$ (2) $y=-5$ (3) $x=-3$ (4) $y=-8$

(3) 점 $(-3, 5)$를 지나고 y축에 평행한 직선이므로
$$x=-3$$

(4) 점 $(7, -8)$을 지나고 x축에 평행한 직선이므로
$$y=-8$$

03 답 (1) $x=3$ (2) $y=-1$

(1) 두 점 $(3, -5)$, $(3, 1)$의 x좌표가 모두 3이므로
$$x=3$$

(2) 두 점 $(0, -1)$, $(5, -1)$의 y좌표가 모두 -1이므로
$$y=-1$$

04 답 (1) $x=-2$ (2) $y=\dfrac{2}{3}x-2$

(1) 주어진 직선은 점 $(-4, 0)$을 지나고 y축에 평행한 직선이 므로 구하는 직선의 방정식은 $x=-2$

(2) 주어진 직선은 두 점 $(0, -2)$, $(3, 0)$을 지나므로
$$(기울기)=\frac{0-(-2)}{3-0}=\frac{2}{3}$$

y절편이 -2이므로 구하는 직선의 방정식은 $y=\dfrac{2}{3}x-2$

05 답 (1) ㄷ (2) ㄴ

ㄱ. $y=x$ ㄴ. $x=4$ ㄷ. $y=-5$ ㄹ. $y=x+3$

(1) x축에 평행한 직선의 방정식은 $y=q$ ($q\neq0$)의 꼴이다.
이상에서 조건을 만족하는 방정식은 ㄷ이다.

(2) y축에 평행한 직선의 방정식은 $x=p$ ($p\neq0$)의 꼴이다.
이상에서 조건을 만족하는 방정식은 ㄴ이다.

06 답 ②

점 $(a, 4)$가 직선 $y=3x-5$ 위의 점이므로
$$4=3a-5, \ 3a=9 \quad \therefore a=3$$
따라서 점 $(3, 4)$를 지나고 y축에 평행한 직선의 방정식은
$$x=3$$

소단원 핵심문제 148~149쪽

01 3	02 ③	03 ④	04 ②	05 ㄷ, ㄹ
06 ①	07 ㄱ-p, ㄴ-m, ㄷ-l, ㄹ-q			08 ②
08-1 7				

01 $3x+5y=-2$의 그래프가 점 $(1, a)$를 지나므로
$$3+5a=-2, \ 5a=-5 \quad \therefore a=-1$$
또, $3x+5y=-2$의 그래프가 점 $(b, 2)$를 지나므로
$$3b+10=-2, \ 3b=-12 \quad \therefore b=-4$$
$$\therefore a-b=-1-(-4)=3$$

02 $2x-3y+3=0$에서 $3y=2x+3$ $\quad \therefore y=\dfrac{2}{3}x+1$

따라서 $2x-3y+3=0$의 그래프의 x절편은 $-\dfrac{3}{2}$, y절편은 1이므로 그 그래프는 ③이다.

03 $x+3y-6=0$에서 $3y=-x+6$ $\quad \therefore y=-\dfrac{1}{3}x+2$

① 기울기는 $-\dfrac{1}{3}$이다.

② $y=0$일 때, $x=6$이므로 x절편은 6이다.

③ $y=\dfrac{1}{3}x$의 그래프와 기울기가 다르므로 평행하지 않다.

④ $x=3$, $y=1$을 $x+3y-6=0$에 대입하면
$3+3\times1-6=0$이므로 그래프는 점 $(3, 1)$을 지난다.

⑤ 그래프를 그리면 오른쪽 그림과 같으므로 제3사분면을 지나지 않는다.

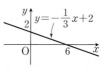

따라서 옳은 것은 ④이다.

04 $x+ay+b=0$에서 $ay=-x-b$ $\quad \therefore y=-\dfrac{1}{a}x-\dfrac{b}{a}$

주어진 그래프는 오른쪽 아래로 향하는 직선이므로
$(기울기)<0$

즉, $-\dfrac{1}{a}<0$ $\quad \therefore a>0$

y축과 양의 부분에서 만나므로 $(y$절편$)>0$

즉, $-\dfrac{b}{a}>0$이고 $a>0$이므로 $b<0$

$$\therefore a>0, \ b<0$$

05 $2x=-10$에서 $x=-5$

ㄷ. y축에 평행한 직선이다.

ㄹ. 일차방정식 $y=5$의 그래프와 한 점에서 만난다.

이상에서 옳지 않은 것은 ㄷ, ㄹ이다.

06 두 점을 지나는 직선이 y축에 수직이면 두 점의 y좌표가 같아
야 한다. 즉, $2a+1=-1$이므로 $2a=-2$ ∴ $a=-1$

07 ㄱ. $x-y-2=0$에서 $y=x-2$이므로 그 그래프는 직선 p이다.

ㄴ. $x=2$의 그래프는 직선 m이다.

ㄷ. $x+y+3=0$에서 $y=-x-3$이므로 그 그래프는 직선 l
이다.

ㄹ. $y+3=0$에서 $y=-3$이므로 그 그래프는 직선 q이다.

08 네 직선 $x=-4$, $x=3$,
$y=1$, $y=-2$는 오른쪽 그림
과 같으므로 구하는 넓이는
$7\times3=21$

> **이것만은 꼭!**
>
> 네 직선 $x=a$, $x=b$, $y=c$, $y=d$
> 로 둘러싸인 도형의 넓이
> ⇨ $|b-a|\times|d-c|$

08-1 네 직선 $x=3$, $x=a$,
$y=-1$, $y=5$는 오른쪽 그림
과 같으므로
$(a-3)\times6=24$, $a-3=4$
∴ $a=7$

---

❷ 연립일차방정식의 해와 그래프

 37 일차방정식의 그래프와 연립방정식 (1)

개념 확인하기 ·············· 150쪽

1 **답** (1) $(2, -1)$ (2) $x=2$, $y=-1$ (3) 같다.

(2) $\begin{cases} x+y=1 & \cdots ㉠ \\ x-y=3 & \cdots ㉡ \end{cases}$

㉠$-$㉡을 하면 $2y=-2$ ∴ $y=-1$

$y=-1$을 ㉠에 대입하면 $x-1=1$ ∴ $x=2$

(3) (1)에서 구한 두 일차방정식의 그래프의 교점의 좌표는 (2)
에서 구한 연립방정식의 해와 같다.

---

01 **답** (1) 풀이 참조, $x=1$, $y=3$ (2) 풀이 참조, $x=1$, $y=-1$

(1) 연립방정식의 각 일차방정식
의 그래프는 오른쪽 그림과 같
다. 이때 연립방정식의 해는
두 그래프의 교점의 좌표와 같
으므로
$x=1$, $y=3$

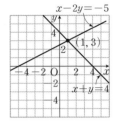

(2) 연립방정식의 각 일차방정
식의 그래프는 오른쪽 그
림과 같다. 이때 연립방정
식의 해는 두 그래프의 교
점의 좌표와 같으므로
$x=1$, $y=-1$

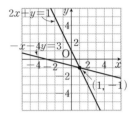

02 **답** (1) $(1, 3)$ (2) $\left(1, -\dfrac{3}{2}\right)$ (3) $\left(4, \dfrac{9}{2}\right)$

(1) 두 일차방정식을 연립방정식으로 나타내면
$\begin{cases} 2x+y=5 & \cdots ㉠ \\ 2x-y=-1 & \cdots ㉡ \end{cases}$

㉠$+$㉡을 하면 $4x=4$ ∴ $x=1$

$x=1$을 ㉠에 대입하면 $2+y=5$ ∴ $y=3$

따라서 두 일차방정식의 그래프의 교점의 좌표는 $(1, 3)$이다.

(2) 두 일차방정식을 연립방정식으로 나타내면
$\begin{cases} 3x-2y=6 & \cdots ㉠ \\ x-2y=4 & \cdots ㉡ \end{cases}$

㉠$-$㉡을 하면 $2x=2$ ∴ $x=1$

$x=1$을 ㉡에 대입하면 $1-2y=4$ ∴ $y=-\dfrac{3}{2}$

따라서 두 일차방정식의 그래프의 교점의 좌표는
$\left(1, -\dfrac{3}{2}\right)$이다.

(3) 두 일차방정식을 연립방정식으로 나타내면
$\begin{cases} -x+2y=5 & \cdots ㉠ \\ 3x-4y=-6 & \cdots ㉡ \end{cases}$

$2\times$㉠$+$㉡을 하면 $x=4$

$x=4$를 ㉠에 대입하면 $-4+2y=5$ ∴ $y=\dfrac{9}{2}$

따라서 두 일차방정식의 그래프의 교점의 좌표는 $\left(4, \dfrac{9}{2}\right)$
이다

03 **답** 3

두 일차방정식의 그래프의 교점의 좌표는 연립방정식
$\begin{cases} x+2y=a \\ 3x-y=-5 \end{cases}$ 의 해와 같으므로 연립방정식의 해는 $x=k$,
$y=2$이다.

$x=k, y=2$를 $3x-y=-5$에 대입하면

$3k-2=-5, 3k=-3$ $\therefore k=-1$

$x=-1, y=2$를 $x+2y=a$에 대입하면

$-1+2\times2=a$ $\therefore a=3$

04 답 1

두 일차방정식의 그래프의 교점의 좌표는 연립방정식의 해와 같다. 교점의 좌표가 $(-1, -2)$이므로 연립방정식의 해는

$x=-1, y=-2$

$x=-1, y=-2$를 $x+ay=1$에 대입하면

$-1-2a=1, -2a=2$ $\therefore a=-1$

$x=-1, y=-2$를 $bx+y=-4$에 대입하면

$-b-2=-4, -b=-2$ $\therefore b=2$

$\therefore a+b=-1+2=1$

05 답 ③

두 일차방정식의 그래프의 교점의 좌표는 연립방정식

$\begin{cases} 3x+y-7=0 \\ 2x-y-3=0 \end{cases}$ 의 해와 같다.

이 연립방정식의 해가 $x=2, y=1$이므로 점 $(2, 1)$을 지나고 x축에 평행한 직선의 방정식은

$y=1$

개념 38 일차방정식의 그래프와 연립방정식 (2)

개념 확인하기 ··········· 152쪽

1 답 (1)   (2) 해가 무수히 많다.

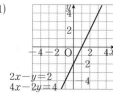

$2x-y=2$
$4x-2y=4$

(2) 두 일차방정식의 그래프가 일치하므로 연립방정식의 해는 무수히 많다.

대표문제 ·········· 153쪽

01 답 풀이 참조, 해가 없다.

두 일차방정식의 그래프는 오른 쪽 그림과 같다. 이때 두 그래프 가 서로 평행하므로 연립방정식 의 해는 없다.

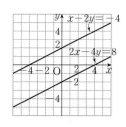

---

02 답 (1) ㄱ   (2) ㄷ   (3) ㄴ

ㄱ. $\begin{cases} 2x-y=1 \\ x+2y=3 \end{cases} \Rightarrow \begin{cases} y=2x-1 \\ y=-\dfrac{1}{2}x+\dfrac{3}{2} \end{cases}$

ㄴ. $\begin{cases} x-y=2 \\ 2x-2y=-3 \end{cases} \Rightarrow \begin{cases} y=x-2 \\ y=x+\dfrac{3}{2} \end{cases}$

ㄷ. $\begin{cases} 3x+y=2 \\ 6x+2y=4 \end{cases} \Rightarrow \begin{cases} y=-3x+2 \\ y=-3x+2 \end{cases}$

(1) 두 일차방정식의 그래프가 한 점에서 만나려면 두 그래프 의 기울기가 달라야 한다. ⇨ ㄱ

(2) 두 일차방정식의 그래프가 일치하려면 두 그래프의 기울 기와 y절편이 각각 같아야 한다. ⇨ ㄷ

(3) 두 일차방정식의 그래프가 서로 평행하려면 두 그래프의 기울기는 같고 y절편은 달라야 한다. ⇨ ㄴ

03 답 (1) $a\neq-4$ (2) $a=-4, b\neq-1$ (3) $a=-4, b=-1$

$\begin{cases} ax+2y=2 \\ 2x-y=b \end{cases} \Rightarrow \begin{cases} y=-\dfrac{a}{2}x+1 \\ y=2x-b \end{cases}$

(1) 해가 한 쌍이려면 두 그래프가 한 점에서 만나야 하므로

$-\dfrac{a}{2}\neq2$ $\therefore a\neq-4$

(2) 해가 없으려면 두 그래프가 서로 평행해야 하므로

$-\dfrac{a}{2}=2, 1\neq-b$ $\therefore a=-4, b\neq-1$

(3) 해가 무수히 많으려면 두 그래프가 일치해야 하므로

$-\dfrac{a}{2}=2, 1=-b$ $\therefore a=-4, b=-1$

> **이런 풀이 어때요?**
>
> (1) $\dfrac{a}{2}\neq\dfrac{2}{-1}$ $\therefore a\neq-4$
>
> (2) $\dfrac{a}{2}=\dfrac{2}{-1}\neq\dfrac{2}{b}$ $\therefore a=-4, b\neq-1$
>
> (3) $\dfrac{a}{2}=\dfrac{2}{-1}=\dfrac{2}{b}$ $\therefore a=-4, b=-1$

04 답 (1) -6 (2) $-\dfrac{2}{3}$

연립방정식의 해가 없으려면 두 그래프가 서로 평행해야 한다.

(1) $\begin{cases} 2x-y=3 \\ ax+3y=12 \end{cases} \Rightarrow \begin{cases} y=2x-3 \\ y=-\dfrac{a}{3}x+4 \end{cases}$

$2=-\dfrac{a}{3}$ $\therefore a=-6$

(2) $\begin{cases} ax+y=2 \\ 2x-3y=3 \end{cases} \Rightarrow \begin{cases} y=-ax+2 \\ y=\dfrac{2}{3}x-1 \end{cases}$

$-a=\dfrac{2}{3}$ $\therefore a=-\dfrac{2}{3}$

05 답 (1) $a=2, b=2$ (2) $a=-3, b=-9$

연립방정식의 해가 무수히 많으려면 두 그래프가 일치해야 한다.

(1) $\begin{cases} ax-3y=1 \\ 4x-6y=b \end{cases} \Rightarrow \begin{cases} y=\dfrac{a}{3}x-\dfrac{1}{3} \\ y=\dfrac{2}{3}x-\dfrac{b}{6} \end{cases}$

$\dfrac{a}{3}=\dfrac{2}{3} \qquad \therefore a=2$

$-\dfrac{1}{3}=-\dfrac{b}{6} \qquad \therefore b=2$

(2) $\begin{cases} x+ay=3 \\ -3x+9y=b \end{cases} \Rightarrow \begin{cases} y=-\dfrac{1}{a}x+\dfrac{3}{a} \\ y=\dfrac{1}{3}x+\dfrac{b}{9} \end{cases}$

$-\dfrac{1}{a}=\dfrac{1}{3} \qquad \therefore a=-3$

$\dfrac{3}{a}=\dfrac{b}{9}$에서 $\dfrac{3}{-3}=\dfrac{b}{9} \qquad \therefore b=-9$

06 답 ①

$3x+y=2$에서 $y=-3x+2$

$-9x-3y=a$에서 $y=-3x-\dfrac{a}{3}$

두 직선의 교점이 존재하지 않으려면 두 직선이 서로 평행해야 하므로 기울기는 같고 y절편은 달라야 한다.

즉, $2 \neq -\dfrac{a}{3} \qquad \therefore a \neq -6$

따라서 수 a의 값이 될 수 없는 것은 ①이다.

---

03 $x+ay=3$에서 $y=-\dfrac{1}{a}x+\dfrac{3}{a}$

$2x+4y=b$에서 $y=-\dfrac{1}{2}x+\dfrac{b}{4}$

두 일차방정식의 그래프가 일치하려면 기울기와 y절편이 각각 같아야 하므로

$-\dfrac{1}{a}=-\dfrac{1}{2} \qquad \therefore a=2$

$\dfrac{3}{a}=\dfrac{b}{4}$에서 $\dfrac{3}{2}=\dfrac{b}{4} \qquad \therefore b=6$

$\therefore a+b=2+6=8$

04 세 직선이 한 점에서 만나므로 두 직선 $x+y=0$, $2x+y-2=0$의 교점을 나머지 한 직선도 지난다.

연립방정식 $\begin{cases} x+y=0 \\ 2x+y-2=0 \end{cases}$ 을 풀면 $x=2, y=-2$

즉, 두 직선 $x+y=0$, $2x+y-2=0$의 교점의 좌표가 $(2, -2)$이므로 직선 $ax-y-4=0$도 점 $(2, -2)$를 지난다.

$x=2, y=-2$를 $ax-y-4=0$에 대입하면

$2a+2-4=0, 2a=2 \qquad \therefore a=1$

04-1 연립방정식 $\begin{cases} 3x+2y=9 \\ 3x-y=0 \end{cases}$ 을 풀면 $x=1, y=3$

즉, 두 직선 $3x+2y=9$, $3x-y=0$의 교점의 좌표가 $(1, 3)$이므로 직선 $x-y=a-11$은 점 $(1, 3)$을 지난다.

$x=1, y=3$을 $x-y=a-11$에 대입하면

$1-3=a-11 \qquad \therefore a=9$

소단원 핵심문제 154쪽

| 01 7 | 02 ④ | 03 8 | 04 1 | 04-1 9 |

01 두 일차방정식의 그래프의 교점의 좌표는 연립방정식의 해와 같다. 이때 교점의 좌표가 $(3, b)$이므로 연립방정식의 해는 $x=3, y=b$

$x=3, y=b$를 $2x-y=4$에 대입하면

$6-b=4 \qquad \therefore b=2$

$x=3, y=2$를 $x+y=a$에 대입하면

$3+2=a \qquad \therefore a=5$

$\therefore a+b=5+2=7$

02 $\begin{cases} ax+2y=-4 \\ -6x-4y=6 \end{cases} \Rightarrow \begin{cases} y=-\dfrac{a}{2}x-2 \\ y=-\dfrac{3}{2}x-\dfrac{3}{2} \end{cases}$

연립방정식의 해가 없으려면 두 일차방정식의 그래프가 서로 평행해야 하므로 기울기가 같고 y절편은 달라야 한다.

즉, $-\dfrac{a}{2}=-\dfrac{3}{2} \qquad \therefore a=3$

중단원 마무리문제 155~157쪽

01 ⑤	02 ③	03 ②,④	04 -4	05 -1
06 ①	07 ③	08 -1	09 ④	10 ⑤
11 ③	12 -1	13 ②	14 6	15 ⑤
16 제3사분면		17 $-1, \dfrac{1}{2}, 2$		

01 ⑤ $x=3, y=1$을 $x-3y=6$에 대입하면

$3-3 \times 1=0 \neq 6$

02 $y=\dfrac{1}{2}x-2$에서 $\dfrac{1}{2}x-y-2=0 \qquad \therefore x-2y-4=0$

03 $2x+3y-4=0$에서 $3y=-2x+4 \qquad \therefore y=-\dfrac{2}{3}x+\dfrac{4}{3}$

① 기울기는 $-\dfrac{2}{3}$이다.

② $y=0$일 때, $x=2$이므로 x절편은 2이다.

③ y절편은 $\dfrac{4}{3}$이다.

④ 그래프는 오른쪽 그림과 같으므로 제3사분면을 지나지 않는다.

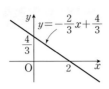

⑤ (기울기)<0이므로 x의 값이 증가하면 y의 값은 감소한다.

따라서 옳은 것은 ②, ④이다.

04 $4x+3y=9$에서 $3y=-4x+9$ $\therefore y=-\dfrac{4}{3}x+3$

즉, 기울기는 $-\dfrac{4}{3}$, y절편은 3이므로 $m=-\dfrac{4}{3}$, $n=3$

$\therefore mn=-\dfrac{4}{3}\times3=-4$

05 $ax+by+6=0$의 그래프가 두 점 $(2,0)$, $(0,3)$을 지나므로

$2a+6=0$ $\therefore a=-3$

$3b+6=0$ $\therefore b=-2$

$\therefore a-b=-3-(-2)=-1$

06 전략 일차방정식 $ax+by+c=0$의 그래프가

① 오른쪽 위로 향하면 기울기가 양수, 오른쪽 아래로 향하면 기울기가 음수

② y축과 양의 부분에서 만나면 y절편이 양수, y축과 음의 부분에서 만나면 y절편이 음수

임을 이용하여 a, b, c 사이의 관계를 구한다.

$ax+by+c=0$에서 $y=-\dfrac{a}{b}x-\dfrac{c}{b}$

주어진 그래프에서 (기울기)>0, (y절편)<0이므로

$-\dfrac{a}{b}>0$, $-\dfrac{c}{b}<0$

한편, $cx+by+a=0$에서 $y=-\dfrac{c}{b}x-\dfrac{a}{b}$

이때 (기울기)$=-\dfrac{c}{b}<0$, (y절편)$=-\dfrac{a}{b}>0$이므로

$cx+by+a=0$의 그래프로 알맞은 것은 ①이다.

07 주어진 직선의 방정식은 $y=-4$이므로 이 직선 위에 있는 점은 ③이다.

08 주어진 직선의 방정식은 $x=3$

$x=3$에서 $-x+3=0$이고, 이 식이 $ax+by+3=0$과 같으므로 $a=-1$, $b=0$

$\therefore a+b=-1+0=-1$

09 두 점 $(a-2,4)$, $(1-2a,3)$을 지나는 직선이 x축에 수직이려면 두 점의 x좌표가 같아야 한다.

즉, $a-2=1-2a$, $3a=3$ $\therefore a=1$

10 두 일차방정식의 그래프의 교점의 좌표는 연립방정식 $\begin{cases}x+4y+12=0\\-3x+2y-8=0\end{cases}$의 해와 같다. 이 연립방정식의 해가 $x=-4$, $y=-2$이므로 점 $(-4,-2)$를 지나고 x축에 평행한 직선의 방정식은 $y=-2$

11 일차방정식 $x-y+b=0$의 그래프가 점 $(2,0)$을 지나므로

$2+b=0$ $\therefore b=-2$

일차방정식 $ax+2y-8=0$의 그래프가 점 $(8,0)$을 지나므로

$8a-8=0$, $8a=8$ $\therefore a=1$

$\therefore x+2y-8=0$

이때 점 P는 두 일차방정식의 그래프의 교점이고 교점의 좌표는 연립방정식 $\begin{cases}x-y-2=0\\x+2y-8=0\end{cases}$의 해와 같다. 이 연립방정식의 해가 $x=4$, $y=2$이므로 점 P의 좌표는 $(4,2)$이다.

12 두 직선 $y=3$, $x-y=6$의 교점의 좌표는 $(9,3)$ ⋯ ㉮

주어진 직선은 두 점 $(-4,0)$, $(0,2)$를 지나므로

(기울기)$=\dfrac{2-0}{0-(-4)}=\dfrac{1}{2}$

이 직선과 평행한 직선의 기울기도 $\dfrac{1}{2}$이므로 $a=\dfrac{1}{2}$ ⋯ ㉯

즉, 직선 $y=\dfrac{1}{2}x+b$가 점 $(9,3)$을 지나므로

$3=\dfrac{9}{2}+b$ $\therefore b=-\dfrac{3}{2}$ ⋯ ㉰

$\therefore a+b=\dfrac{1}{2}+\left(-\dfrac{3}{2}\right)=-1$ ⋯ ㉱

단계	채점 기준	배점 비율
㉮	두 직선 $y=3$, $x-y=6$의 교점의 좌표 구하기	30 %
㉯	a의 값 구하기	30 %
㉰	b의 값 구하기	30 %
㉱	$a+b$의 값 구하기	10 %

13 두 일차방정식의 그래프의 교점의 좌표가 $(-2,3)$이므로

$x=-2$, $y=3$을 $3x-2y+a=0$에 대입하면

$-6-6+a=0$ $\therefore a=12$

$x=-2$, $y=3$을 $3x+4y-b=0$에 대입하면

$-6+12-b=0$ $\therefore b=6$

이때 두 점 A, B는 두 그래프가 각각 x축과 만나는 점이므로

$3x-2y+12=0$에 $y=0$을 대입하면

$3x+12=0$ $\therefore x=-4$

$3x+4y-6=0$에 $y=0$을 대입하면

$3x-6=0$ $\therefore x=2$

따라서 A$(-4,0)$, B$(2,0)$이므로

$\overline{AB}=6$

14 두 직선의 교점의 좌표는 연립방정식 $\begin{cases}x+y=4\\2x-y=2\end{cases}$의 해와 같다.

이 연립방정식의 해가 $x=2$, $y=2$이므로 두 직선의 교점의 좌표는 $(2,2)$이다.

따라서 두 직선을 좌표평면 위에 나타내면 오른쪽 그림과 같으므로 구하는 넓이는

$\dfrac{1}{2}\times6\times2=6$

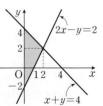

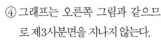

15 $\begin{cases} -3x+y+a=0 \\ bx-2y-2=0 \end{cases} \Rightarrow \begin{cases} y=3x-a \\ y=\dfrac{b}{2}x-1 \end{cases}$

① $a=1, b=6$이면 $\begin{cases} y=3x-1 \\ y=3x-1 \end{cases}$ ⇨ 해가 무수히 많다.

② $a=2, b=6$이면 $\begin{cases} y=3x-2 \\ y=3x-1 \end{cases}$ ⇨ 해가 없다.

③ $a=3, b=6$이면 $\begin{cases} y=3x-3 \\ y=3x-1 \end{cases}$ ⇨ 해가 없다.

④ $a=1, b=-6$이면 $\begin{cases} y=3x-1 \\ y=-3x-1 \end{cases}$ ⇨ 해가 한 쌍이다.

⑤ $b \neq 6$이면 $\dfrac{b}{2} \neq 3$이므로 두 일차방정식의 그래프의 기울기가 다르다. ⇨ 해가 한 쌍이다.

따라서 옳은 것은 ⑤이다.

16 $\begin{cases} ax-y=3 \\ 2x+y=b \end{cases} \Rightarrow \begin{cases} y=ax-3 \\ y=-2x+b \end{cases}$

연립방정식의 해가 무수히 많으려면 두 그래프가 일치해야 하므로 기울기와 y절편이 각각 같아야 한다.

$\therefore a=-2, b=-3$ ⋯ ㉮

따라서 직선 $y=ax-b$, 즉
$y=-2x+3$은 오른쪽 그림과 같으므로 제3사분면을 지나지 않는다. ⋯ ㉯

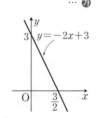

단계	채점 기준	배점 비율
㉮	a, b의 값 각각 구하기	50 %
㉯	직선 $y=ax-b$가 지나지 않는 사분면 구하기	50 %

17 전략 세 직선에 의하여 삼각형이 만들어지지 않게 하려면 다음 두 조건 중 하나를 만족해야 한다.

① 어느 두 직선이 평행하거나 세 직선이 평행하다.

② 세 직선이 한 점에서 만난다.

(i) 두 직선 $x+y=5$, $y=ax+2$가 서로 평행한 경우,
$a=-1$

(ii) 두 직선 $2x-y=1$, $y=ax+2$가 서로 평행한 경우,
$a=2$

(iii) 세 직선이 한 점에서 만나는 경우

두 직선 $x+y=5$, $2x-y=1$의 교점의 좌표는 연립방정식
$\begin{cases} x+y=5 \\ 2x-y=1 \end{cases}$의 해와 같다. 이 연립방정식의 해가 $x=2$, $y=3$이므로 두 직선의 교점의 좌표는 $(2, 3)$이다.

즉, 직선 $y=ax+2$가 점 $(2, 3)$을 지나므로

$3=2a+2, 2a=1$ $\therefore a=\dfrac{1}{2}$

이상에서 구하는 모든 a의 값은 $-1, \dfrac{1}{2}, 2$이다.

💡 창의·융합 문제

직선 l은 두 점 $(0, 0)$, $(150, 60000)$을 지나므로

$(기울기)=\dfrac{60000-0}{150-0}=400$ $\therefore y=400x$

직선 m은 두 점 $(0, 10000)$, $(200, 70000)$을 지나므로

$(기울기)=\dfrac{70000-10000}{200-0}=300$

$\therefore y=300x+10000$ ⋯ ❶

두 직선 l, m의 교점의 좌표는 연립방정식 $\begin{cases} y=400x \\ y=300x+10000 \end{cases}$의 해와 같다. 이 연립방정식의 해를 구하면 $x=100, y=40000$이므로 교점의 좌표는 $(100, 40000)$이다. ⋯ ❷

따라서 두 직선 l, m의 교점이 손익분기점이므로 손해를 보지 않으려면 팥빙수를 적어도 100그릇 팔아야 한다. ⋯ ❸

🅐 100그릇

교과서 속 **서술형 문제**

1 ❶ 연립방정식 $\begin{cases} x+ay=4 \\ bx-3y=8 \end{cases}$의 해는?

두 일차방정식의 그래프의 교점의 좌표는 $(\boxed{2}, \boxed{-1})$이므로 연립방정식의 해는

$x=\boxed{2}, y=\boxed{-1}$ ⋯ ㉮

❷ ❶에서 구한 해를 이용하여 a의 값을 구하면?

$x=\boxed{2}, y=\boxed{-1}$을 일차방정식 $x+ay=4$에 대입하면

$\boxed{2}+a\times(\boxed{-1})=4$ $\therefore a=\boxed{-2}$ ⋯ ㉯

❸ ❶에서 구한 해를 이용하여 b의 값을 구하면?

$x=\boxed{2}, y=\boxed{-1}$을 일차방정식 $bx-3y=8$에 대입하면

$b\times\boxed{2}-3\times(\boxed{-1})=8$ $\therefore b=\boxed{\dfrac{5}{2}}$ ⋯ ㉰

❹ $a+b$의 값은?

$a+b=\boxed{-2}+\boxed{\dfrac{5}{2}}=\boxed{\dfrac{1}{2}}$ ⋯ ㉱

단계	채점 기준	배점 비율
㉮	연립방정식 $\begin{cases} x+ay=4 \\ bx-3y=8 \end{cases}$의 해 구하기	30 %
㉯	a의 값 구하기	30 %
㉰	b의 값 구하기	30 %
㉱	$a+b$의 값 구하기	10 %

2 **①** 연립방정식 $\begin{cases} ax+y=-1 \\ x+by=8 \end{cases}$ 의 해는?

두 일차방정식의 그래프의 교점의 좌표는 $(2, -3)$이므로 연립방정식의 해는 $x=2$, $y=-3$ ··· ㉮

② ①에서 구한 해를 이용하여 a의 값을 구하면?

$x=2$, $y=-3$을 일차방정식 $ax+y=-1$에 대입하면

$a \times 2 - 3 = -1$, $2a=2$ ∴ $a=1$ ··· ㉯

③ ①에서 구한 해를 이용하여 b의 값을 구하면?

$x=2$, $y=-3$을 일차방정식 $x+by=8$에 대입하면

$2 + b \times (-3) = 8$, $-3b=6$ ∴ $b=-2$ ··· ㉰

④ ab의 값은?

$ab = 1 \times (-2) = -2$ ··· ㉱

단계	채점 기준	배점 비율
㉮	연립방정식 $\begin{cases} ax+y=-1 \\ x+by=8 \end{cases}$ 의 해 구하기	30 %
㉯	a의 값 구하기	30 %
㉰	b의 값 구하기	30 %
㉱	ab의 값 구하기	10 %

3 $3x+4y-3=0$에서 $4y=-3x+3$

∴ $y = -\dfrac{3}{4}x + \dfrac{3}{4}$

즉, 그래프의 기울기는 $-\dfrac{3}{4}$이고

y절편이 $\dfrac{3}{4}$이므로 $3x+4y-3=0$

의 그래프는 오른쪽 그림과 같다.

··· ㉮

따라서 $3x+4y-3=0$의 그래프

가 지나는 사분면은 제 1, 2, 4사분면이다. ··· ㉯

답 제 1, 2, 4사분면

단계	채점 기준	배점 비율
㉮	일차방정식 $3x+4y-3=0$의 그래프 그리기	70 %
㉯	일차방정식 $3x+4y-3=0$의 그래프가 지나는 사분면 구하기	30 %

4 두 직선 $2x-y=1$, $3x+2y=12$의 교점의 좌표는 연립방정식

$\begin{cases} 2x-y=1 & \cdots \text{㉠} \\ 3x+2y=12 & \cdots \text{㉡} \end{cases}$ 의 해와 같다.

㉠×2+㉡을 하면 $7x=14$ ∴ $x=2$

$x=2$를 ㉠에 대입하면 $4-y=1$ ∴ $y=3$

이 연립방정식의 해가 $x=2$, $y=3$이므로 두 직선의 교점의 좌표는 $(2, 3)$이다. ··· ㉮

이때 교점을 지나는 직선의 y절편이 -1이므로 직선의 방정식을 $y=ax-1$이라 하자. 이 직선이 점 $(2, 3)$을 지나므로

$3=2a-1$, $2a=4$ ∴ $a=2$

∴ $y=2x-1$ ··· ㉯

따라서 직선 $y=2x-1$의 x절편은 $\dfrac{1}{2}$이다. ··· ㉰

답 $\dfrac{1}{2}$

단계	채점 기준	배점 비율
㉮	두 직선의 교점의 좌표 구하기	50 %
㉯	교점을 지나고 y절편이 -1인 직선의 방정식 구하기	30 %
㉰	x절편 구하기	20 %

5 $3x+ay=5$에서 $ay=-3x+5$ ∴ $y=-\dfrac{3}{a}x+\dfrac{5}{a}$

$3x+ay=5$의 그래프의 기울기는 $-\dfrac{3}{a}$이고, y절편은 $\dfrac{5}{a}$이다.

또, $-6x+4y=b$에서 $4y=6x+b$ ∴ $y=\dfrac{3}{2}x+\dfrac{b}{4}$

$-6x+4y=b$의 그래프의 기울기는 $\dfrac{3}{2}$이고, y절편은 $\dfrac{b}{4}$이다. ··· ㉮

연립방정식의 해가 무수히 많으려면 두 일차방정식의 그래프의 기울기와 y절편이 각각 같아야 하므로

$-\dfrac{3}{a} = \dfrac{3}{2}$에서 $a=-2$

$\dfrac{5}{a} = \dfrac{b}{4}$에서 $-\dfrac{5}{2} = \dfrac{b}{4}$ ∴ $b=-10$ ··· ㉯

답 $a=-2$, $b=-10$

단계	채점 기준	배점 비율
㉮	연립방정식의 각 일차방정식의 그래프의 기울기와 y절편 각각 구하기	40 %
㉯	a, b의 값 각각 구하기	60 %

6 직선 $x-y+1=0$의 x절편이 -1이므로 $B(-1, 0)$ ··· ㉮

이때 점 C의 좌표를 $(k, 0)$ $(k>0)$이라 하면

$\triangle ABC = \dfrac{1}{2} \times \{k-(-1)\} \times 3 = 6$, $k+1=4$

∴ $k=3$ ∴ $C(3, 0)$ ··· ㉯

따라서 직선 l은 두 점 $A(2, 3)$, $C(3, 0)$을 지나므로

$(\text{기울기}) = \dfrac{0-3}{3-2} = -3$

직선 l의 방정식을 $y=-3x+b$라 하고 $x=3$, $y=0$을 대입하면 $b=9$

따라서 $y=-3x+9$이므로 $3x+y-9=0$ ··· ㉰

답 $3x+y-9=0$

단계	채점 기준	배점 비율
㉮	점 B의 좌표 구하기	30 %
㉯	점 C의 좌표 구하기	30 %
㉰	직선 l의 방정식 구하기	40 %

01 유리수와 순환소수

❶ 유리수의 소수 표현

익힘문제

개념 01 유리수와 소수　　　　3쪽

01 답 (1) $\dfrac{15}{3}$, 34　　　(2) -2

　(3) $\dfrac{15}{3}$, 34, 0, -2　(4) $-\dfrac{12}{5}$, -2.3, 0.8

02 답 (1) (가) 정수가 아닌 유리수 (나) 음의 정수　(2) 1

　(2) 정수가 아닌 유리수는 3.14, $\dfrac{3}{5}$, -0.2의 3개이므로

　$a=3$

　음의 정수는 -3, $-\dfrac{14}{7}=-2$의 2개이므로

　$b=2$

　∴ $a-b=3-2=1$

03 답 (1) 0.333…, 무한소수　(2) 0.625, 유한소수
　(3) 0.91666…, 무한소수　(4) 0.325, 유한소수
　(5) 0.32, 유한소수　　　(6) 0.2181818…, 무한소수

　(1) $\dfrac{1}{3}=1\div 3=0.333\cdots$

　(2) $\dfrac{5}{8}=5\div 8=0.625$

　(3) $\dfrac{11}{12}=11\div 12=0.91666\cdots$

　(4) $\dfrac{13}{40}=13\div 40=0.325$

　(5) $\dfrac{8}{25}=8\div 25=0.32$

　(6) $\dfrac{12}{55}=12\div 55=0.2181818\cdots$

04 답 (1) ○　(2) ×　(3) ○　(4) ×
　(2) 유리수는 정수와 정수가 아닌 유리수로 이루어져 있다.
　(4) 정수는 양의 정수, 0, 음의 정수로 이루어져 있다.

개념 02 순환소수　　　　4쪽

01 답 ㄴ, ㅁ

02 답 (1) 3　(2) 67　(3) 540

03 답 (1) 0.2̇3̇　(2) 0.2̇56̇　(3) 3.3̇574̇　(4) 0.34̇6̇　(5) 2.6̇1̇

04 답 ㄹ
　ㄱ. 0.7888…=0.78̇
　ㄴ. $-1.919191\cdots=-1.9̇1̇$
　ㄷ. 0.056056056…=0.0̇56̇
　이상에서 옳은 것은 ㄹ이다.

05 답 (1) 0.222…, 0.2̇
　　(2) 0.909090…, 0.9̇0̇
　　(3) 1.41666…, 1.416̇
　　(4) 0.291666…, 0.2916̇
　　(5) 0.2272727…, 0.22̇7̇

　(1) $\dfrac{2}{9}=2\div 9=0.222\cdots$
　　순환마디 ⇨ 2, 순환소수의 표현 ⇨ 0.2̇

　(2) $\dfrac{10}{11}=10\div 11=0.909090\cdots$
　　순환마디 ⇨ 90, 순환소수의 표현 ⇨ 0.9̇0̇

　(3) $\dfrac{17}{12}=17\div 12=1.41666\cdots$
　　순환마디 ⇨ 6, 순환소수의 표현 ⇨ 1.416̇

　(4) $\dfrac{7}{24}=7\div 24=0.291666\cdots$
　　순환마디 ⇨ 6, 순환소수의 표현 ⇨ 0.2916̇

　(5) $\dfrac{5}{22}=5\div 22=0.2272727\cdots$
　　순환마디 ⇨ 27, 순환소수의 표현 ⇨ 0.22̇7̇

06 답 5
　0.1̇42857̇에서 순환마디를 이루는 숫자의 개수는 1, 4, 2, 8, 5, 7의 6개이다.
　이때 35=6×5+5이므로 소수점 아래 35번째 자리의 숫자는 순환마디의 5번째 숫자인 5이다.

필수문제　　　　5쪽

01 ②	02 ⑤	03 ①, ⑤	04 ②	05 ③
06 ⑤	07 ③	08 ④		

01 정수가 아닌 유리수는 0.333, $\dfrac{4}{9}$, -1.1의 3개이다.

02 ⑤ 분수 $\dfrac{a}{b}$ (a, b는 정수, $b\neq 0$)의 꼴로 나타낼 수 없으므로 유리수가 아니다.

03 ① $\dfrac{7}{5}=7\div5=1.4$ ② $\dfrac{11}{6}=11\div6=1.8333\cdots$

③ $\dfrac{13}{15}=13\div15=0.8666\cdots$ ④ $\dfrac{6}{27}=6\div27=0.222\cdots$

⑤ $\dfrac{18}{30}=18\div30=0.6$

따라서 유한소수가 되는 것은 ①, ⑤이다.

04 ① 15 ③ 395 ④ 541 ⑤ 413

05 ① $\dfrac{8}{3}=2.666\cdots\Rightarrow6$ ② $\dfrac{13}{6}=2.1666\cdots\Rightarrow6$

③ $\dfrac{4}{9}=0.444\cdots\Rightarrow4$ ④ $\dfrac{5}{12}=0.41666\cdots\Rightarrow6$

⑤ $\dfrac{7}{15}=0.4666\cdots\Rightarrow6$

따라서 순환마디가 나머지 넷과 다른 하나는 ③이다.

06 ⑤ $2.3694694694\cdots=2.3\dot{6}9\dot{4}$

07 $\dfrac{6}{11}=6\div11=0.545454\cdots=0.\dot{5}\dot{4}$

08 $\dfrac{10}{41}=0.2439024390\cdots=0.\dot{2}439\dot{0}$이므로 순환마디를 이루는 숫자의 개수는 2, 4, 3, 9, 0의 5개이다.

이때 $27=5\times5+2$이므로 소수점 아래 27번째 자리의 숫자는 순환마디의 2번째 숫자인 4이다.

❷ 유리수의 분수 표현

익힘문제

개념 03 유한소수, 순환소수로 나타낼 수 있는 분수 6쪽

01 ⓐ (1) 2, 2, 8, 0.8 (2) 5^2, 5^2, 75, 0.075

(2) $\dfrac{3}{40}=\dfrac{3}{2^3\times5}=\dfrac{3\times\boxed{5^2}}{2^3\times5\times\boxed{5^2}}=\dfrac{\boxed{75}}{1000}=\boxed{0.075}$

02 ⓐ (1) $\dfrac{175}{100}$, 1.75 (2) $\dfrac{625}{1000}$, 0.625

(3) $\dfrac{24}{100}$, 0.24 (4) $\dfrac{6}{10}$, 0.6

(1) $\dfrac{7}{4}=\dfrac{7}{2^2}=\dfrac{7\times5^2}{2^2\times5^2}=\dfrac{175}{100}=1.75$

(2) $\dfrac{5}{8}=\dfrac{5}{2^3}=\dfrac{5\times5^3}{2^3\times5^3}=\dfrac{625}{1000}=0.625$

(3) $\dfrac{12}{50}=\dfrac{6}{25}=\dfrac{6}{5^2}=\dfrac{6\times2^2}{5^2\times2^2}=\dfrac{24}{100}=0.24$

(4) $\dfrac{72}{120}=\dfrac{3}{5}=\dfrac{3\times2}{5\times2}=\dfrac{6}{10}=0.6$

03 ⓐ (1) ○ (2) ○ (3) ○ (4) ×

(1) 분모의 소인수가 2 또는 5뿐이므로 유한소수로 나타낼 수 있다.

(2) $\dfrac{9}{2\times3\times5}=\dfrac{3}{2\times5}$이고, 분모의 소인수가 2 또는 5뿐이므로 유한소수로 나타낼 수 있다.

(3) $\dfrac{26}{2\times5\times13}=\dfrac{1}{5}$이고, 분모의 소인수가 5뿐이므로 유한소수로 나타낼 수 있다.

(4) $\dfrac{45}{2\times5\times7}=\dfrac{9}{2\times7}$이고, 분모가 2 또는 5 이외의 소인수 7을 가지고 있으므로 유한소수로 나타낼 수 없다.

04 ⓐ (1) 7 (2) 13 (3) 3 (4) 11

(1) $\dfrac{a}{2^2\times5\times7}$에서 분모의 소인수가 2 또는 5뿐이어야 하므로 a는 7의 배수이고 이 중 가장 작은 자연수는 7이다.

(2) $\dfrac{5}{2\times13}\times a$에서 분모의 소인수가 2 또는 5뿐이어야 하므로 a는 13의 배수이고 이 중 가장 작은 자연수는 13이다.

(3) $\dfrac{3}{180}\times a=\dfrac{1}{60}\times a=\dfrac{1}{2^2\times3\times5}\times a$에서 분모의 소인수가 2 또는 5뿐이어야 하므로 a는 3의 배수이고 이 중 가장 작은 자연수는 3이다.

(4) $\dfrac{36}{330}\times a=\dfrac{6}{55}\times a=\dfrac{6}{5\times11}\times a$에서 분모의 소인수가 2 또는 5뿐이어야 하므로 a는 11의 배수이고 이 중 가장 작은 자연수는 11이다.

05 ⓐ 3개

$\dfrac{14}{7\times x}=\dfrac{2}{x}$이므로 정수가 아닌 유한소수로 나타낼 수 있는 한 자리 자연수 x는 4, 5, 8의 3개이다.

06 ⓐ ㄴ, ㄹ

ㄱ. 분모의 소인수가 5뿐이므로 유한소수로 나타낼 수 있다.

ㄴ. 분모가 2 또는 5 이외의 소인수 3을 가지고 있으므로 유한소수로 나타낼 수 없다.

ㄷ. $\dfrac{9}{2^3\times3}=\dfrac{3}{2^3}$이고, 분모의 소인수가 2뿐이므로 유한소수로 나타낼 수 있다.

ㄹ. 분모가 2 또는 5 이외의 소인수 7을 가지고 있으므로 유한소수로 나타낼 수 없다.

ㅁ. $\dfrac{121}{2^3\times5\times11}=\dfrac{11}{2^3\times5}$이고, 분모의 소인수가 2 또는 5뿐이므로 유한소수로 나타낼 수 있다.

이상에서 유한소수로 나타낼 수 없는 것은 ㄴ, ㄹ이다.

개념 04 순환소수를 분수로 나타내기

7쪽

01 답 (1) 100, 99, $\dfrac{49}{99}$

(2) 100, 28.333…, 90, 90, 6

(1) $x=0.\dot{4}\dot{9}$

$\boxed{100}\,x=49.494949…$

$-)\quad\quad x=0.494949…$

$\boxed{99}\,x=49$

$\therefore x=\boxed{\dfrac{49}{99}}$

(2) $x=2.8\dot{3}$

$\boxed{100}\,x=283.333…$

$-)\quad\quad 10x=\boxed{28.333…}$

$\boxed{90}\,x=255$

$\therefore x=\dfrac{255}{\boxed{90}}=\dfrac{17}{\boxed{6}}$

02 답 (1) ㄹ   (2) ㄷ   (3) ㄴ   (4) ㅁ

(1) $x=0.0\dot{9}\dot{0}$에서 $x=0.090090090…$이므로

$1000x=90.090090090…$

$\therefore 1000x-x=90$

따라서 가장 편리한 식은 ㄹ이다.

(2) $x=0.5\dot{7}$에서 $x=0.5777…$이므로

$100x=57.777…$

$10x=5.777…$

$\therefore 100x-10x=52$

따라서 가장 편리한 식은 ㄷ이다.

(3) $x=2.2\dot{4}$에서 $x=2.242424…$이므로

$100x=224.242424…$

$\therefore 100x-x=222$

따라서 가장 편리한 식은 ㄴ이다.

(4) $x=1.4\dot{3}\dot{6}$에서 $x=1.4363636…$이므로

$1000x=1436.363636…$

$10x=14.363636…$

$\therefore 1000x-10x=1422$

따라서 가장 편리한 식은 ㅁ이다.

03 답 (1) $\dfrac{29}{33}$ (2) $\dfrac{137}{99}$ (3) $\dfrac{8}{15}$ (4) $\dfrac{563}{165}$

(1) 순환소수 $0.8\dot{7}$을 x라 하면

$x=0.878787…$

$100x=87.878787…$

$-)\quad\quad x=0.878787…$

$99x=87$

$\therefore x=\dfrac{87}{99}=\dfrac{29}{33}$

(2) 순환소수 $1.\dot{3}\dot{8}$을 x라 하면

$x=1.383838…$

$100x=138.383838…$

$-)\quad\quad x=1.383838…$

$99x=137$

$\therefore x=\dfrac{137}{99}$

(3) 순환소수 $0.5\dot{3}$을 x라 하면

$x=0.5333…$

$100x=53.333…$

$-)\quad 10x=5.333…$

$90x=48$

$\therefore x=\dfrac{48}{90}=\dfrac{8}{15}$

(4) 순환소수 $3.4\dot{1}\dot{2}$를 x라 하면

$x=3.4121212…$

$1000x=3412.121212…$

$-)\quad 10x=34.121212…$

$990x=3378$

$\therefore x=\dfrac{3378}{990}=\dfrac{563}{165}$

04 답 ㄱ, ㄹ

ㄱ. $0.\dot{3}=\dfrac{3}{9}=\dfrac{1}{3}$

ㄴ. $0.0\dot{2}=\dfrac{2}{90}=\dfrac{1}{45}$

ㄷ. $1.\dot{2}\dot{3}=\dfrac{123-1}{99}=\dfrac{122}{99}$

ㄹ. $0.1\dot{0}\dot{6}=\dfrac{106-1}{990}=\dfrac{105}{990}=\dfrac{7}{66}$

이상에서 옳은 것은 ㄱ, ㄹ이다.

05 답 ㄱ, ㄷ

ㄴ. 무한소수 중 순환소수는 유리수이다.

필수문제

8쪽

01 ③   **02** ②, ⑤   **03** 47   **04** 16

05 (개) 1000   (내) $1000x$ (대) 2413   (래) $\dfrac{2413}{999}$ **06** ④

07 11   **08** ③

01 $\dfrac{3}{20}=\dfrac{3}{2^{\boxed{2}}\times 5}=\dfrac{3\times\boxed{5}}{2^2\times 5\times\boxed{5}}=\dfrac{15}{2^2\times 5^2}=\dfrac{15}{\boxed{100}}=\boxed{0.15}$

따라서 옳지 않은 것은 ③이다.

02

① $\dfrac{1}{10}=\dfrac{1}{2\times5}$ 　② $\dfrac{4}{15}=\dfrac{2^2}{3\times5}$

④ $\dfrac{1}{20}=\dfrac{1}{2^2\times5}$ 　⑤ $\dfrac{11}{60}=\dfrac{11}{2^2\times3\times5}$

따라서 유한소수로 나타낼 수 없는 것은 ②, ⑤이다.

03 $\dfrac{a}{540}=\dfrac{a}{2^2\times3^3\times5}$가 유한소수가 되려면 a는 $3^3=27$의 배수

이어야 한다.

이 중 가장 작은 자연수는 27이므로 $a=27$

따라서 $\dfrac{27}{540}=\dfrac{1}{20}$이므로 $b=20$

$\therefore a+b=27+20=47$

04 $\dfrac{6}{2^2\times5\times x}=\dfrac{3}{2\times5\times x}$이 순환소수가 되려면 기약분수의 분

모가 2 또는 5 이외의 소인수를 가져야 한다.

따라서 10 이하의 자연수 중 x의 값이 될 수 있는 수는 7, 9이

므로 그 합은 $7+9=16$

(참고) $x=3$일 때, $\dfrac{3}{2\times5\times3}=\dfrac{1}{2\times5}$이므로 유한소수로 나타낼

수 있다.

$x=6$일 때, $\dfrac{3}{2\times5\times6}=\dfrac{1}{2^2\times5}$이므로 유한소수로 나타낼 수

있다.

05 순환소수 $2.\dot{4}1\dot{5}$를 x라 하면

$x=2.415415415\cdots$ …… ㉠

㉠의 양변에 $\boxed{1000}$을 곱하면

$\boxed{1000}x=2415.415415415\cdots$ …… ㉡

㉡－㉠을 하면

$999x=\boxed{2413}$ $\therefore x=\boxed{\dfrac{2413}{999}}$

06 $x=0.5\dot{1}\dot{3}$에서 $x=0.5131313\cdots$이므로

$1000x=513.131313\cdots$

$10x=5.131313\cdots$

$\therefore 1000x-10x=508$

따라서 순환소수 $0.5\dot{1}\dot{3}$을 분수로 나타낼 때 가장 편리한 식은

$1000x-10x$

07 $0.2\dot{2}\dot{7}=\dfrac{227-2}{990}=\dfrac{225}{990}=\dfrac{5}{22}=\dfrac{5}{2\times11}$

따라서 곱할 수 있는 자연수는 11의 배수이고 이 중 가장 작은

자연수는 11이다.

08 ③ 정수가 아닌 유리수는 유한소수 또는 순환소수로 나타낼

수 있다.

02 단항식의 계산

개념 정리 ────────────────── 9쪽

❶ $m+n$　❷ a^8　❸ mn　❹ a^8　❺ $m-n$

❻ a　❼ 1　❽ a^4　❾ m　❿ a^5b^5

⓫ $\dfrac{a^4}{b^4}$　⓬ 지수　⓭ x^5　⓮ $4x$　⓯ A

⓰ $\dfrac{3y}{2x}$　⓱ 곱　⓲ $\dfrac{1}{2x^2}$　⓳ $12x^5$

❶ 지수법칙

익힘문제

개념 05 지수법칙 (1) 　　　　10쪽

01 답 (1) x^{10} (2) 3^7 (3) a^8 (4) 5^{15} (5) a^9b^5 (6) x^6y^4

02 답 (1) a^{20} (2) 2^{18} (3) x^{17} (4) a^{23} (5) $x^{15}y^9$ (6) $a^{22}b^{15}$

03 답 (1) 4 (2) 5 (3) 3 (4) 7 (5) 2 (6) 6

(1) $a^\square\times a^6=a^{10}$에서 $a^{\square+6}=a^{10}$

$\square+6=10$　$\therefore \square=4$

(2) $a^3\times a^4\times a^\square=a^{12}$에서 $a^{7+\square}=a^{12}$

$7+\square=12$　$\therefore \square=5$

(3) $(x^5)^\square=x^{15}$에서 $x^{5\times\square}=x^{15}$

$5\times\square=15$　$\therefore \square=3$

(4) $(2^\square)^4=2^{28}$에서 $2^{\square\times4}=2^{28}$

$\square\times4=28$　$\therefore \square=7$

(5) $(a^\square)^2\times a^7=a^{11}$에서 $a^{\square\times2+7}=a^{11}$

$\square\times2+7=11$　$\therefore \square=2$

(6) $(x^2)^3\times x^6=(x^\square)^2$에서

$x^{2\times3+6}=x^{\square\times2}$, $x^{12}=x^{\square\times2}$

$12=\square\times2$　$\therefore \square=6$

04 답 9

$2^x\times2^3=2^{x+3}$, $64^2=(2^6)^2=2^{12}$이므로

$2^x\times2^3=64^2$에서 $2^{x+3}=2^{12}$

$x+3=12$　$\therefore x=9$

05 답 a^{12}

(정육면체의 부피) = (한 모서리의 길이)^3

$=(a^4)^3=a^{12}$

개념06 지수법칙 (2)　　11쪽

01 답 (1) x^6　(2) 1　(3) x^2　(4) $\dfrac{1}{a^2}$　(5) 1　(6) y^8

(1) $x^8 \div x^2 = x^{8-2} = x^6$

(3) $(x^2)^4 \div (x^3)^2 = x^{2\times4} \div x^{3\times2} = x^8 \div x^6$
$\qquad = x^{8-6} = x^2$

(4) $(a^3)^2 \div a \div a^7 = a^{3\times2} \div a \div a^7 = a^6 \div a \div a^7$
$\qquad\qquad = a^{6-1} \div a^7 = a^5 \div a^7 = \dfrac{1}{a^{7-5}} = \dfrac{1}{a^2}$

(5) $x^5 \div (x^2)^2 \div x = x^5 \div x^4 \div x = x^{5-4} \div x = x \div x = 1$

(6) $(y^3)^4 \div (y^6 \div y^2) = y^{3\times4} \div y^{6-2} = y^{12} \div y^4 = y^{12-4} = y^8$

02 답 (1) $a^6 b^8$　(2) $-8y^6$　(3) $-x^5 y^{15}$
$\qquad$ (4) $\dfrac{a^3}{b^{12}}$　(5) $\dfrac{y^8}{16x^4}$　(6) $-\dfrac{y^{15}}{x^5}$

(1) $(a^3 b^4)^2 = (a^3)^2 \times (b^4)^2 = a^6 b^8$

(2) $(-2y^2)^3 = (-2)^3 \times (y^2)^3 = -8y^6$

(3) $(-xy^3)^5 = (-1)^5 \times x^5 \times (y^3)^5$
$\qquad\qquad = -x^5 y^{15}$

(4) $\left(\dfrac{a}{b^4}\right)^3 = \dfrac{a^3}{(b^4)^3} = \dfrac{a^3}{b^{12}}$

(5) $\left(\dfrac{y^2}{2x}\right)^4 = \dfrac{(y^2)^4}{(2x)^4} = \dfrac{y^8}{2^4 \times x^4} = \dfrac{y^8}{16x^4}$

(6) $\left(-\dfrac{y^3}{x}\right)^5 = (-1)^5 \times \dfrac{(y^3)^5}{x^5} = (-1) \times \dfrac{y^{15}}{x^5} = -\dfrac{y^{15}}{x^5}$

03 답 (1) 6　(2) 3　(3) 4　(4) 5

(1) $5^9 \div 5^{\square} = 5^3$에서 $5^{9-\square} = 5^3$
$\qquad 9 - \boxed{} = 3$　∴ $\boxed{} = 6$

(2) $(a^{\square})^3 \div a^{11} = \dfrac{1}{a^2}$에서
$\qquad a^{\square\times3} \div a^{11} = \dfrac{1}{a^2}$, $\dfrac{1}{a^{11-\square\times3}} = \dfrac{1}{a^2}$
$\qquad 11 - \boxed{} \times 3 = 2$　∴ $\boxed{} = 3$

(3) $(x^{\square} y^9)^2 = x^8 y^4$에서 $x^{\square\times2} \times y^{9\times2} = x^8 y^4$
$\qquad \boxed{} \times 2 = 8$　∴ $\boxed{} = 4$

(4) $\left(-\dfrac{2y^{\square}}{a}\right)^4 = \dfrac{16y^{20}}{a^4}$에서 $(-2)^4 \times \dfrac{y^{\square\times4}}{a^4} = \dfrac{16y^{20}}{a^4}$
$\qquad \boxed{} \times 4 = 20$　∴ $\boxed{} = 5$

04 답 ㄷ

$a^{10} \div a^4 \div a^2 = a^{10-4} \div a^2 = a^6 \div a^2 = a^{6-2} = a^4$

ㄱ. $a^4 \div a^2 \times a^3 = a^{4-2} \times a^3 = a^2 \times a^3 = a^{2+3} = a^5$

ㄴ. $a^4 \times a^2 \div a^{10} = a^{4+2} \div a^{10} = a^6 \div a^{10} = \dfrac{1}{a^{10-6}} = \dfrac{1}{a^4}$

ㄷ. $a^4 \times (a^4 \div a^2) = a^4 \times a^{4-2} = a^4 \times a^2 = a^{4+2} = a^6$

ㄹ. $a^{10} \div (a^4 \times a^2) = a^{10} \div a^{4+2} = a^{10} \div a^6 = a^{10-6} = a^4$

05 답 9

$\left(\dfrac{2x^a}{y^b z}\right)^3 = \dfrac{8x^{12}}{y^6 z^3}$에서 $\dfrac{8x^{3a}}{y^{3b} z^3} = \dfrac{8x^{12}}{y^6 z^c}$이므로

$3a = 12, \; 3b = 6, \; 3 = c$
따라서 $a = 4, \; b = 2, \; c = 3$이므로
$a + b + c = 4 + 2 + 3 = 9$

필수문제　　12쪽

01 ②	02 ②	03 ③	04 ㄱ, ㅁ	05 7
06 ④	07 ⑤	08 13		

01 ① $a^7 \times a^3 = a^{10}$
② $a^2 \times a^3 \times a^4 = a^9$
③ $(a^5)^2 = a^{10}$
④ $(a^2)^4 \times a^2 = a^8 \times a^2 = a^{10}$
⑤ $(a^2)^2 \times (a^3)^2 = a^4 \times a^6 = a^{10}$
따라서 그 결과가 나머지 넷과 다른 하나는 ②이다.

02 $(-1)^n \times (-1)^{n+1} \times (-1)^{2n+2} = (-1)^{n+n+1+2n+2}$
$\qquad\qquad\qquad\qquad\qquad\qquad\qquad = (-1)^{4n+3} = -1$

03 $\dfrac{1}{64^5} = \dfrac{1}{(2^6)^5} = \dfrac{1}{2^{30}} = \dfrac{1}{(2^{10})^3} = \dfrac{1}{A^3}$

04 ㄱ. $(x^3)^8 = x^{24}$　ㄴ. $x^4 \times x^5 = x^9$　ㄷ. $x^4 \div x^6 = \dfrac{1}{x^2}$

ㄹ. $\left(\dfrac{y^2}{x}\right)^3 = \dfrac{y^6}{x^3}$　ㅁ. $\left(-\dfrac{y^2}{x^3}\right)^2 = \dfrac{y^4}{x^6}$

이상에서 옳은 것은 ㄱ, ㅁ이다.

05 $\left(-\dfrac{2x^a}{y^4}\right)^2 = \dfrac{bx^6}{y^c}$에서 $\dfrac{4x^{2a}}{y^8} = \dfrac{bx^6}{y^c}$이므로
$4 = b, \; 2a = 6, \; 8 = c$
따라서 $a = 3, \; b = 4, \; c = 8$이므로
$a - b + c = 3 - 4 + 8 = 7$

06 $8^9 \div 4^{25} \times 16^7 = (2^3)^9 \div (2^2)^{25} \times (2^4)^7$
$\qquad\qquad\qquad = 2^{27} \div 2^{50} \times 2^{28} = \dfrac{1}{2^{23}} \times 2^{28}$
$\qquad\qquad\qquad = 2^5 = 32$

07 ① $(a^{\square})^3 = a^{21}$에서 $a^{\square\times3} = a^{21}$
$\qquad \boxed{} \times 3 = 21$　∴ $\boxed{} = 7$
② $8^{\square} \div 4^5 = (2^3)^{\square} \div (2^2)^5 = 2^{3\times\square} \div 2^{10} = 2^{3\times\square-10}$이므로
$\qquad 8^{\square} \div 4^5 = 2^5$에서 $2^{3\times\square-10} = 2^5$
$\qquad 3 \times \boxed{} - 10 = 5$　∴ $\boxed{} = 5$

③ $x^2 \times (x^\square)^3 \div x^5 = x^2 \times x^{\square \times 3} \div x^5 = x^{2+\square \times 3 -5}$이므로

$x^2 \times (x^\square)^3 \div x^5 = x^{15}$에서 $x^{2+\square \times 3 -5} = x^{15}$

$2 + \square \times 3 - 5 = 15$ $\therefore \square = 6$

④ $72^\square = (2^3 \times 3^2)^\square = 2^{3 \times \square} \times 3^{2 \times \square}$이므로

$72^\square = 2^{12} \times 3^8$에서 $2^{3 \times \square} \times 3^{2 \times \square} = 2^{12} \times 3^8$

$3 \times \square = 12, \ 2 \times \square = 8$ $\therefore \square = 4$

⑤ $\left(\dfrac{5}{3^2}\right)^4 = \dfrac{5^4}{3^\square}$에서 $\dfrac{5^4}{3^8} = \dfrac{5^4}{3^\square}$이므로 $\square = 8$

따라서 $\square$ 안에 알맞은 수가 가장 큰 것은 ⑤이다.

08 $5^4 \times 5^4 = 5^{4+4} = 5^8$이므로 $x = 8$

$5^4 + 5^4 + 5^4 + 5^4 + 5^4 = 5 \times 5^4 = 5^{1+4} = 5^5$

이므로 $y = 5$

$\therefore x + y = 8 + 5 = 13$

❷ 단항식의 곱셈과 나눗셈

익힘문제

개념 **07** 단항식의 곱셈과 나눗셈   13쪽

01 답 (1) $6a^3$ (2) $-12a^4b^2$ (3) $-5x^5y^5$ (4) $10x^7y^3$

02 답 (1) $3a^9$ (2) $10x^6y^8$ (3) $-16a^5b^{10}$ (4) $-6x^3y^5$

(1) $(-a)^4 \times 3a^5 = a^4 \times 3a^5 = 3a^9$

(2) $(2x^2y)^3 \times \dfrac{5}{4}y^5 = 8x^6y^3 \times \dfrac{5}{4}y^5$
$\qquad\qquad = 10x^6y^8$

(3) $(-4ab^2)^2 \times (-ab^2)^3 = 16a^2b^4 \times (-a^3b^6) = -16a^5b^{10}$

(4) $\left(\dfrac{y}{x^2}\right)^4 \times (-x^3y)^2 \times \left(-\dfrac{6x^5}{y}\right) = \dfrac{y^4}{x^8} \times x^6y^2 \times \left(-\dfrac{6x^5}{y}\right)$
$\qquad\qquad\qquad\qquad\qquad = -6x^3y^5$

03 답 60

$(2x^2y)^3 \times (-xy^2)^2 \times 5xy^4 = 8x^6y^3 \times x^2y^4 \times 5xy^4$
$\qquad\qquad\qquad\qquad\qquad = 40x^9y^{11}$

따라서 $a = 40, \ b = 9, \ c = 11$이므로

$a + b + c = 40 + 9 + 11 = 60$

04 답 (1) $3a^4$ (2) $-\dfrac{3}{a}$ (3) $27x^2y$ (4) 5

(3) $9xy^3 \div \dfrac{y^2}{3x} = 9xy^3 \times \dfrac{3x}{y^2} = 27x^2y$

(4) $6x^3 \div 2x \div \dfrac{3}{5}x^2 = 6x^3 \times \dfrac{1}{2x} \times \dfrac{5}{3x^2} = 5$

05 답 (1) $2a$ (2) $\dfrac{8y^4}{x^3}$ (3) $\dfrac{2b}{a^4}$ (4) $-\dfrac{2x^3}{y^2}$

(1) $18a^3 \div (3a)^2 = 18a^3 \div 9a^2 = \dfrac{18a^3}{9a^2} = 2a$

(2) $(2xy^2)^3 \div (-x^3y)^2 = 8x^3y^6 \div x^6y^2 = \dfrac{8x^3y^6}{x^6y^2} = \dfrac{8y^4}{x^3}$

(3) $\left(\dfrac{4}{ab}\right)^2 \div \dfrac{8a^2}{b^3} = \dfrac{16}{a^2b^2} \div \dfrac{8a^2}{b^3} = \dfrac{16}{a^2b^2} \times \dfrac{b^3}{8a^2}$
$\qquad\qquad = \dfrac{2b}{a^4}$

(4) $(4x^2y^3)^2 \div (-xy^2) \div (2y^2)^3 = 16x^4y^6 \div (-xy^2) \div 8y^6$
$\qquad\qquad\qquad\qquad\qquad = 16x^4y^6 \times \left(-\dfrac{1}{xy^2}\right) \times \dfrac{1}{8y^6}$
$\qquad\qquad\qquad\qquad\qquad = -\dfrac{2x^3}{y^2}$

06 답 $4xy$

$(-20x^2y^3) \div \square = -5xy^2$에서

$\square = (-20x^2y^3) \div (-5xy^2) = \dfrac{-20x^2y^3}{-5xy^2} = 4xy$

개념 **08** 단항식의 곱셈과 나눗셈의 혼합 계산   14쪽

01 답 (1) $1, \ 5ab^2$ (2) $x^6y^2, \ x^6y^2, \ 1, \ -\dfrac{2x^5}{y^2}$

02 답 (1) $3x^2y^2$ (2) $4ab^3$ (3) $-\dfrac{24}{b}$ (4) x^2y^3 (5) $-\dfrac{x^4}{2y^3}$

(1) $6x^3y \times 4y^2 \div 8xy = 6x^3y \times 4y^2 \times \dfrac{1}{8xy}$
$\qquad\qquad\qquad = 3x^2y^2$

(2) $14a^2b \div 7a \times 2b^2 = 14a^2b \times \dfrac{1}{7a} \times 2b^2$
$\qquad\qquad\qquad = 4ab^3$

(3) $12ab^2 \div \dfrac{1}{2}a^2b^4 \times (-ab) = 12ab^2 \times \dfrac{2}{a^2b^4} \times (-ab)$
$\qquad\qquad\qquad\qquad = -\dfrac{24}{b}$

(4) $3x^2y^2 \times \dfrac{2}{5}xy^4 \div \dfrac{6}{5}xy^3 = 3x^2y^2 \times \dfrac{2}{5}xy^4 \times \dfrac{5}{6xy^3}$
$\qquad\qquad\qquad\qquad = x^2y^3$

(5) $3x^2 \times (-2x^3) \div 12xy^3 = 3x^2 \times (-2x^3) \times \dfrac{1}{12xy^3}$
$\qquad\qquad\qquad\qquad = -\dfrac{x^4}{2y^3}$

03 답 (1) $10a$ (2) $4x^3y$ (3) $\dfrac{10y^3}{x^3}$ (4) $-\dfrac{72x^{11}}{y^5}$

(1) $(-5a^2)^2 \times (2a)^2 \div 10a^5 = 25a^4 \times 4a^2 \times \dfrac{1}{10a^5} = 10a$

$(2)\ (3xy)^2 \div \dfrac{9}{10}x^3y^4 \times \dfrac{2}{5}x^4y^3 = 9x^2y^2 \times \dfrac{10}{9x^3y^4} \times \dfrac{2}{5}x^4y^3$

$\qquad\qquad = 4x^3y$

$(3)\ (4xy^2)^2 \times (-5xy^2) \div (-2x^2y)^3$

$\quad = 16x^2y^4 \times (-5xy^2) \div (-8x^6y^3)$

$\quad = 16x^2y^4 \times (-5xy^2) \times \left(-\dfrac{1}{8x^6y^3}\right)$

$\quad = \dfrac{10y^3}{x^3}$

$(4)\ (-2x^2y)^3 \div \left(\dfrac{y}{3x}\right)^2 \times \left(\dfrac{x}{y^2}\right)^3$

$\quad = (-8x^6y^3) \div \dfrac{y^2}{9x^2} \times \dfrac{x^3}{y^6}$

$\quad = (-8x^6y^3) \times \dfrac{9x^2}{y^2} \times \dfrac{x^3}{y^6} = -\dfrac{72x^{11}}{y^5}$

04 📖 $(1)\ 2a^3b$ $(2)\ -3x^3y^4$ $(3)\ 3x^2y^3$ $(4)\ -\dfrac{a^2}{12b^{10}}$

$(1)\ 8a^2b \div \boxed{} \times 4a^4 = 16a^3$에서

$\quad \boxed{} = 8a^2b \times 4a^4 \div 16a^3$

$\qquad = 8a^2b \times 4a^4 \times \dfrac{1}{16a^3} = 2a^3b$

$(2)\ (-2x^3y^2) \times 6x^2y^5 \div \boxed{} = 4x^2y^3$에서

$\quad \boxed{} = (-2x^3y^2) \times 6x^2y^5 \div 4x^2y^3$

$\qquad = (-2x^3y^2) \times 6x^2y^5 \times \dfrac{1}{4x^2y^3} = -3x^3y^4$

$(3)\ 4x^3 \times \boxed{} \div (-x^2y)^2 = 12xy$에서

$\quad \boxed{} = 12xy \div 4x^3 \times (-x^2y)^2$

$\qquad = 12xy \div 4x^3 \times x^4y^2$

$\qquad = 12xy \times \dfrac{1}{4x^3} \times x^4y^2$

$\qquad = 3x^2y^3$

$(4)\ \boxed{} \times (-2ab^2)^3 \div \left(-\dfrac{a^2}{3b^3}\right)^2 = 6ab^2$에서

$\quad \boxed{} = 6ab^2 \div (-2ab^2)^3 \times \left(-\dfrac{a^2}{3b^3}\right)^2$

$\qquad = 6ab^2 \div (-8a^3b^6) \times \dfrac{a^4}{9b^6}$

$\qquad = 6ab^2 \times \left(-\dfrac{1}{8a^3b^6}\right) \times \dfrac{a^4}{9b^6} = -\dfrac{a^3}{12b^{10}}$

필수문제 ──────────────── 15쪽

01	③	02	⑤	03	12	04	$-\dfrac{9a^3}{b^2}$	05	7
06	③	07	②	08	$36a^4b^2$				

01 $(-ab^2)^2 \times \left(\dfrac{b^2}{a}\right)^3 \times \left(-\dfrac{a^2}{b^2}\right)^2 = a^2b^4 \times \dfrac{b^6}{a^3} \times \dfrac{a^4}{b^4} = a^3b^6$

02 ㄱ. $2x^2 \times 3x^3 = 6x^5$

ㄴ. $(-2a) \times 3b = -6ab$

ㄷ. $8x^2 \div (-2x^2) = \dfrac{8x^2}{-2x^2} = -4$

ㄹ. $(-5ab) \div (-3ab) = \dfrac{-5ab}{-3ab} = \dfrac{5}{3}$

ㅁ. $(x^2)^2 \times (-3x^2) = x^4 \times (-3x^2) = -3x^6$

이상에서 옳은 것은 ㄷ, ㅁ이다.

03 $(6x^4y^{㉮})^2 \div 4x^{㉯}y^3 = \dfrac{36x^8y^{2\times㉮}}{4x^{㉯}y^3}$이므로

$(6x^4y^{㉮})^2 \div 4x^{㉯}y^3 = \dfrac{9y^3}{x}$에서

$\dfrac{36x^8y^{2\times㉮}}{4x^{㉯}y^3} = \dfrac{9y^3}{x}$

즉, $2 \times ㉮ - 3 = 3$, $㉯ - 8 = 1$

$\therefore ㉮ = 3$, $㉯ = 9$

따라서 구하는 합은 $3 + 9 = 12$

04 $(-3ab^2c)^2 \times (-9ac^2) \div (3b^3c^2)^2$

$\quad = 9a^2b^4c^2 \times (-9ac^2) \times \dfrac{1}{9b^6c^4} = -\dfrac{9a^3}{b^2}$

05 $x^2y \div \dfrac{1}{3}xy^5 \times (xy^a)^2 = x^2y \times \dfrac{3}{xy^5} \times x^2y^{2a} = 3x^3y^{2a-4}$

이므로 $x^2y \div \dfrac{1}{3}xy^5 \times (xy^a)^2 = bx^3y^4$에서

$3x^3y^{2a-4} = bx^3y^4$

즉, $3 = b$, $2a - 4 = 4$이므로 $a = 4$, $b = 3$

$\therefore a + b = 4 + 3 = 7$

06 (부피) $= \dfrac{1}{3} \times \pi \times (3a)^2 \times 9b$

$\qquad\quad = \dfrac{1}{3} \times \pi \times 9a^2 \times 9b = 27\pi a^2b\ (\text{cm}^3)$

07 $(-4x^2) \div 2xy \times \boxed{} = -2x^2y^2$에서

$\quad \boxed{} = (-2x^2y^2) \div (-4x^2) \times 2xy$

$\qquad = (-2x^2y^2) \times \left(-\dfrac{1}{4x^2}\right) \times 2xy = xy^3$

08 어떤 식을 $\boxed{}$라 하면

$\boxed{} \div \dfrac{2a}{b} = (3ab^2)^2$

$\therefore \boxed{} = (3ab^2)^2 \times \dfrac{2a}{b} = 9a^2b^4 \times \dfrac{2a}{b} = 18a^3b^3$

따라서 바르게 계산하면

$18a^3b^3 \times \dfrac{2a}{b} = 36a^4b^2$

03 다항식의 계산

❶ 다항식의 덧셈과 뺄셈

익힘문제

개념 09 다항식의 덧셈과 뺄셈   17쪽

01 답 (1) $5x+2y$ (2) $5a-b+4$ (3) $4a+8b$ (4) $7x-11y$

02 답 (1) $\dfrac{7x-11y}{6}$ (2) $\dfrac{3}{4}a+\dfrac{1}{3}b$ (3) $\dfrac{-4x+5y}{6}$

(4) $\dfrac{7x-14y}{15}$

(1) $\dfrac{2x-y}{3}+\dfrac{x-3y}{2}=\dfrac{2(2x-y)+3(x-3y)}{6}$

$\qquad =\dfrac{4x-2y+3x-9y}{6}=\dfrac{7x-11y}{6}$

(2) $\left(\dfrac{1}{4}a-\dfrac{1}{2}b\right)+\left(\dfrac{1}{2}a+\dfrac{5}{6}b\right)=\dfrac{1}{4}a+\dfrac{1}{2}a-\dfrac{1}{2}b+\dfrac{5}{6}b$

$\qquad =\dfrac{1}{4}a+\dfrac{2}{4}a-\dfrac{3}{6}b+\dfrac{5}{6}b$

$\qquad =\dfrac{3}{4}a+\dfrac{1}{3}b$

(3) $\dfrac{5x+2y}{6}-\dfrac{3x-y}{2}=\dfrac{5x+2y-3(3x-y)}{6}$

$\qquad =\dfrac{5x+2y-9x+3y}{6}=\dfrac{-4x+5y}{6}$

(4) $\dfrac{2x-y}{3}-\dfrac{x+3y}{5}=\dfrac{5(2x-y)-3(x+3y)}{15}$

$\qquad =\dfrac{10x-5y-3x-9y}{15}=\dfrac{7x-14y}{15}$

03 답 8

$(3x-4y+5)-3(-x+2y+1)$
$=3x-4y+5+3x-6y-3=6x-10y+2$
따라서 x의 계수는 6, 상수항은 2이므로 구하는 합은
$6+2=8$

04 답 $\dfrac{1}{9}$

$\left(\dfrac{3}{4}x-\dfrac{1}{6}y\right)-\left(\dfrac{2}{3}x-\dfrac{3}{2}y\right)=\dfrac{3}{4}x-\dfrac{1}{6}y-\dfrac{2}{3}x+\dfrac{3}{2}y$

$\qquad =\dfrac{9}{12}x-\dfrac{8}{12}x-\dfrac{1}{6}y+\dfrac{9}{6}y$

$\qquad =\dfrac{1}{12}x+\dfrac{4}{3}y$

따라서 $a=\dfrac{1}{12}$, $b=\dfrac{4}{3}$이므로 $ab=\dfrac{1}{12}\times\dfrac{4}{3}=\dfrac{1}{9}$

05 답 (1) $7a-10b$ (2) $9a-14b$
(3) $4x-3y$ (4) $-3a+3b+4$

(1) $\{5a-(a+4b)\}+(3a-6b)$
$=(5a-a-4b)+(3a-6b)$
$=(4a-4b)+(3a-6b)$
$=7a-10b$

(2) $7a-5b-\{4a-3(2a-3b)\}$
$=7a-5b-(4a-6a+9b)$
$=7a-5b-(-2a+9b)=7a-5b+2a-9b$
$=9a-14b$

(3) $5x-[2y+\{3x-(2x-y)\}]$
$=5x-\{2y+(3x-2x+y)\}$
$=5x-(2y+x+y)=5x-(x+3y)$
$=5x-x-3y$
$=4x-3y$

(4) $4a+5b-[2a-\{7-5a-(2b+3)\}]$
$=4a+5b-\{2a-(7-5a-2b-3)\}$
$=4a+5b-\{2a-(-5a-2b+4)\}$
$=4a+5b-(2a+5a+2b-4)$
$=4a+5b-(7a+2b-4)=4a+5b-7a-2b+4$
$=-3a+3b+4$

개념 10 이차식의 덧셈과 뺄셈   18쪽

01 답 (1) ×   (2) ×   (3) ◯   (4) ×

02 답 (1) $4x^2+3$ (2) $6x^2-2x-8$ (3) $2x^2-5x+7$
(4) $-5a^2+10a$ (5) $x^2-13x+14$

03 답 (1) $x^2+x-\dfrac{23}{20}$ (2) $\dfrac{-x^2+x+3}{6}$ (3) $\dfrac{x^2-7x+18}{12}$

(1) $\left(-2x^2+\dfrac{5}{2}x-\dfrac{3}{4}\right)-\left(-3x^2+\dfrac{3}{2}x+\dfrac{2}{5}\right)$

$\qquad =-2x^2+\dfrac{5}{2}x-\dfrac{3}{4}+3x^2-\dfrac{3}{2}x-\dfrac{2}{5}=x^2+x-\dfrac{23}{20}$

(2) $\dfrac{x^2-7x}{3}+\dfrac{-x^2+5x+1}{2}$

$\qquad =\dfrac{2(x^2-7x)+3(-x^2+5x+1)}{6}$

$\qquad =\dfrac{2x^2-14x-3x^2+15x+3}{6}$

$\qquad =\dfrac{-x^2+x+3}{6}$

(3) $\dfrac{5x^2-2x+3}{6}-\dfrac{3x^2+x-4}{4}$

$=\dfrac{2(5x^2-2x+3)-3(3x^2+x-4)}{12}$

$=\dfrac{10x^2-4x+6-9x^2-3x+12}{12}$

$=\dfrac{x^2-7x+18}{12}$

04 답 (1) $5x^2-3x+7$ (2) $-x^2+4x-6$

(1) $\boxed{}-(4x^2+6)=x^2-3x+1$에서

$\boxed{}=x^2-3x+1+(4x^2+6)$

$=5x^2-3x+7$

(2) $2x^2-3x+5+\boxed{}=x^2+x-1$에서

$\boxed{}=x^2+x-1-(2x^2-3x+5)$

$=x^2+x-1-2x^2+3x-5$

$=-x^2+4x-6$

05 답 (1) $2a^2-1$ (2) $3x^2-5x+2$

(1) $a^2+2a-\{4a-(a^2+2a-1)\}$

$=a^2+2a-(4a-a^2-2a+1)=a^2+2a-(-a^2+2a+1)$

$=a^2+2a+a^2-2a-1=2a^2-1$

(2) $2x^2-[3x-\{x^2-(2x-3)-1\}]$

$=2x^2-\{3x-(x^2-2x+3-1)\}$

$=2x^2-\{3x-(x^2-2x+2)\}=2x^2-(3x-x^2+2x-2)$

$=2x^2-(-x^2+5x-2)=2x^2+x^2-5x+2$

$=3x^2-5x+2$

필수문제 ──────────────────▶ 19쪽

01	-11	02	$\dfrac{1}{4}$	03	$7x-y$	04	④	05	⑤
06	②	07	2	08	$2x^2-5x+3$				

01 $2(2a-3b)+3(-a-2b)=4a-6b-3a-6b$

$=a-12b$

따라서 a의 계수는 1, b의 계수는 -12이므로 구하는 합은

$1+(-12)=-11$

02 $\dfrac{4x-y}{5}-\dfrac{3x+y+1}{4}=\dfrac{4(4x-y)-5(3x+y+1)}{20}$

$=\dfrac{16x-4y-15x-5y-5}{20}$

$=\dfrac{x-9y-5}{20}$

$=\dfrac{1}{20}x-\dfrac{9}{20}y-\dfrac{1}{4}$

따라서 $a=\dfrac{1}{20}$, $b=-\dfrac{9}{20}$, $c=-\dfrac{1}{4}$이므로

$a-b+c=\dfrac{1}{20}-\left(-\dfrac{9}{20}\right)-\dfrac{1}{4}=\dfrac{1}{4}$

03 $6x-[\,x+5y-\{4x+3y-(2x-y)\}\,]$

$=6x-\{x+5y-(4x+3y-2x+y)\}$

$=6x-\{x+5y-(2x+4y)\}$

$=6x-(x+5y-2x-4y)=6x-(-x+y)$

$=6x+x-y=7x-y$

04 어떤 다항식을 $\boxed{}$라 하면

$\boxed{}+(-2a-3b+1)=a+b-1$

$\therefore \boxed{}=a+b-1-(-2a-3b+1)$

$=a+b-1+2a+3b-1$

$=3a+4b-2$

따라서 바르게 계산하면

$3a+4b-2-(-2a-3b+1)=3a+4b-2+2a+3b-1$

$=5a+7b-3$

05 ③ $3(x^2+x-3)-3x=3x^2+3x-9-3x$

$=3x^2-9$

④ $\left(\dfrac{1}{3}x^2-2x+\dfrac{1}{4}\right)+\left(\dfrac{1}{2}x^2-\dfrac{3}{2}\right)=\dfrac{5}{6}x^2-2x-\dfrac{5}{4}$

⑤ $\dfrac{1}{2}(4x^2-4x+3)-2(x^2-1)=2x^2-2x+\dfrac{3}{2}-2x^2+2$

$=-2x+\dfrac{7}{2}$

➡ x에 대한 일차식이다.

따라서 이차식이 아닌 것은 ⑤이다.

06 $\dfrac{x^2-2x+1}{4}-\dfrac{2x^2-1}{3}=\dfrac{3(x^2-2x+1)-4(2x^2-1)}{12}$

$=\dfrac{3x^2-6x+3-8x^2+4}{12}$

$=\dfrac{-5x^2-6x+7}{12}$

07 $(ax^2-4x+7)+(2x^2-3ax+1)$

$=(a+2)x^2+(-4-3a)x+8$

따라서 x^2의 계수는 $a+2$, x의 계수는 $-4-3a$이므로

$(a+2)+(-4-3a)=-6$

$-2a-2=-6$, $-2a=-4$ $\therefore a=2$

08 $A+(x^2+4x+1)=3x^2-x+4$

$\therefore A=3x^2-x+4-(x^2+4x+1)$

$=3x^2-x+4-x^2-4x-1$

$=2x^2-5x+3$

❷ 단항식과 다항식의 곱셈과 나눗셈

익힘문제

개념 **11** 단항식과 다항식의 곱셈과 나눗셈 20쪽

01 📝 $(1)\ 4xy+\dfrac{4}{3}y^2$　　$(2)-8x^2+12xy$

　　　$(3)\ 2a^4+6a^3+10a^2$　　$(4)-6x^3y+3x^2y-9xy^2$

02 📝 ㄷ, ㄹ

　ㄷ. $5ab(ab-b^2)=5a^2b^2-5ab^3$

　ㄹ. $-\dfrac{1}{3}x(2xy^2+3x)=-\dfrac{2}{3}x^2y^2-x^2$

　이상에서 옳지 않은 것은 ㄷ, ㄹ이다.

03 📝 $(1)-7a^2-8a$　$(2)\ 2x^2-9x$　$(3)\ 11x^2+19x$

04 📝 $(1)\ 25a-15$　　$(2)-3x+5y+\dfrac{1}{4}$

　　　$(3)\ 2x^2y-3x$　$(4)\ 4x-\dfrac{1}{3}y+3$

　$(1)\ (10a^2-6a)\div\dfrac{2}{5}a=(10a^2-6a)\times\dfrac{5}{2a}$

　　　　　　　　　　　　　$=25a-15$

　$(2)\ (12x^2y-20xy^2-xy)\div(-4xy)$

　　　$=\dfrac{12x^2y-20xy^2-xy}{-4xy}=-3x+5y+\dfrac{1}{4}$

　$(3)\ \dfrac{14x^2y^3-21xy^2}{7y^2}=2x^2y-3x$

　$(4)\ \dfrac{12x^3y-x^2y^2+9x^2y}{3x^2y}=4x-\dfrac{1}{3}y+3$

05 📝 $(1)\ \dfrac{1}{6}x-1$　$(2)\ 13ab+9b$　$(3)-4a-2b-2$

　$(1)\ (x^3-2x^2)\div(-2x^2)+(2x^2-6x)\div 3x$

　　　$=\dfrac{x^3-2x^2}{-2x^2}+\dfrac{2x^2-6x}{3x}$

　　　$=-\dfrac{x}{2}+1+\dfrac{2}{3}x-2=\dfrac{1}{6}x-1$

　$(2)\ (12a^2b^2+6ab^2)\div\dfrac{2}{3}ab-5ab$

　　　$=(12a^2b^2+6ab^2)\times\dfrac{3}{2ab}-5ab$

　　　$=(18ab+9b)-5ab=13ab+9b$

　$(3)\ \dfrac{9a^2-6ab}{3a}-\dfrac{14a^2b+4ab}{2ab}=3a-2b-(7a+2)$

　　　　　　　　　　　　　　　　$=-4a-2b-2$

06 📝 $3x^2y^3-9xy^4+9xy^2$

　$\boxed{}\div 3xy^2=xy-3y^2+3$에서

　$\boxed{}=(xy-3y^2+3)\times 3xy^2$

　　　$=3x^2y^3-9xy^4+9xy^2$

개념 **12** 다항식의 혼합 계산 21쪽

01 📝 $x^3y^3,\ -4x^6y^4+6x^4y^5,\ -4x^6y^4+6x^4y^5,\ -2x^4y^3,\ 2x^2y-3y^2$

02 📝 $(1)-3x^2y+5xy$　$(2)\ a^2-8ab$　$(3)\ 5x$

　　　$(4)\ 11ab-21b^2$　　$(5)-2xy^2-6y^2$

　$(1)\ (9x^2-15x)\div 3x\times(-xy)$

　　　$=(9x^2-15x)\times\dfrac{1}{3x}\times(-xy)=-3x^2y+5xy$

　$(2)\ 6a^2b\div(-2a)+a(a-5b)$

　　　$=\dfrac{6a^2b}{-2a}+a(a-5b)=-3ab+a^2-5ab$

　　　$=a^2-8ab$

　$(3)\ (10x^3-5x^2)\div 5x-2x(x-3)$

　　　$=\dfrac{10x^3-5x^2}{5x}-2x(x-3)$

　　　$=2x^2-x-2x^2+6x=5x$

　$(4)\ 2b(4a-7b)+(15a^2b-35ab^2)\div 5a$

　　　$=2b(4a-7b)+\dfrac{15a^2b-35ab^2}{5a}$

　　　$=8ab-14b^2+3ab-7b^2=11ab-21b^2$

　$(5)\ \dfrac{x^2y^3-4xy^3}{xy}-(3x+2)\times y^2$

　　　$=xy^2-4y^2-(3xy^2+2y^2)=xy^2-4y^2-3xy^2-2y^2$

　　　$=-2xy^2-6y^2$

03 📝 3

　$-2b(3a-2)+(6a^3-4a^2b+12a^2)\div(-2a^2)$

　$=-6ab+4b-3a+2b-6=-6ab-3a+6b-6$

　따라서 a의 계수는 -3, b의 계수는 6이므로 구하는 합은

　$-3+6=3$

04 📝 $(1)\ x+2y+3$　$(2)\ 3x$　$(3)\ 3x^2+6xy+9x$

　(1) (가로의 길이)$=x+y+y+1+1+1=x+2y+3$

　(2) (세로의 길이)$=x+x+x=3x$

　(3) (넓이)$=(x+2y+3)\times 3x=3x^2+6xy+9x$

05 📝 $6a-3b$

　(밑넓이)$=\pi\times(ab)^2=\pi a^2b^2$이므로

　원뿔의 높이를 $\boxed{}$라 하면

　$\dfrac{1}{3}\times(\pi a^2b^2)\times\boxed{}=2\pi a^3b^2-\pi a^2b^3$

　$\therefore\ \boxed{}=(2\pi a^3b^2-\pi a^2b^3)\div\dfrac{1}{3}\pi a^2b^2$

　　　　　$=(2\pi a^3b^2-\pi a^2b^3)\times\dfrac{3}{\pi a^2b^2}$

　　　　　$=6a-3b$

06 📝 $-3x+7y$

　$2A-B=2(x+3y)-(5x-y)$

　　　　$=2x+6y-5x+y=-3x+7y$

필수문제

22쪽

01 0 **02** -8 **03** ⑤ **04** ① **05** ②
06 $18x-12y+4xy$ **07** $-2xy+12y+6$
08 $40a^4+24a^2b$

01 $3x(x^2-4x+5)=3x^3-12x^2+15x$
따라서 $a=3, b=-12, c=15$이므로
$a-b-c=3-(-12)-15=0$

02 $-2x(3x-y)-y(4x-1)=-6x^2+2xy-4xy+y$
$\qquad\qquad\qquad\qquad\qquad =-6x^2-2xy+y$
따라서 x^2의 계수는 -6, xy의 계수는 -2이므로 구하는 합
은 $-6+(-2)=-8$

03 ① $a(3b+5)=3ab+5a$
② $(9a^2-6ab)\div 3a=\dfrac{9a^2-6ab}{3a}=3a-2b$
③ $-5a(5a+2b)=-25a^2-10ab$
④ $(-10a^2b+5ab)\div 5a=\dfrac{-10a^2b+5ab}{5a}=-2ab+b$

04 $(8xy-2x^2)\div(-2x)=\dfrac{8xy-2x^2}{-2x}=-4y+x$
따라서 $a=-4, b=1$이므로 $a+b=-4+1=-3$

05 $(a^3-4a^2)\div a^2-(a^2+2a)\div(-a)$
$=\dfrac{a^3-4a^2}{a^2}-\dfrac{a^2+2a}{-a}=a-4-(-a-2)$
$=a-4+a+2=2a-2$

06 $\{-2y(-6x+3y)-(3xy-2xy^2)\}\div\dfrac{1}{2}y$
$=(12xy-6y^2-3xy+2xy^2)\div\dfrac{1}{2}y$
$=(9xy-6y^2+2xy^2)\times\dfrac{2}{y}=18x-12y+4xy$

07 $3x(2xy^2+xy)+\boxed{}\times\left(-\dfrac{1}{2}x^2y\right)=x^3y^2$에서
$\boxed{}\times\left(-\dfrac{1}{2}x^2y\right)=x^3y^2-3x(2xy^2+xy)$
$\qquad\qquad\qquad\qquad =x^3y^2-6x^2y^3-3x^3y$
$\therefore \boxed{}=(x^3y^2-6x^2y^2-3x^2y)\div\left(-\dfrac{1}{2}x^2y\right)$
$=(x^3y^2-6x^2y^2-3x^2y)\times\left(-\dfrac{2}{x^2y}\right)$
$=-2xy+12y+6$

08 (밑넓이)$=2a^2\times b=2a^2b$
(옆넓이)$=(b+2a^2+b+2a^2)\times 10a^2=(4a^2+2b)\times 10a^2$
$\qquad\quad =40a^4+20a^2b$
$\therefore$ (겉넓이)$=2a^2b\times 2+(40a^4+20a^2b)$
$\qquad\qquad\quad =4a^2b+40a^4+20a^2b=40a^4+24a^2b$

---

04 일차부등식

개념 정리

23쪽

❶ 부등식 ❷ > ❸ ≤ ❹ ≥ ❺ 참
❻ > ❼ > ❽ > ❾ ≤ ❿ 분배법칙
⓫ 최소공배수 ⓬ 시간 ⓭ 거리

1 부등식의 해와 그 성질

익힘문제

개념 13 부등식과 그 해

24쪽

01 답 ㄱ, ㅁ, ㅂ

02 답 (1) $8-3x<11$ (2) $1500+700x\geq 5000$
(3) $200-x>100$

03 답 ㄱ, ㄷ
ㄴ. $x+5\geq 2x$ ㄹ. $60x<200$

04 답 ㄴ, ㄷ
$x=4$일 때,
ㄱ. $4-3>1$ ∴ $1>1$ (거짓)
ㄴ. $-4+5\leq 1$ ∴ $1\leq 1$ (참)
ㄷ. $2\times 4\geq 4-8$ ∴ $8\geq -4$ (참)
ㄹ. $\dfrac{1}{2}\times 4-6<-7$ ∴ $-4<-7$ (거짓)
이상에서 $x=4$일 때 참이 되는 부등식은 ㄴ, ㄷ이다.

05 답 (1) 0, 1 (2) 2, 3 (3) 1, 2, 3 (4) 0, 1, 2
(1) $x=0$일 때, $0+5\leq 6$ ∴ $5\leq 6$ (참)
$x=1$일 때, $1+5\leq 6$ ∴ $6\leq 6$ (참)
$x=2$일 때, $2+5\leq 6$ ∴ $7\leq 6$ (거짓)
$x=3$일 때, $3+5\leq 6$ ∴ $8\leq 6$ (거짓)
따라서 주어진 부등식의 해는 0, 1이다.
(3) $x=0$일 때, $-2\times 0+7<7$ ∴ $7<7$ (거짓)
$x=1$일 때, $-2\times 1+7<7$ ∴ $5<7$ (참)
$x=2$일 때, $-2\times 2+7<7$ ∴ $3<7$ (참)
$x=3$일 때, $-2\times 3+7<7$ ∴ $1<7$ (참)
따라서 주어진 부등식의 해는 1, 2, 3이다.
(4) $x=0$일 때, $4-3\times 0\geq 0$ ∴ $4\geq 0$ (참)
$x=1$일 때, $4-3\times 1\geq -1$ ∴ $1\geq -1$ (참)
$x=2$일 때, $4-3\times 2\geq -2$ ∴ $-2\geq -2$ (참)
$x=3$일 때, $4-3\times 3\geq -3$ ∴ $-5\geq -3$ (거짓)
따라서 주어진 부등식의 해는 0, 1, 2이다.

06 답 $-1, 0$

$x=-1$일 때, $5-3\times(-1)>2$ $\therefore 8>2$ (참)

$x=0$일 때, $5-3\times0>2$ $\therefore 5>2$ (참)

$x=1$일 때, $5-3\times1>2$ $\therefore 2>2$ (거짓)

$x=2$일 때, $5-3\times2>2$ $\therefore -1>2$ (거짓)

따라서 주어진 부등식의 해는 $-1, 0$이다.

개념 **14** 부등식의 성질
25쪽

01 답 (1) $<$ (2) $>$ (3) $>$ (4) $<$ (5) $<$ (6) $>$

02 답 (1) $>$ (2) $\geq$ (3) $\geq$ (4) $\leq$ (5) $>$ (6) $<$

03 답 (1) $x-5\geq-4$ (2) $-2x+3\leq1$

(3) $\dfrac{1}{2}x+1\geq\dfrac{3}{2}$ (4) $-\dfrac{2}{3}x-\dfrac{1}{3}\leq-1$

(1) $x\geq1$의 양변에서 5를 빼면 $x-5\geq-4$

(2) $x\geq1$의 양변에 -2를 곱하면 $-2x\leq-2$

$-2x\leq-2$의 양변에 3을 더하면 $-2x+3\leq1$

(3) $x\geq1$의 양변에 $\dfrac{1}{2}$을 곱하면 $\dfrac{1}{2}x\geq\dfrac{1}{2}$

$\dfrac{1}{2}x\geq\dfrac{1}{2}$의 양변에 1을 더하면 $\dfrac{1}{2}x+1\geq\dfrac{3}{2}$

(4) $x\geq1$의 양변에 $-\dfrac{2}{3}$를 곱하면 $-\dfrac{2}{3}x\leq-\dfrac{2}{3}$

$-\dfrac{2}{3}x\leq-\dfrac{2}{3}$의 양변에서 $\dfrac{1}{3}$을 빼면 $-\dfrac{2}{3}x-\dfrac{1}{3}\leq-1$

04 답 (1) $3x+2<-13$ (2) $-x-7>-2$

(3) $\dfrac{2}{5}x-1<-3$ (4) $-\dfrac{1}{4}x+\dfrac{3}{4}>2$

(3) $x<-5$의 양변에 $\dfrac{2}{5}$를 곱하면 $\dfrac{2}{5}x<-2$

$\dfrac{2}{5}x<-2$의 양변에서 1을 빼면 $\dfrac{2}{5}x-1<-3$

(4) $x<-5$의 양변에 $-\dfrac{1}{4}$을 곱하면 $-\dfrac{1}{4}x>\dfrac{5}{4}$

$-\dfrac{1}{4}x>\dfrac{5}{4}$의 양변에 $\dfrac{3}{4}$을 더하면 $-\dfrac{1}{4}x+\dfrac{3}{4}>2$

05 답 (1) $-12\leq-3x<6$ (2) $-5<2x-1\leq7$

(3) $\dfrac{9}{2}<\dfrac{1}{4}x+5\leq6$ (4) $1\leq3-\dfrac{x}{2}<4$

(1) $-2<x\leq4$의 각 변에 -3을 곱하면 $-12\leq-3x<6$

(2) $-2<x\leq4$의 각 변에 2를 곱하면 $-4<2x\leq8$

$-4<2x\leq8$의 각 변에서 1을 빼면 $-5<2x-1\leq7$

(3) $-2<x\leq4$의 각 변에 $\dfrac{1}{4}$을 곱하면 $-\dfrac{1}{2}<\dfrac{1}{4}x\leq1$

$-\dfrac{1}{2}<\dfrac{1}{4}x\leq1$의 각 변에 5를 더하면 $\dfrac{9}{2}<\dfrac{1}{4}x+5\leq6$

(4) $-2<x\leq4$의 각 변을 -2로 나누면 $-2\leq-\dfrac{x}{2}<1$

$-2\leq-\dfrac{x}{2}<1$의 각 변에 3을 더하면 $1\leq3-\dfrac{x}{2}<4$

필수문제 ──────── 26쪽

01 ①, ⑤	**02** ④	**03** ②	**04** ①, ④	**05** ③
06 -7	**07** ①			

01 ① 다항식 ⑤ 등식

02 ① $x+10>5x$ ② $x+8<2x$
③ $5x\geq10000$ ⑤ $4x\leq16$

03 $x=0$일 때, $2-0\leq2\times0-7$ $\therefore 2\leq-7$ (거짓)

$x=1$일 때, $2-1\leq2\times1-7$ $\therefore 1\leq-5$ (거짓)

$x=2$일 때, $2-2\leq2\times2-7$ $\therefore 0\leq-3$ (거짓)

$x=3$일 때, $2-3\leq2\times3-7$ $\therefore -1\leq-1$ (참)

$x=4$일 때, $2-4\leq2\times4-7$ $\therefore -2\leq1$ (참)

따라서 주어진 부등식의 해는 3, 4의 2개이다.

04 $a<b$에서

① $a+3<b+3$

② $a-3<b-3$

③ $4a<4b$ $\therefore 4a-3<4b-3$

④ $-a>-b$ $\therefore -a+3>-b+3$

⑤ $-\dfrac{a}{2}>-\dfrac{b}{2}$ $\therefore -\dfrac{a}{2}-3>-\dfrac{b}{2}-3$

따라서 옳은 것은 ①, ④이다.

05 ① $-5a-1<-5b-1$에서 $-5a<-5b$ $\therefore a>b$

② $a>b$에서 $-a<-b$ $\therefore -a+4<-b+4$

③ $a>b$에서 $-8a<-8b$

④ $a>b$에서 $-2a<-2b$, $-2a+1<-2b+1$

$\therefore \dfrac{-2a+1}{3}<\dfrac{-2b+1}{3}$

⑤ $a>b$에서 $\dfrac{a}{7}>\dfrac{b}{7}$

따라서 옳지 않은 것은 ③이다.

06 $-2\leq x<1$의 각 변에 3을 곱하면 $-6\leq3x<3$

$-6\leq3x<3$의 각 변에서 2를 빼면 $-8\leq3x-2<1$

따라서 $a=-8$, $b=1$이므로

$a+b=(-8)+1=-7$

07 $-3\leq x<2$의 각 변에 2를 곱하면 $-6\leq2x<4$

$-6\leq2x<4$의 각 변에 1을 더하면 $-5\leq2x+1<5$

$-5\leq2x+1<5$의 각 변을 5로 나누면 $-1\leq\dfrac{2x+1}{5}<1$

$\therefore -1\leq A<1$

❷ 일차부등식의 풀이

개념15 일차부등식과 그 풀이　　　27쪽

01 답 4개

ㄱ. $-\dfrac{x}{6}>1$에서 $-\dfrac{x}{6}-1>0$ (일차부등식)

ㄴ. $x+3<2$에서 $x+3-2<0$

　　$\therefore x+1<0$ (일차부등식)

ㄷ. $x\geq1-x$에서 $x-1+x\geq0$

　　$\therefore 2x-1\geq0$ (일차부등식)

ㄹ. $1-x^2\leq2-x^2$에서 $1-x^2-2+x^2\leq0$

　　$\therefore -1\leq0$ (일차부등식이 아니다.)

ㅁ. $x^2+3>5x+x^2$에서 $x^2+3-5x-x^2>0$

　　$\therefore -5x+3>0$ (일차부등식)

ㅂ. $4x-1\leq2(2x+1)$에서 $4x-1\leq4x+2$

　　$4x-1-4x-2\leq0$

　　$\therefore -3\leq0$ (일차부등식이 아니다.)

이상에서 일차부등식인 것은 ㄱ, ㄴ, ㄷ, ㅁ의 4개이다.

02 답 (1) $x>2$,

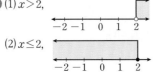

　　(2) $x\leq2$,

　　(3) $x>-1$,

　　(4) $x\geq2$,

　　(5) $x\leq-2$,

(4) $3-2x\leq3x-7$에서 $-5x\leq-10$　$\therefore x\geq2$

(5) $x-9\geq-5+3x$에서 $-2x\geq4$　$\therefore x\leq-2$

03 답 (1) ㄷ　(2) ㄴ　(3) ㄱ　(4) ㄹ

(1) $x-5>-2$에서 $x>3$

　　따라서 주어진 부등식의 해를 수직선 위에 나타내면 ㄷ이다.

(2) $5x+2\leq7$에서 $5x\leq5$　$\therefore x\leq1$

　　따라서 주어진 부등식의 해를 수직선 위에 나타내면 ㄴ이다.

(3) $-3x-1\leq5$에서 $-3x\leq6$　$\therefore x\geq-2$

　　따라서 주어진 부등식의 해를 수직선 위에 나타내면 ㄱ이다.

(4) $4x-9<x+6$에서 $3x<15$　$\therefore x<5$

　　따라서 주어진 부등식의 해를 수직선 위에 나타내면 ㄹ이다.

04 답 4개

$11-3x\geq x-5$에서 $-4x\geq-16$　$\therefore x\leq4$

따라서 주어진 부등식을 만족하는 자연수 x는 1, 2, 3, 4의 4개이다.

05 답 5

$a-3x<x+1$에서 $-4x<1-a$　$\therefore x>\dfrac{a-1}{4}$

이때 일차부등식의 해가 $x>1$이므로

$\dfrac{a-1}{4}=1$, $a-1=4$　$\therefore a=5$

개념16 복잡한 일차부등식의 풀이　　　28쪽

01 답 (1) $x>3$　(2) $x\leq1$　(3) $x<-8$

(1) $x-3>3(3-x)$에서

　　$x-3>9-3x$, $4x>12$　$\therefore x>3$

(2) $4(2x-1)\leq-(x-5)$에서

　　$8x-4\leq-x+5$, $9x\leq9$　$\therefore x\leq1$

(3) $3(x-1)-5(x+1)>8$에서

　　$3x-3-5x-5>8$, $-2x>16$　$\therefore x<-8$

02 답 (1) $x>4$　(2) $x\geq1$　(3) $x\leq6$

(1) $0.3x+0.2>0.1x+1$의 양변에 10을 곱하면

　　$3x+2>x+10$, $2x>8$　$\therefore x>4$

(2) $0.7x+0.4\leq1.7x-0.6$의 양변에 10을 곱하면

　　$7x+4\leq17x-6$, $-10x\leq-10$　$\therefore x\geq1$

(3) $0.3(x-1)\leq0.1x+0.9$의 양변에 10을 곱하면

　　$3(x-1)\leq x+9$, $3x-3\leq x+9$　$\therefore x\leq6$

03 답 (1) $x>-4$　(2) $x>-1$　(3) $x\leq-4$

(1) $\dfrac{x}{5}<\dfrac{6}{5}+\dfrac{x}{2}$의 양변에 분모의 최소공배수 10을 곱하면

　　$2x<12+5x$, $-3x<12$　$\therefore x>-4$

(2) $\dfrac{x+3}{2}>-\dfrac{4x+1}{3}$의 양변에 분모의 최소공배수 6을 곱하면

　　$3(x+3)>-2(4x+1)$, $3x+9>-8x-2$

　　$11x>-11$　$\therefore x>-1$

(3) $\dfrac{1-2x}{3}\geq2-\dfrac{x}{4}$의 양변에 분모의 최소공배수 12를 곱하면

　　$4(1-2x)\geq24-3x$, $4-8x\geq24-3x$

　　$-5x\geq20$　$\therefore x\leq-4$

04 답 ㄷ, ㄹ

ㄱ. $\frac{x}{3}>-1$에서 $x>-3$

ㄴ. $4(x-1)>x+5$에서 $4x-4>x+5$

  $3x>9$ ∴ $x>3$

ㄷ. $0.5-x>0.2x+4.1$의 양변에 10을 곱하면

  $5-10x>2x+41$, $-12x>36$ ∴ $x<-3$

ㄹ. $\frac{x-1}{2}<-3-\frac{x}{3}$의 양변에 분모의 최소공배수 6을 곱하면

  $3(x-1)<-18-2x$, $3x-3<-18-2x$

  $5x<-15$ ∴ $x<-3$

이상에서 해가 $x<-3$인 것은 ㄷ, ㄹ이다.

05 답 (1) $x<\frac{5}{2}$ (2) $x\geq6$ (3) $x\leq-6$

(1) $\frac{4}{5}x<0.2x+\frac{3}{2}$의 양변에 10을 곱하면

  $8x<2x+15$, $6x<15$ ∴ $x<\frac{5}{2}$

(2) $1.5-0.5x\leq\frac{1}{4}x-3$의 양변에 4를 곱하면

  $6-2x\leq x-12$, $-3x\leq-18$ ∴ $x\geq6$

(3) $\frac{5}{2}x-3.9\geq3\left(x+\frac{1}{2}\right)+0.4x$의 양변에 10을 곱하면

  $25x-39\geq30\left(x+\frac{1}{2}\right)+4x$

  $25x-39\geq30x+15+4x$

  $-9x\geq54$ ∴ $x\leq-6$

06 답 -2

$0.3(3x-1)<\frac{x}{5}-1$의 양변에 10을 곱하면

$3(3x-1)<2x-10$, $9x-3<2x-10$

$7x<-7$ ∴ $x<-1$

따라서 주어진 부등식을 만족하는 가장 큰 정수 x의 값은 -2이다.

필수문제 ————————— 29쪽

01 ④	**02** $a=0, b\neq1$	**03** ③	**04** ②
05 -2	**06** ④	**07** 6	**08** ③

01 ① $2-x\leq3$에서 $2-x-3\leq0$

  ∴ $-x-1\leq0$ (일차부등식)

② $x+3\geq2x-1$에서 $x+3-2x+1\geq0$

  ∴ $-x+4\geq0$ (일차부등식)

③ $3x-5>2x-5$에서 $3x-5-2x+5>0$

  ∴ $x>0$ (일차부등식)

④ $2x-4<2+2x$에서 $2x-4-2-2x<0$

  ∴ $-6<0$ (일차부등식이 아니다.)

⑤ $3x^2-3x<3x^2+2x+4$에서 $3x^2-3x-3x^2-2x-4<0$

  ∴ $-5x-4<0$ (일차부등식)

따라서 일차부등식이 아닌 것은 ④이다.

02 $ax^2+x<bx-5$에서 $ax^2+(1-b)x+5<0$

이 부등식이 x에 대한 일차부등식이 되려면

$a=0$, $1-b\neq0$ ∴ $a=0$, $b\neq1$

03 $-3x+7>-5$에서 $-3x>-12$ ∴ $x<4$

① $4x>3x+4$에서 $x>4$

② $5x+15<0$에서 $5x<-15$ ∴ $x<-3$

③ $x+5>2x+1$에서 $-x>-4$ ∴ $x<4$

④ $3x-1>8$에서 $3x>9$ ∴ $x>3$

⑤ $-2x-1<7$에서 $-2x<8$ ∴ $x>-4$

따라서 일차부등식 $-3x+7>-5$와 해가 서로 같은 것은 ③이다.

04 $4x+15\geq x-3$에서 $3x\geq-18$ ∴ $x\geq-6$

따라서 주어진 부등식의 해를 수직선 위에 바르게 나타낸 것은 ②이다.

05 $\frac{2x+5}{3}-\frac{x-2}{4}>1$의 양변에 분모의 최소공배수 12를 곱하면

$4(2x+5)-3(x-2)>12$, $8x+20-3x+6>12$

$5x+26>12$, $5x>-14$

∴ $x>-\frac{14}{5}$

따라서 주어진 부등식을 만족하는 가장 작은 정수 x의 값은 -2이다.

06 $0.3(2x+1)-\frac{1}{2}\geq0.4x$의 양변에 10을 곱하면

$3(2x+1)-5\geq4x$, $6x+3-5\geq4x$

$2x\geq2$ ∴ $x\geq1$

07 $4-3(x-1)>2(x+a)$에서

$4-3x+3>2x+2a$, $-5x>2a-7$

∴ $x<\frac{7-2a}{5}$

이 부등식의 해가 $x<-1$이므로

$\frac{7-2a}{5}=-1$, $7-2a=-5$

$-2a=-12$ ∴ $a=6$

08 $6x-a\leq5x-1$에서 $x\leq a-1$

이 부등식을 만족하는 자연수 x가 1, 2의 2개이려면 오른쪽 그림과 같아야 하므로

$2\leq a-1<3$ ∴ $3\leq a<4$

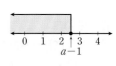

③ 일차부등식의 활용

익힘문제

개념 17 일차부등식의 활용 (1) 　　30쪽

01 답 (1) $(x-2)+x+(x+2)<33$　(2) 7, 9, 11

(1) 연속하는 세 홀수 중 가운데 수를 x라 하면
　세 홀수는 $x-2$, x, $x+2$이므로
　$(x-2)+x+(x+2)<33$

(2) $(x-2)+x+(x+2)<33$에서
　$3x<33$　　∴ $x<11$
　따라서 x의 값 중 가장 큰 홀수는 9이므로 구하는 세 홀수
　는 7, 9, 11이다.

02 답 (1) $400x+250(7-x)\le2400$　(2) 4개

(1) 한 개에 400원인 사탕을 x개 산다고 하면 한 개에 250원
　인 사탕은 $(7-x)$개 살 수 있으므로
　$400x+250(7-x)\le2400$

(2) $400x+250(7-x)\le2400$에서
　$400x+1750-250x\le2400$
　$150x\le650$　　∴ $x\le\dfrac{13}{3}$
　따라서 한 개에 400원인 사탕을 최대 4개까지 살 수 있다.

03 답 (1) $\dfrac{1}{2}\times5\times x\ge15$　(2) 6 cm

(1) 삼각형의 높이를 x cm라 하면
　(넓이)$=\dfrac{1}{2}\times$(밑변의 길이)$\times$(높이)이므로
　$\dfrac{1}{2}\times5\times x\ge15$

(2) $\dfrac{1}{2}\times5\times x\ge15$에서 $\dfrac{5}{2}x\ge15$　　∴ $x\ge6$
　따라서 높이는 6 cm 이상이어야 한다.

04 답 (1) $500x>400x+1400$　(2) 15개

(1) (편의점에서 사는 비용) > (할인매장에서 사는 비용)
　　　　　　　　　　　　　　　　　+(왕복 교통비)
　이므로 $500x>400x+1400$

(2) $500x>400x+1400$에서
　$100x>1400$　　∴ $x>14$
　따라서 캐러멜을 15개 이상 사는 경우에 할인매장에 가는
　것이 유리하다.

05 답 41명

x명이 입장한다고 하면
$1200x>1200\times\left(1-\dfrac{20}{100}\right)\times50$

$1200x>48000$　　∴ $x>40$
따라서 41명 이상이면 50명의 단체 입장권을 사는 것이 유리
하다.

06 답 (1) $2400+700x>3000+500x$　(2) 4주

(1) x주 후에 규리의 저금액은 $(3000+500x)$원,
　성민이의 저금액은 $(2400+700x)$원이므로
　$2400+700x>3000+500x$

(2) $2400+700x>3000+500x$에서
　$200x>600$　　∴ $x>3$
　따라서 4주 후부터 성민이의 저금액이 규리의 저금액보다
　많아진다.

개념 18 일차부등식의 활용 (2) 　　31쪽

01 답 (1) $\dfrac{x}{14}+\dfrac{23-x}{4}\le2$　(2) 21 km

(1) 집에서 보관소까지의 거리를 x km라 하면 보관소에서 할
　머니 댁까지의 거리는 $(23-x)$km이므로
　$\dfrac{x}{14}+\dfrac{23-x}{4}\le2$

(2) $\dfrac{x}{14}+\dfrac{23-x}{4}\le2$에서
　$2x+7(23-x)\le56$, $2x+161-7x\le56$
　$-5x\le-105$　　∴ $x\ge21$
　따라서 집에서 보관소까지의 거리는 최소 21 km이다.

02 답 (1) $\dfrac{x}{80}+5+\dfrac{x}{60}\le40$　(2) 1200 m

(2) $\dfrac{x}{80}+5+\dfrac{x}{60}\le40$에서
　$\dfrac{x}{80}+\dfrac{x}{60}\le35$, $3x+4x\le8400$
　$7x\le8400$　　∴ $x\le1200$
　따라서 집에서 서점까지의 거리는 1200 m 이내이다.

03 답 (1) $\dfrac{12}{100}\times100+\dfrac{8}{100}x\le\dfrac{9}{100}(100+x)$

(2) 300 g

(1) 12 %의 소금물 100 g에 들어 있는 소금의 양은
　$\left(\dfrac{12}{100}\times100\right)$g,
　8 %의 소금물 x g에 들어 있는 소금의 양은
　$\dfrac{8}{100}x$ g이므로
　$\dfrac{12}{100}\times100+\dfrac{8}{100}x\le\dfrac{9}{100}(100+x)$

(2) $\dfrac{12}{100} \times 100 + \dfrac{8}{100}x \leq \dfrac{9}{100}(100+x)$에서

$1200 + 8x \leq 900 + 9x$

$-x \leq -300$ ∴ $x \geq 300$

따라서 8 %의 소금물을 300 g 이상 섞어야 한다.

04 🔘 (1) $\dfrac{5}{100} \times 400 \leq \dfrac{2}{100}(400+x)$ (2) 600 g

(1) 5 %의 소금물 400 g에 들어 있는 소금의 양은

$\left(\dfrac{5}{100} \times 400\right)$ g

물을 x g 더 넣으면 소금물의 양은 $(400+x)$ g이므로

2 %의 소금물 $(400+x)$ g에 들어 있는 소금의 양은

$\dfrac{2}{100}(400+x)$ g

이때 물을 더 넣어 2 % 이하의 소금물을 만들려고 하므로

$\dfrac{5}{100} \times 400 \leq \dfrac{2}{100}(400+x)$

(2) $\dfrac{5}{100} \times 400 \leq \dfrac{2}{100}(400+x)$에서 $2000 \leq 800 + 2x$

$-2x \leq -1200$ ∴ $x \geq 600$

따라서 더 넣어야 하는 물의 양은 최소 600 g이다.

05 🔘 (1) $\dfrac{4}{100} \times 300 + x \geq \dfrac{20}{100}(300+x)$ (2) 60 g

(1) 4 %의 소금물 300 g에 들어 있는 소금의 양은

$\left(\dfrac{4}{100} \times 300\right)$ g

소금을 x g 더 넣으면 소금물의 양은 $(300+x)$ g이므로

20 %의 소금물 $(300+x)$ g에 들어 있는 소금의 양은

$\dfrac{20}{100}(300+x)$ g

이때 소금을 더 넣어 20 % 이상의 소금물을 만들려고 하므로

$\dfrac{4}{100} \times 300 + x \geq \dfrac{20}{100}(300+x)$

(2) $\dfrac{4}{100} \times 300 + x \geq \dfrac{20}{100}(300+x)$에서

$1200 + 100x \geq 20(300+x)$, $1200 + 100x \geq 6000 + 20x$

$80x \geq 4800$ ∴ $x \geq 60$

따라서 더 넣어야 하는 소금의 양은 최소 60 g이다.

필수문제 ——————————————— **32쪽**

01 14, 15, 16	**02** 76점	**03** 8자루	**04** 26개월
05 11개월	**06** ②	**07** ②	**08** 100 g

01 연속하는 세 자연수를 $x-1$, x, $x+1$이라 하면

$(x-1) + x + (x+1) < 48$

$3x < 48$ ∴ $x < 16$

따라서 x의 값 중 가장 큰 자연수는 15이므로 구하는 세 자연수는 14, 15, 16이다.

02 세 번째 시험에서 x점을 받는다고 하면

$\dfrac{86+78+x}{3} \geq 80$, $86+78+x \geq 240$

∴ $x \geq 76$

따라서 세 번째 시험에서 76점 이상을 받아야 한다.

03 볼펜을 x자루 넣는다고 하면

$2000 + 1200x + 3400 \leq 15000$

$1200x + 5400 \leq 15000$, $1200x \leq 9600$

∴ $x \leq 8$

따라서 볼펜을 최대 8자루까지 넣을 수 있다.

04 공기청정기를 x개월 동안 사용한다고 하면

$500000 + 20000x < 40000x$

$-20000x < -500000$ ∴ $x > 25$

따라서 공기청정기를 26개월 이상 사용하는 경우 구입하는 것이 유리하다.

05 x개월 후부터라 하면

$60000 + 2000x < 2(25000 + 1500x)$

$60000 + 2000x < 50000 + 3000x$

$-1000x < -10000$ ∴ $x > 10$

따라서 11개월 후부터 윤지의 예금액이 진경이의 예금액의 2배보다 적어진다.

06 뛰어간 거리를 x km라 하면 걸어간 거리는 $(16-x)$ km이므로

$\dfrac{16-x}{3} + \dfrac{x}{5} \leq 5$, $5(16-x) + 3x \leq 75$

$-2x + 80 \leq 75$, $-2x \leq -5$ ∴ $x \geq \dfrac{5}{2}$

따라서 뛰어간 거리는 $\dfrac{5}{2}$ km 이상이다.

07 터미널에서 편의점까지의 거리를 x km라 하면

$\dfrac{x}{4} + \dfrac{1}{6} + \dfrac{x}{4} \leq \dfrac{2}{3}$, $3x + 2 + 3x \leq 8$

$6x \leq 6$ ∴ $x \leq 1$

따라서 터미널에서 1 km 이내에 있는 편의점을 이용할 수 있다.

08 4 %의 설탕물을 x g 섞는다고 하면

$\dfrac{4}{100}x + \dfrac{8}{100} \times 300 \geq \dfrac{7}{100}(x+300)$

$4x + 2400 \geq 7(x+300)$, $4x + 2400 \geq 7x + 2100$

$-3x \geq -300$ ∴ $x \leq 100$

따라서 4 %의 설탕물을 최대 100 g까지 섞을 수 있다.

05 연립일차방정식

❶ 1   ❷ 참   ❸ 연립   ❹ 대입   ❺ 최소공배수
❻ 상수항

❶ 미지수가 2개인 연립일차방정식

익힘문제

개념 19 미지수가 2개인 일차방정식 · 34쪽

01 답 (1)◯ (2)◯ (3)× (4)◯ (5)×
(3) y^2이 있으므로 일차방정식이 아니다.
(4) $x(x-3)=x^2+y$를 정리하면 $3x+y=0$이므로 미지수
가 2개인 일차방정식이다.
(5) $-(x+2y)+1=3y-x$를 정리하면 $-5y+1=0$이므로
미지수가 y의 1개뿐이다.

02 답 (1) $5x=3y+5$ (2) $x=y-3$
(3) $100x+500y=5000$

03 답 (1)◯ (2)◯ (3)× (4)×

04 답 (1)

x	1	2	3	4
y	6	4	2	0

$(1, 6), (2, 4), (3, 2)$

(2)

x	4	2	0	-2
y	1	2	3	4

$(4, 1), (2, 2)$

05 답 3
$x=4, y=3$을 $ax+y=15$에 대입하면
$4a+3=15, 4a=12$ ∴ $a=3$

개념 20 미지수가 2개인 연립일차방정식 · 35쪽

01 답 (1) $\begin{cases} x+y=60 \\ x=4y \end{cases}$ (2) $\begin{cases} \dfrac{x+y}{2}=82 \\ x=y+6 \end{cases}$

(3) $\begin{cases} x+y=10 \\ 500x+1000y=6500 \end{cases}$

02 답 (1)◯ (2)◯ (3)◯ (4)×
(4) $x=5, y=2$를 $x+y=6$에 대입하면 $5+2=7 \neq 6$
$x=5, y=2$를 $x-2y=1$에 대입하면 $5-2 \times 2=1$
따라서 $x=5, y=2$는 두 일차방정식을 동시에 만족하지
않으므로 주어진 연립방정식의 해가 아니다.

03 답 (1) $x=3, y=1$ (2) $x=5, y=2$
x, y가 자연수일 때,
(1) $2x+y=7 \Rightarrow$

x	1	2	3
y	5	3	1

$x-y=2 \Rightarrow$

x	3	4	5	…
y	1	2	3	…

따라서 연립방정식의 해는 두 일차방정식의 공통인 해이
므로 $x=3, y=1$이다.

(2) $x+y=7 \quad \Rightarrow$

x	1	2	3	4	5	6
y	6	5	4	3	2	1

$x+3y=11 \Rightarrow$

x	8	5	2
y	1	2	3

따라서 연립방정식의 해는 두 일차방정식의 공통인 해이
므로 $x=5, y=2$이다.

04 답 $a=5, b=-4$
$x=3, y=7$을 $4x-y=a$에 대입하면
$12-7=a$ ∴ $a=5$
$x=3, y=7$을 $x-y=b$에 대입하면
$3-7=b$ ∴ $b=-4$

05 답 (1) -2 (2) -22
(1) $y=5$를 $y=x+7$에 대입하면
$5=x+7$ ∴ $x=-2$
(2) $x=-2, y=5$를 $3x-6=2y+k$에 대입하면
$-6-6=10+k$ ∴ $k=-22$

필수문제 · 36쪽

01 ①	02 ③	03 ③	04 1
05 $\begin{cases} x+y=23 \\ x=2y-4 \end{cases}$		06 ④	07 5

01 ㄷ. 미지수가 2개인 일차식이므로 일차방정식이 아니다.
ㄹ. $3x^2$이 있으므로 일차방정식이 아니다.
ㅁ. $2x-y=2(x-1)$을 정리하면 $y-2=0$이므로 미지수
가 y의 1개뿐이다.
이상에서 미지수가 2개인 일차방정식은 ㄱ, ㄴ이다.

02 각 x, y의 순서쌍을 $3x-y=7$에 대입하면

① $3\times1-4=-1\neq7$

② $3\times2-1=5\neq7$

③ $3\times3-2=7$

④ $3\times4-(-5)=17\neq7$

⑤ $3\times5-(-8)=23\neq7$

따라서 일차방정식 $3x-y=7$의 해는 ③이다.

03 x, y가 자연수일 때, 일차방정식 $x+2y=10$의 해는 $(2, 4)$, $(4, 3)$, $(6, 2)$, $(8, 1)$의 4개이다.

04 $x=2$, $y=3$을 $3x-ay=3$에 대입하면

$6-3a=3$ $\therefore a=1$

05 x세인 내 나이와 y세인 동생의 나이의 합은 23세이므로

$x+y=23$

내 나이는 동생의 나이의 2배보다 4세가 적으므로

$x=2y-4$

$\therefore \begin{cases} x+y=23 \\ x=2y-4 \end{cases}$

06 ④ $x=2$, $y=-3$을 $2x+y=1$에 대입하면

$2\times2+(-3)=1$

$x=2$, $y=-3$을 $5x+2y=4$에 대입하면

$5\times2+2\times(-3)=4$

따라서 $x=2$, $y=-3$은 연립방정식 $\begin{cases} 2x+y=1 \\ 5x+2y=4 \end{cases}$의 해이다.

07 $x=3$, $y=k$를 $x+3y=12$에 대입하면

$3+3k=12$ $\therefore k=3$

$x=3$, $y=3$을 $ax+y=9$에 대입하면

$3a+3=9$ $\therefore a=2$

$\therefore a+k=2+3=5$

❷ 연립일차방정식의 풀이

익힘문제

개념 **21** 연립방정식의 풀이; 대입법　　37쪽

01 🅐 -8

ⓒ을 ⊙에 대입하면

$3(-3y+10)+y=6$, $-9y+30+y=6$

$-8y=-24$ $\therefore a=-8$

02 🅐 (1) $x=3$, $y=-1$ (2) $x=4$, $y=3$ (3) $x=23$, $y=13$

(4) $x=2$, $y=3$ (5) $x=4$, $y=-1$

(1) $\begin{cases} y=-x+2 & \cdots \text{⊙} \\ 2x=y+7 & \cdots \text{ⓒ} \end{cases}$

⊙을 ⓒ에 대입하면 $2x=(-x+2)+7$

$3x=9$ $\therefore x=3$

$x=3$을 ⊙에 대입하면 $y=-3+2=-1$

(2) $\begin{cases} 5y=4x-1 & \cdots \text{⊙} \\ 5y=2x+7 & \cdots \text{ⓒ} \end{cases}$

⊙을 ⓒ에 대입하면 $4x-1=2x+7$, $2x=8$ $\therefore x=4$

$x=4$를 ⊙에 대입하면 $5y=16-1=15$ $\therefore y=3$

(3) $\begin{cases} x=2y-3 & \cdots \text{⊙} \\ 5x-7y=24 & \cdots \text{ⓒ} \end{cases}$

⊙을 ⓒ에 대입하면

$5(2y-3)-7y=24$, $3y=39$ $\therefore y=13$

$y=13$을 ⊙에 대입하면 $x=26-3=23$

(4) $\begin{cases} 5x-y=7 & \cdots \text{⊙} \\ -x+5y=13 & \cdots \text{ⓒ} \end{cases}$

⊙을 y에 대하여 풀면

$y=5x-7$ $\cdots$ ©

©을 ⓒ에 대입하면

$-x+5(5x-7)=13$, $24x=48$ $\therefore x=2$

$x=2$를 ©에 대입하면 $y=10-7=3$

(5) $\begin{cases} x+2y=2 & \cdots \text{⊙} \\ 3x-2y=14 & \cdots \text{ⓒ} \end{cases}$

⊙을 x에 대하여 풀면

$x=-2y+2$ $\cdots$ ©

©을 ⓒ에 대입하면

$3(-2y+2)-2y=14$, $-8y=8$ $\therefore y=-1$

$y=-1$을 ©에 대입하면 $x=2+2=4$

03 🅐 7

$\begin{cases} y=5x-1 & \cdots \text{⊙} \\ y=-x+11 & \cdots \text{ⓒ} \end{cases}$

⊙을 ⓒ에 대입하면

$5x-1=-x+11$, $6x=12$ $\therefore x=2$

$x=2$를 ⊙에 대입하면 $y=10-1=9$

따라서 $a=2$, $b=9$이므로 $b-a=9-2=7$

04 🅐 3

$\begin{cases} y=-3x+1 & \cdots \text{⊙} \\ 2x-y=4 & \cdots \text{ⓒ} \end{cases}$

⊙을 ⓒ에 대입하면

$2x-(-3x+1)=4$, $5x=5$ $\therefore x=1$

$x=1$을 ⊙에 대입하면 $y=-3+1=-2$

$x=1$, $y=-2$를 $ax-y=5$에 대입하면

$a+2=5$ $\therefore a=3$

05 🄰 (1) $x=6, y=2$　(2) -7

(1) $\begin{cases} 5x+ay=16 & \cdots ㉠ \\ 3x-4y=10 & \cdots ㉡ \end{cases}$ 을 만족하는 x, y에 대하여

$x=3y$　　　　 $\cdots ㉢$

이므로 ㉢을 ㉡에 대입하면

$9y-4y=10, 5y=10$　　∴ $y=2$

$y=2$를 ㉢에 대입하면 $x=6$

(2) $x=6, y=2$를 ㉠에 대입하면

$30+2a=16, 2a=-14$　　∴ $a=-7$

개념 **22** 연립방정식의 풀이; 가감법　　38쪽

01 🄰 (1) ㄷ　(2) ㅁ

02 🄰 (1) $x=2, y=-1$　(2) $x=2, y=1$

(3) $x=1, y=2$　　(4) $x=4, y=-5$

(3) $\begin{cases} 3x-y=1 & \cdots ㉠ \\ 2x-3y=-4 & \cdots ㉡ \end{cases}$

㉠$\times 3-$㉡을 하면 $7x=7$　　∴ $x=1$

$x=1$을 ㉠에 대입하면 $3-y=1$　　∴ $y=2$

(4) $\begin{cases} 5x+3y=5 & \cdots ㉠ \\ 3x+2y=2 & \cdots ㉡ \end{cases}$

㉠$\times 2-$㉡$\times 3$을 하면 $x=4$

$x=4$를 ㉠에 대입하면 $20+3y=5$　　∴ $y=-5$

03 🄰 0

$\begin{cases} 4x-5y=9 & \cdots ㉠ \\ 5x+2y=3 & \cdots ㉡ \end{cases}$

㉠$\times 2+$㉡$\times 5$를 하면 $33x=33$　　∴ $x=1$

$x=1$을 ㉡에 대입하면 $5+2y=3$　　∴ $y=-1$

∴ $x+y=1+(-1)=0$

04 🄰 1

$\begin{cases} 3x+y=-2 & \cdots ㉠ \\ x+2y=11 & \cdots ㉡ \end{cases}$

㉠$\times 2-$㉡을 하면 $5x=-15$　　∴ $x=-3$

$x=-3$을 ㉠에 대입하면 $-9+y=-2$　　∴ $y=7$

$x=-3, y=7$을 $2x+y=a$에 대입하면

$-6+7=a$　　∴ $a=1$

05 🄰 $a=2, b=1$

$x=2, y=4$를 주어진 연립방정식에 대입하면

$\begin{cases} 2b+4a=10 \\ 4a-4b=4 \end{cases} \Rightarrow \begin{cases} 4a+2b=10 & \cdots ㉠ \\ 4a-4b=4 & \cdots ㉡ \end{cases}$

㉠$-$㉡을 하면 $6b=6$　　∴ $b=1$

$b=1$을 ㉠에 대입하면 $4a+2=10$　　∴ $a=2$

06 🄰 $a=-4, b=6$

$x=3, y=-1$을 주어진 연립방정식에 대입하면

$\begin{cases} 3a+b=-6 \\ 3b-a=22 \end{cases} \Rightarrow \begin{cases} 3a+b=-6 & \cdots ㉠ \\ -a+3b=22 & \cdots ㉡ \end{cases}$

㉠$+$㉡$\times 3$을 하면 $10b=60$　　∴ $b=6$

$b=6$을 ㉠에 대입하면

$3a+6=-6$　　∴ $a=-4$

개념 **23** 여러 가지 연립방정식의 풀이　　39쪽

01 🄰 (1) $x=3, y=2$　(2) $x=5, y=2$　(3) $x=8, y=4$

(4) $x=1, y=5$　　(5) $x=-7, y=-8$

(1) 주어진 연립방정식의 괄호를 풀어 정리하면

$\begin{cases} 3(x-y)+4y=11 \\ 2x-3(x-2y)=9 \end{cases} \Rightarrow \begin{cases} 3x+y=11 & \cdots ㉠ \\ -x+6y=9 & \cdots ㉡ \end{cases}$

㉠$+$㉡$\times 3$을 하면 $19y=38$　　∴ $y=2$

$y=2$를 ㉠에 대입하면 $3x+2=11, 3x=9$　　∴ $x=3$

(2) 주어진 연립방정식의 괄호를 풀어 정리하면

$\begin{cases} 3x+4(x-y)=27 \\ 2x-(x+y)=3 \end{cases} \Rightarrow \begin{cases} 7x-4y=27 & \cdots ㉠ \\ x-y=3 & \cdots ㉡ \end{cases}$

㉠$-$㉡$\times 4$를 하면 $3x=15$　　∴ $x=5$

$x=5$를 ㉡에 대입하면 $5-y=3$　　∴ $y=2$

(3) $\begin{cases} 0.1x+0.3y=2 & \cdots ㉠ \\ 0.5x-1.2y=-0.8 & \cdots ㉡ \end{cases}$

㉠, ㉡의 양변에 각각 10을 곱하면

$\begin{cases} x+3y=20 & \cdots ㉢ \\ 5x-12y=-8 & \cdots ㉣ \end{cases}$

㉢$\times 5-$㉣을 하면 $27y=108$　　∴ $y=4$

$y=4$를 ㉢에 대입하면 $x+12=20$　　∴ $x=8$

(4) $\begin{cases} \dfrac{1}{3}x+\dfrac{5}{6}y=\dfrac{9}{2} & \cdots ㉠ \\ \dfrac{1}{2}x-\dfrac{1}{4}y=-\dfrac{3}{4} & \cdots ㉡ \end{cases}$

㉠$\times 6$, ㉡$\times 4$를 하면

$\begin{cases} 2x+5y=27 & \cdots ㉢ \\ 2x-y=-3 & \cdots ㉣ \end{cases}$

㉢$-$㉣을 하면 $6y=30$　　∴ $y=5$

$y=5$를 ㉣에 대입하면 $2x-5=-3$　　∴ $x=1$

(5) $\begin{cases} 0.3x-0.5y=1.9 & \cdots ㉠ \\ \dfrac{x}{2}-\dfrac{y}{3}=-\dfrac{5}{6} & \cdots ㉡ \end{cases}$

㉠$\times 10$, ㉡$\times 6$을 하면

$\begin{cases} 3x-5y=19 & \cdots ㉢ \\ 3x-2y=-5 & \cdots ㉣ \end{cases}$

㉢$-$㉣을 하면 $-3y=24$　　∴ $y=-8$

$y=-8$을 ㉣에 대입하면 $3x+16=-5$　　∴ $x=-7$

02 답 (1) $x=4, y=3$ (2) $x=5, y=-1$

(1) $4x-3y+3=3x-y+1=x+6$에서

$\begin{cases} 4x-3y+3=x+6 \\ 3x-y+1=x+6 \end{cases} \Rightarrow \begin{cases} 3x-3y=3 & \cdots \text{㉠} \\ 2x-y=5 & \cdots \text{㉡} \end{cases}$

㉠$-$㉡$\times 3$을 하면 $-3x=-12$ $\therefore x=4$

$x=4$를 ㉡에 대입하면 $8-y=5$ $\therefore y=3$

(2) $\dfrac{x+y}{2}=\dfrac{x-y}{3}=2$에서

$\begin{cases} \dfrac{x+y}{2}=2 \\ \dfrac{x-y}{3}=2 \end{cases} \Rightarrow \begin{cases} x+y=4 & \cdots \text{㉠} \\ x-y=6 & \cdots \text{㉡} \end{cases}$

㉠$+$㉡을 하면 $2x=10$ $\therefore x=5$

$x=5$를 ㉠에 대입하면 $5+y=4$ $\therefore y=-1$

03 답 (1) 해가 무수히 많다. (2) 해가 없다.
(3) 해가 무수히 많다. (4) 해가 없다.

(1) $\begin{cases} 2x-3y=1 & \cdots \text{㉠} \\ 6x-9y=3 & \cdots \text{㉡} \end{cases} \xrightarrow{\text{㉠}\times 3} \begin{cases} 6x-9y=3 \\ 6x-9y=3 \end{cases}$

따라서 두 일차방정식의 x, y의 계수와 상수항이 각각 같으므로 해가 무수히 많다.

(2) $\begin{cases} x-2y=3 & \cdots \text{㉠} \\ 3x-6y=12 & \cdots \text{㉡} \end{cases} \xrightarrow{\text{㉠}\times 3} \begin{cases} 3x-6y=9 \\ 3x-6y=12 \end{cases}$

따라서 두 일차방정식의 x, y의 계수는 각각 같고, 상수항은 다르므로 해가 없다.

(3) $\begin{cases} x-y=1+y \\ 4x-8y=4 \end{cases}$ 에서

$\begin{cases} x-2y=1 & \cdots \text{㉠} \\ 4x-8y=4 & \cdots \text{㉡} \end{cases} \xrightarrow{\text{㉠}\times 4} \begin{cases} 4x-8y=4 \\ 4x-8y=4 \end{cases}$

따라서 두 일차방정식의 x, y의 계수와 상수항이 각각 같으므로 해가 무수히 많다.

(4) $\begin{cases} x-4y=5 \\ -2x+8y-10=0 \end{cases}$ 에서

$\begin{cases} x-4y=5 & \cdots \text{㉠} \\ -2x+8y=10 & \cdots \text{㉡} \end{cases} \xrightarrow{\text{㉠}\times(-2)} \begin{cases} -2x+8y=-10 \\ -2x+8y=10 \end{cases}$

따라서 두 일차방정식의 x, y의 계수는 각각 같고, 상수항은 다르므로 해가 없다.

04 답 $a=2, b=6$

$\begin{cases} 2x-y=3 & \cdots \text{㉠} \\ 4x-ay=b & \cdots \text{㉡} \end{cases} \xrightarrow{\text{㉠}\times 2} \begin{cases} 4x-2y=6 & \cdots \text{㉢} \\ 4x-ay=b & \cdots \text{㉡} \end{cases}$

이 연립방정식의 해가 무수히 많으므로 ㉢과 ㉡이 일치한다.
$\therefore a=2, b=6$

05 답 3

$\begin{cases} x-3y=4 & \cdots \text{㉠} \\ ax-9y=15 & \cdots \text{㉡} \end{cases} \xrightarrow{\text{㉠}\times 3} \begin{cases} 3x-9y=12 & \cdots \text{㉢} \\ ax-9y=15 & \cdots \text{㉡} \end{cases}$

이 연립방정식의 해가 없으려면 ㉢, ㉡에서 x, y의 계수는 각각 같고, 상수항은 달라야 하므로 $a=3$

01 ⑤ **02** ⑤ **03** $x=3, y=1$ **04** 10
05 10 **06** ⑤ **07** ② **08** -1

01 $\begin{cases} x+y=4 & \cdots \text{㉠} \\ 3x+y=8 & \cdots \text{㉡} \end{cases}$

㉠$-$㉡을 하면 $-2x=-4$ $\therefore x=2$

$x=2$를 ㉠에 대입하면 $2+y=4$ $\therefore y=2$

따라서 연립방정식의 해를 x, y의 순서쌍으로 나타내면 $(2, 2)$이다.

02 $\begin{cases} x-y=3 & \cdots \text{㉠} \\ 2x+y=a & \cdots \text{㉡} \end{cases}$

x의 값이 y의 값의 2배이므로 $x=2y$ $\cdots \text{㉢}$

㉢을 ㉠에 대입하면 $2y-y=3$ $\therefore y=3$

$y=3$을 ㉢에 대입하면 $x=6$

$x=6, y=3$을 ㉡에 대입하면 $12+3=a$ $\therefore a=15$

03 처음의 연립방정식에서 진영이가 바르게 본 일차방정식은 $5x-by=11$이므로

$x=2, y=-\dfrac{1}{4}$을 $5x-by=11$에 대입하면

$10+\dfrac{1}{4}b=11$ $\therefore b=4$

처음의 연립방정식에서 연지가 바르게 본 일차방정식은 $ax-5y=7$이므로

$x=\dfrac{1}{2}, y=-1$을 $ax-5y=7$에 대입하면

$\dfrac{1}{2}a+5=7$ $\therefore a=4$

따라서 처음의 연립방정식은 $\begin{cases} 4x-5y=7 & \cdots \text{㉠} \\ 5x-4y=11 & \cdots \text{㉡} \end{cases}$ 이므로

㉠$\times 5-$㉡$\times 4$를 하면 $-9y=-9$ $\therefore y=1$

$y=1$을 ㉠에 대입하면 $4x-5=7$ $\therefore x=3$

04 $\begin{cases} 5x:4y=1:2 \\ 3x-2(x+y)=-8 \end{cases} \Rightarrow \begin{cases} 10x-4y=0 & \cdots \text{㉠} \\ x-2y=-8 & \cdots \text{㉡} \end{cases}$

㉠$-$㉡$\times 2$를 하면 $8x=16$ $\therefore x=2$

$x=2$를 ㉡에 대입하면 $2-2y=-8$ $\therefore y=5$

따라서 $a=2, b=5$이므로
$ab=2\times 5=10$

05 $\begin{cases} 0.1x+0.2y=1.3 \\ \dfrac{x+y}{5}-\dfrac{y}{3}=1 \end{cases} \Rightarrow \begin{cases} x+2y=13 & \cdots \text{㉠} \\ 3x-2y=15 & \cdots \text{㉡} \end{cases}$

㉠$+$㉡을 하면 $4x=28$ $\therefore x=7$

$x=7$을 ㉠에 대입하면 $7+2y=13$ $\therefore y=3$

$\therefore x+y=7+3=10$

06 $2x+y+2=3x-4y-5=4x+4y+1$에서

$$\begin{cases} 2x+y+2=3x-4y-5 \\ 3x-4y-5=4x+4y+1 \end{cases} \Rightarrow \begin{cases} x-5y=7 & \cdots \text{㉠} \\ x+8y=-6 & \cdots \text{㉡} \end{cases}$$

㉠$-$㉡을 하면 $-13y=13$ ∴ $y=-1$

$y=-1$을 ㉠에 대입하면 $x+5=7$ ∴ $x=2$

07 ② $\begin{cases} x-3y=2 & \cdots \text{㉠} \\ 5x-15y=10 & \cdots \text{㉡} \end{cases} \xrightarrow{\text{㉠}\times5} \begin{cases} 5x-15y=10 \\ 5x-15y=10 \end{cases}$

따라서 두 일차방정식의 x, y의 계수와 상수항이 각각 같
으므로 해가 무수히 많다.

08 $\begin{cases} -6x+2y=1 & \cdots \text{㉠} \\ 3x+ay=-5 & \cdots \text{㉡} \end{cases} \xrightarrow{\text{㉡}\times(-2)} \begin{cases} -6x+2y=1 & \cdots \text{㉠} \\ -6x-2ay=10 & \cdots \text{㉢} \end{cases}$

이 연립방정식의 해가 없으려면 ㉠, ㉢에서 x, y의 계수는 각
각 같고, 상수항은 달라야 한다.

즉, $2=-2a$ ∴ $a=-1$

❸ 연립일차방정식의 활용

익힘문제

개념**24** 연립방정식의 활용 41쪽

01 답 (1) $\begin{cases} x+y=20 \\ 4x+5y=87 \end{cases}$ (2) 13개

(2) $\begin{cases} x+y=20 & \cdots \text{㉠} \\ 4x+5y=87 & \cdots \text{㉡} \end{cases}$

㉠$\times4-$㉡을 하면 $-y=-7$ ∴ $y=7$

$y=7$을 ㉠에 대입하면 $x+7=20$ ∴ $x=13$

따라서 진우가 맞힌 4점짜리 문제는 13개이다.

02 답 (1) $\begin{cases} x+y=10 \\ 10y+x=(10x+y)-18 \end{cases}$ (2) 64

(2) $\begin{cases} x+y=10 \\ 10y+x=(10x+y)-18 \end{cases} \Rightarrow \begin{cases} x+y=10 & \cdots \text{㉠} \\ 9x-9y=18 & \cdots \text{㉡} \end{cases}$

㉠$\times9+$㉡을 하면 $18x=108$ ∴ $x=6$

$x=6$을 ㉠에 대입하면 $6+y=10$ ∴ $y=4$

따라서 처음 수는 64이다.

03 답 (1) $\begin{cases} x=2y-5 \\ 2x+2y=32 \end{cases}$ (2) 7 cm

(2) $\begin{cases} x=2y-5 & \cdots \text{㉠} \\ 2x+2y=32 & \cdots \text{㉡} \end{cases}$

㉠을 ㉡에 대입하면 $2(2y-5)+2y=32$ ∴ $y=7$

$y=7$을 ㉠에 대입하면 $x=9$

따라서 세로의 길이는 7 cm이다.

04 답 (1) $\begin{cases} 2x+4y=1 \\ 3x+2y=1 \end{cases}$ (2) 4일

(1) 전체 일의 양을 1로 놓고, 연립방정식을 세우면

$$\begin{cases} 2x+4y=1 \\ 3x+2y=1 \end{cases}$$

(2) $\begin{cases} 2x+4y=1 & \cdots \text{㉠} \\ 3x+2y=1 & \cdots \text{㉡} \end{cases}$

㉠$-$㉡$\times2$를 하면 $-4x=-1$ ∴ $x=\dfrac{1}{4}$

$x=\dfrac{1}{4}$을 ㉠에 대입하면 $\dfrac{1}{2}+4y=1$ ∴ $y=\dfrac{1}{8}$

따라서 이 일을 은태가 혼자서 하면 끝내는 데 4일이 걸린다.

05 답 (1) $\begin{cases} x+y=10 \\ \dfrac{x}{4}+\dfrac{y}{6}=2 \end{cases}$ (2) 4 km

(2) $\begin{cases} x+y=10 \\ \dfrac{x}{4}+\dfrac{y}{6}=2 \end{cases} \Rightarrow \begin{cases} x+y=10 & \cdots \text{㉠} \\ 3x+2y=24 & \cdots \text{㉡} \end{cases}$

㉠$\times3-$㉡을 하면 $y=6$

$y=6$을 ㉠에 대입하면 $x+6=10$ ∴ $x=4$

따라서 석원이가 시속 4 km로 걸어간 거리는 4 km이다.

06 답 (1) $\begin{cases} x+y=300 \\ \dfrac{6}{100}x+\dfrac{12}{100}y=\dfrac{8}{100}\times300 \end{cases}$ (2) 100 g

(2) $\begin{cases} x+y=300 \\ \dfrac{6}{100}x+\dfrac{12}{100}y=\dfrac{8}{100}\times300 \end{cases}$

$\Rightarrow \begin{cases} x+y=300 & \cdots \text{㉠} \\ 6x+12y=2400 & \cdots \text{㉡} \end{cases}$

㉠$\times6-$㉡을 하면 $-6y=-600$ ∴ $y=100$

$y=100$을 ㉠에 대입하면 $x+100=300$ ∴ $x=200$

따라서 12 %의 소금물을 100 g 섞어야 한다.

필수문제 42쪽

01 ②	**02** 3	**03** ①	**04** 6 cm	**05** 10일
06 408명	**07** 8분	**08** 5 g		

01 과자의 개수를 x개, 빵의 개수를 y개라 하면

$$\begin{cases} x+y=13 \\ 1200x+1500y=18000 \end{cases} \Rightarrow \begin{cases} x+y=13 & \cdots \text{㉠} \\ 4x+5y=60 & \cdots \text{㉡} \end{cases}$$

㉠$\times4-$㉡을 하면 $-y=-8$ ∴ $y=8$

$y=8$을 ㉠에 대입하면 $x+8=13$ ∴ $x=5$

따라서 과자의 개수와 빵의 개수의 차는 $8-5=3$(개)이다.

02 처음 수의 십의 자리의 숫자를 x, 일의 자리의 숫자를 y라 하면

$$\begin{cases} 3x=y+2 \\ 10y+x=2(10x+y)-1 \end{cases} \Rightarrow \begin{cases} 3x-y=2 & \cdots \text{㉠} \\ 19x-8y=1 & \cdots \text{㉡} \end{cases}$$

㉠$\times8-$㉡을 하면 $5x=15$ ∴ $x=3$

$x=3$을 ㉠에 대입하면 $9-y=2$ ∴ $y=7$

따라서 처음 수의 십의 자리의 숫자는 3이다.

03 현재 어머니의 나이를 x세, 딸의 나이를 y세라 하면

$$\begin{cases} x-y=24 \\ x+5=3(y+5) \end{cases} \Rightarrow \begin{cases} x-y=24 & \cdots \text{㉠} \\ x-3y=10 & \cdots \text{㉡} \end{cases}$$

㉠$-$㉡을 하면 $2y=14$ $\quad \therefore y=7$

$y=7$을 ㉠에 대입하면 $x-7=24$ $\quad \therefore x=31$

따라서 현재 딸의 나이는 7세이다.

04 처음 직사각형의 가로의 길이를 x cm, 세로의 길이를 y cm라 하면

$$\begin{cases} 2(x+y)=20 \\ 2(3x+y+8)=60 \end{cases} \Rightarrow \begin{cases} x+y=10 & \cdots \text{㉠} \\ 3x+y=22 & \cdots \text{㉡} \end{cases}$$

㉠$-$㉡을 하면 $-2x=-12$ $\quad \therefore x=6$

$x=6$을 ㉠에 대입하면 $6+y=10$ $\quad \therefore y=4$

따라서 처음 직사각형의 가로의 길이는 6 cm이다.

05 전체 일의 양을 1로 놓고, 지민이와 동현이가 하루에 할 수 있는 일의 양을 각각 x, y라 하면

$$\begin{cases} 4x+9y=1 \\ 6(x+y)=1 \end{cases} \Rightarrow \begin{cases} 4x+9y=1 & \cdots \text{㉠} \\ 6x+6y=1 & \cdots \text{㉡} \end{cases}$$

㉠$\times 3-$㉡$\times 2$를 하면 $15y=1$ $\quad \therefore y=\dfrac{1}{15}$

$y=\dfrac{1}{15}$을 ㉠에 대입하면 $4x+\dfrac{9}{15}=1$ $\quad \therefore x=\dfrac{1}{10}$

따라서 이 일을 지민이가 혼자서 하면 완성하는 데 10일이 걸린다.

06 작년의 남학생 수를 x명, 여학생 수를 y명이라 하면

$$\begin{cases} x+y=1000 \\ \dfrac{2}{100}x-\dfrac{5}{100}y=-22 \end{cases} \Rightarrow \begin{cases} x+y=1000 & \cdots \text{㉠} \\ 2x-5y=-2200 & \cdots \text{㉡} \end{cases}$$

㉠$\times 2-$㉡을 하면 $7y=4200$ $\quad \therefore y=600$

$y=600$을 ㉠에 대입하면 $x+600=1000$ $\quad \therefore x=400$

따라서 올해의 남학생 수는

$400+\dfrac{2}{100}\times 400=408$(명)이다.

07 동생이 자전거를 타고 간 시간을 x분, 형이 걸어간 시간을 y분이라 하면

$$\begin{cases} y=x+24 & \cdots \text{㉠} \\ 200x=50y & \cdots \text{㉡} \end{cases}$$

㉠을 ㉡에 대입하면 $200x=50(x+24)$ $\quad \therefore x=8$

$x=8$을 ㉠에 대입하면 $y=32$

따라서 동생이 출발한 지 8분 후에 형과 만난다.

08 10 %의 설탕물의 양을 x g, 더 넣어야 하는 설탕의 양을 y g이라 하면

$$\begin{cases} x+y=45 \\ \dfrac{10}{100}x+y=\dfrac{20}{100}\times 45 \end{cases} \Rightarrow \begin{cases} x+y=45 & \cdots \text{㉠} \\ x+10y=90 & \cdots \text{㉡} \end{cases}$$

㉠$-$㉡를 하면 $-9y=-45$ $\quad \therefore y=5$

$y=5$를 ㉠에 대입하면 $x+5=45$ $\quad \therefore x=40$

따라서 설탕을 5 g 더 넣어야 한다.

06 일차함수와 그 그래프

개념 정리 ——————————————————— 43쪽

❶ $f(x)$ ❷ 일차 ❸ 평행이동 ❹ y ❺ x

❻ 아래 ❼ 평행 ❽ q

❶ 함수

익힘문제

개념 **25** 함수의 뜻   44쪽

01 🄰 (1) 풀이 참조 (2) 함수이다.

(1)

x(개)	1	2	3	4	…
y(원)	300	600	900	1200	…

(2) x의 값이 정해짐에 따라 y의 값이 오직 하나씩 정해지므로 y는 x의 함수이다.

02 🄰 (1) 풀이 참조 (2) 함수가 아니다.

(1)

x	1	2	3	4	…
y	없다.	2	2, 3	2, 3	…

(2) x의 값이 정해짐에 따라 y의 값이 오직 하나씩 정해지지 않으므로 y는 x의 함수가 아니다.

03 🄰 (1) 풀이 참조 (2) $y=\dfrac{10}{x}$ (3) 함수이다.

(1)

x(km/h)	1	2	3	4	…
y(시간)	10	5	$\dfrac{10}{3}$	$\dfrac{5}{2}$	…

(2) (거리)$=$(속력)$\times$(시간)이므로

$10=xy$ $\quad \therefore y=\dfrac{10}{x}$

(3) x의 값이 정해짐에 따라 y의 값이 오직 하나씩 정해지므로 y는 x의 함수이다.

04 🄰 (1) 풀이 참조 (2) $y=2x+2$ (3) 함수이다.

(1)

x(개)	1	2	3	4	…
y(개)	4	6	8	10	…

(2) 탁자가 1개 늘어날 때마다 의자가 2개씩 더 필요하므로 x와 y 사이의 관계식은 $y=2x+2$

(3) x의 값이 정해짐에 따라 y의 값이 오직 하나씩 정해지므로 y는 x의 함수이다.

05 **답** (1) ○ (2) ○ (3) × (4) ○

(1)

x(시간)	1	2	3	4	…
y(km)	20	40	60	80	…

따라서 x의 값이 정해짐에 따라 y의 값이 오직 하나씩 정해지므로 y는 x의 함수이다.

(2)

x(cm)	1	2	3	4	…
y(cm)	12	6	4	3	…

따라서 x의 값이 정해짐에 따라 y의 값이 오직 하나씩 정해지므로 y는 x의 함수이다.

(3)

x	1	2	3	4	…
y	없다.	1	1	1, 3	…

따라서 x의 값이 정해짐에 따라 y의 값이 오직 하나씩 정해지지 않으므로 y는 x의 함수가 아니다.

(4)

x(분)	1	2	3	4	…
y(cm)	5	10	15	20	…

따라서 x의 값이 정해짐에 따라 y의 값이 오직 하나씩 정해지므로 y는 x의 함수이다.

개념 26 함숫값

45쪽

01 **답** (1) 3, 6 (2) −5, −10

(1) $x=3$일 때,
함숫값 $f(3)=2×\boxed{3}=\boxed{6}$

(2) $x=-5$일 때,
함숫값 $f(-5)=2×(\boxed{-5})=\boxed{-10}$

02 **답** (1) −8 (2) 3 (3) 5 (4) −3

(1) $f(2)=-4×2=-8$

(2) $f(2)=\dfrac{6}{2}=3$

(3) $f(2)=2+3=5$

(4) $f(2)=1-2×2=-3$

03 **답** (1) 22 (2) −24 (3) −7

(1) $f\left(\dfrac{1}{2}\right)=2$, $f(5)=20$이므로
$f\left(\dfrac{1}{2}\right)+f(5)=2+20=22$

(2) $f(-2)=-8$, $f(4)=16$이므로
$f(-2)-f(4)=-8-16=-24$

(3) $f(1)=4$, $f\left(\dfrac{1}{4}\right)=1$, $f(3)=12$이므로
$f(1)+f\left(\dfrac{1}{4}\right)-f(3)=4+1-12=-7$

04 **답** (1) $\dfrac{2}{3}$ (2) −5 (3) −6 (4) −3

(1) $f(a)=3a$이므로 $3a=2$ ∴ $a=\dfrac{2}{3}$

(2) $f(a)=\dfrac{15}{a}$이므로 $\dfrac{15}{a}=-3$ ∴ $a=-5$

(3) $f(a)=-\dfrac{2}{3}a$이므로 $-\dfrac{2}{3}a=4$ ∴ $a=-6$

(4) $f(a)=-\dfrac{9}{a}$이므로 $-\dfrac{9}{a}=3$ ∴ $a=-3$

05 **답** (1) $-\dfrac{1}{2}$ (2) −3 (3) $\dfrac{2}{3}$

(1) $f(4)=a×4$이므로
$a×4=-2$ ∴ $a=-\dfrac{1}{2}$

(2) $f(-3)=a×(-3)$이므로
$a×(-3)=9$ ∴ $a=-3$

(3) $f\left(\dfrac{3}{2}\right)=a×\dfrac{3}{2}$이므로
$a×\dfrac{3}{2}=1$ ∴ $a=\dfrac{2}{3}$

필수문제

46쪽

01	④, ⑤	02	ㄴ, ㄷ	03	−2	04	0	05	10
06	⑤	07	③	08	2				

01 ④

x	1	2	3	4	5	…
y	1	2	0	1	2	…

x의 값이 정해짐에 따라 y의 값이 오직 하나씩 정해지므로 y는 x의 함수이다.

⑤

x	1	2	3	4	5	…
y	0	1	2	3	4	…

x의 값이 정해짐에 따라 y의 값이 오직 하나씩 정해지므로 y는 x의 함수이다.

02 ㄱ. $y=700x$

ㄴ. 나이가 같은 사람들의 몸무게가 모두 같은 것은 아니므로 x의 값이 정해짐에 따라 y의 값이 오직 하나씩 정해지지 않는다. 따라서 y는 x의 함수가 아니다.

ㄷ. 절댓값이 2인 유리수는 −2, +2로 2개이므로 y는 x의 함수가 아니다.

ㄹ. $xy=10$이므로 $y=\dfrac{10}{x}$

ㅁ. $y=300-x$

이상에서 y가 x의 함수가 아닌 것은 ㄴ, ㄷ이다.

03 $f(-1)=-2\times(-1)=2$

$f(2)=-2\times2=-4$

$\therefore f(-1)+f(2)=2+(-4)=-2$

04 $f(-2)=2\times(-2)+5=1$

$g(5)=-5+4=-1$

$\therefore f(-2)+g(5)=1+(-1)=0$

05 소수는 2, 3, 5, 7, 11, 13, 17, …이므로

$f(7)=4, f(15)=6$

$\therefore f(7)+f(15)=4+6=10$

06 $f(-2)=-\dfrac{8}{-2}=4$

$\therefore a=4$

$f(b)=-\dfrac{8}{b}$이므로 $-\dfrac{8}{b}=-8$

$\therefore b=1$

$\therefore a-b=4-1=3$

07 $f(2)=\dfrac{a}{2}$이므로 $\dfrac{a}{2}=-5$

$\therefore a=-10$

08 $f(-1)=a\times(-1)$이므로 $a\times(-1)=4$

$\therefore a=-4$

따라서 $g(x)=\dfrac{a}{x}$에서 $g(x)=-\dfrac{4}{x}$이므로

$g(-2)=-\dfrac{4}{-2}=2$

❷ 일차함수와 그 그래프

익힘문제

개념27 일차함수의 뜻 47쪽

01 답 (1) × (2) × (3) ○ (4) ○ (5) × (6) ○

02 답 (1) $y=x^2$, 일차함수가 아니다.

(2) $y=5x$, 일차함수이다.

(3) $y=5000-2x$, 일차함수이다.

(4) $y=3x$, 일차함수이다.

(5) $y=100-5x$, 일차함수이다.

(6) $y=\dfrac{4}{3}\pi x^3$, 일차함수가 아니다.

03 답 (1) 4 (2) 5 (3) 13 (4) $\dfrac{5}{3}$

(1) $f(1)=-3\times1+7=4$

(2) $f\left(\dfrac{2}{3}\right)=-3\times\dfrac{2}{3}+7=5$

(3) $f(-2)=-3\times(-2)+7=13$

(4) $f(a)=-3a+7$이므로 $-3a+7=2$

$-3a=-5$ $\therefore a=\dfrac{5}{3}$

04 답 (1) -3 (2) -15

(1) $f(2)=4\times2+k=5$이므로 $k=-3$

(2) $f(x)=4x-3$이므로

$f(-3)=4\times(-3)-3=-15$

개념28 일차함수 $y=ax+b$의 그래프 48쪽

01 답 (1)

x	…	-2	-1	0	1	2	…
$2x$	…	-4	-2	0	2	4	…
$2x+2$	…	-2	0	2	4	6	…

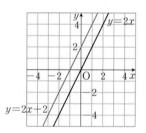

(2)

x	…	-2	-1	0	1	2	…
$-x$	…	2	1	0	-1	-2	…
$-x+2$	…	4	3	2	1	0	…

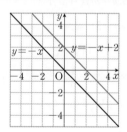

02 답 (1) 2 (2) -1 (3) $-\dfrac{5}{3}$

03 답 (1) $y=6x-1$ (2) $y=-4x+\dfrac{1}{2}$ (3) $y=\dfrac{1}{2}x+1$

(4) $y=-\dfrac{2}{3}x-2$ (5) $y=4x+1$ (6) $y=-x+5$

(5) $y=4x+6-5$ $\therefore y=4x+1$

(6) $y=-x+2+3$ $\therefore y=-x+5$

04 답 6, $x+3$, 1, a, -2

필수문제 ━━━━━ **49쪽**

01 ③　02 ②, ③　03 2　04 ①　05 ③
06 ③　07 −2

01 ㄱ. 일차식이므로 함수가 아니다.
ㄹ. $y=(x$에 대한 이차식)의 꼴이므로 일차함수가 아니다.
ㅁ. $y=2(x-1)-x$, 즉 $y=x-2$이므로 일차함수이다.
ㅂ. x에 대한 일차방정식이므로 함수가 아니다.
이상에서 일차함수인 것은 ㄴ, ㄷ, ㅁ이다.

02 ① $y=24-x$　② $y=\dfrac{1}{2}\pi x^2$

③ $y=\dfrac{200}{x}$　④ $y=10x$

⑤ $y=10000-1000x$
따라서 y가 x에 대한 일차함수가 아닌 것은 ②, ③이다.

03 $f(2)=2a-3$이므로 $2a-3=-2$
$2a=1$　∴ $a=\dfrac{1}{2}$
따라서 $f(x)=\dfrac{1}{2}x-3$이므로
$f(10)=\dfrac{1}{2}\times10-3=2$

04 ① $y=2x-5$에 $x=2, y=1$을 대입하면
$1\neq2\times2-5$

05 일차함수 $y=\dfrac{1}{3}x-2$의 그래프가 두 점 $(-3, m)$, $(n, 2)$를
지나므로 $y=\dfrac{1}{3}x-2$에
$x=-3, y=m$을 대입하면
$m=\dfrac{1}{3}\times(-3)-2=-3$
$x=n, y=2$를 대입하면
$2=\dfrac{1}{3}\times n-2, -\dfrac{1}{3}n=-4$　∴ $n=12$
∴ $m+n=(-3)+12=9$

06 ③ $y=\dfrac{5}{4}x$의 그래프를 y축의 방향으로 -3만큼 평행이동하
면 $y=\dfrac{5}{4}x-3$의 그래프와 겹쳐진다.

07 $y=5x+h$의 그래프를 y축의 방향으로 -4만큼 평행이동한
그래프의 식은 $y=5x+k-4$
이 식에 $x=2, y=4$를 대입하면
$4=5\times2+k-4$
∴ $k=-2$

❸ 일차함수의 그래프의 성질

익힘문제 ━━━━━

개념 29 일차함수의 그래프의 절편과 기울기 50쪽

01 답 (1) x절편: 3, y절편: 3　(2) x절편: -10, y절편: 5
(3) x절편: 10, y절편: -4　(4) x절편: $-\dfrac{4}{5}$, y절편: 8
(5) x절편: $\dfrac{1}{12}$, y절편: $\dfrac{1}{3}$　(6) x절편: -2, y절편: -3

02 답 (1) 3, 1　(2) -1, $-\dfrac{1}{3}$

03 답 (1) -5　(2) 20　(3) -15　(4) 2
(1) $\dfrac{(y\text{의 값의 증가량})}{3-(-2)}=-1$이므로
$(y\text{의 값의 증가량})=-5$
(2) $\dfrac{(y\text{의 값의 증가량})}{3-(-2)}=4$이므로
$(y\text{의 값의 증가량})=20$
(3) $\dfrac{(y\text{의 값의 증가량})}{3-(-2)}=-3$이므로
$(y\text{의 값의 증가량})=-15$
(4) $\dfrac{(y\text{의 값의 증가량})}{3-(-2)}=\dfrac{2}{5}$이므로
$(y\text{의 값의 증가량})=2$

04 답 (1) $\dfrac{5}{2}$　(2) -7　(3) 2　(4) $-\dfrac{1}{4}$
(1) $(\text{기울기})=\dfrac{-4-1}{0-2}=\dfrac{5}{2}$
(2) $(\text{기울기})=\dfrac{8-(-6)}{-3-(-1)}=-7$
(3) $(\text{기울기})=\dfrac{6-(-2)}{4-0}=2$
(4) $(\text{기울기})=\dfrac{3-4}{1-(-3)}=-\dfrac{1}{4}$

05 답 -36
$a=-4, b=6, c=\dfrac{6}{4}=\dfrac{3}{2}$이므로
$abc=(-4)\times6\times\dfrac{3}{2}=-36$

개념 30 일차함수의 그래프의 성질(1) 51쪽

01 답 (1) ㄴ, ㄹ, ㅁ　(2) ㄱ, ㄷ, ㅂ　(3) ㄴ, ㄹ, ㅁ　(4) ㄱ, ㄷ, ㅂ
(5) ㄱ, ㄹ, ㅂ　(6) ㄴ, ㄷ

02 답 (1) ◯ (2) ×

(2) 기울기가 $-\dfrac{5}{3}$이므로 x의 값이 6만큼 증가하면 y의 값은 10만큼 감소한다.

03 답 (1) ㄱ (2) ㄷ (3) ㄹ (4) ㄴ

(1) $b<0$이므로 $-b>0$
즉, $y=ax-b$의 그래프에서 (기울기)>0, (y절편)>0
따라서 $y=ax-b$의 그래프로 알맞은 것은 ㄱ이다.

(2) $y=bx+a$의 그래프에서 (기울기)<0, (y절편)>0
따라서 $y=bx+a$의 그래프로 알맞은 것은 ㄷ이다.

(3) $a>0$, $b<0$이므로 $ab<0$
즉, $y=abx+b$의 그래프에서 (기울기)<0, (y절편)<0
따라서 $y=abx+b$의 그래프로 알맞은 것은 ㄹ이다.

(4) $a>0$, $b<0$이므로 $\dfrac{b}{a}<0$
즉, $y=ax+\dfrac{b}{a}$의 그래프에서 (기울기)>0, (y절편)<0
따라서 $y=ax+\dfrac{b}{a}$의 그래프로 알맞은 것은 ㄴ이다.

개념 **31** 일차함수의 그래프의 성질(2) 52쪽

01 답 (1) ㄴ과 ㅁ (2) ㄱ과 ㄹ (3) ㄷ (4) ㅂ

ㄹ. $y=\dfrac{1}{2}x+1$ ㅂ. $y=-\dfrac{1}{2}x+2$

(1) 기울기가 같고 y절편이 다른 것을 찾으면 ㄴ과 ㅁ이다.
(2) 기울기가 같고 y절편도 같은 것을 찾으면 ㄱ과 ㄹ이다.
(3) 주어진 그래프가 두 점 $(-5, 0)$, $(0, -2)$를 지나므로 기울기는 $\dfrac{-2-0}{0-(-5)}=-\dfrac{2}{5}$이고, y절편은 -2이다.
따라서 기울기가 같고 y절편이 다른 것을 찾으면 ㄷ이다.
(4) 주어진 그래프가 두 점 $(0, 2)$, $(4, 0)$을 지나므로 기울기는 $\dfrac{0-2}{4-0}=-\dfrac{1}{2}$이고, y절편은 2이다.
따라서 기울기가 같고 y절편도 같은 것을 찾으면 ㅂ이다.

02 답 (1) -4 (2) $\dfrac{5}{2}$ (3) $-\dfrac{1}{2}$

두 그래프가 서로 평행하려면 기울기가 같고 y절편이 달라야 하므로

(2) $2a=5$ ∴ $a=\dfrac{5}{2}$

(3) $a+2=-3a$, $4a=-2$ ∴ $a=-\dfrac{1}{2}$

03 답 (1) 5 (2) -8 (3) $\dfrac{1}{3}$

두 그래프가 일치하려면 기울기가 같고 y절편도 같아야 하므로

(2) $-2=\dfrac{a}{4}$ ∴ $a=-8$

(3) $a=1-2a$, $3a=1$ ∴ $a=\dfrac{1}{3}$

04 답 (1) $a=3$, $b\neq1$ (2) $a=3$, $b=1$

(1) 두 그래프가 서로 평행하려면 기울기가 같고 y절편이 달라야 하므로 $a=3$, $b\neq1$
(2) 두 그래프가 일치하려면 기울기가 같고 y절편도 같아야 하므로 $a=3$, $b=1$

05 답 2

두 점 $(1, k)$, $(3, -4)$를 지나는 직선의 기울기가 -3이어야 하므로 $\dfrac{-4-k}{3-1}=-3$
$-4-k=-6$ ∴ $k=2$

필수문제 53쪽

01 ②	02 ④	03 ④	04 7	05 ②
06 ④	07 $\dfrac{13}{2}$			

01 $y=2x-6$에서
$y=0$일 때, $0=2x-6$, $x=3$
$x=0$일 때, $y=-6$
즉, x절편은 3, y절편은 -6이므로 $a=3$, $b=-6$
∴ $a+b=3+(-6)=-3$

02 그래프의 기울기가 $\dfrac{1}{3}$이고, x의 값의 증가량이 -3이므로
$\dfrac{(y\text{의 값의 증가량})}{-3}=\dfrac{1}{3}$ ∴ $(y\text{의 값의 증가량})=-1$

03 두 점 $(-2, -1)$, $(4, a)$를 지나는 일차함수의 그래프의 기울기가 $-\dfrac{2}{3}$이므로
$\dfrac{a-(-1)}{4-(-2)}=-\dfrac{2}{3}$, $\dfrac{a+1}{6}=-\dfrac{2}{3}$
$a+1=-4$ ∴ $a=-5$

04 직선이 두 점 $(-1, -3)$, $(1, 1)$을 지나므로
$(\text{기울기})=\dfrac{1-(-3)}{1-(-1)}=\dfrac{4}{2}=2$
직선이 두 점 $(1, 1)$, $(4, a)$를 지나므로
$(\text{기울기})=\dfrac{a-1}{4-1}=\dfrac{a-1}{3}$
이때 세 점이 한 직선 위에 있으므로
$\dfrac{a-1}{3}=2$, $a-1=6$ ∴ $a=7$

05 $y=ax-b$의 그래프에서 (기울기)<0, (y절편)<0이므로

$a<0, -b<0$ $\quad\therefore a<0, b>0$

따라서 $y=\dfrac{1}{b}x+a$의 그래프에서

(기울기)$=\dfrac{1}{b}>0$, (y절편)$=a<0$

따라서 $y=\dfrac{1}{b}x+a$의 그래프로 알맞은 것은 ②이다.

06 ④ $y=3(x-2)$, 즉 $y=3x-6$의 그래프는 $y=3x-2$의 그래프와 평행하므로 만나지 않는다.

참고 서로 평행한 두 일차함수의 그래프는 만나지 않는다.

07 $y=ax-5$의 그래프가 $y=\dfrac{1}{2}x+10$의 그래프와 평행하므로

$a=\dfrac{1}{2}$

$y=ax-5$, 즉 $y=\dfrac{1}{2}x-5$의 그래프가 점 $(b, -2)$를 지나므로

$-2=\dfrac{1}{2}b-5$, $\dfrac{1}{2}b=3$ $\quad\therefore b=6$

$\therefore a+b=\dfrac{1}{2}+6=\dfrac{13}{2}$

❹ 일차함수의 그래프와 활용

익힘문제

개념 **32** 일차함수의 그래프 그리기
54쪽

01 답 (1) 풀이 참조 (2) 풀이 참조

(1) $y=4x-3$에서

$x=0$일 때, $y=-3$

$x=1$일 때, $y=1$

따라서 그래프는 오른쪽 그림과 같이 두 점 $(0, -3)$, $(1, 1)$을 연결한 직선이다.

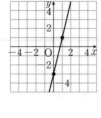

(2) $y=-\dfrac{1}{2}x+2$에서

$x=-2$일 때, $y=3$

$x=2$일 때, $y=1$

따라서 그래프는 오른쪽 그림과 같이 두 점 $(-2, 3)$, $(2, 1)$을 연결한 직선이다.

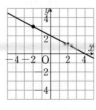

02 답 (1) 풀이 참조 (2) 풀이 참조

(1) $y=-3x+6$에서

$x=0$일 때, $y=6$

$y=0$일 때, $x=2$

따라서 그래프는 오른쪽 그림과 같이 x절편은 2, y절편은 6인 직선이다.

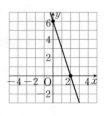

(2) $y=\dfrac{3}{2}x-3$에서

$x=0$일 때, $y=-3$

$y=0$일 때, $x=2$

따라서 그래프는 오른쪽 그림과 같이 x절편은 2, y절편은 -3인 직선이다.

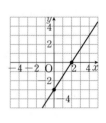

03 답 (1) 풀이 참조 (2) 풀이 참조

(1) 기울기가 $-\dfrac{1}{3}$, y절편이 3이므로 점 $(0, 3)$과 점 $(0, 3)$에서 x의 값이 3만큼 증가할 때 y의 값이 1만큼 감소한 점 $(3, 2)$를 지난다. 따라서 그래프는 오른쪽 그림과 같다.

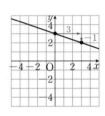

(2) 기울기가 2, y절편이 -4이므로 점 $(0, -4)$와 점 $(0, -4)$에서 x의 값이 1만큼 증가할 때 y의 값이 2만큼 증가한 점 $(1, -2)$를 지난다. 따라서 그래프는 오른쪽 그림과 같다.

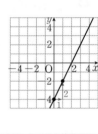

04 답 ②

$y=\dfrac{2}{3}x+2$의 그래프의 x절편은 -3, y절편은 2이므로 그 그래프는 ②이다.

05 답 (1) 풀이 참조 (2) 6

(1) $y=-\dfrac{3}{4}x+3$에서

$x=0$일 때, $y=3$

$y=0$일 때, $x=4$

따라서 그래프는 오른쪽 그림과 같이 x절편은 4, y절편은 3인 직선이다.

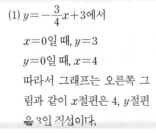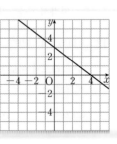

(2) x절편은 4, y절편은 3이므로 $A(4, 0)$, $B(0, 3)$

따라서 $\overline{OA}=4$, $\overline{OB}=3$이므로

$\triangle ABO=\dfrac{1}{2}\times4\times3=6$

개념 33 일차함수의 식 구하기

55쪽

01 답 (1) $y=\dfrac{1}{2}x-2$ (2) $y=-x+3$ (3) $y=-\dfrac{1}{2}x+8$

02 답 (1) $y=-\dfrac{2}{5}x+1$ (2) $y=\dfrac{1}{2}x+4$ (3) $y=-3x+6$

(1) 기울기가 $-\dfrac{2}{5}$이므로 구하는 일차함수의 식을

$y=-\dfrac{2}{5}x+b$라 하자.

이 그래프가 점 $(5,-1)$을 지나므로

$-1=-\dfrac{2}{5}\times5+b$ $\therefore b=1$

따라서 구하는 일차함수의 식은

$y=-\dfrac{2}{5}x+1$

(2) 기울기가 $\dfrac{1}{2}$이므로 구하는 일차함수의 식을 $y=\dfrac{1}{2}x+b$라

하자.

이 그래프가 점 $(-4,2)$를 지나므로

$2=\dfrac{1}{2}\times(-4)+b$ $\therefore b=4$

따라서 구하는 일차함수의 식은

$y=\dfrac{1}{2}x+4$

(3) $y=-3x+1$의 그래프와 평행하므로 구하는 일차함수의

식을 $y=-3x+b$라 하자.

이 그래프가 점 $(1,3)$을 지나므로

$3=-3\times1+b$ $\therefore b=6$

따라서 구하는 일차함수의 식은

$y=-3x+6$

03 답 (1) $y=-\dfrac{1}{2}x+2$ (2) $y=2x-1$ (3) $y=-\dfrac{1}{2}x-10$

(1) 두 점 $(-2,3)$, $(2,1)$을 지나므로

$(기울기)=\dfrac{1-3}{2-(-2)}=-\dfrac{1}{2}$

구하는 일차함수의 식을 $y=-\dfrac{1}{2}x+b$라 하면 이 그래프가

점 $(2,1)$을 지나므로

$1=-\dfrac{1}{2}\times2+b$ $\therefore b=2$

따라서 구하는 일차함수의 식은

$y=-\dfrac{1}{2}x+2$

(2) 두 점 $(-2,-5)$, $(3,5)$를 지나므로

$(기울기)=\dfrac{5-(-5)}{3-(-2)}=2$

구하는 일차함수의 식을 $y=2x+b$라 하면 이 그래프가

점 $(3,5)$를 지나므로

$5=2\times3+b$ $\therefore b=-1$

따라서 구하는 일차함수의 식은

$y=2x-1$

(3) 두 점 $(-4,-8)$, $(-2,-9)$를 지나므로

$(기울기)=\dfrac{-9-(-8)}{-2-(-4)}=-\dfrac{1}{2}$

구하는 일차함수의 식을 $y=-\dfrac{1}{2}x+b$라 하면 이 그래프

가 점 $(-2,-9)$를 지나므로

$-9=-\dfrac{1}{2}\times(-2)+b$

$\therefore b=-10$

따라서 구하는 일차함수의 식은

$y=-\dfrac{1}{2}x-10$

04 답 (1) $y=\dfrac{5}{4}x-5$ (2) $y=-2x-4$ (3) $y=-\dfrac{2}{3}x+2$

(1) x절편이 4, y절편이 -5이므로 그래프는 두 점 $(4,0)$,

$(0,-5)$를 지난다.

$\therefore (기울기)=\dfrac{-5-0}{0-4}=\dfrac{5}{4}$

이때 y절편이 -5이므로 구하는 일차함수의 식은

$y=\dfrac{5}{4}x-5$

(2) x절편이 -2, y절편이 -4이므로 그래프는 두 점

$(-2,0)$, $(0,-4)$를 지난다.

$\therefore (기울기)=\dfrac{-4-0}{0-(-2)}=-2$

이때 y절편이 -4이므로 구하는 일차함수의 식은

$y=-2x-4$

(3) x절편이 3, y절편이 2이므로 그래프는 두 점 $(3,0)$, $(0,2)$

를 지난다.

$\therefore (기울기)=\dfrac{2-0}{0-3}=-\dfrac{2}{3}$

이때 y절편이 2이므로 구하는 일차함수의 식은

$y=-\dfrac{2}{3}x+2$

05 답 5

두 점 $(8,0)$, $(0,4)$를 지나므로

$(기울기)=\dfrac{4-0}{0-8}=-\dfrac{1}{2}$

이때 y절편이 4이므로 주어진 직선을 그래프로 하는 일차함

수의 식은 $y=-\dfrac{1}{2}x+4$

이 그래프가 점 $(-2,a)$를 지나므로

$a=-\dfrac{1}{2}\times(-2)+4=5$

01 답 (1) $y=50-3x$ (2) 11분

(1) 처음 물의 온도는 50 ℃이고, 2분마다 물의 온도가 6 ℃씩 내려가므로 1분마다 물의 온도가 3 ℃씩 내려간다.
 따라서 x와 y 사이의 관계식은 $y=50-3x$

(2) $y=50-3x$에 $y=17$을 대입하면
 $17=50-3x$, $3x=33$
 $\therefore x=11$
 따라서 물의 온도가 17 ℃가 되는 것은 주전자를 실온에 둔 지 11분 후이다.

02 답 (1) $y=24-\dfrac{1}{3}x$ (2) 30분

(1) 처음 초의 길이는 24 cm이고, 3분마다 1 cm씩 초가 짧아지므로 1분마다 $\dfrac{1}{3}$ cm씩 초가 짧아진다.
 따라서 x와 y 사이의 관계식은 $y=24-\dfrac{1}{3}x$

(2) $y=24-\dfrac{1}{3}x$에 $y=14$를 대입하면
 $14=24-\dfrac{1}{3}x$, $\dfrac{1}{3}x=10$
 $\therefore x=30$
 따라서 남은 초의 길이가 14 cm가 되는 것은 불을 붙인 지 30분 후이다.

03 답 (1) $y=560-75x$ (2) 110 km

(1) (거리)=(속력)×(시간)이므로
 자동차가 시속 75 km로 x시간 동안 간 거리는 $75x$ km
 따라서 x와 y 사이의 관계식은 $y=560-75x$

(2) $y=560-75x$에 $x=6$을 대입하면
 $y=560-75\times6=110$
 따라서 출발한 지 6시간 후에 남은 거리는 110 km이다.

04 답 (1) $y=20-\dfrac{5}{2}x$ (2) 10 cm² (3) 6 cm

(1) △ABC의 넓이가 20 cm²이므로
 $\dfrac{1}{2}\times8\times(\text{높이})=20$
 $\therefore (\text{높이})=5(\text{cm})$
 한편, $\overline{\text{BP}}=(8-x)$ cm이므로
 $y=\dfrac{1}{2}\times(8-x)\times5=20-\dfrac{5}{2}x$

(2) $y=20-\dfrac{5}{2}x$에 $x=4$를 대입하면
 $y=20-\dfrac{5}{2}\times4=10$
 따라서 $\overline{\text{CP}}=4$ cm일 때, △ABP의 넓이는 10 cm²이다.

(3) $y=20-\dfrac{5}{2}x$에 $y=5$를 대입하면
 $5=20-\dfrac{5}{2}x$, $\dfrac{5}{2}x=15$
 $\therefore x=6$
 따라서 △ABP의 넓이가 5 cm²가 되는 것은 $\overline{\text{CP}}=6$ cm일 때이다.

05 답 (1) $y=-200x+800$ (2) 200 MiB

(1) 그래프가 두 점 $(4, 0)$, $(0, 800)$을 지나므로
 $(\text{기울기})=\dfrac{800-0}{0-4}=-200$
 이때 y절편이 800이므로 x와 y 사이의 관계식은
 $y=-200x+800$

(2) $y=-200x+800$에 $x=3$을 대입하면
 $y=-200\times3+800=200$
 따라서 파일을 내려받기 시작한 지 3분 후에 남은 파일의 양은 200 MiB이다.

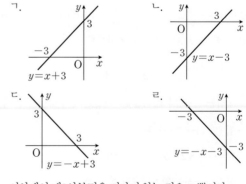
필수문제 57쪽

01 ②	02 ③	03 16	04 2
05 초속 346 m	06 10 L	07 $y=-75x+2100$	

01 주어진 일차함수의 그래프를 각각 그려 보면 다음과 같다.

ㄱ. $y=x+3$
ㄴ. $y=x-3$
ㄷ. $y=-x+3$
ㄹ. $y=-x-3$

이상에서 제3사분면을 지나지 않는 것은 ㄷ뿐이다.

02 주어진 그래프는 두 점 $(-4, 2)$, $(0, -3)$을 지나므로
$(\text{기울기})=\dfrac{-3-2}{0-(-4)}=-\dfrac{5}{4}$
이때 y절편이 -3이므로 구하는 일차함수의 식은
$y=-\dfrac{5}{4}x-3$

03 두 점 $(-4, 15)$, $(8, 6)$을 지나므로

$(기울기)=\dfrac{6-15}{8-(-4)}=\dfrac{-9}{12}=-\dfrac{3}{4}$

구하는 일차함수의 식을 $y=-\dfrac{3}{4}x+b$라 하면 이 그래프가

점 $(-4, 15)$를 지나므로

$15=-\dfrac{3}{4}\times(-4)+b$ ∴ $b=12$

$y=-\dfrac{3}{4}x+12$에서

$y=0$일 때, $0=-\dfrac{3}{4}x+12$ ∴ $x=16$

따라서 x절편은 16이다.

04 x절편이 -6, y절편이 -3이므로 그래프는 두 점 $(-6, 0)$,
$(0, -3)$을 지난다.

∴ $(기울기)=\dfrac{-3-0}{0-(-6)}=-\dfrac{1}{2}$

이때 y절편이 -3이므로 $y=-\dfrac{1}{2}x-3$

이 그래프가 점 $(m, -4)$를 지나므로

$-4=-\dfrac{1}{2}m-3$, $\dfrac{1}{2}m=1$ ∴ $m=2$

05 소리의 속력은 기온이 5 ℃ 오를 때마다 초속 3 m씩 증가하
므로 기온이 1 ℃ 오를 때마다 초속 0.6 m씩 증가한다.

기온이 x ℃일 때, 소리의 속력을 초속 y m라 하면

$y=0.6x+331$

이 식에 $x=25$를 대입하면

$y=0.6\times25+331=346$

따라서 기온이 25 ℃일 때, 소리의 속력은 초속 346 m이다.

06 휘발유 1 L로 12 km를 달리므로 1 km를 달릴 때, $\dfrac{1}{12}$ L의

휘발유를 사용한다.

x km를 달린 후에 남아 있는 휘발유의 양을 y L라 하면

$y=30-\dfrac{1}{12}x$

이 식에 $x=240$을 대입하면

$y=30-\dfrac{1}{12}\times240=10$

따라서 자동차가 240 km를 달린 후에 남아 있는 휘발유의 양
은 10 L이다.

07 점 P가 x초 동안 움직인 거리는
$\overline{BP}=5x$ cm

따라서 점 P가 점 B를 출발한
지 x초 후의 사각형 APCD의
넓이 y cm²는

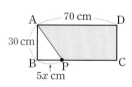

$y=\dfrac{1}{2}\times\{70+(70-5x)\}\times30$

$=-75x+2100$

개념 정리 ······ 58쪽

❶ y ❷ x ❸ x ❹ 직선 ❺ 교점
❻ p ❼ q ❽ 일치 ❾ 없다 ❿ 다르다
⓫ 같다

① 일차함수와 일차방정식

익힘문제

개념 35 일차함수와 일차방정식의 관계 59쪽

01 답 (1) (2)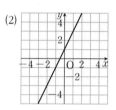

02 답 (1) ○ (2) × (3) × (4) ○

$x-3y+1=0$에

(1) $x=-1$, $y=0$을 대입하면 $-1-3\times0+1=0$
따라서 점 $(-1, 0)$은 그래프 위의 점이다.

(2) $x=1$, $y=2$를 대입하면 $1-3\times2+1\neq0$
따라서 점 $(1, 2)$는 그래프 위의 점이 아니다.

(3) $x=2$, $y=5$를 대입하면 $2-3\times5+1\neq0$
따라서 점 $(2, 5)$는 그래프 위의 점이 아니다.

(4) $x=8$, $y=3$을 대입하면 $8-3\times3+1=0$
따라서 점 $(8, 3)$은 그래프 위의 점이다.

03 답 (1) $y=-2x+4$ (2) $y=\dfrac{1}{2}x+2$

(3) $y=-\dfrac{3}{2}x+3$ (4) $y=-\dfrac{1}{4}x+\dfrac{3}{4}$

04 답 ㄴ, ㄷ

ㄱ. $2x+y-6=0$에서 $y=-2x+6$

ㄴ. $x-4y-1=0$에서 $y=\dfrac{1}{4}x-\dfrac{1}{4}$

ㄷ. $-5x+2y+8=0$에서 $y=\dfrac{5}{2}x-4$

ㄹ. $-\dfrac{1}{2}x-y+1=0$에서 $y=-\dfrac{1}{2}x+1$

이상에서 그래프가 오른쪽 위로 향하는 것은 ㄴ, ㄷ이다.

05 답 1

$3x-y-2=0$에서 $y=3x-2$

따라서 기울기는 3, y절편은 -2이므로 $a=3, b=-2$

$\therefore a+b=3+(-2)=1$

개념 36 일차방정식 $x=p, y=q$의 그래프 60쪽

01 답 (1) 3, y, 풀이 참조 (2) -2, x, 풀이 참조

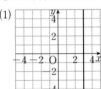

02 답 (1) $x=5$ (2) $y=-6$ (3) $y=4$ (4) $x=7$

03 답 (1) $x=6$ (2) $y=2$

(1) 두 점 $(6, -1)$, $(6, 5)$의 x좌표가 모두 6이므로 $x=6$

(2) 두 점 $(-5, 2)$, $(0, 2)$의 y좌표가 모두 2이므로 $y=2$

04 답 (1) $y=4$ (2) $y=-\dfrac{1}{2}x-1$

(1) 주어진 직선은 점 $(0, 4)$를 지나고 x축에 평행한 직선이므로 구하는 직선의 방정식은 $y=4$

(2) (기울기)$=\dfrac{-1-0}{0-(-2)}=-\dfrac{1}{2}$, y절편이 -1이므로 구하는

직선의 방정식은 $y=-\dfrac{1}{2}x-1$

05 답 (1) ㄹ (2) ㄱ, ㄷ

ㄴ. $y=-\dfrac{3}{2}x$ ㄷ. $x=1$ ㄹ. $y=3$

(1) x축에 평행한 직선의 방정식은 $y=q\,(q\neq0)$의 꼴이다.
따라서 x축에 평행한 직선의 방정식은 ㄹ이다.

(2) y축에 평행한 직선의 방정식은 $x=p\,(p\neq0)$의 꼴이다.
따라서 y축에 평행한 직선의 방정식은 ㄱ, ㄷ이다.

필수문제 61쪽

01 ② 02 8 03 ④ 04 $a=2, b=0$
05 $x=-1$ 06 ④ 07 9

01 ㄱ. $4x+3y=6$에서 $3y=-4x+6$

$\therefore y=-\dfrac{4}{3}x+2$

ㄴ. $\dfrac{1}{3}x+\dfrac{1}{4}y-\dfrac{1}{2}=0$에서 $\dfrac{1}{4}y=-\dfrac{1}{3}x+\dfrac{1}{2}$

$\therefore y=-\dfrac{4}{3}x+2$

ㄷ. $0.3x-0.4=-0.2y$에서 $2y=-3x+4$

$\therefore y=-\dfrac{3}{2}x+2$

ㄹ. $6x+8y-4=0$에서 $8y=-6x+4$

$\therefore y=-\dfrac{3}{4}x+\dfrac{1}{2}$

이상에서 그래프가 일차함수 $y=-\dfrac{4}{3}x+2$의 그래프와 일치하는 것은 ㄱ, ㄴ이다.

02 $ax+by-3=0$에서 $by=-ax+3$ $\therefore y=-\dfrac{a}{b}x+\dfrac{3}{b}$

이 그래프의 기울기가 -3, y절편이 $\dfrac{3}{2}$이므로

$-\dfrac{a}{b}=-3$, $\dfrac{3}{b}=\dfrac{3}{2}$ $\therefore a=6, b=2$

$\therefore a+b=6+2=8$

03 $3x-2y+6=0$에서 $2y=3x+6$

$\therefore y=\dfrac{3}{2}x+3$

④ $3x-2y+6=0$의 그래프는 오른쪽 그림과 같으므로 제4사분면을 지나지 않는다.

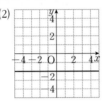

04 주어진 직선의 방정식은 $x=-3$

$x=-3$에서 $x+3=0$, $2x+6=0$

위의 식이 $ax+by+6=0$과 같으므로

$a=2, b=0$

05 점 $(a, -12)$가 직선 $y=2x-10$ 위의 점이므로

$-12=2a-10$, $2a=-2$ $\therefore a=-1$

따라서 점 $(-1, -12)$를 지나고 y축에 평행한 직선의 방정식은 $x=-1$

06 x축에 평행한 직선의 방정식은 $y=q\,(q\neq0)$의 꼴이므로 두 점의 y좌표가 같아야 한다.

즉, $2a-1=5-a$이므로 $3a=6$ $\therefore a=2$

따라서 두 점 $(-5, 3)$, $(3, 3)$을 지나고 x축에 평행한 직선의 방정식은 $y=3$

07 $3x-15=0$에서 $x=5$, $3y=-3$에서 $y=-1$

$2y-4=0$에서 $y=2$

따라서 네 일차방정식 $x=2$, $x=5$, $y=-1$, $y=2$의 그래프는 오른쪽 그림과 같으므로 구하는 넓이는

$3\times3=9$

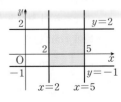

❷ 연립일차방정식의 해와 그래프

개념 37 일차방정식의 그래프와 연립방정식(1) 62쪽

01 답 (1) $x=3, y=6$ (2) $x=-5, y=2$

02 답 (1) 풀이 참조, $x=1, y=4$ (2) 풀이 참조, $x=4, y=3$

(1) 연립방정식의 각 일차방정식의 그래프는 오른쪽 그림과 같다. 이때 연립방정식의 해는 두 그래프의 교점의 좌표와 같으므로 $x=1, y=4$

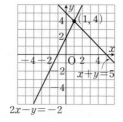

(2) 연립방정식의 각 일차방정식의 그래프는 오른쪽 그림과 같다. 이때 연립방정식의 해는 두 그래프의 교점의 좌표와 같으므로 $x=4, y=3$

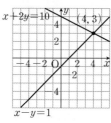

03 답 (1) $\left(-2, \dfrac{3}{2}\right)$ (2) $(-1, 3)$ (3) $(-3, -2)$

(1) 두 일차방정식을 연립방정식으로 나타내면
$$\begin{cases} x+2y-1=0 & \cdots ㉠ \\ x-2y+5=0 & \cdots ㉡ \end{cases}$$
㉠+㉡을 하면 $2x+4=0$ ∴ $x=-2$
$x=-2$를 ㉠에 대입하면 $-2+2y-1=0$
$2y=3$ ∴ $y=\dfrac{3}{2}$

따라서 두 그래프의 교점의 좌표는 $\left(-2, \dfrac{3}{2}\right)$이다.

(2) 두 일차방정식을 연립방정식으로 나타내면
$$\begin{cases} x+y-2=0 & \cdots ㉠ \\ 2x+y-1=0 & \cdots ㉡ \end{cases}$$
㉠-㉡을 하면 $-x-1=0$ ∴ $x=-1$
$x=-1$을 ㉠에 대입하면 $-1+y-2=0$ ∴ $y=3$
따라서 두 그래프의 교점의 좌표는 $(-1, 3)$이다.

(3) 두 일차방정식을 연립방정식으로 나타내면
$$\begin{cases} x-3y-3=0 & \cdots ㉠ \\ 2x-y+4=0 & \cdots ㉡ \end{cases}$$
㉠×2-㉡을 하면 $-5y-10=0$ ∴ $y=-2$
$y=-2$를 ㉠에 대입하면 $x+6-3=0$ ∴ $x=-3$
따라서 두 그래프의 교점의 좌표는 $(-3, -2)$이다.

04 답 (1) 2 (2) -3

---

(1) 두 그래프의 교점의 좌표가 $(1, -1)$이므로 연립방정식의 해는 $x=1, y=-1$
$x=1, y=-1$을 $ax-y-3=0$에 대입하면
$a+1-3=0$ ∴ $a=2$

(2) 두 그래프의 교점의 좌표가 $(3, 4)$이므로 연립방정식의 해는 $x=3, y=4$
$x=3, y=4$를 $2x+ay+6=0$에 대입하면
$6+4a+6=0, 4a=-12$ ∴ $a=-3$

개념 38 일차방정식의 그래프와 연립방정식(2) 63쪽

01 답 (1) 풀이 참조, 해가 한 쌍이다. (2) 풀이 참조, 해가 없다.
(3) 풀이 참조, 해가 무수히 많다. (4) 풀이 참조, 해가 없다.

(1) 연립방정식의 각 일차방정식의 그래프는 오른쪽 그림과 같고, 두 그래프가 한 점에서 만나므로 연립방정식의 해는 한 쌍이다.

(2) 연립방정식의 각 일차방정식의 그래프는 오른쪽 그림과 같고, 두 그래프가 서로 평행하므로 연립방정식의 해는 없다.

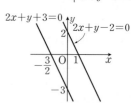

(3) 연립방정식의 각 일차방정식의 그래프는 오른쪽 그림과 같고, 두 그래프가 일치하므로 연립방정식의 해는 무수히 많다.

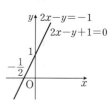

(4) 연립방정식의 각 일차방정식의 그래프는 오른쪽 그림과 같고, 두 그래프가 서로 평행하므로 연립방정식의 해는 없다.

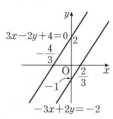

02 답 (1) ㄱ, ㄹ (2) ㄷ (3) ㄴ

ㄱ. $\begin{cases} x-y=0 \\ x+y=0 \end{cases} \Rightarrow \begin{cases} y=x \\ y=-x \end{cases} \Rightarrow$ 한 점에서 만난다.

ㄴ. $\begin{cases} x+3y=1 \\ 2x+6y=2 \end{cases} \Rightarrow \begin{cases} y=-\dfrac{1}{3}x+\dfrac{1}{3} \\ y=-\dfrac{1}{3}x+\dfrac{1}{3} \end{cases} \Rightarrow$ 일치한다.

ㄷ. $\begin{cases} 3x-y=-1 \\ 9x-3y=3 \end{cases} \Rightarrow \begin{cases} y=3x+1 \\ y=3x-1 \end{cases} \Rightarrow$ 평행하다.

ㄹ. $\begin{cases} 2x-3y=4 \\ -4x-6y=8 \end{cases} \Rightarrow \begin{cases} y=\dfrac{2}{3}x-\dfrac{4}{3} \\ y=-\dfrac{2}{3}x-\dfrac{4}{3} \end{cases} \Rightarrow$ 한 점에서 만난다.

03 답 (1) $a \neq 1$ (2) $a=1, b \neq -6$ (3) $a=1, b=-6$

$$\begin{cases} ax-2y=2 \\ -3x+6y=b \end{cases} \Rightarrow \begin{cases} y=\dfrac{a}{2}x-1 \\ y=\dfrac{1}{2}x+\dfrac{b}{6} \end{cases}$$

(1) 해가 한 쌍이려면 두 그래프가 한 점에서 만나야 하므로

$$\dfrac{a}{2} \neq \dfrac{1}{2} \qquad \therefore a \neq 1$$

(2) 해가 없으려면 두 그래프가 서로 평행해야 하므로

$$\dfrac{a}{2}=\dfrac{1}{2}, \ -1 \neq \dfrac{b}{6} \qquad \therefore a=1, b \neq -6$$

(3) 해가 무수히 많으려면 두 그래프가 일치해야 하므로

$$\dfrac{a}{2}=\dfrac{1}{2}, \ -1 = \dfrac{b}{6} \qquad \therefore a=1, b=-6$$

필수문제 ──────── 64쪽

01 ①	**02** $y=3x-7$	**03** -10	**04** ①
05 -3	**06** ①	**07** $a \neq -20$	**08** ①

01 두 그래프의 교점의 좌표가 $(-1, 3)$이므로 연립방정식의 해는 $x=-1, y=3$

$x=-1, y=3$을 $x+y=a$에 대입하면

$-1+3=a \qquad \therefore a=2$

$x=-1, y=3$을 $2x-y=b$에 대입하면

$-2-3=b \qquad \therefore b=-5$

$\therefore a+b=2+(-5)=-3$

02 두 일차방정식을 연립방정식으로 나타내면

$$\begin{cases} 3x+2y=4 & \cdots \ \bigcirc \\ 5x-2y=12 & \cdots \ \bigcirc\!\!\!\bigcirc \end{cases}$$

$\bigcirc+\bigcirc\!\!\!\bigcirc$을 하면 $8x=16 \qquad \therefore x=2$

$x=2$를 $\bigcirc$에 대입하면

$6+2y=4, 2y=-2 \qquad \therefore y=-1$

즉, 그래프의 교점의 좌표는 $(2, -1)$이다.

직선 $3x-y=6$, 즉 $y=3x-6$에 평행한 직선의 방정식을 $y=3x+b$라 하면 이 직선이 점 $(2, -1)$을 지나므로

$-1=6+b \qquad \therefore b=-7$

따라서 구하는 직선의 방정식은 $y=3x-7$

03 두 일차방정식의 그래프가 x축 위에서 만나므로 교점의 좌표를 $(p, 0)$이라 하자.

$x=p, y=0$을 $3x+5y+15=0$에 대입하면

$3p+15=0 \qquad \therefore p=-5$

따라서 두 그래프의 교점의 좌표는 $(-5, 0)$이므로

$x=-5, y=0$을 $2x-y-a=0$에 대입하면

$-10-a=0 \qquad \therefore a=-10$

이런 풀이 어때요?

두 그래프가 x축 위에서 만나므로 두 그래프의 x절편이 같다.

$3x+5y+15=0$의 x절편은 -5이므로 $x=-5, y=0$을

$2x-y-a=0$에 대입하면

$-10-a=0 \qquad \therefore a=-10$

04 세 직선이 한 점에서 만나려면 두 직선 $2x+y=9, 4x-y=3$의 교점을 나머지 한 직선도 지나야 한다.

$$\begin{cases} 2x+y=9 & \cdots \ \bigcirc \\ 4x-y=3 & \cdots \ \bigcirc\!\!\!\bigcirc \end{cases}$$

$\bigcirc+\bigcirc\!\!\!\bigcirc$을 하면 $6x=12 \qquad \therefore x=2$

$x=2$를 $\bigcirc$에 대입하면

$4+y=9 \qquad \therefore y=5$

즉, 두 직선 $2x+y=9, 4x-y=3$의 교점의 좌표가 $(2, 5)$이므로 직선 $ax+2y=12$도 점 $(2, 5)$를 지나야 한다.

$x=2, y=5$를 $ax+2y=12$에 대입하면

$2a+10=12, 2a=2 \qquad \therefore a=1$

05 $$\begin{cases} 2x-3y=1 \\ (a-1)x+6y=-3 \end{cases} \Rightarrow \begin{cases} y=\dfrac{2}{3}x-\dfrac{1}{3} \\ y=\dfrac{1-a}{6}x-\dfrac{1}{2} \end{cases}$$

연립방정식의 해가 없으려면 두 일차방정식의 그래프가 서로 평행해야 하므로 기울기가 같고 y절편은 달라야 한다.

즉, $\dfrac{2}{3}=\dfrac{1-a}{6}, 1-a=4$

$\therefore a=-3$

06 연립방정식의 해가 무수히 많으려면 두 일차방정식의 그래프가 일치해야 하므로 기울기와 y절편이 각각 같아야 한다.

따라서 $a=3, b=-2$이므로 $a+b=3+(-2)=1$

07 두 직선의 기울기가 달라야 하므로

$y=5x-1$과 $y=-\dfrac{a}{4}x-\dfrac{1}{4}$에서

$5 \neq -\dfrac{a}{4} \qquad \therefore a \neq -20$

08 $$\begin{cases} 2x-y-1=0 & \cdots \ \bigcirc \\ x+y-5=0 & \cdots \ \bigcirc\!\!\!\bigcirc \end{cases}$$

$\bigcirc+\bigcirc\!\!\!\bigcirc$을 하면 $3x-6=0 \qquad \therefore x=2$

$x=2$를 $\bigcirc\!\!\!\bigcirc$에 대입하면 $2+y-5=0 \qquad \therefore y=3$

즉, 두 직선 $2x-y-1=0, x+y-5=0$의 교점의 좌표는 $(2, 3)$이다.

이때 직선 $x=0$은 y축이므로 세 직선을 좌표평면 위에 나타내면 오른쪽 그림과 같다.

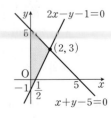

따라서 구하는 넓이는

$\dfrac{1}{2} \times \{5-(-1)\} \times 2=6$

www.mirae-n.com

학습하다가 이해되지 않는 부분이나 정오표 등의 궁금한 사항이 있나요?
미래엔 홈페이지에서 해결해 드립니다.

교재 내용 문의
나의 교재 문의 | 수학 과외쌤 | 자주하는 질문 | 기타 문의

교재 정답 및 정오표
정답과 해설 | 정오표

교재 학습 자료
MP3